选矿手册

第八卷

第五分册

《选矿手册》编辑委员会

北 京
冶 金 工 业 出 版 社
2008

图书在版编目（CIP）数据

选矿手册．第八卷．第五分册/《选矿手册》编委会编．—北京：冶金工业出版社，1988.12（2008.12 重印）
ISBN 978-7-5024-0108-5

Ⅰ．选…　Ⅱ．选…　Ⅲ．选矿-手册　Ⅳ．TD9-62

中国版本图书馆 CIP 数据核字（2008）第 027223 号

出 版 人　曹胜利
地　　址　北京北河沿大街嵩祝院北巷 39 号，邮编 100009
电　　话　(010)64027926　电子信箱　postmaster@ cnmip. com. cn
责任编辑　杨秋奎　王之光　美术编辑　李　心　版式设计　张　青
责任校对　刘　倩　责任印制　牛晓波
ISBN 978-7-5024-0108-5
北京百善印刷厂印刷；冶金工业出版社发行；各地新华书店经销
1988 年 12 月第 1 版，2008 年 12 月第 5 次印刷
850mm × 1168mm　1/32；18 印张；459 千字；541 页；8191-10190 册
55.00 元
冶金工业出版社发行部　电话：(010)64044283　传真：(010)64027893
冶金书店　地址：北京东四西大街 46 号(100711)　电话：(010)65289081
（本书如有印装质量问题，本社发行部负责退换）

《选矿手册》编辑委员会

本分册序

为了总结中国多年来在化工原料矿物选矿和建材非金属选矿方面的科学研究成果和生产实践经验，在中国金属学会选矿学术委员会的倡议和组织下，我们编写了《选矿手册》第三十六篇“化工原料矿物选矿”和第三十七篇“建材非金属选矿”，以供化工矿山行业和建材行业初、中级以上的选矿科技人员工作时参考。

化工原料矿物包括磷矿、硫铁矿、自然硫、钾盐矿、硼矿、明矾石矿、天青石矿、砷矿、芒硝、重晶石、天然碱矿和石灰石矿等二十余种非金属矿产。它们是生产化肥、硫酸和各种基本化工产品的重要原料，广泛用于农业、工业、国防等部门。

中国是世界上化工原料矿物种类比较齐全、资源比较丰富的少数国家之一。但是，与国外相比，在矿石特性上有许多相异之处；在开发利用上有许多尚待解决的技术难题。因此，化工原料矿物的选矿，是必不可少的重要环节。认真总结这方面的经验，继往开来，实属必要。本册第三十六篇着重论述了化工原料矿物中的磷矿、硫矿、可溶性钾盐矿、硼矿、明矾石矿和天青石矿六个主要矿种的矿石特性、资源特点、化学加工对矿石质量的要求以及国内外典型的选别流程和生产实践，同时对某些新设备、新药剂也有选择地作了适当的介绍。

建材非金属矿物种类繁多，目前已经开发和利用的有80余种。其中选矿技术比较成熟、选矿资料比较齐全的约有8种：石棉、石墨、金刚石、高岭土、滑石、云母、硅石和硅砂、硅灰石。本册第三十七篇论述了这8种矿物的选矿实践。由于建材非金属选矿所处理的对象多是工业矿物，选矿的目的多是为了获得矿物本身，而不是为了获得矿物中某一种或某几种有益元素，所以它们具有以下的特殊性：

(1) 选矿时应首先考虑这些矿物在工业上利用的途径和工业上对它们性能的要求。一般地说，工业上对它们物理性能的要求重于化学成分的要求。例如：工业上对石棉的要求主要是纤维长度、柔性和抗张强度等；石墨则主要是鳞片大小和固定碳含量；金刚石主要是结晶颗粒的形状、大小和破损程度；高岭土主要是白度、亮度和细度（粒度）；云母主要是薄片的尺寸及其绝缘程度。只有少数工业矿物才着重要求它们的化学成分，但也辅以直接在工业上利用的工艺性能测试，证明其在工业生产中能满足工业要求方能生产。

(2) 选矿品位指标，一般都是指矿物含量，而不是矿物中某种元素的含量。石棉、金刚石、滑石、高岭土、云母等都是这样。石墨有点特殊，它是指固定碳的含量（不计有机碳和游离碳含量）。与品位有关的回收率指标，也一般都是按矿物的回收率计算，而不是按某一元素来计算。

(3) 选矿时要注意保护其矿物晶体，否则影响它们的工业用途和使用价值。因此，原矿的破碎和磨碎强度一般不大，力求多采用打击式破碎设备和研磨式磨矿设备、少采用压碎式破碎设备和泻落式磨矿设备，例如反击式、鼠笼式、轮碾式破碎机；低转速率的球磨机或研磨机等。但微粒粉碎则力求高强度，例如石墨、云母、滑石都广泛使用高强度的气流磨等粉碎设备。

(4) 产品是根据用户要求而生产的。由于用户众多、要求又千差万别，所以产品种类、规格繁多；产品质量检验标准和检验方法也不少，详见第三十七篇各章产品质量及其检验方法的叙述。

(5) 由于矿物形状一般比较特殊：有纤维状，有鳞片状；有粒状，也有土状；加之用户对产品的要求又很不一致，所以选矿方法众多，选矿设备也往往很特殊（详见第三十七篇选矿厂实例）；有些选矿名词术语也很特别，例如石棉选矿就需要专写一段专用名词术语（详见37.1.1.4）。

由于第三十七篇具有上述种种特殊性，所以它的各章绪论部分所占篇幅较多，编写内容和编排方式也与第三十六篇有别。

本册第三十六篇绪论、36.1磷矿选矿由肖云汉撰写；36.2硫矿选矿、36.3可溶性钾盐矿选矿和36.4硼矿及其他化工原料矿物的选矿由杨忠威撰写。全篇由杨忠威统一修改、黄大雨总审。评审人为化工部化学矿山局邓启儒。

本册第三十七篇37.1石棉选矿由于延棠、石大鑫撰写；37.2石墨选矿由崔越昭撰写；37.3金刚石选矿由袁楚雄、石大鑫撰写；37.4高岭土选矿由石大鑫、袁继祖撰写；37.5滑石选矿、37.7硅石和硅砂选矿、37.8硅灰石选矿由石大鑫撰写；37.6云母选矿由石大鑫、刘昌寅撰写。全篇经王廉勋审阅。

第三十六篇在编写过程中，得到了化工部化学矿山局、化工部化工矿山设计研究院、江苏锦屏磷矿、安徽江淮磷矿、山西灵邱磷矿、辽宁建平磷铁矿、黑龙江鸡西磷矿、山东五莲七宝山硫铁矿、南京云台山硫铁矿、广东阳春硫铁矿、四川石拱坝硫铁矿、江苏潭山硫铁矿、浙江龙游黄铁矿、四川雁门硫铁矿、云南思茅地区钾盐矿、辽宁凤城硼矿等单位和许多同志的大力支持和帮助，在此表示衷心的感谢！

书中的错误和不足之处，恳切地希望读者批评、指正。

编　者

1987年2月

前　言

我国是世界上矿产资源比较丰富、矿物种类众多的国家之一。在辽阔的国土上，蕴藏着多种多样的有色金属、黑色金属、稀贵金属矿产以及化工、建材等非金属矿产。这是发展我国国民经济的雄厚物质基础。

我国矿产资源多数矿石的有用组分含量较低、矿物组成较复杂，必须经过选矿才能提高有价成分含量。改善质量，将复杂共生矿中的多种矿物分离，以适应市场商品规格或下一步加工技术的要求。

选矿是改善矿物原料性质的经济有效方法。当前，我国每年有近亿吨的有色金属矿石和约一亿五千万吨黑色金属矿石，在冶炼前几乎全部需要选矿；化肥生产所需的磷、硫矿石以及建材等非金属矿石，也多半经选别后才能进一步加工或作为商品。可见，选矿在发展矿物原料工业中具有重要的地位。

新中国成立以来的三十多年中，选矿事业随着矿物原料工业的突飞猛进而迅速发展。全国大型重点选矿厂，中、小型选矿厂星罗棋布；设置选矿专业的大专院校有二十多所；部、省属科研、设计院所有百余个；从事选矿事业的科学技术人员不下十万人，建立了一支完整的选矿科技队伍。在这三十多年的科研、设计、生产实践过程中，充实了理论，革新了工艺，增加了选矿药剂品种，创造了独特的重选设备，有益元素综合利用取得了许多颇有成效的进展，形成了符合我国矿产资源特点的选矿技术。一些难选矿种的选矿技术已进入世界先进行列，如锡、钨细泥的处理等。选矿技术水平不断提高，应用领域不断扩大。

为了提高我国在选矿科研、设计、生产方面的水平和总结经验，推动选矿事业的进一步发展，中国金属学会选矿学术委员会于1983年8月决定组织编写中国第一部选矿专业大型工具书——《选矿手册》。由选矿学术委员会组成《选矿手册》编辑委员会主持编写工作，并成立了相应的编写组。参加撰写工作的有国内具有几十年教学、科研、设计、生产经验的专家、教授、高级工程师、工程师几百人。在整个编写过程中实行三级审核规定，严格贯彻“主编责任制”和“编辑委员会最终审定制”。

《选矿手册》共分八卷、三十七篇，按十四个分册陆续出版。全书出版字数约为450万字。考虑到选煤另有专著，本《手册》不包括煤的洗选。《选矿手册》的内容有：总论、选矿前准备、选矿方法、产品处理及辅助作业、试验技术与选矿过程检测、数模和工艺过程控制、选矿厂设计、选矿实践等。

《选矿手册》是一部供初、中级以上选矿工作者及有关人员使用的工具书。编入了较成熟的选矿理论、方法、工艺、药剂、设备和生产实践，内容丰富，实践性强。本《手册》参阅了国内外上万篇文献，收集了上千个厂、矿的生产实践资料，理论与实践兼备，以实践为主。选材以国内为主，同时辅以典型的国外资料，体现了近代选矿科学技术水平。是一部具有中国特色的《选矿手册》。

在《手册》编写过程中，得到了冶金工业部、中国有色金属工业总公司、化学工业部、国家建筑材料工业总局、地质矿产部、核工业部等及其所属的二十多个有关单位的大力支持，并得到了中国金属学会、中国有色金属学会，中国有色金属工业总公司生产部、化学工业部化学矿山局、鞍钢矿山公司及所属东鞍山烧结总厂、齐大山选矿厂、大孤山选矿厂、弓长岭选矿厂、矿山设计院、矿山研究所、中国有色金属工业总公司广州分公司等的积极资助，在此，表示衷心的感谢！

《选矿手册》编辑委员会

《选矿手册》总目

第一卷　总　　论

第一篇　选矿概论
第二篇　矿产资源
第三篇　工艺矿物学

第二卷　选矿前准备

第一分册
第四篇　配　矿
第五篇　洗　矿
第六篇　筛　分
第七篇　破　碎
第二分册
第八篇　分　级
第九篇　磨　矿

第三卷　选矿方法

第一分册
第十篇　拣　选
第十一篇　重　选
第二分册
第十二篇　浮　选
第十三篇　浮选药剂
第三分册
第十四篇　磁　选

第十五篇　电　选
第十六篇　特殊选矿
第十七篇　化学选矿

第四卷　产品处理及辅助作业

第十八篇　物料脱水
第十九篇　物料输送
第二十篇　物料贮存

第五卷　试验技术与选矿过程检测

第二十一篇　取　样
第二十二篇　试验技术
第二十三篇　选矿过程检测

第六卷　数模和工艺过程控制

第二十四篇　选矿数模和模拟
第二十五篇　选矿工艺过程控制

第七卷　选矿厂设计

第二十六篇　设计前准备
第二十七篇　设计程序
第二十八篇　工艺流程及设备选择原则
第二十九篇　总平面及设备配
第三十篇　技术经济及其管理
第三十一篇　环境保护

第八卷　选矿实践

第一分册
第三十二篇　有色金属选矿实践
第一章　铜的选矿

第二章　铅锌多金属选矿
第三章　镍的选矿

第二分册

第四章　锡矿选矿
第五章　钨矿选矿
第六章　钼的选矿
第七章　锑矿选矿
第八章　汞矿选矿

第三分册

第三十三篇　稀、贵金属矿选矿
第一章　铍锂矿选矿
第二章　钽铌矿选矿
第三章　钛、锆矿选矿
第四章　稀土矿选矿
第五章　金银矿选矿
第六章　铂族金属元素选矿
第七章　铀矿选矿

第四分册

第三十四篇　黑色金属及辅助材料
第三十五篇　二次资源的利用

第五分册

第三十六篇　化工原料矿物选矿
第三十七篇　建材非金属矿选矿

MINERAL PROCESSING HANDBOOK
CONTENTS

Volume 1 Introduction
Section 1 General Aspects
Section 2 Mineral Resources
Section 3 Process Mineralogy
Volume 2 Preparations for Concentration
Part 1
Section 4 Blending
Section 5 Washing
Section 6 Screening
Section 7 Crushing
Part 2
Section 8 Classification
Section 9 Grinding
Volume 3 Concentration Methods
Part 1
Section 10 Ore Sorting
Section 11 Gravity Concentration
Part 2
Section 12 Flotation
Section 13 Flotation Reagents
Part 3
Section 14 Magnetic Separation
Section 15 Electrostatic Separation

Section 16 Special Separations

Section 17 Chemical Beneficiation

Volume 4 Products Treatment and Materials Handling

Section 18 Dewatering

Section 19 Transport

Section 20 Stockpile

Volume 5 Experimental Techniques and Process Monitoring

Section 21 Sampling

Section 22 Experimental Techniques

Section 23 Process Monitoring

Volume 6 Mathematical Modeling and Process Control

Section 24 Mathematical Modeling and Process Simulation

Section 25 Process Control

Volume 7 Plant Design

Section 26 Preparatory Work

Section 27 Design Procedure

Section 28 Principles for Selection of Technological Flowsheets and Equipment

Section 29 General Layout and Equipment Installation

Section 30 Techno-economic Management

Section 31 Environmental Protection

Volume 8 Plant Practice

Part 1

Section 32 Processing of Non-ferrous Metal Ores

Chapter 1 Processing of Copper Ores

Chapter 2 Processing of Lead and Zinc Multi-metallic Ores

Chapter 3 Processing of Nickel Ores

Part 2

Chapter 4 Processing of Tin Ores
Chapter 5 Processing of Tungsten Ores
Chapter 6 Processing of Molybdenum Ores
Chapter 7 Processing of Antimony Ores
Chapter 8 Processing of Mercury Ores
Part 3
Section 33 Processing of Rare and Precious Metal Ores
Chapter 1 Processing of Beryllium and Lithium Ores
Chapter 2 Processing of Tantalum and Niobium Ores
Chapter 3 Processing of Titanium and Zirconium Ores
Chapter 4 Processing of Rare-earth Ores
Chapter 5 Processing of Cold and Silver Ores
Chapter 6 Processing of Platinum Group Metal Ores
Chapter 7 Processing of Uranium Ores
Part 4
Section 34 Treatment of Ferrous Metal Ores and Auxiliary Materials
Section 35 Utilization of Secondary Resources
Part 5
Section 36 Processing of Minerals for Chemical Industry
Section 37 Processing of Non-metallic Ores for Building Materials

Chapter 4 Processing of Tin Ores
Chapter 5 Processing of Tungsten Ores
Chapter 6 Processing of Molybdenum Ores
Chapter 7 Processing of Antimony Ores
Chapter 8 Processing of Mercury Ores
Part 3
Section 33 Processing of Rare and Precious Metal Ores
Chapter 1 Processing of Beryllium and Lithium Ores
Chapter 2 Processing of Tantalum and Niobium Ores
Chapter 3 Processing of Titanium and Zirconium Ores
Chapter 4 Processing of Rare-earth Ores
Chapter 5 Processing of Gold and Silver Ores
Chapter 6 Processing of Platinum Group Metal Ores
Chapter 7 Processing of Uranium Ores
Part 4
Section 34 Treatment of Ferrous Metal Ores and Auxiliary Materials
Section 35 Utilization of Secondary Resources
Part 5
Section 36 Processing of Minerals for Chemical Industry
Section 37 Processing of Nonmetallic Ores for Building Materials

第八卷　第五分册目录

36　化工原料矿物选矿

36.0　绪论 ……………………………………………………… 3
36.1　磷矿选矿 ………………………………………………… 6
36.1.1　磷矿物、磷矿石和磷矿床 …………………………… 6
36.1.1.1　磷矿物 ………………………………………………… 6
36.1.1.2　磷矿石 ………………………………………………… 10
36.1.1.3　磷矿床 ………………………………………………… 13
36.1.2　中国磷矿资源现状和特征 …………………………… 14
36.1.2.1　现状 …………………………………………………… 14
36.1.2.2　特征 …………………………………………………… 15
36.1.3　磷肥加工对磷矿石质量的要求 ……………………… 17
36.1.4　磷矿选矿实践 ………………………………………… 21
36.1.4.1　岩浆岩型磷灰石矿 …………………………………… 21
36.1.4.2　沉积型硅质磷块岩矿 ………………………………… 31
36.1.4.3　沉积型钙质磷块岩矿 ………………………………… 39
36.1.4.4　沉积型硅（钙）—钙（硅）质磷块岩矿 …………… 57
36.1.4.5　变质型磷灰岩矿 ……………………………………… 87
36.1.4.6　磷矿石中伴生矿物的综合回收 ……………………… 114
36.1.5　磷矿选矿工艺技术进展 ……………………………… 124
36.2　硫矿选矿 ………………………………………………… 128
36.2.1　硫矿物、硫矿石和硫矿床 …………………………… 128
36.2.1.1　硫矿物 ………………………………………………… 128
36.2.1.2　硫矿石 ………………………………………………… 129
36.2.1.3　硫矿床 ………………………………………………… 132
36.2.2　中国的硫矿资源 ……………………………………… 133

36.2.2.1 黄铁矿（硫铁矿） …… 133
36.2.2.2 伴生黄铁矿（硫铁矿） …… 135
36.2.2.3 自然硫资源 …… 136
36.2.3 硫酸生产对硫矿石质量的要求 …… 136
36.2.4 硫矿选矿实践 …… 137
36.2.4.1 硅酸盐型硫铁矿 …… 139
36.2.4.2 碳酸盐型硫铁矿 …… 157
36.2.4.3 煤系硫铁矿型 …… 166
36.2.4.4 自然硫型 …… 170
36.2.4.5 磁黄铁矿型 …… 178
36.2.4.6 多金属伴生硫铁矿的回收 …… 183
36.3 可溶性钾盐矿的选矿 …… 202
36.3.1 钾盐矿物、矿石和矿床 …… 202
36.3.1.1 钾盐矿物 …… 202
36.3.1.2 钾盐矿石 …… 207
36.3.1.3 钾盐矿床 …… 207
36.3.2 中国的钾盐资源 …… 210
36.3.3 钾肥生产对钾盐质量的要求 …… 211
36.3.4 可溶性钾盐矿选矿（加工）实践 …… 214
36.3.4.1 可溶性固态钾盐矿床 …… 214
36.3.4.2 含钾盐湖卤水 …… 235
36.4 硼矿及其他化工原料矿物的选矿 …… 249
36.4.1 硼矿选矿 …… 249
36.4.1.1 硼矿物、硼矿石和硼矿床 …… 249
36.4.1.2 中国的硼矿资源 …… 257
36.4.1.3 硼砂（酸）生产对硼矿石质量的要求 …… 257
36.4.1.4 硼矿选矿实践 …… 258
36.4.2 明矾石矿选矿 …… 291
36.4.2.1 明矾石矿的一般性质和用途 …… 291
36.4.2.2 中国的明矾石矿资源 …… 292
36.4.2.3 明矾石矿的加工对矿石质量的要求 …… 293
36.4.2.4 明矾石矿选矿试验 …… 293

36.4.3 天青石矿选矿 …… 309
36.4.3.1 天青石矿的一般性质和用途 …… 309
36.4.3.2 中国的天青石矿资源 …… 309
36.4.3.3 天青石矿的加工对矿石质量的要求 …… 310
36.4.3.4 天青石矿选矿实践 …… 310
参考文献 …… 323

37 建材非金属矿选矿

37.1 石棉选矿 …… 329
37.1.1 绪论 …… 329
37.1.1.1 矿物性质和用途 …… 329
37.1.1.2 资源、生产和消费 …… 329
37.1.1.3 产品质量标准和检验方法 …… 329
37.1.1.4 石棉选矿专用名词术语 …… 338
37.1.1.5 主要选矿方法和副产品回收 …… 339
37.1.2 选矿厂实例 …… 340
37.1.2.1 中国纵纤维温石棉干法选矿厂 …… 340
37.1.2.2 中国横纤维温石棉干法选矿厂 …… 349
37.1.2.3 中国角闪石石棉干法选矿厂 …… 352
37.1.2.4 世界温石棉干法选矿厂 …… 354
37.1.3 国内外石棉选矿厂、公司等汇总表 …… 367
37.2 石墨选矿 …… 368
37.2.1 绪论 …… 368
37.2.1.1 矿物性质和用途 …… 368
37.2.1.2 矿床类型 …… 372
37.2.1.3 资源、生产和消费 …… 372
37.2.1.4 产品质量标准 …… 375
37.2.1.5 主要选矿方法和副产品回收 …… 375
37.2.2 选矿厂实例 …… 385
37.2.2.1 鳞片石墨选矿厂 …… 385
37.2.2.2 隐晶质石墨选矿厂 …… 403

37.2.3 国内外石墨选矿技术经济等汇总表 …… 409
37.3 金刚石选矿 …… 410
37.3.1 绪论 …… 410
37.3.1.1 矿物性质和用途 …… 410
37.3.1.2 资源、生产和消费 …… 412
37.3.1.3 产品质量标准和检验方法 …… 413
37.3.1.4 主要选矿方法和副产品回收 …… 417
37.3.2 选矿厂实例 …… 419
37.3.2.1 金刚石原生矿选矿厂 …… 419
37.3.2.2 金刚石砂矿选矿厂 …… 430
37.3.3 国内外金刚石选矿厂、公司等汇总表 …… 438
37.4 高岭土选矿 …… 443
37.4.1 绪论 …… 443
37.4.1.1 矿物性质和用途 …… 443
37.4.1.2 资源、生产和消费 …… 444
37.4.1.3 产品质量标准，白度和亮度定义 …… 450
37.4.1.4 主要选矿方法和副产品回收 …… 454
37.4.2 选矿厂实例 …… 454
37.4.2.1 观山选矿厂 …… 454
37.4.2.2 沃维林·波钦公司（英国） …… 457
37.4.2.3 恩格尔哈德矿物及化学公司（美国） …… 459
37.4.3 世界主要高岭土公司汇总表 …… 463
37.5 滑石选矿 …… 472
37.5.1 绪论 …… 472
37.5.1.1 矿物性质和用途 …… 472
37.5.1.2 资源、生产和消费 …… 473
37.5.1.3 产品质量标准 …… 476
37.5.1.4 主要选矿方法和副产品回收 …… 480
37.5.2 选矿厂实例 …… 481
37.5.2.1 海城滑石矿 …… 481
37.5.2.2 约翰逊滑石矿（美国） …… 487

37.5.2.3　沙布罗夫斯克滑石矿（苏联） …… 487
37.5.2.4　古舍欧公司滑石微粉生产车间（意大利） …… 489
37.5.3　世界主要滑石公司汇总表 …… 490
37.6　云母选矿 …… 505
37.6.1　绪论 …… 505
37.6.1.1　矿物性质和用途 …… 505
37.6.1.2　资源和生产 …… 507
37.6.1.3　产品质量标准 …… 509
37.6.2　选矿厂实例 …… 510
37.6.2.1　丹巴云母矿选矿厂 …… 510
37.6.2.2　风化云母伟晶岩选矿厂（美国） …… 513
37.6.2.3　汉诺威市碎云母加工厂（西德） …… 514
37.6.3　中国主要云母矿片云母生产技术经济指标 …… 515
37.7　硅石和硅砂选矿 …… 517
37.7.1　绪论 …… 517
37.7.1.1　矿物性质和用途 …… 517
37.7.1.2　资源 …… 517
37.7.1.3　产品质量标准 …… 518
37.7.1.4　主要选矿方法和副产品回收 …… 518
37.7.2　选矿厂实例和选矿研究 …… 520
37.7.2.1　德尔蒙特产业公司选矿厂（美国） …… 520
37.7.2.2　拉缅斯克选矿厂（苏联） …… 523
37.7.2.3　山岗镇乳浊水处理中心选矿厂（日本） …… 525
37.7.2.4　中国选矿研究 …… 526
37.8　硅灰石选矿 …… 529
37.8.1　绪论 …… 529
37.8.1.1　矿物性质和用途 …… 529
37.8.1.2　资源、生产和消费 …… 529
37.8.1.3　产品质量标准 …… 529
37.8.1.4　主要选矿方法及副产品回收 …… 529
37.8.2　选矿厂实例和选矿研究 …… 529
37.8.2.1　弗克斯·克诺尔矿（美国） …… 529

37.8.2.2　范立锡矿（芬兰）……529
37.8.2.3　中国选矿研究……537
参考文献……539

Volume 8—Part 5

Contents

36 Processing of Minerals for Chemical Industry

36.0 Introduction ······ 3
36.1 Processing of Phosphorus Ores ······ 6
36.1.1 Phosphorus Minerals, Ores and Deposits ······ 6
36.1.1.1 Phosphorus Minerals ······ 6
36.1.1.2 Phosphorus Ores ······ 10
36.1.1.3 Phosphorus Deposits ······ 13
36.1.2 Status Quo and Features of Phosphorus Resources in China ······ 14
36.1.2.1 Status Quo ······ 14
36.1.2.2 Features ······ 15
36.1.3 Quality Requirements of Phosphorus Ores for Fertilizer Production ······ 17
36.1.4 Practice of Phosphorus Ore Processing ······ 21
36.1.4.1 Magmatic Apatite Ores ······ 21
36.1.4.2 Sedimentary Siliceous Phosphate Rocks ······ 31
36.1.4.3 Sedimentary Calcareous Phosphate Rocks ······ 39
36.1.4.4 Sedimentary Siliceous/Calcareous-Calcareous/Siliceous Phosphate rocks ······ 57
36.1.4.5 Metamorphic Apatite Ores ······ 87
36.1.4.6 Comprehensive Recovery of Associated Minerals from Phosphorus Ores ······ 114

36. 1. 5 Technical Progress in Processing of Phosphorus Ores ······ 124

36. 2 Processing of Sulphur Ores ······ 128

36. 2. 1 Sulphur Minerals, Ores and Deposits ······ 128

36. 2. 1. 1 Sulphur Minerals ······ 128

36. 2. 1. 2 Sulphur Ores ······ 129

36. 2. 1. 3 Sulphur Deposits ······ 132

36. 2. 2 Sulphur Ore Resources in China ······ 133

36. 2. 2. 1 Sulphur ore (pyrite) ······ 133

36. 2. 2. 2 Accompany sulphur ore (pyrite) ······ 135

36. 2. 2. 3 Natural sulphur resources ······ 136

36. 2. 3 Quality Requirements of Sulphur Ores for Sulp-huric Acid Production ······ 136

36. 2. 4 Practice of Sulphur Ore Processing ······ 137

36. 2. 4. 1 Silicate Type Pyritic Ores ······ 139

36. 2. 4. 2 Carbonate Type Pyritic Ores ······ 157

36. 2. 4. 3 Coal Deposited Pyritic Ores ······ 166

36. 2. 4. 4 Native Sulphur Ores ······ 170

36. 2. 4. 5 Pyrrhotite Ores ······ 178

36. 2. 4. 6 Recovery of Associated Pyrite from Multi metallic Ores ······ 183

36. 3 Processing of Soluble Potassic Ores ······ 202

36. 3. 1 Potash Minerals, Ores and Deposits ······ 202

36. 3. 1. 1 Potash Minerals ······ 202

36. 3. 1. 2 Potash Ores ······ 207

36. 3. 1. 3 Potash Deposits ······ 207

36. 3. 2 Potassium Ore Resources in China ······ 210

36. 3. 3 Quality Requirements of Potash Salts for Fertilizer

Production ··· 211
36.3.4 Practice of Soluble Potassic Ore Processing ··· 214
36.3.4.1 Soluble Solid Potash Deposits ··· 214
36.3.4.2 Potash-bearing Brine from Salt Lakes ··· 235
36.4 Processing of Boron and Other Ores for Chemical Industry ··· 249
36.4.1 Processing of Boron Ores ··· 249
36.4.1.1 Boron Minerals, Ores and Deposits ··· 249
36.4.1.2 Boron Ore Resources in China ··· 256
36.4.1.3 Quality Requirements of Boron Ores for Making Borax or Boric Acid ··· 257
36.4.1.4 Practice of Boron Ore Processing ··· 258
36.4.2 Processing of Alunite Ores ··· 291
36.4.2.1 General Properties and Uses of Alunite ··· 291
36.4.2.2 Alunite Ore Resources in China ··· 292
36.4.2.3 Quality Requirements of Alunite Ores for Its Proces sing ··· 293
36.4.2.4 Practice of Alunite Ore Processing ··· 293
36.4.3 Processing of Celestite Ores ··· 309
36.4.3.1 General Properties and Uses of Celestite ··· 309
36.4.3.2 Celestite Ore Resources in China ··· 309
36.4.3.3 Quality Requirements of Celestite Ores for Its Processing ··· 310
36.4.3.4 Practice of Celestite Ore Processing ··· 310
References ··· 323

37 Processing of Non-metallic Ores for Building Materials

37.1 Processing of Asbestos Ores ········ 329
37.1.1 Introduction ········ 329
37.1.1.1 Properties and Uses of Asbestos Minerals ········ 329
37.1.1.2 Resources, Production and Consumption ········ 329
37.1.1.3 Quality Standards and Inspection Methods of Products ········ 329
37.1.1.4 Special Terms for Asbestos Ore Processing ········ 338
37.1.1.5 Principal Processing Methods and Recovery of By-products ········ 339
37.1.2 Plant Practice ········ 340
37.1.2.1 Dry Processing Plants of Longitudinal Fibre Chrysotile Ores in China ········ 340
37.1.2.2 Dry Processing Plants of Transverse Fibre Chrysotile Ores in China ········ 349
37.1.2.3 Dry Processing Plants of Byssolite Ores in China ········ 352
37.1.2.4 Dry Processing Plants of Chrysotile Ores in the World ········ 354
37.1.3 Summary of Selected Asbestos Ore Processing Plants and Companies in China and Abroad ········ 367
37.2 Processing of Graphite Ores ········ 368
37.2.1 Introduction ········ 368
37.2.1.1 Properties and Uses of Graphite Minerals ········ 368
37.2.1.2 Types of Deposits ········ 372
37.2.1.3 Resources, Production and Consumption ········ 372
37.2.1.4 Quality Standards of Products ········ 375

37.2.1.5 Principal Methods of Mineral Processing and Recovery of By-products ······ 375

37.2.2 Plant Practice ······ 385

37.2.2.1 Plants for Flake Graphite Ores ······ 385

37.2.2.2 Plants for Cryptocrystalline Graphite Ores ······ 403

37.2.3 Summary of Performances of Selected Graphite Ore Processing Plants in China and Abroad ······ 409

37.3 Processing of Diamond Ores ······ 410

37.3.1 Introduction ······ 410

37.3.1.1 Properties and Uses of Diamond Minerals ······ 410

37.3.1.2 Resources, Production and Consumption ······ 412

37.3.1.3 Quality Standards and Inspection Methods of Products ······ 413

37.3.1.4 Principal Methods of Mineral Processing and Recovery of Byproducts ······ 417

37.3.2 Plant Practice ······ 419

37.3.2.1 Plants for Primary Diamond Ores ······ 419

37.3.2.2 Plants for Placer Diamond Ores ······ 430

37.3.3 Summary of Selected Diamond Ore Processing Plants and Companies in China and Abroad ······ 438

37.4 Processing of Kaolin Ores ······ 443

37.4.1 Introduction ······ 443

37.4.1.1 Properties and Uses of Kaolin Minerals ······ 443

37.4.1.2 Resources, Production and Consumption ······ 444

37.4.1.3 Quality Standards, Whiteness and Brightness of Products ······ 450

37.4.1.4 Principal Methods of Mineral Processing and Recovery of By-products ······ 454

37.4.2 Plant Practice …… 454
37.4.2.1 Guanshan Plant (China) …… 454
37.4.2.2 English Clays Lovering. Pochin & Co. Ltd. (UK) …… 457
37.4.2.3 Engelhard Minerals & Chemicals Co. (USA) …… 459
37.4.3 Summary of Major Kaolin Companies in the World …… 463
37.5 Processing of Talc Ores …… 472
37.5.1 Introduction …… 472
37.5.1.1 Properties and Uses of Talc Minerals …… 472
37.5.1.2 Resources, Production and Consumption …… 473
37.5.1.3 Quality Standards of Products …… 476
37.5.1.4 Principal Methods of Mineral processing and Recovery of By-products …… 480
37.5.2 Plant Practice …… 481
37.5.2.1 Haicheng Talc Mine (China) …… 481
37.5.2.2 Johnson Talc Mine (USA) …… 487
37.5.2.3 Sabunovsk Talc Mine (USSR) …… 487
37.5.2.4 Fine Talc Powder Shop, Guseu Co. (Italy) …… 489
37.5.3 Summary of Major Talc Companies in the World …… 490
37.6 Processing of Mica Ores …… 505
37.6.1 Introduction …… 505
37.6.1.1 Properties and Uses of Mica Minerals …… 505
37.6.1.2 Resources and Production …… 507
37.6.1.3 Quality Standards of Products …… 509
37.6.2 Plant Practice …… 510
37.6.2.1 Danba Mica Plant (China) …… 510
37.6.2.2 Weathering Mica-Pegmatite Plant (USA) …… 513

37.6.2.3 Hannover City Micafine (FRG) ······ 514
37.6.3 Production Performances of China's Major Sheet Mica Plants ······ 515
37.7 Processing of Silica and Siliceous Sand ······ 517
37.7.1 Introduction ······ 517
37.7.1.1 Properties and Uses ······ 517
37.7.1.2 Resources ······ 517
37.7.1.3 Quality Standards of Products ······ 518
37.7.1.4 Principal Methods of Processing and Recovery of By-products ······ 518
37.7.2 Plant Practice and Beneficiation Research ······ 520
37.7.2.1 Delmont Plant (USA) ······ 520
37.7.2.2 Lamenck Plant (USSR) ······ 523
37.7.2.3 Plant of Sangon Town Emulsion Treatment Centre (Japan) ······ 525
37.7.2.4 Research Work in China ······ 526
37.8 Processing of Wollastonite ······ 529
37.8.1 Introduction ······ 529
37.8.2 Plant Practice and Beneficiation Research ······ 529
37.8.2.1 Fox Knoll Mine (USA) ······ 529
37.8.2.2 Finish Mine (Finland) ······ 529
37.8.2.3 Research Work in China ······ 537
References ······ 539

36　化工原料矿物选矿

36.0　绪论

中国开采和利用化工原料矿物的历史，可以追溯到一千二百多年前的唐朝，当时就已经在今安徽省的庐江县以明矾石矿为原料采用水浸法炼制明矾，这一古老的传统工艺一直绵延至今。自宋代开始，中国便能够从黄铁矿中提取硫磺了。磷矿石的开采，始于1919年，由私人在江苏锦屏经营磷矿。新中国成立以后，随着中国化学工业的发展，化工矿山事业也迅速发展起来。建设了江苏锦屏磷矿、安徽向山硫铁矿、贵州开阳磷矿、云南昆阳磷矿、四川金河磷矿、湖南浏阳磷矿、辽宁五〇一硼矿、安徽庐江矾矿、浙江平阳矾矿、广东英德硫铁矿和榆山石灰石矿等十八个大、中型企业；正在建设湖北荆襄磷矿、广东云浮硫铁矿、内蒙古炭窑口硫铁矿等一批重点企业。第一座大型钾肥生产基地——青海钾肥厂建厂准备工作也已就绪。目前全国已有县以上国营矿山企业180余个，职工近12万人，还有一大批集体所有制的小型矿山。主要矿产品产量增长很快，磷矿年产量已由1950年的1.0万吨增长到1984年的1400万吨，硫铁矿年产量已由1950年的9.8万吨增长到1984年的800万吨。其他如硼矿、石灰石矿、明矾石矿等也基本上能够适应化学加工部门的需要。有的化工矿产品还远销国外。

从20世纪50年代起，国内许多科研、设计和生产单位，针对中国化工原料矿产资源的特点，曾以不同的选矿方法，在不同规模的条件下进行试验研究和生产实践，从而制订了具有中国特色的选矿工艺流程。

磷矿选矿　中国的磷矿储量虽居世界第四位，但80%以上属于嵌布粒度细、有害杂质(特别是氧化镁)含量高的中、低品位沉积型磷块岩矿石，选别难度大。通过对湖北荆襄王集、湖北宜昌、湖南石门、江西朝阳、陕西何家岩、贵州瓮福、云南海口等地不同类型磷矿石的大量试验室研究和中间规模试验，提出了如下几种主要工艺流程：

以 S-BOS 为抑制剂的直接浮选工艺流程，选别王集、朝阳、石门等硅钙质磷块岩矿石；

以焙烧—消化—分级(或辅以碳化浮选)流程，选别何家岩、瓮福等磷矿石和王集一层矿矿石；

以先脱除碳酸盐矿物、再进行磷矿物和硅质物分离的"反—正"浮选流程，选别海口磷矿下层矿和王集一层矿矿石；

以硫酸或磷酸为调整(抑制)剂的酸性介质反浮选工艺流程，选别瓮福英坪、磨坊矿段 *b* 层矿矿石；

以选择性破碎、筛分、擦洗、脱泥、浮选流程，选别海口磷矿上层矿矿石；

先经破碎、筛分，再以光电选矿法选别粗粒矿、浮选法选别细粒矿的联合流程，选别开阳马路坪矿段磷矿和湖北宜昌丁家河磷矿等。

硫铁矿选矿　硫铁矿是中国当前开采利用的主要的硫资源，其储量为世界第一位，但 95% 以上亦为中、低品位的矿石。单一硫铁矿石的碱性浮选流程，已在一批大、中型浮选厂采用，并对其浮选药剂作用机理开展了研究；采用无氰工艺选别内蒙古炭窑口多金属硫化矿的研究成果，正在向工业生产过渡；采用重选法回收储量巨大的煤系硫铁矿，已引起广泛重视。

可溶性钾盐矿选矿　中国的可溶性钾盐矿，含钾品位低、储量少，且 97% 以上集中于青海盐湖。尽管条件困难，对可溶性钾盐矿和含钾盐湖卤水的开发利用，仍在积极进行。以阳离子胺盐为捕收剂浮选云南思茅钾石盐矿已进行着小规模的生产；以冷分解——浮选法加工盐田光卤石制取氯化钾的工艺流程，将在青海钾肥厂采用。

硼矿选矿　中国硼矿石的储量居世界第五位，除硼镁石矿外，绝大部分是目前尚难加工处理的硼镁铁矿石。依据国内硼矿资源的这种特点，进行了多种选别方法的研究。如采用浮选法、磁选法或浮选—磁选联合法选别硼镁石矿；采用磁选—重选—分级—化工联合法处理硼镁铁矿；采用焙烧—消化法处理碳酸盐型硼矿以及采用磁选或磁选—重选联合流程选别锰方硼石矿等，都取得了较好的试验研究结果。

其他化工原料矿物，如明矾石、天青石、钾长石的选别或加工，也进行过试验室范围的试验研究，并提出了相应的工艺流程。

所有这些科研成果和生产实践，都为中国化工原料矿物选矿的发展，积累了宝贵的经验和丰富的资料，也为振兴中国化工矿山事业，奠定了可靠的技术基础。

36.1　磷矿选矿

磷矿是重要的化工原料矿物，主要用以制取磷肥，约占其总产量的80%以上。余则用于生产黄磷、赤磷、磷酸和其他磷制品，作为冶金、食品、纺织、火柴、染料、玻璃、陶瓷、医药和国防等工业的原料。

磷是植物生长所需要的物质。磷肥可促使作物根系发达、颗粒饱满，增强作物的抗寒性和抗旱性，从而促进作物的生长和发育，提高作物的产量，改善作物的品质。

随着磷肥施用量的增加，近十年来，对磷矿的需求量以每年1.8%的比率增加。据1983年统计，全世界磷矿石产量达13448.9万吨，其中中国约占十分之一，为1283万吨。详见表36.1.1。预计到1995年，世界磷矿需求量将达2.13亿吨。但由于易采、易选的富矿日益减少，因此，在进一步勘探新的磷矿资源的同时，对现有地质条件复杂的磷矿床的开采以及研究有效而经济地富集品位低、成分杂、嵌布细的磷矿石的方法，引起了世界各国的普遍关注。尤其对氧化镁含量高的磷矿石的选别，更为瞩目，从而推动了磷矿选矿技术的较大发展。

36.1.1　磷矿物、磷矿石和磷矿床

36.1.1.1　磷矿物

自然界已知的磷酸盐矿物有120多种，但目前能够作为磷矿资源利用的，主要是钙的磷酸盐类。苏联Г.И.布申斯基(Бушинский)将其分为五类：氟磷灰石、羟磷灰石、碳磷灰石、细晶磷灰石和库尔斯克石。其各自的化学组分，列于表36.1.2。中国科学院地质研究所研究了中国一些重要的磷矿床，发现其中钙

磷酸盐矿物的化学组成介于表36.1.2所列氟磷灰石和细晶磷灰石与库尔斯克石之间，并证明氟磷灰石中的磷酸根$(PO_4)^{3-}$被碳酸根$(CO_3)^{2-}$类质同象替代是连续的。因之，统称为碳氟磷灰石。依据其中CO_2含量的差异，将碳氟磷灰石分为五种不同的类

表36.1.1 世界主要磷矿生产国磷矿石产量(万t)

年份	国别						
	美 国	苏 联	摩洛哥	中 国	突尼斯	巴 西	南 非
1982年	3741.4	2602	1786	1172.8	419.6	273.2	317.3
1983年	4257.3	2650	2010.6	1283	619.6	320.8	274.4
年份	国别						
	多 哥	塞内加尔	圣诞岛	秘 鲁	以色列	其 他	总 计
1982年	203.5	124.7	136.5	135.9	271.1	1012.6	12196.6
1983年	208.1	152.2	106.6	168.4	296.9	1101	13448.9

表36.1.2 磷酸盐矿物分类

矿物名称	化学式	化学组分(%)						
		P_2O_5	CaO	CO_2	CaF_2	$Ca(OH)_2$	F:P_2O_5	CO_2:P_2O_5
氟磷灰石	$Ca_{10}P_6O_{24}F_2$	42.23	50.03	—	7.74	—	0.09	—
羟磷灰石	$Ca_{10}P_6O_{24}(OH)_2$	42.40	50.32	—	—	7.37	—	—
碳磷灰石	$Ca_{10}P_5CO_{24}(OH)_2$	35.97	48.31	4.46	—	11.26	—	0.12
细晶磷灰石	$Ca_{10}P_{5.2}C_{0.8}O_{23.2}F_{1.8}(OH)$	37.14	45.52	3.54	7.07	3.73	0.09	0.09
库尔斯克石	$Ca_{10}P_{4.8}C_{1.2}O_{22.8}F_2(OH)_{1.2}$	34.52	47.52	5.35	7.91	4.50	0.11	0.16

型：氟磷灰石、微碳氟磷灰石、低碳氟磷灰石、碳氟磷灰石和高碳氟磷灰石。详见表36.1.3。

主要的磷矿物的物理—化学特性，简述如下：

氟磷灰石：化学式为 $Ca_{10}P_6O_{24}F_2$，主要化学组分是：$P_2O_5$42.23%、CaO50.03%、F3.8%、不含 CO_2。密度 3.199 克/厘米^3。晶体呈六方柱或六方锥形，也有呈板状、长柱状或针状。颗粒大小自零点几毫米至几十毫米不等。颜色呈无色透明或乳白色等。硬度不大。它主要分布在岩浆岩型和变质岩型的磷矿石

表36.1.3　磷矿床

矿物名称	化学式	化学组分(%)				
		CaO	P_2O_5	CO_2	F	H_2O
氟磷灰石	$Ca_{10}P_6O_{24}F_2$ | $Ca_{10}P_{5.9}C_{0.1}O_{23.9}(F,OH)_{2.1}$	56.08	42.58 ~ 41.87	0.00 ~ 0.44	3.80 ~ 3.61	0.00 ~ 0.18
微碳氟磷灰石	$Ca_{10}P_{5.9}C_{0.1}O_{23.9}(F,OH)_{2.1}$ | $Ca_{10}P_{5.75}C_{0.25}O_{23.75}(F,OH)_{2.25}$	56.08	41.87 ~ 40.81	0.44 ~ 1.10	3.80 ~ 3.42	0.09 ~ 0.45
低碳氟磷灰石	$Ca_{10}P_{5.75}C_{0.25}O_{23.75}(F,OH)_{2.25}$ | $Ca_{10}P_{5.5}C_{0.5}O_{23.5}(F,OH)_{2.5}$	56.08	40.81 ~ 39.04	1.10 ~ 2.20	3.80 ~ 3.42	0.27 ~ 0.63
碳氟磷灰石	$Ca_{10}P_{5.5}C_{0.5}O_{23.5}(F,OH)_{2.5}$ | $Ca_{10}P_{5.0}C_{1.0}O_{23}(F,OH)_{3.0}$	56.08	39.04 ~ 35.49	2.20 ~ 4.40	3.80 ~ 4.18	0.45 ~ 0.90
高碳氟磷灰石	$Ca_{10}P_{5.0}C_{1.0}O_{23}(F,OH)_{3.0}$ | $Ca_{10}P_{5-x}C_{1+x}O_{23-x}(F,OH)_{3+x}$	56.08	<35.49	>4.40	>3.80	>0.72

中。与氟磷灰石的结晶形态、特点相似的含磷矿物，还有氯磷灰石，其化学式为$Ca_{10}P_6O_{24}Cl_2$，密度为3.20克/厘米^3。这种氯磷灰石也产于岩浆岩型或变质岩型的磷矿石中，但量少。

碳氟磷灰石：化学式为$Ca_{10}(P, C)_6(O, F)_{26}$，其中F大于1%，$CO_2$大于1%。密度3.15~3.19克/厘米^3。呈六角板状自形晶或呈六角板状、柱状等半自形晶。它是沉积磷块岩的主要含磷矿物，有两种形态：一种是具有微细晶粒的集合体，呈泉华状、皮壳状等；另一种为"胶状"的非晶质集合体，俗称"胶磷矿"。

中磷矿物分类

折光率（平均）	重折率	密度（g/cm^3）	晶胞参数 A_0	晶胞参数 C_0	结晶习性	枸溶性 P_2O_5 含量（%）	地质产状
>1.628	0.005	3.200~3.170	9.36~9.38	6.88	粒状自形晶或柱状伟晶	极低~低	变质的沉积磷矿层（磷灰岩）中型矿床。内生成因（伟晶岩等）小型矿床
1.620~1.628	0.000~0.002	3.175~3.130	9.345~9.360	6.88	他形粒细晶粒及隐晶质或胶状	低~中	轻微变质的沉积磷块岩（大型矿床）；陆地表生成因（极少量）矿床。介质弱酸性海相沉积磷块岩（中小型）层状及结核状矿床，往往与大量有机质共生
1.615~1.620	无或极弱	3.150~3.135	9.33~9.345	6.88	隐晶质至胶状	中~高	介质近于中性的海相沉积磷块岩（大型层状矿床），往往产于黑色页岩与碳酸岩层中间
1.608~1.615	无	3.135~3.112	9.310~9.330	6.88	胶状	高~极高	介质弱碱性的海相沉积（中小型矿床），往往与碳酸盐矿物共生
<1.608	无	<3.112	<9.310	6.88	胶状	极高	成岩作用中形成的磷结核（中小型矿床）

后者是磷块岩中最主要的一种产状。

羟磷灰石：化学式为 $Ca_{10}P_6O_{24}(OH)_2$，密度 3.156 克/厘米^3。主要产于变质岩中。

碳磷灰石：化学式为 $Ca_{10}(P, C)_6(O, OH)_{26}$，其中 F 小于 1%，$CO_2$ 大于 1%。密度 2.96 ~ 3.10 克/厘米^3。它是一种分布广泛的钙磷酸盐矿物，但工业价值不大。

此外，还有两种比较重要的含磷矿物：一是产于各种不同的沉积物中的含水磷酸盐—蓝铁矿〔$Fe_3(PO_4)_2 \cdot 8H_2O$〕；一是产于泥盆纪磷块岩矿床中的磷铝锶石〔$SrAl(PO_4)_2 \cdot (OH)_5 \cdot H_2O$〕。前者在中国东北，规模较小，后者在中国四川，储量较大。

36.1.1.2　磷矿石

磷矿石按其成因可分为三种，即：磷灰石矿、磷块岩矿和磷灰岩矿。

A　磷灰石矿

磷灰石矿大多形成于岩浆结晶作用的后期。根据其赋存于不同岩体的差别，可分为若干种类型。详见表 36.1.4。

磷灰石矿的特点是 P_2O_5 含量较低，但晶体较粗大、完整，易于选别，且可综合利用伴生有益组分。这类矿石在世界磷矿总储量中，约占 20%。著名的大型选矿厂有：苏联希宾(Хибин)、巴西雅库皮兰加(Jacupiranga)、南非法拉博瓦(Phalaborwa)和芬兰西林佳维(Siilinjarvi)。经选别后，磷精矿品位均在 35% P_2O_5 以上，回收率都大于 80%，中国的马营磷矿亦属此类型。

B　磷块岩矿

磷块岩矿是世界磷矿资源中最主要的磷矿石，其储量占世界磷矿总储量的 74%。这类矿石的特点是矿层厚、品位高、规模大。但因含磷矿物为碳氟磷灰石，理论 P_2O_5 含量较低，且晶体细小；同时由细小晶体组成的如假鲕粒状等集合体中还含有数量不等、粒级不同的白云质等杂质，因而要求入选的粒度细、工艺流程较复杂，选别指标远较磷灰石矿为差。如苏联卡拉套(Kapa-Tay)磷矿和中国王集磷矿，都是这种类型磷矿石的典型代表。

表 36.1.4 磷灰石矿类型

类 型	特 征	实 例
碱性岩类磷灰石矿	产于碱性岩体中，是岩浆溶化分异的产物。P_2O_5 含量低	苏联希宾、中国辽宁
超基性、碱性岩类磷灰石矿	含矿岩石为硅酸盐和铝硅酸盐岩类，或为碳酸盐杂岩。 矿石储量巨大，含 $P_2O_5$3% ~4% 至 6% ~8%	北非、苏联科拉半岛、北美、南美巴西
基性、超基性岩类磷灰石矿	成矿母岩属辉长岩、辉石岩、纯橄榄岩建造。 P_2O_5 含量 3% ~8%，并含有 Fe、Ti、Pt 等元素	苏联远东、中国马营、阳原
中性岩类磷灰石矿	与中性岩(即闪长岩类岩石)的侵入体有关，计有岩浆交代型和接触交代型两类。前者含 $P_2O_5$1% ~2% 至 7% ~10%；后者含 $P_2O_5$5%	苏联、中国江苏锦屏
酸性岩类磷灰石矿	产于含有很多石英的花岗岩类岩石中，P_2O_5 含量 10% 以上，并含有 U、Th 和稀土元素	中国广西
伟晶岩类磷灰石矿	产于伟晶岩中，多具分带现象，磷灰石呈星散状或密集块状，与金云母共生，富含稀土元素	中国内蒙古、晋北、冀北
火山型磁铁矿—磷灰石矿	属于具有磷灰石、磁铁矿组合的沉积—火山岩磷灰石矿。通常 P_2O_5 含量小于 4%（偶尔有达 25% ~ 27% P_2O_5 者)、常含磁铁矿	苏联西伯利亚、瑞典、中国长江中、下游

按照组成矿物及结构等的差异，将世界上主要磷块岩沉积盆地的矿石类型，列于表 36.1.5 中。

C 磷灰岩矿

磷灰岩矿是经变质作用形成的磷矿石。在世界磷矿储量中，约占 4% 左右。沉积变质型磷灰岩矿，常产于早元古代的变质地

表 36.1.5　世界主要磷块岩沉积盆地矿石类型比较

矿石类型	磷块岩沉积盆地地区										
	蒙古库苏泊	中国中南部	中国西南部	苏联小卡拉套	苏联扎格得山	澳大利亚昆士兰	美国西部地区	苏联欧洲部分	北非东地中海	美国佛罗里达	美国加利福尼亚
	地质年代										
	震旦纪	震旦纪	早寒武纪	早寒武纪	早寒武纪	中寒武纪	二叠纪	晚侏罗纪 早白垩纪	晚白垩纪 早第三纪	晚第三纪	中新世
硅质—白云质碳酸盐型	主要	次要	次要	少量		少量			次要	少量	
硅质—粉砂—页岩型	次要	主要	主要	主要		主要	次要	次要		次要	
硅质岩—灰岩—砂页岩型	次要	次要	少量	次要	主要	次要	主要		少量		
火山灰岩—黏土岩型								少量	主要		
硅质岩—灰岩型									主要		
海绿石—砂页岩—磷结核型			少量					主要	少量		
硅质岩—火山岩型											
砂砾—磷结核型				少量						主要	次要
泥砂质—磷结核型										次要	主要

层中。在朝鲜北部、苏联外贝加尔、中国江苏、黑龙江、安徽、湖北等地均有赋存。这类矿石 P_2O_5 含量一般在3%～8%，富者可达10%～20%，经风化后，P_2O_5 含量增高。矿石呈层状、似层状，延伸稳定。可选性介于磷灰石矿与磷块岩矿之间。如中国江苏锦屏磷矿。

36.1.1.3 磷矿床

磷矿床主要有三种类型：岩浆岩型磷灰石矿床、沉积型磷块岩矿床和变质岩型磷灰岩矿床。它们遍布于世界绝大多数国家和地区。已发现储量超过亿吨的国家就有21个。详见表36.1.6（不包括中国）。

表36.1.6 世界主要国家磷矿石储量和资源简表

国别		摩洛哥	苏联	欧洲（苏联除外）	美国	南非	突尼斯	埃及	约旦	其他	全世界总计
磷矿石（亿t）	储量①	180.00	45.00	45.15	35.70	30.00	15.00	11.60	10.00	43.45	425.9
	资源②	300.00	75.00	75.45	125.00	145.00	5.00	35.00	26.00	137.10	943.55

① 在现行技术、经济和环境条件下，能够开采的矿量，定为储量；

② 有远景价值，但暂不能开采的矿量，列为资源。

在世界各国磷矿床中，多以沉积型磷块岩矿床为主。但其成矿年代、储量、品位，则各有不同。以沉积型磷块岩矿石为例而比较其成矿地质年代的差别，已列于表36.1.5；以储量品级而论，则推摩洛哥、美国、苏联和突尼斯等国为优。如摩洛哥占有17亿吨磷矿储量的布拉克磷矿区，其矿石品位为32% P_2O_5；美国佛罗里达磷矿区，磷矿石储量品位为13.27%～14.87% P_2O_5；突尼斯磷矿储量品位为25%～29% P_2O_5，苏联磷矿储量平均品位为13% P_2O_5；中国磷矿储量平均品位则为17% P_2O_5。

这几类磷矿床中比较典型的矿区有：美国佛罗里达（Florida）和西部各州磷矿；苏联希宾和卡拉套磷矿；中国中南和西南地区的磷矿等。

36.1.2　中国磷矿资源现状和特征

36.1.2.1　现状

综观中国的磷矿资源，大致有如下特点：

资源丰富。据1981年底的统计，中国磷矿储量仅次于摩洛哥、美国和苏联，居世界第四位。

分布地区广、但不均衡。据1980年统计，中国共有260多个磷矿区。按储量计，以中南和西南地区最多，占总储量的77%，而其中又以云南、贵州、湖北、湖南、四川五省最多，占总储量的75%；东北、华北、西北和华东地区则较少，造成了中国“南磷北运”的局面。按矿床成因类型计，沉积型磷块岩矿床主要分布在云、贵、湘、鄂、川五省；沉积变质型磷灰岩矿床主要分布在苏、皖、鄂等省；岩浆岩型磷灰石矿床主要分布在华北和东北地区，形成了“南富北贫”的状况。

成矿地质年代古老。中国大、中型磷矿床，多赋存于震旦纪、寒武纪和泥盆纪等古老地层中，岩石坚硬，开采困难。

类型较多。按矿床成因划分的岩浆岩型、沉积型和变质岩型矿床；以及按磷矿石中所含脉石矿物的种类与含量不同而划分的硅质型、钙质型和硅(钙)—钙(硅)质型磷矿石，在中国都有不同数量的分布。

矿石品级较低。在中国现有的磷矿石储量中，大约94%以上为中、低品位磷矿石，需经选矿富集，始可更经济地利用。

脉石矿物多以碳酸盐为主。中国磷矿床主要为沉积型，磷矿石中碳酸盐矿物(主要是白云石，其次为方解石)均不同程度地与磷矿物共生。由于它们可浮性相近，且嵌布粒度极细，造成选别困难。

依据这些特点，现将中国各类磷矿在总储量中的比例，分别汇列于表36.1.7。由表36.1.7可以看出，中国磷矿资源是以成矿年代古老的、中低品位的、硅(钙)—钙(硅)质的、难选的沉积磷块岩矿石为主体，这与国外某些著名的磷矿是不同的，从而给中国磷矿资源的开发和利用，带来了许多值得研究的课题。

表 36.1.7 中国各类磷矿石的储量比例

项目			储量比例（%）	说明
成矿地质年代	震旦纪		51	仅以沉积型磷块岩划分。其他地质年代，如志留纪、石炭纪、二叠纪等沉积磷块岩矿床，占储量比例的0.1%
	寒武纪		44	
	泥盆纪		4.9	
	合计		99.9	
磷矿床成因类型	沉积型磷块岩		70	按磷矿石的工业储量计算其比例
	变质岩型磷灰岩		23	
	岩浆岩型磷灰石		7	
	合计		100	
磷矿石工业类型	硅质型		22	仅以沉积型磷块岩划分
	钙质型		8	
	硅（钙）—钙（硅）质型		70	
	合计		100	
磷矿石品级	总储量	$P_2O_5>30\%$	5.8	在磷矿石总储量和工业储量中，$P_2O_5<12\%$ 的矿石，主要是磷灰岩矿和磷灰石矿
		P_2O_5 30%～12%	69.2	
		$P_2O_5<12\%$	25	
		合计	100	
	工业储量	$P_2O_5>30\%$	8.8	
		P_2O_5 30%～12%	64.2	
		$P_2O_5<12\%$	27	
		合计	100	

36.1.2.2 特征

以磷矿床成因类型为序，分别将其有关特征汇于表 36.1.8，同时将组成磷矿石的主要磷矿物和脉石矿物的某些自然属性，集

表 36.1.8 中国磷矿资源的特征

磷矿床成因类型	矿床特征	矿石自然类型	主要组成矿物	矿石可选性	典型矿山
岩浆岩型 磷灰石	含磷岩系较复杂多样，（详见表 36.1.4）。 矿床规模不一，P_2O_5 含量一般为 3% ~5%	块状铁磷矿、 浸染状铁磷矿、 块状磷灰石矿、 磁铁磷灰石矿、 条带状磷灰石矿	磷灰石、 磁铁矿、 钴磁铁矿、 方解石、 透辉石、 黑云母	磷矿石中磷矿物结晶完整，粗大，可选性好，并可回收磁铁矿、钛铁矿和钒铁矿等	河北马营、 涿鹿、矾山、 山东莱芜
沉积型 磷块岩	一般呈层状、透镜状产出，磷矿层常夹在砂岩、页岩、硅质白云岩、白云质大理岩中。 矿床分布范围广、厚度大、且稳定。P_2O_5 含量一般为 12% ~35%	粒状磷块岩矿、 块状磷块岩矿、 条带状磷块岩矿、 致密块状磷块岩矿、 砂岩状磷块岩矿、 互层状磷块岩矿	微(低)碳氟磷灰石、 方解石、 白云石、 石英、 玉髓、 黄铁矿	磷矿物多为非晶质及隐晶质，颗粒细小，且与微细的碳酸盐和硅质物紧密共生。可选性差，要求磨矿细度高，所得磷精矿中 P_2O_5 含量不高	湖北荆襄、 云南昆阳、 贵州瓮福
变质岩型 磷灰岩 （以沉积变质型为例）	产于变质结晶片岩、白云质大理岩、石英岩、大理岩、云母片岩中。 矿层呈层状、似层状等，规模以中小型为主，P_2O_5 含量一般为 10% ~15%	砂质磷灰岩矿、 角砾状磷灰岩矿、 板岩型磷灰岩矿、 细粒磷灰岩矿、 云母磷灰岩矿、 锰磷矿	氟磷灰石、 白云石、 方解石、 石英、 软锰矿、 硅酸盐	磷矿物多为晶质体，且结晶完整、较粗大，可选性较好，但若其中白云石矿物含量高时，可选性变差，导致磷精矿中 MgO 含量增高	江苏锦屏、 安徽江淮、 湖北黄麦岭、 内蒙古布龙土

中汇列于表36.1.9。

由表36.1.8所列的矿床类型、主要组成矿物和可选性之间的关系，可以看出：随着磷矿物晶格中$(PO_4)^{3-}$被$(CO_3)^{2-}$取代量的增加，磷矿物的晶体完整性和晶粒大小随之降低，导致磷矿物的可浮性降低。因此磷矿石的可选性按下列顺序递减：岩浆岩型磷灰石矿>沉积变质型磷灰岩矿>沉积型磷块岩矿。再有，随着磷矿物晶格中$(PO_4)^{3-}$被$(CO_3)^{2-}$取代量的增加，磷矿物的总比表面积、化学反应活性和枸溶性〔指在2%枸橼酸(即柠檬酸)、中性枸橼酸铵、微碱性枸橼酸铵溶液中的可溶性〕越大，这样在以酸处理时，其反应速度较快(或转化率较高)；在作为磷矿粉肥直接施用时，其效果就较好。

36.1.3 磷肥加工对磷矿石质量的要求

磷矿的主要用途是制取磷肥。在制肥过程中对其质量的要求随加工方法而异，也视矿石性质不同而别。在质量要求中最有意义的是P_2O_5含量的高低以及铁、铝倍半氧化物$(Fe_2O_3+Al_2O_3)$、MgO和SiO_2含量的多少。此外，矿石(或矿粉)的粒度组成也需相应考虑。现分述如下：

P_2O_5含量

为矿石的有用成分，一般来说含量愈高愈好，但受矿石类型、选别难易程度和肥料品种等制约，要求也并不完全相同。当生产普钙时，原料矿中的P_2O_5含量要依据最终产品中所要求的最低P_2O_5含量而定。当以酸法生产高浓度磷肥时，在原料矿中其他杂质的含量不超过允许范围的情况下，其P_2O_5的含量随加工方法的不同而有相应的要求。但当原料矿中P_2O_5含量过低时，将增加生产费用，甚至影响加工工艺。

$R_2O_3(Fe_2O_3+Al_2O_3)$含量

铁、铝倍半氧化物是酸法制肥时最有害的杂质，尤以氧化铁为甚。含量增至2%~3%以上时，降低工厂生产能力和P_2O_5的回收率，并产生后沉淀问题。在生产普通过磷酸钙时，氧化铁与硫

表 36.1.9　磷矿石主要组成矿物的某些自然属性

自然属性	矿物名称						
	磷灰石（氟磷灰石）	胶磷矿（碳氟磷灰石）	白云石	方解石	石英	玉髓	其他（以磷铝锶石为例）
晶系和晶形	六方晶系 六方双锥体	六方层状或短柱状	三方晶系 菱面体	三方晶系，呈菱面体、板状、粒状	六方晶系 呈六方柱		三方晶系，呈结核状、扁豆状、积云状、羊肠状
晶体颗粒大小	一般为零点几毫米到几十毫米不等	直径约 0.5 微米	不等	不等	不等		大多数是隐晶质和微晶质
颜色	蓝色至青色	多样	无色	各种	透明	各种颜色至半透明	纯者白色、含杂质者呈灰、黑、褐黄、褐红色
密度（g/cm^3）	3.2	2.5～2.9	2.8～2.9	2.7	2.65		3.1
硬度（莫氏）	5.0	3～4	3.5～4.0	3.0	7.0		5.7
比磁化系数（K）	4×10^{-6}	—	27×10^{-6}	3×10^{-6}	0.2×10^{-6}		
导电性（$Cu^{-1}\cdot Cu^{-1}$）	$3\times10^{-4}\sim5\times10^{-5}$	—	$<10^{-12}$	$<2\times10^{-15}$	$10^{-4}\sim5\times10^{-17}$		

续表 36.1.9

自然属性		矿物名称						
		磷灰石（氟磷灰石）	胶磷矿（碳氟磷灰石）	白云石	方解石	石英	玉髓	其他（以磷铝锶石为例）
可溶性		溶于酸	溶于酸	溶于酸	溶于酸	不溶于酸	不溶于酸	溶于酸
热化学性质			600～800℃时失去 CO_2，但其成分不变	500～550℃开始分解	800℃时分解	878℃时，由 β-石英变为鳞石英，但成分不变		
电动势（mV）	在蒸馏水中		-2～0.7	+2.83	正值	-550.0		
	在碱性介质中		-22.0（pH=10.0）	-4.0（pH=10.0）	-17（pH=10.0）	-62.0		
	在酸性介质中（如 H_2SO_4）		-5.0	正值	正值（pH=6.0）	正值		
等电点		6.0			P_{Ca}4～4.80	（pH=1.5）		
零电点		4～5.4	pH=7.8	pH=9.1	10.2	1.8		

酸作用而形成 $FePO_4 \cdot 2H_2O$，从而降低产品中水溶性 P_2O_5。在以硫酸萃取法生产磷酸时，铁与磷酸作用生成 $FeH_3(PO_4)_2 \cdot 2.5H_2O$ 或 $FePO_4 \cdot 2H_2O$，从而降低酸中 P_2O_5 回收率。氧化铝虽与氧化铁一样被酸分解并形成磷酸铝，但它比磷酸铁易溶，所以在普通过磷酸钙生产中，氧化铝对 P_2O_5 所起的“退化”作用要比氧化铁小。在以硝酸处理磷矿石时，倍半氧化物(R_2O_3)的含量，影响较小，因其在硝酸中的溶解性低。为降低 R_2O_3 的可溶性，可先对原料矿予以焙烧，而后用硝酸处理。

CO_2 含量

磷矿中所含 CO_2 常以碳酸盐形式存在，碳酸盐易被酸分解，析出的 CO_2 可促使试剂较好的混合，并使普通过磷酸钙具有良好的孔隙性。但是，碳酸盐的存在，导致酸耗增加，并降低产品中有用组分的浓度，同时，在以酸处理时，如析出过多的 CO_2，将形成大量不利的泡沫，甚至需添加消泡剂。所以，在酸处理所用的原料矿中，CO_2 含量一般不要超过 5% ~6% 。

Mg 含量

磷矿石中的镁主要存在于白云石中，它的存在大大地增加普通过磷酸钙生产的困难。当以硫酸分解磷矿石时，镁离子转入溶液中(即普通过磷酸钙液相中)，形成良好的可溶的一镁磷酸盐，从而增加了产品的吸湿性和黏结性。在以硫酸萃取磷酸时，磷矿石中的镁转入到萃取的磷酸中，其中部分被中和，并使之成为低活性。当萃取磷酸中镁含量增加时，黏度亦随之增加。同时，MgO 还与反应器中的 F 作用而生成沉淀物，堵塞滤布，造成过滤困难，终致磷酸达不到用于生产重过磷酸钙时所需要的浓度。如磷酸用作生产铵磷酸盐或聚磷酸盐，则形成水不溶性的镁铵磷酸盐。在以硝酸处理磷矿石时，镁不具有实际意义。镁化合物的允许含量，按 MgO 计算，介于 4% ~5% 。

SiO_2 含量

在大多数情况下，以化学法处理磷矿石时，SiO_2 不起有害作用。为避免形成具有腐蚀性的游离 HF，要求有足够活性的

SiO_2，以生成 SiF_4 或(和)氟硅酸盐。但是，过量的 SiO_2，则相应地降低 P_2O_5 含量，且磨损设备等。在用硝酸分解磷矿石时，SiO_2 很不利，因其部分溶解于硝酸中，从而增加酸耗和恶化料浆过滤条件，最终导致 P_2O_5 的损失。

粒度组成

这实质上是指分散性泥质物的影响，一般是指原生矿泥而言。其影响主要是降低萃取磷酸时的过滤速度和磷酸浓度。但目前对分散性泥质物的含量、粒度和组成成分，尚无定量的要求。

综上所述可以看出，磷矿石(包括原矿和精矿)质量的好坏，与发展磷肥(或复肥)息息相关。为此，现将中华人民共和国化学工业部批准的、于1987年7月1日实施的中华人民共和国专业标准——“酸法加工磷肥用磷矿”；于1987年1月1日实施的“黄磷用磷矿”和“钙镁磷肥用磷矿”等，分别叙述如下：

“酸法加工磷肥用磷矿”专业标准(ZBD51001—86)

本标准适用于生产磷酸，磷铵、重过磷酸钙、硝酸磷肥和普通过磷酸钙等产品。

五氧化二磷含量应符合下列要求(均以干基计算)：

P_2O_5 含量(%)：35.0、34.0、33.0、32.0、31.0、30.0、29.0、28.0。

杂质含量应符合下列要求(见表36.1.10)：

“黄磷用磷矿”专业标准(ZBD51002—86)见表36.1.11。

“钙镁磷肥用磷矿”专业标准(ZBD51003—86)见表36.1.12。

36.1.4 磷矿选矿实践

36.1.4.1 岩浆岩型磷灰石矿

A 马营磷矿选矿厂

马营磷矿选矿厂，位于河北省承德市北马营村。1976年投产。规模为年处理原矿石30万吨，年产磷精矿5.18万吨、钒铁精矿5.62万吨。是中国北方一中型采、选联合企业。

该矿属基性—超基性岩型磷灰石矿床，主要岩系为斜长岩、苏长岩、辉长岩类所组成的基性杂岩体，呈磷灰石及钒钛磁铁矿化。矿体形态较复杂。

表 36.1.10 酸法加工磷肥用磷矿杂质含量要求

指标名称		指标			说明
		一类	二类	三类	
MgO/P_2O_5 含量(%)≤		2.0	5.0	8.0	① 各项指标均以干基计算； ② $MgO/P_2O_5=\frac{\text{氧化镁含量(质量分数)}}{\text{五氧化二磷含量(质量分数)}}\times 100\%$； ③ 鉴于矿石组分不同，允许镁磷比($MgO/P_2O_5$)指标增加0.4%，但此时$R_2O_3$含量必须相应减少0.2%；二、三类矿石中$CO_2$含量可增加0.5%
R_2O_3 含量(%)≤		2.5	3.0	3.5	
CO_2 含量(%)≤		3.0	4.0	6.0	
粒度	药剂浮选 0.15mm 筛筛余物%≤	10			
	擦洗脱泥 mm≤	30			

注：1. 水分含量以交货地点计，浮选矿水分小于5%，其他水分小于8%；
2. 用户对矿石粒度有特殊要求时，可由供需双方商定；
3. 料浆法磷铵用磷矿按企业标准执行。

表 36.1.11 黄磷(电炉法)用磷矿质量要求

指标名称	指标			备注
P_2O_5 含量(%)≥	32.0	30.0	28.0	① 各项指标含量均以干基计算； ② 用户如对矿石粒度有特殊要求；可由供需双方商定
SiO_2 含量(%)≥	7.0	10.0	15.0	
Fe_2O_3 含量(%)≤	1.2	1.6	2.0	
CO_2 含量(%)≤	4.0	5.0	6.0	
粒度(mm)	5~50			

矿区分南、北两矿带，北矿带东西延长1100米、宽2500米；南矿带长8000米，宽150米。全矿区平均含$P_2O_5$7.5%。

该矿矿石类型主要为块状和浸染状钒钛磁铁矿—磷灰石矿型，其次为贫磷的钒钛铁矿型。组成矿物主要有磷灰石、含钒磁铁矿、钛铁矿以及斜长石、纤闪石、绿泥石、黄铁矿、辉石等。

表 36.1.12 钙镁磷肥(高炉法)用磷矿质量要求

指标名称	指标					备注
P_2O_5 含量(%)≥	32	30	28	26	24	
Fe_2O_3 含量(%)≤	2	2.5	3	4	5	
粒度(mm)=	25~50					小于25毫米的粒度含量不得大于10%

注：1. 硅镁质半自溶性磷矿按企业标准执行；
2. 各项指标含量均以干基计算。

磷灰石　为氟磷灰石。粒度较粗，大于0.2毫米者占90%以上。分布均匀。绝大多数以个体或集合体的形式嵌布于钒铁磁铁矿、钛铁矿、纤闪石和绿泥石等矿物中。

含钒磁铁矿　这是该矿床主要铁矿物和含钒量最高的矿物。单矿物分析，含 $V_2O_5$0.75%、Co 0.0032%、TFe66.95%、$TiO_2$5.42%。其嵌布粒度与磷灰石相近。

钛铁矿　是主要的含钛矿物。单矿物分析，含 $TiO_2$49.49%、$V_2O_5$0.0065%、Co 0.006%。矿物形态有两种：一种呈不规则粒状或粒状集合体嵌布于脉石矿物中，粒度大于0.2毫米者占90%以上；另一种呈网格状，粒度较小。

硫(钴)化物　矿石中硫含量虽不高，但形成的矿物却极复杂。其中以黄铁矿为主，黄铜矿次之。钴则以类质同象的形式存在于黄铁矿中，约占30%~40%。

1972年，北京矿冶研究总院对该矿的三种矿样(地表样、坑道样、岩心样)进行过试验室试验。所用原矿的化学组成为(%)：$P_2O_5$6.46~6.60、$TiO_2$4.30~6.40、TFe18.16~22.45、$V_2O_5$0.14~0.21、Co0.0073~0.0085。采用浮选—磁选—浮选联合流程，依次获得磷精矿(品位为35% P_2O_5、回收率为94%)、钒铁精矿(含 Fe60%、$V_2O_5$0.65%~0.7%；回收率分别为50%~60%和70%~80%)、硫钴精矿(含 S35%、Co 0.25%~0.3%；回收率分别为70%和30%)和钛精矿(含 TiO_2 为45%~

48%、回收率为 40% ~50%）。

但是，目前选矿厂实际生产过程中，仅回收磷精矿和钒铁精矿。其选别工艺原则流程，见图 36.1.1。

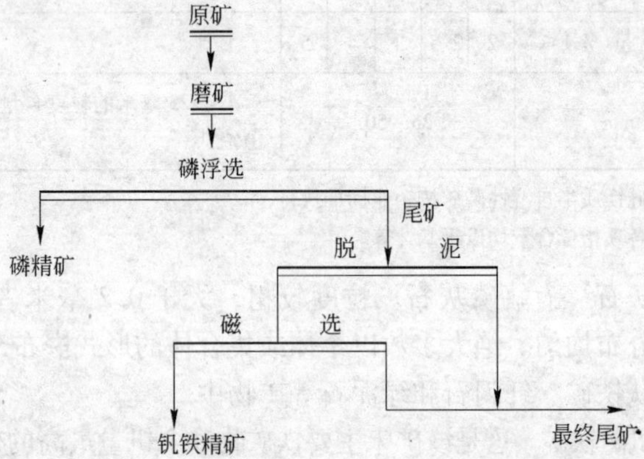

图 36.1.1　选矿厂工艺原则流程图

选矿厂生产过程是：井下或露天开采的矿石（最大块度 450 毫米），先经两段一闭路的破碎流程，将矿石破碎到小于 15 毫米，然后送往与双螺旋分级机组成闭路的球磨机进行磨矿，得粒度为 -0.2 毫米的分级溢流，分送给两个系统浮选。浮选流程为一次粗选、一次扫选和两次精选（原设计为四次精选）。药剂用量为（公斤/吨原矿）：碳酸钠 2.63、水玻璃 0.91、氧化石蜡皂 0.81。浮选泡沫产品即为磷精矿，经浓缩、过滤、干燥后外运。浮选尾矿脱泥后磁选，得钒铁精矿，仅经浓缩、过滤后出厂。磁选尾矿送尾矿坝，澄清水直接排放。

选矿厂所用主要工艺设备，详见表 36.1.13。

选矿厂主要技术经济指标，以 1981 ~1983 年间最优年指标为例，列于表 36.1.14。

B　苏联希宾磷矿第二浮选厂（АНОФ-2）

苏联是世界上磷矿石主要生产国之一。其生产中心是科拉半岛、卡拉套和阿克秋宾斯克三个矿区。

表 36.1.13 选矿厂主要工艺设备表

序号	设备名称和规格	台数	序号	设备名称和规格	台数
1	翻车机		9	φ2000 搅拌槽	4
2	1200×6000 板式给矿机		10	XJK-1.1 浮选机	
3	600×900 颚式破碎机	1	11	φ2000 磁力脱水槽	3
4	φ1750 圆锥破碎机	1	12	φ7500×1800 筒式磁选机	2
5	1260×4000 振动筛	1	13	φ15m 浓缩机	1
6	600×600 摆式给矿机	4	14	$8m^2$ 圆筒内滤机	2
7	φ2700×3600 格子型球磨机	2	15	φ1500×1200 圆筒干燥机	1
8	φ1500 双螺旋分级机	2	16	5t 抓斗吊	1

表 36.1.14 选矿厂主要技术经济指标

指标名称	单位	数量	指标名称	单位	数量
原矿量	万 t/年	32.5	钒铁精矿品位	TFe%	64.57
原矿品位	P_2O_5%	6.15(露天矿)	磷精矿回收率	P_2O_5%	85.36
磷精矿量	万 t/年	4.159	钒铁精矿回收率	TFe%	47.80
钒铁精矿量	万 t/年	3.086	电耗	kW·h/t 精磷	43.4
磷精矿品位	P_2O_5%	30.18	钢球耗量	kg/t 原矿	1.07

位于俄罗斯加盟共和国西北部科拉半岛的希宾磷矿，是苏联最大的磷矿基地，也是世界上著名的岩浆岩型磷灰石矿采、选联合企业。该地区已探明磷矿石储量的有 14 个矿床，以 1974 年计，共有表内矿石储量 31.46 亿吨，平均含 $P_2O_5$16% ~17%、$Al_2O_3$13.5%。预测远景储量 57 亿吨，占苏联磷矿总资源的 80% ~85%。

目前该地区正在生产的矿山有四个：库基斯乌姆乔尔(Кукисвумчорр)、尤克斯波尔(Юкспорр)、阿帕齐吐(Апатит)盆谷和普拉托拉斯乌姆乔尔(Пасторасвумнорр)高原。除已于三十年代和1965年投产的年产磷精矿合计约2000万吨的第一、第二浮选厂外，还有预计于1987年投产的年产磷精矿1000万吨的第三浮选厂。整个希宾地区磷精矿产量，占苏联总产量的80%以上。磷精矿品位达39.4% P_2O_5，实属世界之冠。

希宾磷矿属单一的磷灰石—霞石矿床。矿石构造类型不一，有斑点状、斑点条带状、角砾状、扁平带状等。含磷灰石矿体分为两个主要矿带：上矿带占矿层三分之一，含 $P_2O_5$26% ~28%；下矿带占矿层三分之二，含 $P_2O_5$16% ~18%。目前入选的矿石，平均含磷灰石40% ~44%、霞石35% ~40%、霓辉石8% ~12%、长石3% ~5%、榍石1.2% ~1.9%、钛磁铁矿1% ~1.8%、其他成分1% ~2%、次生矿物2% ~3%。磷灰石的棱状结晶较好，颗粒为0.1 ~1.0毫米(称之细粒)和2 ~12毫米(称之粗粒)，比伴生矿物颗粒要小，可碎性较好。其平均化学组分，列于表36.1.15。

表36.1.15　希宾磷矿入选矿石平均化学组成

项　目	P_2O_5	SiO_2	Al_2O_3	CaO	MgO	Fe_2O_3	FeO	TiO_2	MnO	Na_2O	K_2O	Fe
含量(%)	16	23.1	13.5	25	0.7	4.8	0.9	1.6	0.2	5.5	3.3	1.12

在希宾地区的磷矿石中，还有一种是在基性岩风化过程中所形成的、含有大量黏土类矿泥的、赭土质的矿石。这种矿石在总的矿石储量中约占1.5% ~3%。在选矿厂入选的矿石中，这种矿石的平均含量大约占组成矿物量的10%。选别时，如该种矿石量在12% ~15%以下，选矿过程进行较顺利；如果该种矿石量增高或者有组成不定的复合矿掺入，则磷精矿的质量将因之降低。靠近阿帕齐吐的希宾磷矿第二浮选厂，主要处理含黏土较多的“混合矿石”。

希宾磷矿第二浮选厂，第一期工程于1965年投产，以后又多次扩建。现规模为年处理原矿石2300 ~2500万吨。1980年产磷精矿1450万吨。选厂自1979年起开始利用回水，目前回水利用量已达100%。新鲜水仅消耗在补偿生产过程和尾矿池中水的损耗，使新鲜水的用量从原来的21.4千米^3/时降低至5.6千米^3/时。

该厂的入选矿石含 $P_2O_5$15% ~17%，氧化矿的比例约占20%，所以其工艺指标比第一浮选厂低。矿石沿电气铁路用载重量为105吨的自卸式翻斗车运至选厂，按图36.1.2所示工艺流程进行选别。获得工艺回收率91%～92%（商品回收率为89%～90%）。

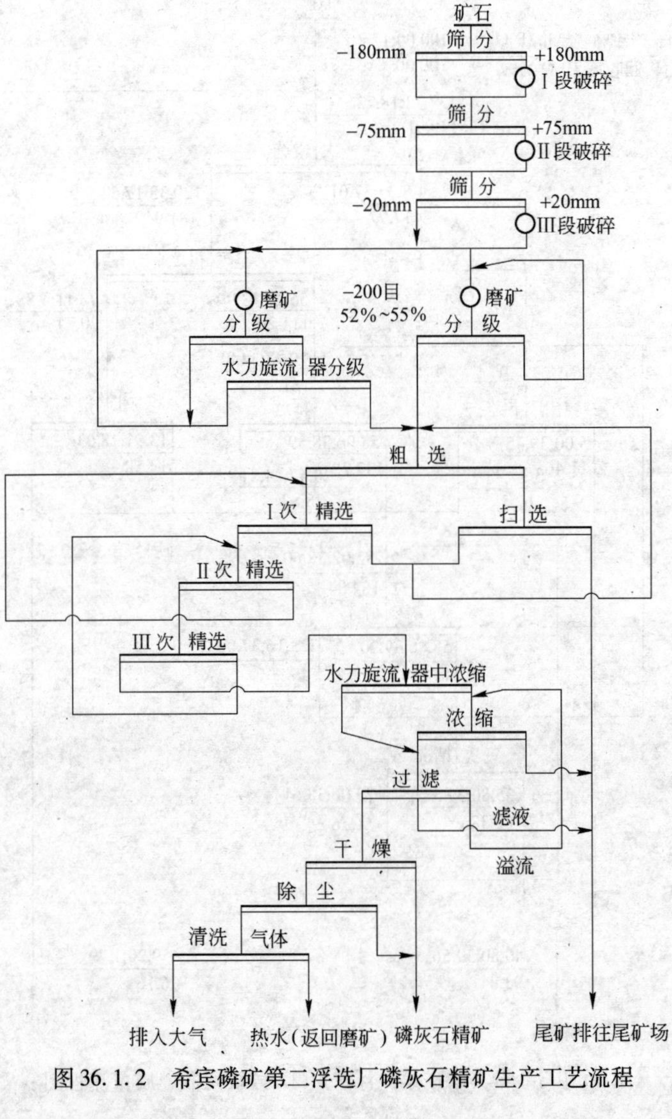

图36.1.2　希宾磷矿第二浮选厂磷灰石精矿生产工艺流程

选矿厂所采用的主要工艺设备，详列于表 36. 1. 16。浮选系统的数、质量流程，以该厂 27 号系列为例，绘于图 36. 1. 3。

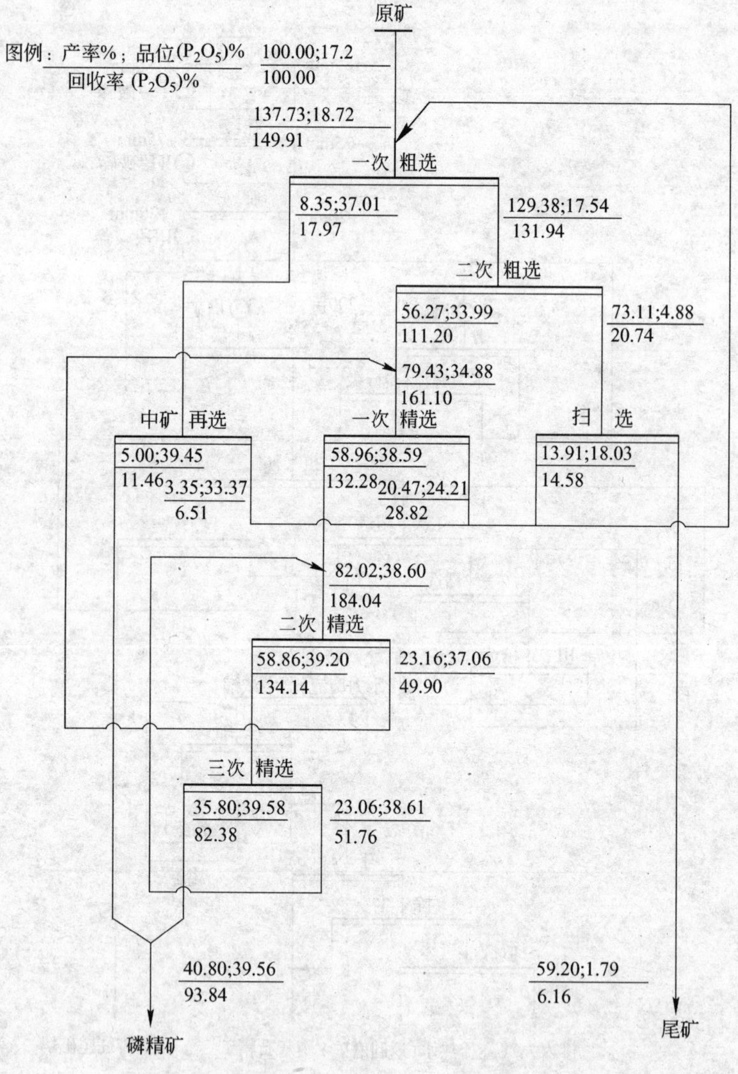

图 36. 1. 3　希宾磷矿第二浮选厂 27 号系列数、质量流程图

表 36.1.16 希宾磷矿第二浮选厂主要设备表(一个工段)

序号	设备名称和规格	处理能力（t/h）	序号	设备名称和规格	处理能力（t/h）
1	2400×12000mm 板式给矿机		14	矿浆分配器	
2	格筛		15	ФМ6.3 型浮选机（粗选和扫选用）	0.76 吨/（米^3·时）
3	ККД-1200 型圆锥破碎机(粗碎)	1600	16	ФМ3.2 型浮选机（精选用）	
4	1500×2500mm 电力振动式给矿机		17	砂泵	
5	1400×4500mm 板式给矿机		18	水力旋流器	
6	1750×3500mm 惯性筛		19	具有周边传动装置的 П-30 型浓缩机	
7	КСД-2200 型圆锥破碎机(中碎)	1200	20	BY40-2.5 型真空圆筒内滤机	23
8	带式给矿机		21	带式输送机	
9	КМД-2200 型破碎机(细碎)	390	22	3500×27000mm 圆筒干燥机	125
10	МШР-3600×4600 磨矿机	96	23	多管旋涡除尘器	
11	2КСН-30 型分级机		24	ГП40 型电收尘器	
12	МШР-4500×5000 磨矿机	192	25	洗涤器	
13	IКСП-30 型分级机				

该厂采用的浮选药剂，与第一浮选厂相同。因原矿中氧化矿含量较高，药剂用量稍多。详见表36.1.17。

表36.1.17　浮选药剂用量

药剂名称	蒸馏塔尔油	粗塔尔油	氧化石蜡油	ОП-4	次级润滑用渣油	水玻璃	苛性钠	工业脂肪酸	用作絮凝剂的绿矾
用量(g/t原矿)	50	70	12	20	15	200	170	55	900

选别后的尾矿，经两段泵送至尾矿池或直接排入位于伊曼德腊湖别拉亚湾的尾矿坝。尾矿坝沉淀后的澄清水按循环系统供给选矿厂。部分水需要在水制备工段清除出泥渣和有害杂质。

该厂除主要生产磷灰石精矿外，还回收霞石矿。所得霞石精矿含 $Al_2O_3$28.5%～29%，是生产铝、碳酸钠、碳酸钾、玻璃和多种建筑材料的原料。

希宾磷矿第二浮选厂的质量指标和成本构成，根据七十年代末有关资料，分别汇于表36.1.18和表36.1.19。

表36.1.18　希宾磷矿第二浮选厂质量指标

P_2O_5含量(%)				精矿中P_2O_5回收率(%)		水分(%)		破碎后矿石中大于25mm粒级含量(%)	大于0.16mm粒级含量(%)	
原矿	精矿	工艺尾矿	废弃尾矿	工艺回收率	商品回收率	原矿	精矿		分级机溢流	精矿
17.06	39.51	1.72	2.30	94.01	92.17	2.49	0.88	6.28	20.28	11.15

表36.1.19　希宾磷矿第二浮选厂车间成本中磷灰石矿选矿各工序成本(%)

三段破碎(小于25mm)	磨矿(小于0.2mm)	浮选	浮选工序中药剂	浓缩和过滤	精矿干燥	除尘	尾矿的排放和堆存	精矿装载	车间成本
13.6	31.5	16.5	3.5	11.70	16.2	1.5	5.5	3.5	100.00

36.1.4.2 沉积型硅质磷块岩矿

A 贺兰山磷矿试验室选矿试验

该矿位于宁夏回族自治区贺兰山苏峪口。1974 年建成年处理原矿石 10 万吨规模的小型矿山，1980 年为设计选矿厂，由化工部化工矿山设计研究院进行了试验室选矿试验。

贺兰山磷矿产于下寒武系中部，属沉积层状磷块岩矿床。其工业类型有硅质和硅—钙质两种矿石，以前者为主。矿体北起苏峪口、南至大乾沟，全长 24 公里。设计开采范围为炭窑沟背斜西南翼。矿体直接顶板为砂质灰岩，直接底板为硅质页岩。分三个矿层：上层为钙质磷块岩，含 $P_2O_5$12% ~13%；中层为砂质磷块岩，含 $P_2O_5$15% ~18%；下层为磷砾岩，含 $P_2O_5$18% ~22%。整个矿区磷矿石平均含 $P_2O_5$18%。

矿石的矿物组成：有用矿物为胶磷矿和磷灰石(合计约占 40%、磷灰石少量)；脉石矿物主要有石英(约占 40%)、碳酸盐(总量约占 9%、方解石 3%)。此外，尚有黄铁矿(3% ~4%)、绢云母(3% ~4%)等。

胶磷矿　呈均质胶状，其次呈鲕状、假鲕状、碎屑状等。主要特点是胶磷矿颗粒中含有不同粒度的杂质，这些杂质主要为黄铁矿、褐铁矿等，粒度多在 0.0065 ~0.048 毫米，且呈星点状分布。

磷灰石　呈细小的粒状或柱状，粒度在 0.0065 ~0.026 毫米，主要分布在石英集合体间或石英砂屑的内缘。

石英　呈滚圆至半圆的碎屑状及隐晶粒状，大小在 0.08 ~0.16 毫米，多分布在砂质磷块岩和磷砾岩中。

碳酸盐　主要为白云石，粒度 0.016 ~0.528 毫米，多呈菱面体或不规则粒状集合体产出；方解石呈他形粒状混在白云石间或呈脉状产出。

矿石的化学组成，列于表 36.1.20。

1980 年，曾以不同的工艺流程，对该矿进行了较详细的试验，结果汇于表 36.1.21。由表 36.1.21*a* 看出：采用流程Ⅱ、Ⅲ、Ⅳ，均可获得品位大于30% P_2O_5、回收率在80%以上的磷精矿。说明对该矿采用阶段磨矿、阶段浮选的选别流程，是适宜的。

表 36.1.20　贺兰山磷矿矿石化学组成

项　目	P_2O_5	酸不溶物	SiO_2	Fe_2O_3	Al_2O_3	CaO
含量(%)	16.45	45.48	43.02	4.26	1.83	24.64

项　目	MgO	CO_2	F	$S_{全}$	Re_2O_3	U	V
含量(%)	1.33	3.64	1.36	0.57	0.077	0.0014	0.004

现以流程Ⅲ为例，将其依据表36.1.21*a*所列工艺条件得出的数、质量流程，示于图36.1.4。所得最终磷精矿(精矿Ⅰ+精矿Ⅱ)的化学组成，列于表36.1.22。其粒度组成，列于表36.1.23。

按照图36.1.4流程所得的磷精矿产品，进行了解离度的测定。测定结果指出：第一段粗磨时先行分选出已单体解离的部分磷矿物，再对贫连生体进行第二段细磨使其分离，是符合矿石中有用矿物嵌布粒度不一、选别难易度不同的特点的。因而操作方便、指标稳定。但从表36.1.23中的数据看出，欲获得较高质量的磷精矿，其磨矿细度宜在-0.045毫米以下。

B　美国佛罗里达中部洛内索姆(Lonesome)选矿厂

佛罗里达是美国最大的磷矿产地，也是世界上最大的磷矿产区。可采储量达26亿吨，约占其总储量的46%。1982年的磷矿产量达2806.1万吨，分别占美国和世界总产量的75%和23%。

该地区的磷矿开采主要集中在中部和北部地区，仅波克(Polk)县和希尔斯巴勒(Hillsborough)县的磷矿产量就占佛罗里达总产量的90%。现有11家公司开采中部的磷矿、一家公司开采北部的磷矿。目前，该地区有选矿厂达24家之多。

佛罗里达磷矿床形成于始新世到中新世时期，分布范围北起该州之边界、南逾半岛之半。因长期暴露而受风化作用的影响，具有重要经济价值的矿床，主要赋存于北部霍桑(Hawthorn)组

表 36.1.21 不同流程结构的浮选条件及其结果对比

流程结构	条件					结果				
	磨矿细度 -200 目（%）	药剂总用量（公斤/吨原矿）				原矿品位（P_2O_5%）	精矿			尾矿品位（P_2O_5%）
		碳酸钠	水玻璃	木质素	氧化石蜡皂		产率（%）	品位（P_2O_2%）	回收率（%）	
流程Ⅰ： 磨矿后浮选，得磷精矿；扫选精矿、二次精选尾矿分别以 320 目筛分；+320 目粒级为中矿；-320 目粒级返回流程，粗选作业	76.00	2.7	1.0	0.3	0.45	16.87	33.41	31.22	61.83	4.51
							中矿			
							21.14	20.77	26.02	
流程Ⅱ： 粗磨（-200 目 65%）后浮选，得部分精矿、尾矿；中矿再磨（-320 目 72%）后浮选，又得部分精矿、尾矿	—	3.0	1.85	—	0.498	16.61	45.92	30.64	84.71	4.70
流程Ⅲ： 除中矿再磨细度为 -320 目 92% 外，其余结构同流程Ⅱ	—	3.5	1.40	0.5	0.453	16.85	49.16	31.10	90.74	4.18
流程Ⅳ： 粗磨（-200 目 65%）后浮选，得精矿和尾矿；其中矿（扫选精矿和一次精选尾矿）合并分级；+320 目粒级再磨后和 -320 目粒度级分别返回粗选作业	—	2.0	1.35	0.3	0.382	16.85	48.50	30.95	89.08	3.57

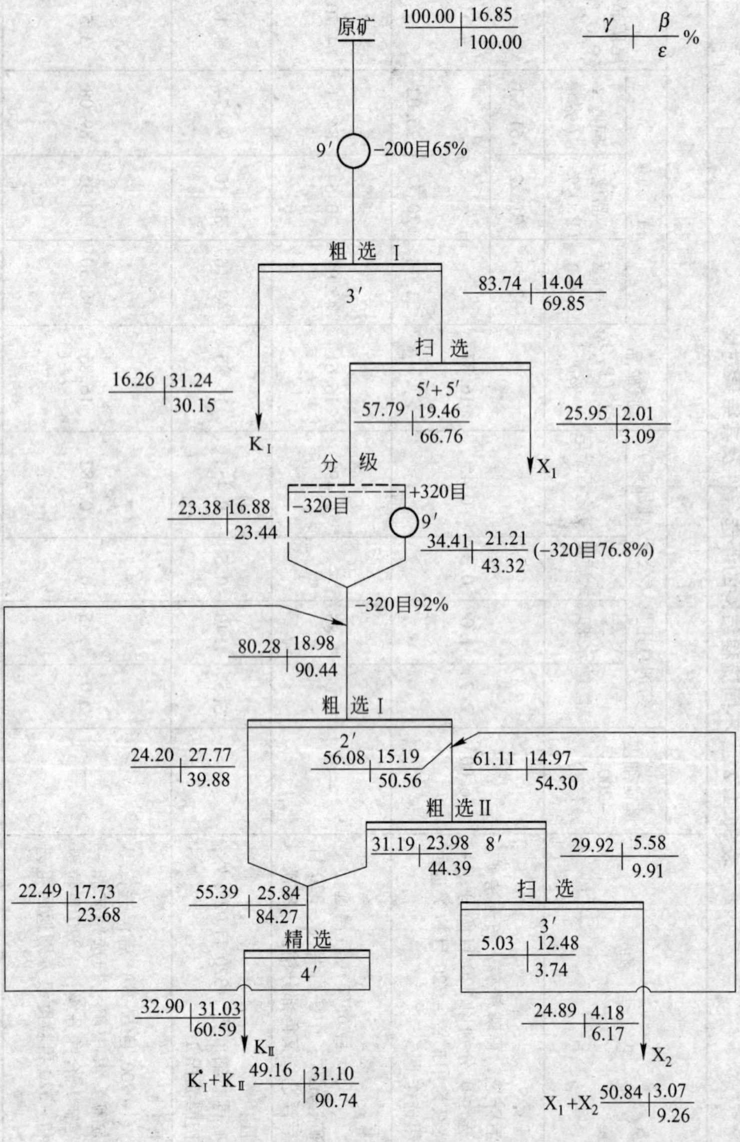

图 36.1.4　贺兰山磷矿阶段磨矿、阶段浮选数、质量流程图

上部和中部博恩伐利（Bove Valley）的下部。在岩性学上这两层矿很相似，都是由各约占三分之一的砂、黏土和呈细粒或卵石状的磷酸盐组成。

表 36.1.21*a* 流程Ⅲ工艺条件表

浮选作业名称	选别阶段									
	第一段(粗磨)					第二段(中矿再磨)				
	工艺条件(药剂用量 kg/t 原矿)									
	磨矿细度 -200 目%	碳酸钠	水玻璃	氧化石蜡皂	浮选时间(分)	磨矿细度 -320 目%	碳酸钠	水玻璃	木质素	浮选时间(分)
粗选Ⅰ	65.00	2.00	1.00	0.053	3	92.00	1.50	0.30	0.30	2
粗选Ⅱ	—	—	—	—		—	—	—	—	3
扫选	—	—	—	0.43	10	—	—	—	—	3
精选	—	—	—	—		—	—	0.10	0.2	4

表 36.1.22 磷精矿（Ⅰ+Ⅱ）主要化学组成

项　目	P_2O_5	SiO_2	Al_2O_3	Fe_2O_3	CO_2	MgO	CaO
含量（%）	30.52	14.55	0.59	2.33	3.48	1.03	43.49

佛罗里达磷矿矿床类型有：陆地砾状磷块岩、软质和硬质磷块岩、河底砾状磷块岩、铝磷酸盐、霍桑层含磷白云岩等六种，它们之间的差异主要由于原生矿的风化和（或）沉积所致。目前佛罗里达磷矿的整个产量，实际上来自陆地砾状磷块岩的开采。

陆地砾状磷块岩矿石，质地松软，呈圆卵状，粒度自25.4毫米到0.044毫米不等，颜色为灰、黄、褐绿及黑色等。矿物组成为：磷酸盐30%～60%、石英砂12%～25%、黏土15%～40%。

佛罗里达地区各选矿厂采用的采、选工艺大体相同，可概括为洗矿、选别和黏土（尾矿）处理三大作业。具体过程如下：用索斗铲先剥离表土，将采出矿石卸入淘洗坑内，用水枪冲洗成矿浆，经泵输送到洗矿厂，洗矿厂设有固定筛、槽式洗矿机、振

表 36.1.23　最终磷精矿粒度组成（%）

项　目	粒度（mm）	-0.100 +0.076	-0.076 +0.056	-0.056 +0.045	-0.045 +0.037	-0.037 +0.019	-0.019 +0.010	-0.010	合　计
产　率	精矿Ⅰ	5.93	6.78	6.27	30.93	22.09	13.85	14.15	100.00
	精矿Ⅱ	0.39	0.62	5.19	35.30	23.87	11.77	22.86	100.00
品　位 （P_2O_5%）	精矿Ⅰ	23.49	26.86	28.35	30.89	32.64	31.64	28.96	30.30
	精矿Ⅱ	21.81	24.86	26.13	28.87	29.51	30.75	35.42	30.54
分配率 （P_2O_5%）	精矿Ⅰ	4.59	6.01	5.87	31.75	23.79	14.46	13.53	100.00
	精矿Ⅱ	0.49	0.49	4.45	33.37	23.05	11.85	26.49	100.00

动筛和锤式破碎机等设备。矿石经筛分、洗矿和分级可得到约占原矿量30%～50%的+14目（或+20目）的砾状磷矿产品（该产品含P_2O_5 30%～35%、MgO 0.0%～1%、Fe+Al 2%～3%）。小于14目（或小于20目）的筛下产品经水力旋流器分级，分出的-150目矿泥（含P_2O_5 5%～15%）排入沉淀池；而-14（或-20）～+150目的底流，即作为浮选作业的入料，这种入料再按粗、细粒级分别进行“正—反浮选”（即先以阴离子捕收剂正浮选得粗精矿、再以阳离子捕收剂反浮选除去粗精矿中残留的硅质物），得粗粒和细粒磷精矿。这部分浮选精矿约含P_2O_5 31%～33%、MgO 0.0%～0.5%、有机质0.1%～5%、Fe+Al 2%～3%。所用浮选药剂的种类，通常为苛性钠、氨（液态）、硫酸、脂肪酸、胺盐和煤油，用量因选矿厂不同而异。现以洛内索姆选矿厂为例，说明佛罗里达磷矿以常规的阴—阳离子正—反浮选法选别的概况。

洛内索姆选矿厂建于1977年，设计能力为年处理原矿石249.5～272.2万吨，年产浮选精矿136～154万吨。

该矿于1913年即开始开采，矿区位于佛罗里达希尔斯巴勒县东南角，距坦伯（Tampa）约25公里。磷矿石储量5000万吨，平均含P_2O_5接近32%。

该矿矿物组成为磷酸盐、石英砂和磷酸盐化黏土，比例各约占三分之一。主要化学组分为：$P_2O_5$9.1%、MgO0.1%，其余为硅质物等。

洛内索姆选矿厂的主要工艺过程，描述如下：

经由34米^{3}的索斗铲采出的矿石，先制备成矿浆，继而通过长2286米的管道输送到筛分站。+75毫米物料废弃；-75毫米+19毫米的物料则经破碎，并与粒度为-10毫米的矿浆混合。混合后的-19毫米的料浆再经另一长为610米的管道送往ϕ600毫米的水力旋流器，在这里除去磷酸盐化黏土、并将其送到尾矿堆存区。去除黏土后的、浓度为70%的水力旋流器底流，直接卸在运输皮带上而送往选矿厂。

在选矿厂中，对脱泥的物料于洗涤器里进行洗涤、擦洗和筛分，即生产出部分 +16 目的最终卵状产品（或称筛分精矿）。-16 目的物料即为浮选作业入料。（这部分入料或先行分级后进行粗、细粒级分别浮选，或混合浮选）。送到浮选后的入料先以 ϕ610 毫米的水力旋流器浓缩到 75% 的浓度，然后以阴离子捕收剂选别，得泡沫产品（即粗精矿）；对此粗精矿再经水力旋流器脱水、硫酸擦洗和新鲜水洗涤后，以阳离子捕收剂进行精选，得槽内产品，即为最终磷精矿。最终磷精矿经干燥到 2% 水分，即为成品。在选别过程中得到的尾矿，与黏土废弃物混合后，经自然滤水，然后以采出的废石覆盖，最终形成一稳定的再生地表。

选矿厂浮选系统：正浮选 4 列，每列 4 槽；反浮选 4 列，每列 2 槽。每槽容积 14 米^3。浮选机型号为维姆科（Wemco）型。浮选药剂用量为（公斤/吨给料）：脂肪酸 1.0、胺盐 0.2、硫酸 0.6、燃料油 0.6。

按照图 36.1.5 所示的洗选原则工艺流程，得筛分精矿（即砾状产品）含 P_2O_5 31% ~31.9%、浮选精矿（即粗粒和细粒磷精矿）含 P_2O_5 31.9% ~33.74%，综合精矿中 MgO 含量 0.3%。尾矿含 P_2O_5 0.9% ~1.4%。精矿总回收率 75% ~85%。

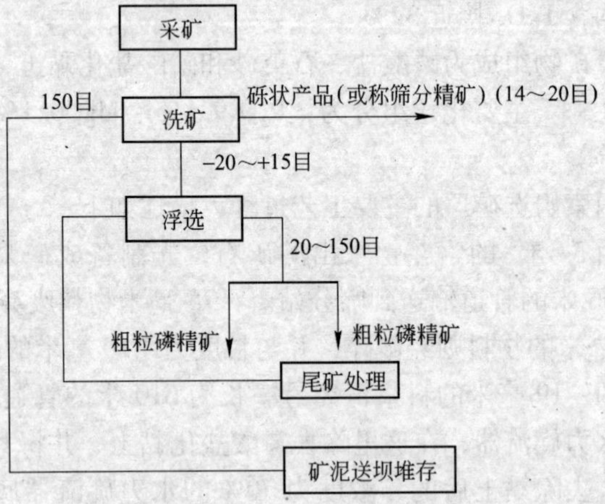

图 36.1.5　佛罗里达磷矿洗选原则工艺流程图

洛内索姆选矿厂每生产1吨商品磷精矿，约需37.85米^{3}的水，其中回水占95%，仅占5%的新鲜水取自深井。使用回水，可降低浮选药剂耗量。

36.1.4.3 沉积型钙质磷块岩矿

A 何家岩磷矿选矿中间试验

何家岩磷矿位于陕西省略阳县。1965～1975年间，曾先后对该矿进行过浮选法和焙烧法的试验室试验以及焙烧法的中间试验。

该区磷矿呈层状产于泥盆纪地层下部，属沉积型钙质磷块岩矿石。矿体分东、西两矿段，平均P_2O_5含量为21%。

矿石自然类型分为条带状灰质磷块岩和假鲕状碎屑灰质磷块岩两种。呈隐晶质和假鲕状结构、板状及块状构造。有用矿物为胶磷矿、磷灰石；脉石矿物有白云石、方解石、石英、绢云母、炭质、泥质和黄铁矿等。

胶磷矿 多为隐晶质结构，大多组成条带状集合体赋存于矿石中，有时呈胶结物充填于假鲕粒和碎屑之间。

磷灰石 分两个亚种：一是碳磷灰石，呈针状集合体，一般呈单晶出现在各种形态胶磷矿中；二是氟磷灰石，呈等轴粒状，见于碳磷灰石晶粒间。

白云石 呈粒状或条带状，常与方解石伴生，且含泥质、炭质等。

方解石 常呈单独条带出现，在晚生裂隙中也有其细脉充填。

根据X射线衍射图谱，得知原矿主要相为氟磷灰石、白云石；次要相为α-石英和少量方解石。单体磷矿物P_2O_5理论含量为41%～42%。

矿石的化学组分，列于表36.1.24。

曾在试验室条件下，进行过浮选和焙烧法的试验研究，结果表明：如采用S-BOS为抑制剂的直接浮选法，可由含P_2O_5 20.61%、MgO 6.41%的原矿，获得含P_2O_5 31.48%、回收率90.73%的磷精矿；如采用焙烧法，则可由含 $P_2O_5$23.3%、MgO4.55% 的原矿，获得含 $P_2O_5$36.25%、回收率 89.76% 的磷精矿。

表 36.1.24 矿石的化学组分（%）

矿样批次	粒度（mm）	项目									
		P_2O_5	CaO	MgO	Fe_2O_3	Al_2O_3	MnO	F	酸不溶物	SiO_2	烧失量	CO_2
		含量										
第二批	25～0	24.86	44.37	4.24	1.25	0.71	1.49	2.26	9.73 8.79①	7.27	13.22	12.37
第三批	25～0	20.31	40.42	6.21	1.06	0.88	2.23	1.86	9.56 8.46①	7.25	17.67	16.30

① 系先在 950℃ 下灼烧，而后再分析。

在此基础上，进行了规模为日处理原矿 5 吨左右的焙烧法中间试验，其工艺设备联系图，见图 36.1.6。工艺过程描述如下：

粒度介于 12～0 或 25～0 毫米的矿石，装入称量桶，用行车运到加料斗，由皮带加料计量机给入回转窑尾部。物料在窑中与高温炉气（燃料为轻柴油）逆流接触，在窑内停留时间 100～140 分钟。焙烧后产品卸于地下出料桶，用小车送往储斗，再经皮带计量机送入卧式双轴消化器。消化用水由热水高位槽经 PCT 转子流量计从斜螺旋运输机中部给入，与焙烧矿成逆流方向流入双轴消化器进行消化（是指：使焙烧后的熟料中的氧化镁、氧化钙转变成氢氧化物的过程），生成的石灰乳从溢流器流出，最终到尾矿池。磷精矿以推车运到堆场。从窑尾逸出的高温炉气经多段除尘降温后放空。

主要设备回转窑，进料端内径 0.6 米，长 9 米，出料端内径 0.75 米，长 5 米。总长即为 14 米。有效容积 4.79 米^3。卧式双轴消化器的底部呈弧形，搅拌双轴各装有与轴成 30°的桨叶 38 片。

各作业的优惠条件为：

焙烧：原矿品位含 $P_2O_5$20.31%、粒度 25～0 毫米。焙烧温

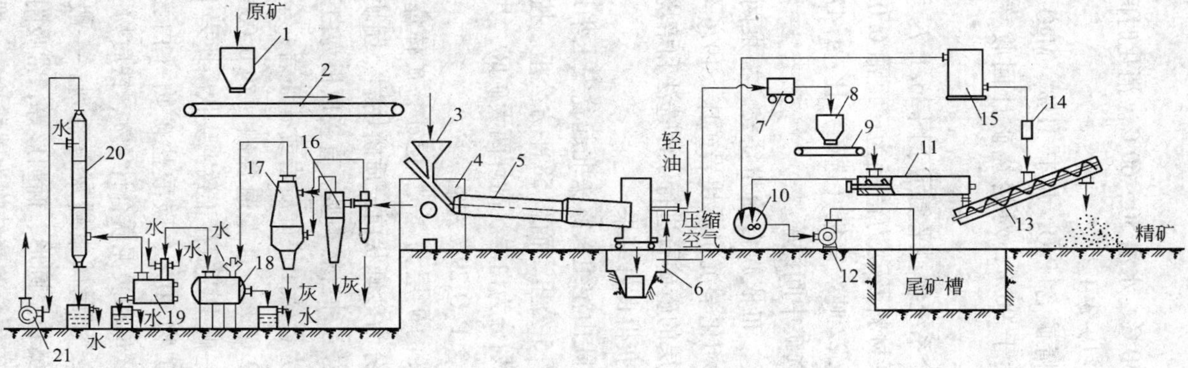

图 36.1.6　何家岩磷矿焙烧法富集中间试验工艺设备联系图

1—加料斗；2—皮带加料计量机；3—下料管；4—烟箱；5—$\phi600\times9000$ 回转窑；6—地下出料装置；7—熟料车；8—熟料储斗；9—皮带加料计量机；10—尾浆槽；11—卧式双轴消化器（$L\times h=3000\times305$mm）；12—砂泵；13—斜螺旋输送机（$\phi200\times3200$mm）；14—热水测温及计量器；15—热水高位水槽；16—旁式除尘器；17—龙卷风除尘器；18—冲击式降温洗涤器；19—喷射型吸收器；20—泡沫吸收塔；21—离心排风机

度 1050 ~ 1100℃，焙烧时间 105 ~ 138 分钟。焙烧炉残烧量 0.3% ~0.6%。

消化：矿石温度 300 ±50℃、水温 50 ~ 60℃。消化时间 5 ~ 10 分钟，消化时液固比为 5:1 ~ 3:1。

按照上述条件，得磷精矿含 P_2O_5 大于 31%、MgO 小于 2.5%；对原矿计回收率大于 90%，对焙烧矿计回收率大于 95%。脱钙率大于 80%。

以 1000 公斤原矿计，全系统物料平衡示于图 36.1.7。

以每吨原矿计，主要原材料及动力消耗为：重油 0.05 吨、水 10 米^3、电 15 度，蒸汽 0.22 吨。富集（选矿）比：1.47。

B　瓮福磷矿英坪矿段选矿中间试验

瓮福磷矿位于瓮南苗族、布依族自治州瓮安、福泉两县境内，是中国一特大型优质海相化学沉积磷块岩矿床。1976 年起，曾对其不同矿区、矿段和矿层的磷矿石进行了浮选法和焙烧法的试验室试验和中间试验，均获得良好结果。

该矿产于上震旦纪底部陡山沱组，露头北起瓮安玉华地区、南至福泉高坪地区，长约 17.5 公里，面积 58 平方公里。按照矿层分布的地质、地理特点，划分为白岩、高坪两大矿区，共计九个矿段。其中英坪矿段平均含 $P_2O_5$29% 左右。

英坪矿段具有工业意义的矿层为“*b*”层矿，矿体露头长 2700 ~ 3000 米。自下而上可分为砂砾状白云质磷块岩、团块状白云质磷块岩和致密块状磷块岩三种自然类型。直接顶板为白云岩、硅质白云岩或硅质岩；底板为含磷团块硅质岩或硅质岩，全矿段矿石平均品位含 P_2O_5 为 29.09%，且普遍含碘（约 0.006% ~ 0.011%、平均为 0.0076%），碘主要赋存于致密块状磷块岩中。

矿石矿物组成为：磷矿物 70%、碳酸盐矿物（白云石）21%，其次为石英 3%、水云母和炭泥质合计 4%、铁质物 1%。

磷矿物主要是“胶磷矿”，属碳氟磷灰石系列。一般为晶质，较少杂质混入。胶磷矿鲕粒呈圆形、椭圆形等，常吸附一些炭泥质及铁质物。胶结胶磷矿鲕粒的胶结物为碳酸盐，一般呈基

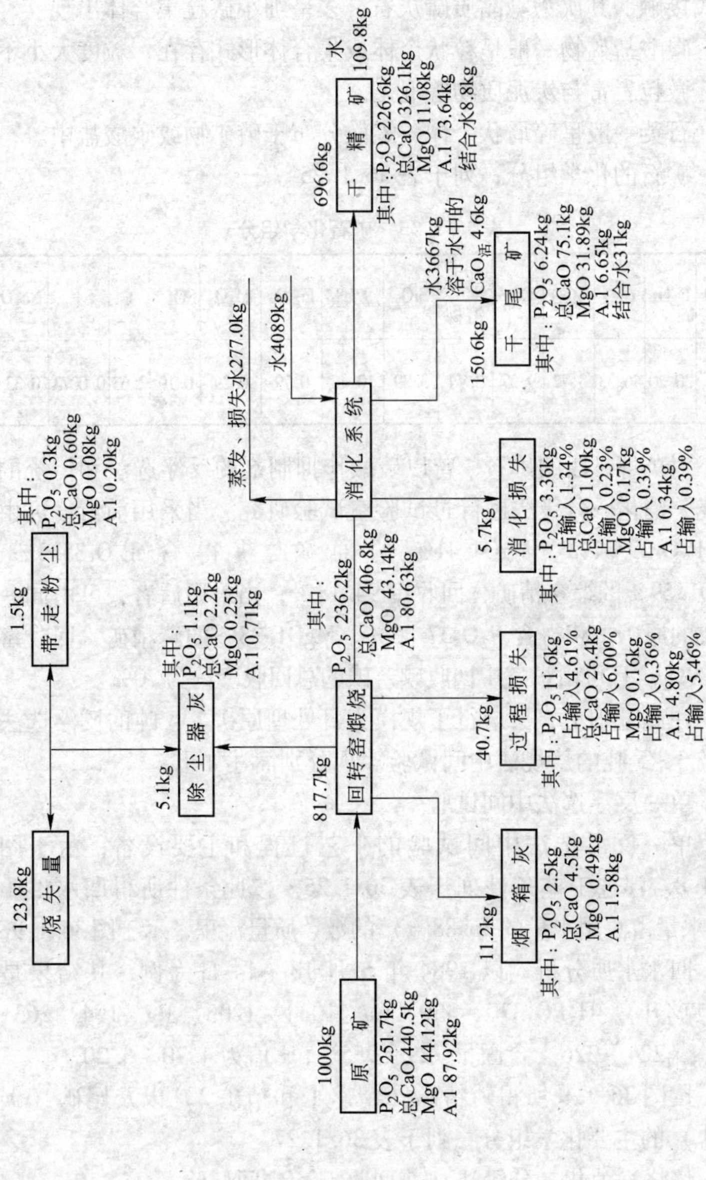

图 36.1.7 何家岩磷矿焙烧法富集中间试验全系统物料平衡图

底式接触。其次为隐晶质磷灰石，多呈细小微粒集合体出现。

碳酸盐矿物一般呈粒状个体或集合体形式存在，粒度大小不一，微粒者常与炭泥质物等混杂。

石英一般呈碎屑状个体，零散分布于磷矿物或碳酸盐中。

矿石的化学组分，列于表 36. 1. 25。

表 36. 1. 25　矿石化学组分

项目	P_2O_5	CaO	MgO	CO_2	酸不溶物	SiO_2	烧失量	Fe_2O_3	Al_2O_3	SO_3^{2-}	F	I	Na_2O
含量(%)	30. 20	46. 33	3. 72	9. 57	3. 74	3. 39	10. 46	0. 79	0. 29	0. 19	2. 63	0. 0073	0. 33

对英坪矿段的矿石，曾以硫酸作抑制剂的反浮选法和传统的焙烧—消化—分级法进行过试验室试验研究。当采用前者，可由含 $P_2O_5$29. 31%、MgO4. 41% 的原矿，获得含 $P_2O_5$35. 3%、MgO1. 59% 的综合精矿，回收率 94. 18%；当采用后者，可由同一组成的原矿，获得含 $P_2O_5$37. 43%、MgO1. 23% 的磷精矿，回收率 96. 89%。且可由炉气中回收碘，碘的总回收率约为 70%。

在此基础上，又进行了规模为日处理原矿 1. 5 吨的反浮选法以及 3 ~5 吨的焙烧法中间试验。现分别简述如下：

单一反浮选法中间试验

单一反浮选法中间试验的工艺过程和主要设备，示于图 36. 1. 8。浮选工艺条件列于表 36. 1. 26。按此条件所得回水试验（回水量占总用水量的 36. 88%）的数、质量流程，示于图 36. 1. 9。

回水水质分析，以 1984 年 5 月 13 ~ 14 日为例，其结果是（毫克/升）：$H_3PO_4$330 ~ 350、Ca^{2+}1034 ~ 1205、Mg^{2+}194 ~ 263、$P_2O_{5液相}$224 ~ 226、含固量 729 ~ 955，pH 值为 4. 70 ~ 5. 20。

按图 36. 1. 9 所得磷精矿（精矿 1 和精矿 2）以及尾矿（碳酸盐）的主要化学组分，列于表 36. 1. 27。

焙烧—消化—分级法（兼回收碘）中间试验

焙烧—消化—分级法的原则工艺流程，示于图 36. 1. 10。其

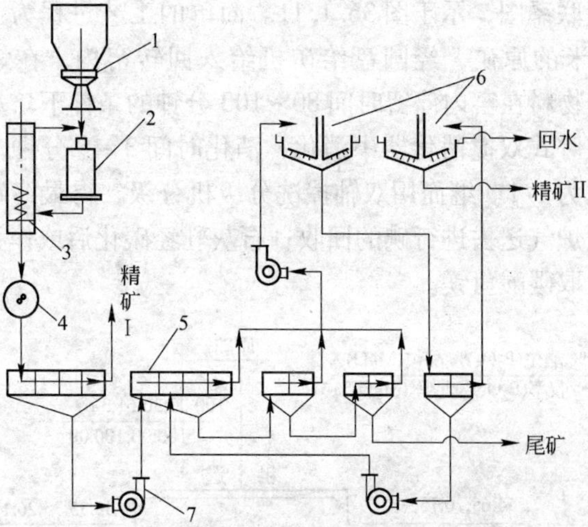

图 36.1.8　瓮福磷矿英坪矿段单一反浮选法中间试验设备联系图

1—给矿机；2—ϕ600×600 球磨机；3—ϕ200×1650 分级机；4—30 升搅拌桶；5—12 升环射式浮选机；6—ϕ750 浓缩机；7—立式砂泵

表 36.1.26　浮选工艺条件

工艺条件		作业名称							
		搅拌槽	粗选第二槽	粗选第三槽	第一次精选	第二次精选	第三次精选	中矿再选	合计
浮选药剂用量（公斤/吨）	氧化石蜡皂	0.40	0.25	0.10	0.40	0.10	—	0.10	1.35
	硫酸	—	—	—	6.00	2.00	0.50	3.00	11.50
浮选矿浆温度（℃）		22.5	22.5	22.5	23.00	23.00	23.00	23.00	—
浮选矿浆pH值		8.5～8.6	8.5～8.6	8.5～8.6	5.15～5.4	4.90	4.75～4.85	4.50～4.70	—
浮选矿浆浓度（%）		23.77	23.77	23.77	11.61	8.93	8.86	13.45	—

注：磨矿细度：-200 目 70%～75%。

工艺设备联系图，示于图36.1.11。简单的工艺过程为：破碎到10～0毫米的原矿，经圆盘给矿机给入回转窑内，在焙烧温度1050℃、物料在窑内停留时间80～100分钟的条件下焙烧，其产品随之在卧式双搅消化器中消化，消化时间3～5分钟，消化时的液固比为1:1。继而用双轴擦洗分级机分级，得最终磷精矿和石灰乳。炉气送去进行碘的回收；石灰乳经碳化后或作为尾矿排放、或制取碳酸氢镁。

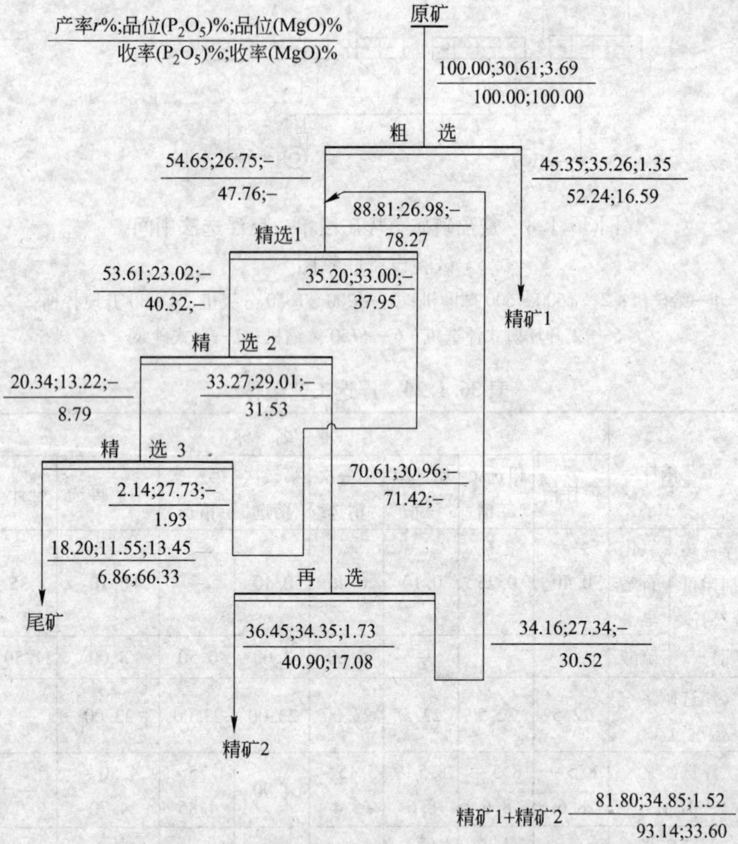

图36.1.9 瓮福磷矿英坪矿段单一反浮选法中间试验数、质量流程图

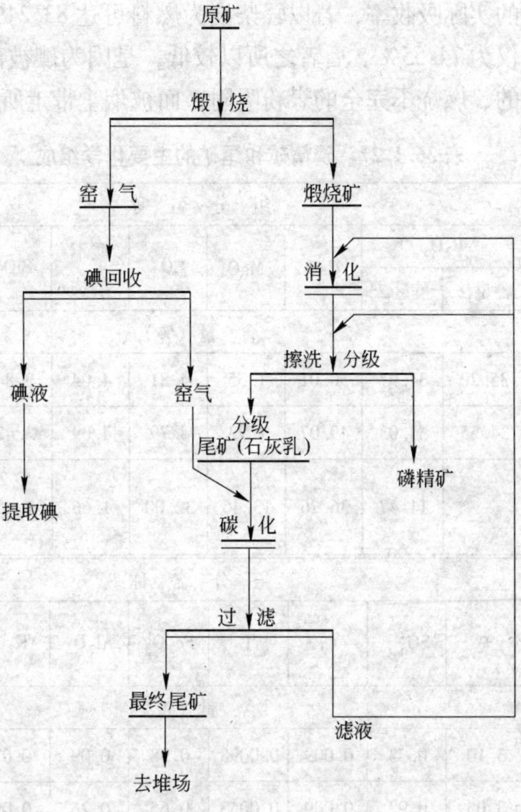

图 36.1.10 焙烧法原则工艺流程

由于所用燃料不同，所得磷精矿质量有别，但对碘回收工艺过程无甚影响。用轻柴油为燃料，磷精矿品位为含 $P_2O_5$37.48%、MgO1.27%、回收率 95.14%；以煤作燃料，磷精矿品位为含 $P_2O_5$35.87%、MgO2.31%、回收率 95.77%，因磷精矿中混有未燃烧好的煤粉和灰分，所以质量降低。现以轻柴油作燃料为例，其焙烧—消化—分级过程的物料平衡结果，列于表 36.1.28。所得磷精矿和尾矿（石灰乳）的主要化学组分，见表 36.1.29。

碘回收工艺的原则流程，示于图 36.1.12。稳定运转试验结果表明：碘的实际吸收率，若以轻柴油为燃料可达83.24%，若以煤粉为燃料仅为74.55%。后者之所以较低，是因为碘被部分具有活性炭性质的、燃烧不完全的煤粉吸附，而被烟尘带走所致。

表36.1.27　磷精矿和尾矿的主要化学组成

产品名称	组分名称							
	P_2O_5		CaO	MgO	CO_2	酸不溶物	SiO_2	烧失量
	容量法	重量法						
	含量（%）							
精矿1	35.20	34.97	50.01	1.35	4.81	4.04	3.84	5.28
精矿2	34.55	34.03	49.07	1.73	4.79	4.09	3.42	5.85
尾矿（碳酸盐）	—	11.47	36.26	13.46	32.00	1.66	1.42	32.11

产品名称	组分名称							
	F	SO_4^{2-}	Cl	I	Fe_2O_3	Al_2O_3	K_2O	Na_2O
	含量（%）							
精矿1	3.10	0.33	0.009	0.0098	0.38	0.09	0.07	0.40
精矿2	3.05	0.93	0.009	0.0053	0.65	0.26	0.09	0.40
尾矿（碳酸盐）	0.98	SO_3^{2-} 1.45	0.015	0.00066	0.70	0.53	0.16	0.18

当吸收液浓度较低时（浓度小于1克/升）、以油为燃料回收碘的物料平衡，示于图36.1.13。在获得精碘纯度99.5%以上时，碘的最终总回收率为68.92%。此外，当吸收液浓度较高时（大于10克/升），碘的总回收率可提高5%左右，且可简化流程，但要求焙烧工艺中收尘效率较高。

C　阿尔及利亚遮别·翁克（Djebel Onk）磷矿选矿厂

阿尔及利亚磷矿的开采，始于1873年。现仅有两处开采：

一是遮别·翁克，二是遮别·库伊夫（Djebel Koujf），但以前者为主，且具有独特工艺流程和设备的选矿厂。选矿厂年生产焙烧矿 80 万吨，几乎全部出口。1983 年，阿尔及利亚磷矿总产量为 89.3 万吨。

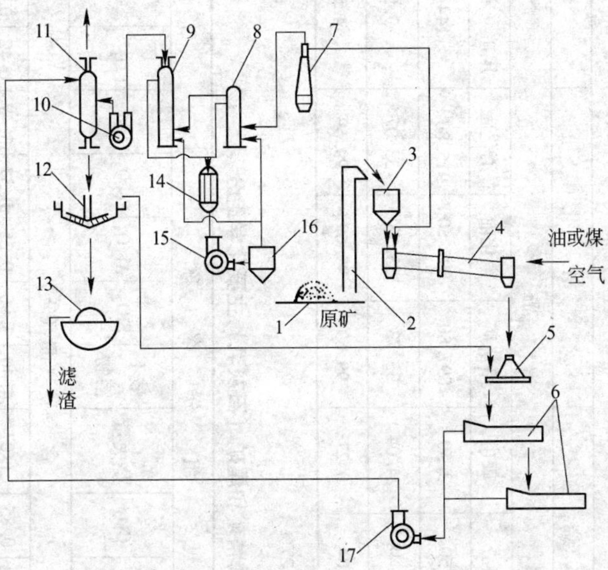

图 36.1.11 瓮福磷矿英坪矿段焙烧法（兼回收碘）中间试验设备联系图

1—原矿；2—斗式提升机；3—矿仓、圆盘给料机；4—ϕ450×8000 回转窑；5—ϕ136×2000 卧式双搅消化器；6—ϕ136×2400 双轴擦洗机；7—旋风除尘器；8—ϕ200×4000 喷淋塔；9—ϕ200×5000 筛板塔；10—水循环泵压缩机；11—ϕ250×5750 碳化塔；12—浓缩机；13—鼓式过滤机；14—冷却器；15—耐酸泵；16—碘液槽；17—旋涡泵

阿尔及利亚的磷矿，属沉积型磷块岩矿床，形成于始新世，储量估计达 10 亿吨。其分布集中于该国北部以及与突尼斯接壤处。位于该国北部的磷矿床共有四个矿层，通常含 P_2O_5 27% 左右；而与突尼斯接壤处的磷矿床，例如现正开采的遮别·翁克和

表 36.1.28　焙烧—消化—分级过程物料平衡

项目	作业名称								
	矿石准备	焙烧			消化			分级	
	产品								
	原矿石	焙烧失量	碘渣	旋尘	焙烧矿	消化前	消化后	尾矿（石灰乳）	磷精矿②
重量（公斤）	1000.00	98.20	0.50	3.50	897.80	897.80	915.80①	144.60	771.20
P_2O_5 含量（%）	30.38	—	27.48	24.04	33.73	33.73	33.07	9.55	37.48
回收率（P_2O_5%）	100.00	—	0.04	0.27	99.69	99.69	99.69	4.55	95.14

①消化后，矿石吸水 18 公斤；②磷精矿中含 MgO1.27%。

表 36.1.29　磷精矿和尾矿（石灰乳）主要化学组分

产品名称	组分名称															
	P_2O_5		CaO	活性 CaO	MgO	CO_2	烧失量	酸不溶物	SiO_2	Al_2O_3	Fe_2O_3	F	SO_3^{2-}	I	Na_2O	K_2O
	重量法	容量法														
	含量（%）															
磷精矿	37.52	37.65	51.81	0.77	1.14	0.85	1.07	4.40	3.90	0.25	0.37	3.47	0.42	0.0012	0.26	0.06
尾矿（石灰乳）	9.31	9.82	43.88	23.07	20.07	5.45	—	4.21	3.69	0.58	0.80	1.00	0.46	0.0015	0.28	0.07

遮别·库伊夫矿床均有五个矿层，含 P_2O_5 25%～32%不等。

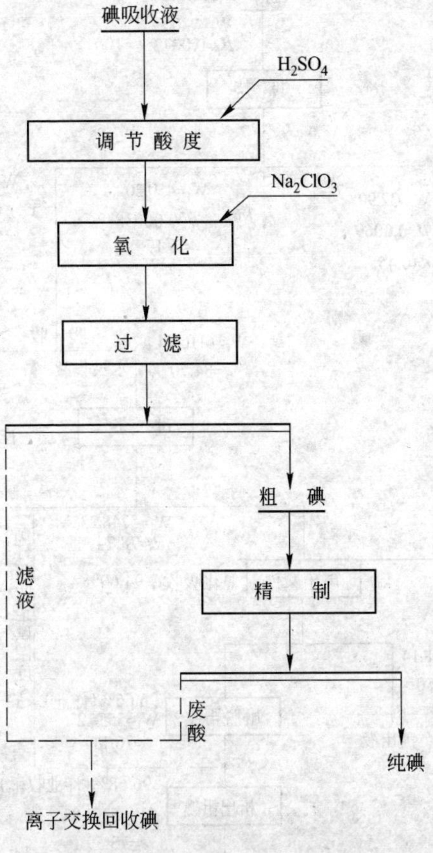

图 36.1.12 从吸收液提取碘原则工艺流程图

虽然阿尔及利亚磷矿床的赋存条件与摩洛哥相同，但其矿石较硬、品位亦较低，且因含磷矿层和泥灰岩同晶质燧石成互层状产出，使其中除含碳酸盐矿物（白云石和方解石）数量较多外，尚含有硅酸盐类矿物。磷矿物及其假鲕粒的最大嵌布粒度，从几毫米到2000微米不等。

依据磷矿石中碳酸盐矿物和硅质物组成的特点，目前主要采用焙烧法富集磷矿石。现以遮别·翁克磷矿选矿厂为例，简述如下：

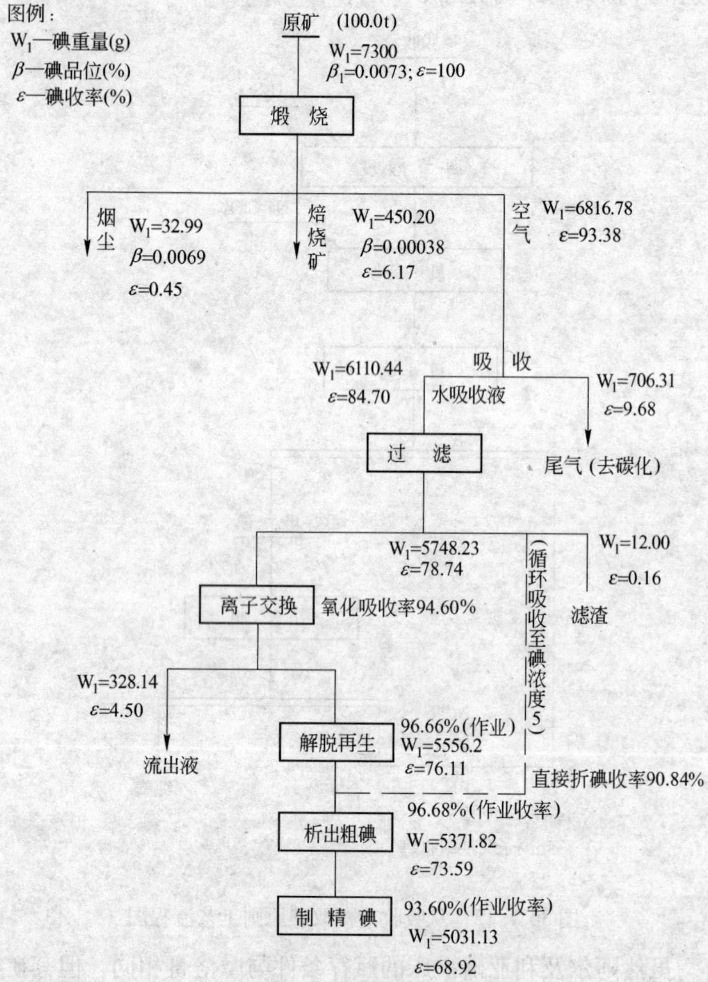

图 36.1.13　以轻柴油为燃料时，从低浓度（浓度小于1克/升）吸收液提取碘的物料平衡图

遮别·翁克磷矿属翁克山磷矿公司经营，1966年竣工。目前该矿年处理原矿石240万吨，可生产含 P_2O_5 28.83% ~ 29.74%的磷精矿143万吨，其中80万吨经进一步处理，获得50

万吨含 P_2O_5 34.32% ~35.24% 的高质量精矿，全部用于出口。

遮别·翁克磷矿赋存在出露地表的两个背斜构造中，估计含 P_2O_5 24.25% ~27.91% 的磷矿石总储量为5亿吨。矿石矿物组成大致为：磷酸盐矿物（属氟磷灰石）54%、白云石和方解石20%，其余为少量硅石、硅酸盐、碱性氧化物以及有机物等。矿石主要化学组分（%）：$P_2O_5$24.6、$SO_3$3.0、CO_2 10.1、$SiO_2$3.8、MgO2.7、有机物1.93。矿石含水3.6%。

选矿厂的选别过程及相应指标，示于图36.1.14。矿石经30吨和50吨自动卸矿车运到选矿厂后，经漏斗给入圆锥破碎机、再经锤式破碎机破碎，随之以共振筛筛分，分出粗粒脉石废弃，筛下产品再经一系列处理后，得到粒度为小于1毫米、产率为62%、P_2O_5 含量为27.7%、CO_2 含量为10%的湿精矿，送到“道尔-奥里维尔（Dorr-Oliver）型”三层沸腾炉中焙烧。焙烧工序的流程及主要设备联系，示于图36.1.15。依据此图，将焙烧过程描述如下：含28% P_2O_5 和15%水分的洗涤磷矿石用运输皮带1送入矿仓2，再经给矿机3和运输皮带4将矿石给入预热炉区5。预热炉区的圆柱形部分中装有配气炉箅，圆柱形部分的高度大致与假流态层的高度相当。预热区拱砌成圆锥形，它的上部与烟道和冷却除尘器6相连。预热区的漏料炉箅是用定形耐火砖砌成拱形，这种炉箅有336个直径为64毫米的孔（有效截面积为6.5%）。并规定有事故用水给入预热区。预热区温度为200~300℃。

经预热区烘干的物料通过外部的输料管7给到焙烧室8。烟道9稍离其中心即在物料给入方向的对侧，目的在于减少逸尘量。冷却除尘器6中的烟尘亦排至焙烧室。为将液体燃料（原油）给到磷矿石的假流态层中，装有24个喷油器。焙烧室温度维持在890~925℃。焙烧区直径4.6米。炉箅上装有有效截面积为1.83%的336个风帽，每个风帽有8个直径为12毫米的孔，用以分配空气。

焙烧区10中的物料沿输料管11和12给入冷却区。物料给入的数量采用气动装置调整。冷却区的温度维持在 400 ~ 460℃。

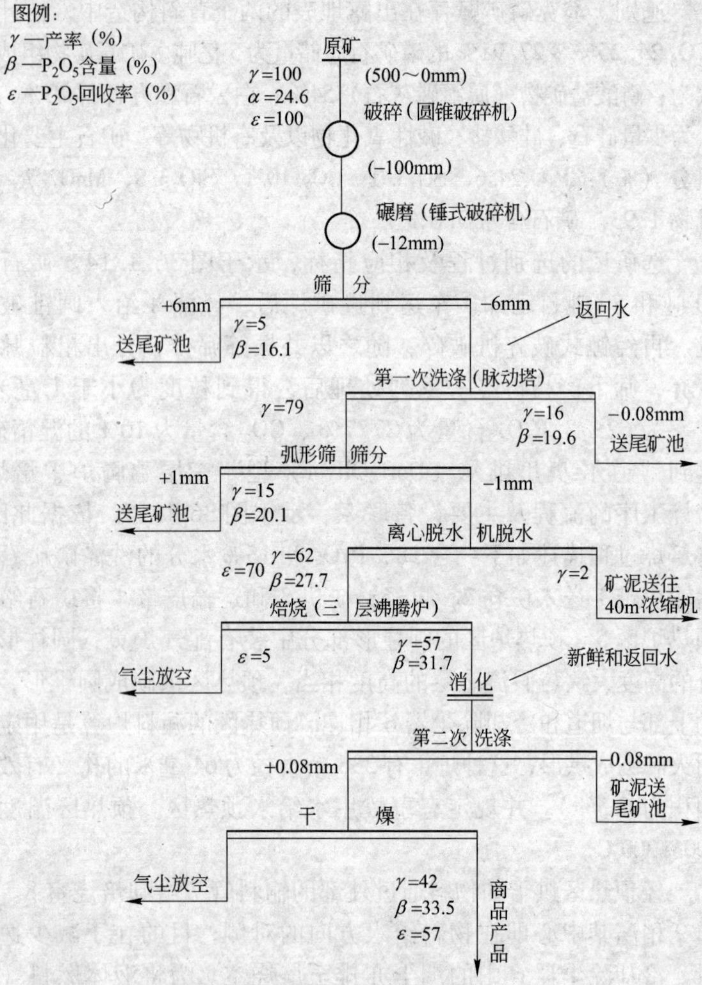

图 36. 1. 14　遮别 · 翁克选矿厂工艺流程图

为了炉子的点火，装有点炉喷嘴 13。焙烧物料冷却到 400℃后沿输料管 14 卸入水槽 15 中，以溶解碳酸盐，其后再转入洗涤塔。经洗涤后的矿砂再在有叶轮的“脉动槽”中用含 CO_2 的溶液洗涤，以有效地利用从焙烧炉逸出的 CO_2。

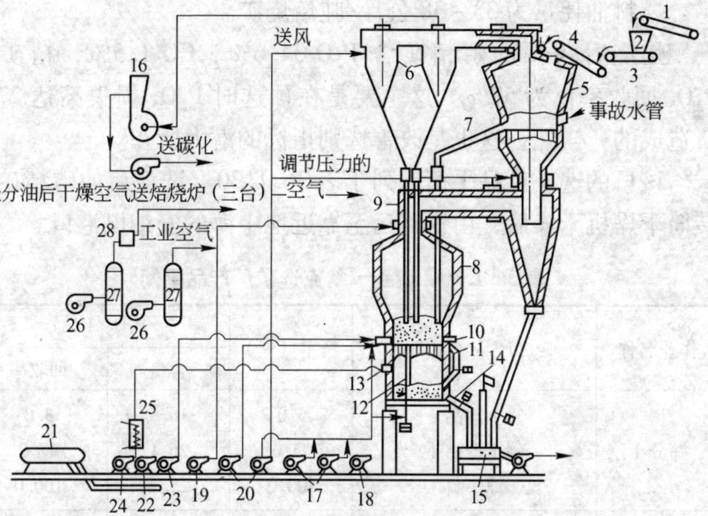

图 36.1.15　遮别·翁克选矿厂焙烧工序主要设备联系图

矿砂中的水经过离心分离后送入两台浓缩池中，沉淀出矿泥，然后送沉淀池。

在焙烧炉附近的机房中，除装有排烟机 16 外，还装有各种辅助设备，为将空气给入焙烧炉，将烟道气送往碳化，每个焙烧炉装有生产能力为 12000 米^3/时的回转鼓风机 17 和一个生产能力为 7000 米^3/时的鼓风机 18。此外，每个焙烧炉还装有生产能力为 31000 米^3/时的鼓风机 19，目的是将空气送到处于焙烧区和热除尘器间的补偿器中，以用于冷却。

为了乳化燃料油，装有生产能力为 450 米^3/时的压缩机 20，燃料槽 21 中的燃料，由成串联装置的生产能力为 200～400 公斤/时的齿轮泵 22 和 23 送出。每 12 个喷射器装成 6 组，每组 4 台泵。

为使点炉升火用的燃料送入焙烧室，装有生产能力为 650 公斤/时的油泵 24，燃料预热器 25。此外，还装有两台生产能力为 400 米^3/时（压力为 7 公斤/厘米^2）的压缩机 26 和容积为 2000 升的两台贮气罐 27 和一台分油器 28。

燃料油耗量为33～38公斤/吨焙烧矿。

焙烧后获得的磷精矿含$P_2O_5$34.6%、$CO_2$1.5%，精矿中P_2O_5回收率仅为57%。这主要是在预选时P_2O_5损失高达27%所造成的，当然，这也是改善选别指标的潜力所在。

该厂的选矿产品平衡，列于表36.1.30。洗涤后的磷精矿用转筒干燥机干燥后，由铁路运至靠近地中海的安纳巴港口。

表36.1.30　遮别·翁克选矿厂产品平衡

作业名称	产品名称	产率（%）	P_2O_5（%）	
			含量	回收率
筛分Ⅰ	筛上产品Ⅰ	5.0	16.5	3.0
	筛下产品Ⅰ	95.0	26.1	97.0
	原　料	100.0	25.2	100.0
洗涤Ⅰ	矿　砂	79.0	27.5	85.0
	溢　流	16.0	10.1	12.0
	入料（筛下产品Ⅰ）	95.0	26.1	97.0
筛分Ⅱ	筛上产品Ⅱ	15	20.6	12.0
	筛下产品Ⅱ	64	28.6	73.0
	入料(矿砂)	79.0	27.5	85.0
脱水	滤　饼	62.0	28.6	71.0
	滤　液	2.0	28.6	2.0
	入料(筛下产品Ⅱ)	64	28.6	73.0
焙烧	熟　料	51.0	32.5	66.0
	烟　尘	11.0	11.6	5.0
	入料(滤饼)	62.0	28.6	71.0
消化和洗涤Ⅱ	矿　砂	45.0	33.4	60.0
	溢　流	6.0	25.5	6.0
	入料(熟料)	51.0	32.5	66.0
干燥	磷精矿	42.0	34.6	57.0
	烟　尘	3.0	25.2	3.0
	入料(矿砂)	45.0	33.4	60.0

36.1.4.4 沉积型硅（钙）—钙（硅）质磷块岩矿

A 王集磷矿选矿半工业性试验

王集磷矿属荆襄磷矿胡集矿区最北面的一个矿段，位于湖北省钟祥县胡集地区。自五十年代末期开始，对该矿各自然类型矿石和混合矿石，先后进行过试验室试验、中间试验和规模为日处理原矿石60吨的半工业性试验。由于研制出对碳酸盐脉石矿物有良好抑制作用的S-BOS药剂以及浮选工艺和浮选设备上的某些改进，使之制订出适用于细粒嵌布沉积型硅-钙质磷块岩矿石的直接浮选工艺，并付诸于年处理原矿为150万吨的大型选矿厂设计，于1985年末竣工投产。

该矿赋存于前震旦纪上统陡山沱组上部含磷岩系中。自下而上共分五层矿，其中第一、第三层矿规模大、层位稳定、品位中等，具有工业价值，是开采利用的主要对象。全矿段磷矿石平均含 P_2O_5 22.29%，其中一层矿平均含 P_2O_5 24.6%、三层矿平均含 P_2O_5 17.60%（不包括该层中Ⅰ、Ⅲ、Ⅴ小层矿）。

矿石的自然类型及其特征，列于表36.1.31。

组成矿物的主要特性是:

磷矿物　在一层矿中，有呈致密状和假鲕状形态出现的胶磷矿（前者为圆至椭圆状，鲕径一般为0.176~0.944毫米，但其中均含有粒度0.013~0.050的碳酸盐、石英、玉髓等杂质）；还有主要出现在胶磷矿假鲕粒边缘的纤维状磷矿物（其宽度一般为0.007~0.0195毫米，呈放射状、放射球状等）以及少量的、分布普遍的粒状磷矿物。磷矿物的种属为微碳氟磷灰石，化学式 $Ca_{10}P_{5.82}C_{0.12}O_{24}F_{1.9}(OH)_{0.18}$，晶格中不含Mg、Al、Si等杂质。在三层矿中，97%为胶磷矿，它分布在碳酸盐或硅质物中，其集晶呈鲕状、假鲕状、碎屑状等。而鲕粒形状为圆形、椭圆形等，其中混有许多杂质。单晶一般为粒状、大小为0.001毫米。磷矿物亦为微碳氟磷灰石，化学式 $Ca_{10}P_{5.9}C_{0.1}O_{24}F_{1.8}(OH)_{0.2}$，$P_2O_5$ 理论含量41.43%，胶磷矿晶格中无Mg取代Ca。

碳酸盐矿物　在一层矿中，碳酸盐矿物主要为结晶完好、粒

表 36.1.31 王集磷矿矿石类型及其特征

矿层	矿石自然类型		矿石特征	矿物组成（%）	
第一层矿	条带状	泥质条带状	由致密状矿石条带（$P_2O_5$30%）和泥质条带（P_2O_5 <5%）组成，具条带状构造。矿层厚 5~9m，P_2O_5 含量 24%~32%，MgO 小于 1%	磷矿物	55.13
				碳酸盐（白云石、方解石）	19.43
		白云质条带状	由致密状矿石和白云质条带（P_2O_5 <5%）组成，呈扁豆状产出，矿层厚 2~3 米，条带状构造，P_2O_5 含量 15%~25%，MgO 3%~9.5%	硅质物（玉髓、石英）	12.43
		蠕虫状条带状	由含磷白云岩分布成稀疏而无规则的条带组成，为该层矿最贫的矿石，P_2O_5 含量 8%~15%	铁矿物（褐铁矿、黄铁矿）	2.33
	致密状	致密状磷块岩型	由占体积 70%~90% 的胶磷矿组成，颗粒中夹杂有碳酸盐、玉髓、氧化铁及泥质物。呈致密块状构造。为该层矿最富的矿石，P_2O_5 含量 28%~30%，MgO 0.5%~2%	硅酸盐（黏土矿物、绢云母）	9.10
				其他	1.58
第三层矿	砂岩状（Ⅱ、Ⅳ小层）		由粒状胶磷矿、石英、玉髓、白云石、方解石及少量泥质、铁质物组成。矿层厚 4~8 米，因含磷矿物与脉石矿物比例不同，形成油黑色致密坚硬的砂岩状磷块岩和中、细粒砂岩状磷块岩两类，前者胶磷矿含量可达 90%，后者多为磷灰石富集	磷矿物	37.00
				碳酸盐（白云石、方解石）	29.00
				硅质物（玉髓、石英）	27.00
				铁矿物（褐铁矿、黄铁矿）	3.00
	互层状（Ⅰ、Ⅲ、Ⅴ小层）		由砂岩状矿石和含磷白云质泥灰岩互层组成，P_2O_5 含量 8%~15%	硅酸盐（黏土矿物、绢云母）	4.00
				其他	—

度细小（一般为0.02～0.072毫米）的白云石和呈他形粒状集合体、晶粒大小不一（一般为0.032～0.32毫米）的方解石，两者在数量比例上，接近于1:1。而在三层矿中，碳酸盐矿物则以白云石为主，其存在形式有三种，呈团块状产出的晶粒粗大的（单晶大小0.1～0.4毫米）碳酸盐；呈集晶产出的晶粒中等的（单晶大小0.06毫米）碳酸盐以及细粒、微粒（呈集晶大面积分布、单体大小0.005～0.02毫米）碳酸盐。

石英和玉髓　在一层矿中，主要以大小不一的粒状、隐晶状、纤维状及放射球状出现在含矿条带中。分布在胶磷矿及其鲕粒中的则较细，粒度一般为0.013～0.0325毫米；在三层矿中，石英一般与胶磷矿颗粒形成基底式胶结，有时呈微细粒（小于0.01毫米）混杂在胶磷矿中。玉髓呈不规则粒状或纤维状与石英混杂共生。

矿石的化学组分，列于表36.1.32。

表36.1.32　一、三层矿主要化学组分比较

矿层名称	组分名称						
	P_2O_5	CaO	MgO	酸不溶物	SiO_2	CO_2	烧失量
	含量（%）						
一层矿	22.88	38.51	2.26	21.60	16.60	8.48	9.36
三层矿	15.26	30.72	6.15	28.89①	27.49	14.89	15.78

矿层名称	组分名称					
	Fe_2O_3	Al_2O_3	F	SO_3	MnO	有效P_2O_5
	含量（%）					
一层矿	2.33	3.55	1.91	0.36	0.27	2.71
三层矿	1.52	1.06	1.63	0.10	—	—

①指硝酸不溶物。

表 36.1.33 不同阶段对王集磷矿各类型矿石试验研究的部分结果

研究阶段名称	试验矿样名称	流程名称	试验条件					试验结果（%）					
			磨矿细度	药剂总用量（kg/t 原矿）				原矿品位（P_2O_5）	精矿指标				尾矿品位（P_2O_5）
				碳酸钠	水玻璃	抑制剂	捕收剂		产率	品位（P_2O_5）	回收率（P_2O_5）	MgO含量	
第一阶段	一层矿 泥质条带状磷块岩	正—反浮选	—	4.0	5.0	磷酸 12.7 淀粉 0.4	油酸钠 1.8	25.97	~64.2	33.76	~83.0	—	5.15
	一层矿 白云质条带状磷块岩	焙烧	分级粒度 0.15mm	—	—	—	—	12.87	48.31	35.01	93.85	—	2.13
	三层矿 砂岩状磷块岩	正—反浮选	—	6.0	2.0	磷酸 34.0	油酸钠 2.0	16.48	55.60	25.54	86.12	—	5.15
第二	三层矿 砂岩状、互层状混合样	正浮选	-320 目 98.60%	21.0	6.0	S-127 1.9	磺化粗塔尔皂 0.27 亚硫酸化皂 0.13	13.75	36.06	33.11	83.85	2.24	3.60
	三层矿 砂岩状、互层状混合样	正浮选（粗精矿再磨、再选）	一段：-200 目 88.0% 二段：-320 目 97.40%	14.4	2.0	S-711 1.1	亚硫酸化皂 0.80	14.50	35.40	33.11	80.83	0.96	4.30

阶段	三层矿砂岩状、互层状混合样	正浮选（粗精矿再磨、再选）	一段：-200目 89% 二段：-320目 97%	13.0	1.0	S-804 1.5	亚硫酸化皂1.1	14.22	37.64	32.07	84.88	2.09	3.45
	三层矿砂岩状、互层状混合样	正浮选	-200目 90%	7.0	1.0	S-BOS 1.3	亚硫酸化皂0.3	13.00	38.10	28.71	86.01	3.18	2.88
第三阶段	三层矿砂岩状、互层状混合样（中间试验）	正浮选（清水流程）	-200目 9.3%	8~9	2.5	S-BOS 2.2	亚硫酸化皂0.665	15.37	40.60	31.35	81.50	2.32	4.87
		正浮选（回水流程）	-200目 93%	5.5~6.0	—	S-BOS 0.9	亚硫酸化皂0.55	15.81	41.60	31.39	82.61	2.41	5.11
	一层矿	正浮选	-200目 97.5%	13.5	1.0	S-BOS 2.4	亚硫酸化皂0.60	21.40	56.71	32.53	86.22	1.53	6.81
		焙烧—碳化—浮选	—	通入 CO_2	0.5	—	亚硫酸化皂1.34	21.11	59.92	33.09	93.94	—	4.35
		正浮选（中矿再磨、再选）	一段：-200目 65% 二段：-200目 98%	8.5	3.25	S-BOS 0.95	亚硫酸化皂0.65	22.31	61.42	31.86	87.72	1.18	7.10
		反—正浮选（粗精矿再磨、再选）	一段：-200目 65% 二段：-150目 100%	3.0	3.25	磷酸 6.0	亚硫酸化皂1.05；氧化石蜡皂1.21	23.01	65.20	30.77	87.18	1.00	8.48

注：试验规模未注明者，均为试验室试验。

从 1958 年起，先后对该矿不同类型的矿石，进行了规模不一的试验研究，大致可分为四个研究阶段：

第一阶段为 1958 ~ 1966 年间，主要对各自然类型矿石进行浮选法（包括反—正浮选、单一反浮选和单一正浮选等）和焙烧法的试验室试验研究；

第二阶段为 1966 ~ 1971 年间，主要探求第三层矿的碳酸盐脉石矿物抑制剂，结果研制出有良好抑制效果的 S-217，为解决沉积型硅-钙质磷块岩矿石直接浮选的技术问题，创造了有利的条件。并进而研制出 S-BOS 类抑制剂，使该种技术得到应用；

第三阶段为 1971 ~ 1977 年间，主要对第三层矿进行规模为日处理原矿 2 ~ 6 吨的中间试验，以探讨回水利用的可能性，同时考查改造后的浮选机对选别指标的影响。另外，相继对第一层矿进行不同选别方法的试验室试验研究。

现将这三个研究阶段中的部分试验结果，汇于表 36. 1. 33。由该表看出，王集磷矿第一、三层矿的可选性是较好的，在相应条件下均可获得较好的选别指标。

第四阶段为 1978 ~ 1984 年间，主要进行规模为日处理原矿 60 吨的半工业性试验。其目的为：磨矿分级流程工程问题的研究；尾矿水循环回收使用的研究；国产 XJK 型浮选机改造、放大的研究；细粒精矿脱水的研究等。现以第三层矿为主，将试验情况概述如下：

半工业性试验所用的第三层矿矿石，采自该矿南采区 225 米中段、238 米标高的 4 号矿房。所采得的矿石用汽车运至选矿试验厂堆矿场，再由人工运入原矿仓。经长期运转确定，矿石含 P_2O_5 14. 8% ~15. 30%、含 MgO 6. 0% ~6. 5%。

选别的原则工艺流程，如图 36. 1. 16 所示。其主要工艺设备联系，示于图 36. 1. 17。简单过程为，矿石经两段一闭路破碎流程碎至小于 10 毫米后，送入磨矿分级，其分级溢流给入由 *A*、*B* 两系列组成的浮选系统。浮选精矿混合给入三段常规脱水系统，得最终干燥磷精矿。于厂外尾矿池澄清的水，或直接排放、或返回而分配到各回水点。

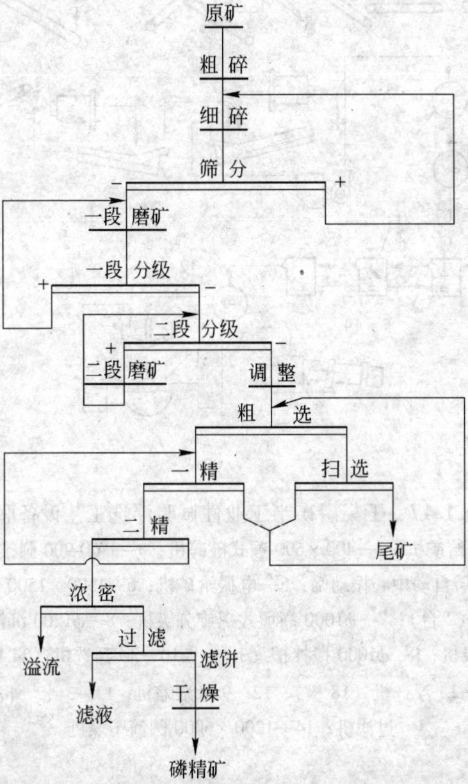

图 36.1.16 王集磷矿半工业性试验原则工艺流程图

半工业性试验的主要内容及相应结果：

磨矿分级系统 曾试验过三种流程：一是由两段球磨机、两段螺旋分级机组成的闭路流程（简称流程 *A*）；二是在流程“*A*”的基础上增加水力旋流器作控制分级（简称流程 *B*）；三是流程“*A*”的第二段单螺旋分级机用水力旋流器代替（简称流程 *C*）。球磨机装球量均为 4 吨，但球径及重量比不同。即第一段球磨机装：100～80 毫米者 55%、80～60 毫米者 25%、小于 60 毫米者 20%。

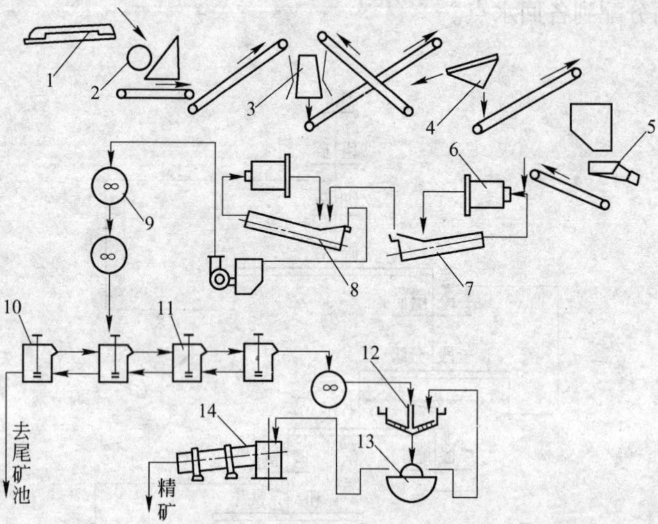

图 36.1.17　王集磷矿半工业性试验浮选工艺设备联系图

1—铁板给矿机；2—400×600 颚式破碎机；3—PYD-900 圆锥破碎机；4—单层自动中心振动筛；5—电振给矿机；6—1500×1500 格子型球磨机（2 台）；7—ϕ1000 高堰式螺旋分级机；8—ϕ1200 沉没式螺旋分级机；9—ϕ1000 搅拌槽（3 台）；10—3*A* 浮选机（24 槽）；11—2*A* 浮选机（18 槽）；12—9 米浓缩机；13—3 米^2 外滤式过滤机；14—1200×6000 圆筒干燥机

表 36.1.34　磨矿分级各流程综合指标对比

项目	分级机效率(%)			球磨机处理能力			耗水量		最终分级产品指标	
	一段螺旋分级	二段螺旋分级	水力旋流器	t/(台·h)	按 -200 目计(吨/(米^3·时)) 一段	二段	m^3/h	m^3/t 原矿	浓度(%)	-200 目含量(%)
流程 *A*	36.97	73.92	—	2.625	0.444	0.524	7.999	3.047	24.65	91.22
流程 *B*	51.81	18.94	64.23	2.634	0.555	0.464	5.902	2.241	30.80	94.60
流程 *C*	51.83	—	56.65	2.580	0.545	0.473	5.382	2.086	32.20	96.73

注：两段球磨机，规格均为 ϕ1500×1500 毫米，实测其容积每台为 2.37 米^3。

第二段球磨机装：60~50毫米者为25%、50~40毫米者30%、小于40毫米者45%。各流程求得的最终指标，见表36.1.34。由表看出，这三种流程在技术上都是可行的。

国产XJK型浮选机改造　对XJK型浮选机改造的方式为：在吸入槽侧壁加设可调节的回流孔；间槽进入浮选槽的吸浆管管径由原设备的100毫米改为50毫米；浮选机叶轮转速由500转/分降低为300~400转/分。所得稳定运转结果，见表36.1.35。说明改造后的浮选机是适宜的。

表36.1.35　不同时间稳定运转的结果对比

时间	项目				
	精矿			原矿品位（P_2O_5）	尾矿品位（P_2O_5）
	产率	品位（P_2O_5）	回收率		
	结果（%）				
1982年9.2~9.6	38.48	30.12	78.25	14.81	5.23
1983年7.24~7.27	38.52	30.30	76.43	15.27	5.86
1983年9.16~9.18	37.98	29.86	78.60	14.43	4.98

时间	项目					
	磨矿细度 -200目	药剂总用量（公斤/吨原矿）				处理量（t/h）
		碳酸钠	水玻璃	S-BOS	亚硫酸化皂	
	结果（%）					
1982年9.2~9.6	93.00	7.25	1.70	2.75	0.75	2.1
1983年7.24~7.27						2.3
1983年9.16~9.18						2.5

回水循环　回水量约占工艺总水量的84%，与国外某些磷矿选矿厂回水量相近。其回水来自厂外尾矿池澄清水，水质见表36.1.36。回水试验的工艺条件及结果，列于表36.1.37。

细粒磷精矿脱水　浮选所得的泡沫精矿进入浓缩机前，先加入工业硫酸（1~2公斤/吨原矿）作凝聚剂。浓缩机底流浓度稳定在50%～55%；溢流水含固体量为每升2.5克。

表36.1.36　循环回水水质分析（1983年12月1～6日平均值）

项目	SO_4^{2-} (mg/L)	含固体量 (mg/L)	P_2O_5 (mg/L)	CO_3^{2-} (mg/L)	HCO_3^- (mg/L)	pH值	总碱量 (mgN/L)
含量	341.25	244.86	33.52	250.34	614.90	9.6～9.68	17.94

表36.1.37　使用回水时的试验条件及结果

条件					结果（%）				
磨矿细度 -200目	药剂总用量（kg/t原矿）				原矿品位 (P_2O_5)	精矿指标			尾矿品位 (P_2O_5)
	碳酸钠	水玻璃	S-BOS	亚硫酸化皂		产率	品位 (P_2O_5)	回收率 (P_2O_5)	
93.00	3.38	1.0	1.80	0.73	15.33	39.27	30.48	78.09	5.54

曾试验过外滤式、内滤式两种类型过滤机，结果表明皆可使用。当入料浓度为50%～55%时，过滤机滤饼水分和厚度平均值分别为15%和10～11毫米。

干燥入料水分为15%左右时，干精矿水分含量如为4%，则损失于烟道气中的磷精矿量达13公斤/时；干精矿水分含量如为6%，其磷精矿损失，为6.5公斤/时左右。干燥后烟气采用两段除尘，第一段为干式旋风收尘、第二段为湿式环射式收尘。经测定，三层矿试验时，干燥工序煤耗量为34.44公斤/吨精矿。

全流程物料平衡　其目的是求取干精矿实际回收率和理论回收率之差。试验按统计法进行。三层矿以回水流程为准，结果列于图36.1.18。一层矿的半工业性试验，实际上是验证试验，由于原矿性质与三层矿有所不同，故在磨矿分级和浮选工艺条件的控制上，做了相应的调整，但总的流程结构没有太大的变化，与图36.1.16所示相近，这里就不再详述了，仅将其最终试验结果，列于表36.1.38。

最终磷精矿特性 一、三层矿最终干精矿的化学组成和粒度组成分别列于表36.1.39和表36.1.40。

表36.1.38 王集磷矿一层矿清水流程试验最终结果

项 目	磨矿细度 -200目	原矿品位 (P_2O_5)	药剂总用量（公斤/吨原矿）			
			碳酸钠	水玻璃	S-BOS	亚硫酸化皂
结果（%）	92.23	23.24	6.25	2.50	2.73	0.87

项 目	精矿指标						尾矿品位 (P_2O_5)
	产率		品位 (P_2O_5)		回收率		
	浮选	最终	浮选	最终	浮选	最终	
结果（%）	57.095	52.37	32.64	32.87	80.175	73.73	10.74

表36.1.39 一、三层矿最终干精矿主要化学组成（%）

精矿名称	项目									
	P_2O_5	CaO	MgO	CO_2	烧失量	SiO_2	酸不溶物	Fe_2O_3	Al_2O_3	F
三层矿回水流程精矿	30.10	43.57	2.55	6.37	6.75	11.45	12.08	0.74	0.39	2.75
一层矿清水流程精矿	32.40	47.91	0.72	3.85	4.12	8.48	11.29	0.93	1.33	2.88
一、三层矿综合精矿	31.49	46.23	1.47	4.87	5.19	9.69	11.61	0.86	0.95	2.83

表36.1.40 一、三层矿最终干精矿粒度组成（%）

精矿名称	粒级（毫米）						合 计
	+0.076	-0.076 +0.044	-0.044 +0.038	-0.038 +0.019	-0.019 +0.010	-0.010	
三层矿回水流程精矿	3.51	17.41	12.21	40.61	13.11	23.15	100.00
一层矿清水流程精矿	6.75	16.36	40.29	18.40	9.61	8.59	100.00

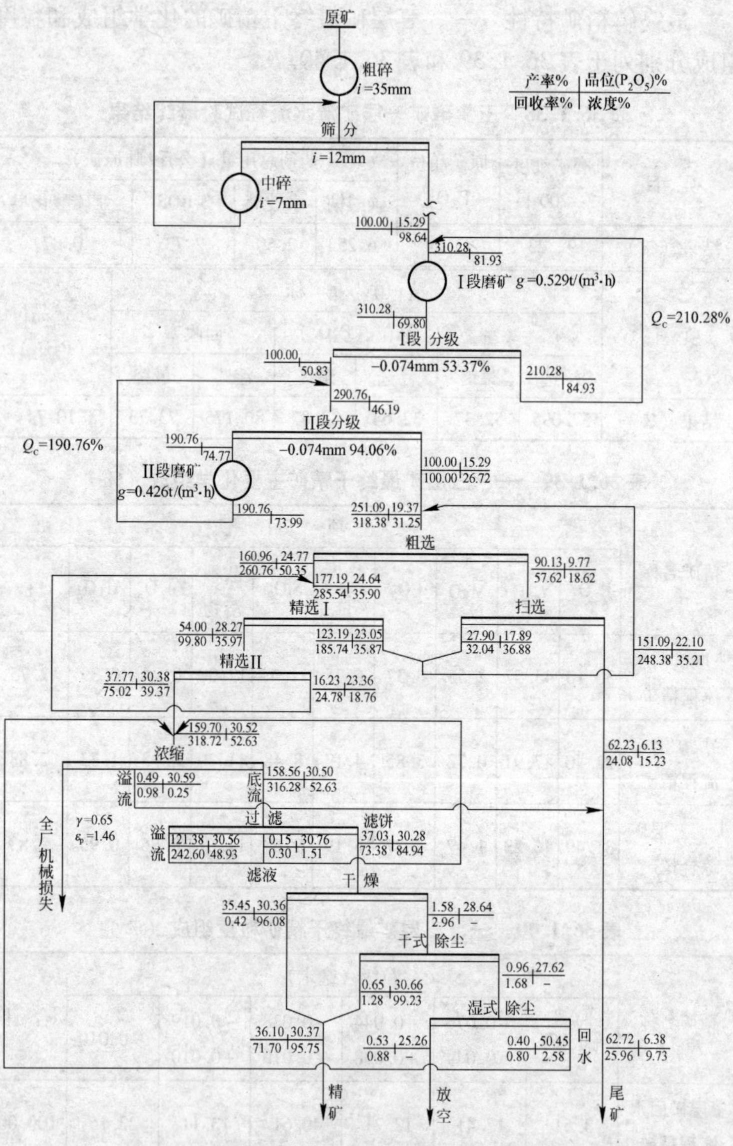

图 36. 1. 18　王集磷矿半工业性试验三层矿回水流程试验全流程物料平衡图

选矿比　三层矿回水流程为2.72、一层矿清水流程为1.91。

B　海口磷矿选矿中间试验

海口磷矿位于云南省昆明市滇池西南海口地区。自1975～1983年，曾先后进行过试验室试验和规模为日处理原矿1.5～2.0吨的中间试验。

该矿属化学沉积层状磷块岩矿床。含磷矿体产于寒武纪下统渔户村组含磷岩系中。矿体产状平缓，分上、下两层，连续分布。上层矿平均厚度7米，局部地段经风化而使P_2O_5含量高达30%以上；下层矿平均厚度3～4米，由于燧石条带不均匀分布、风化较差。夹层平均厚度7～9米，为含磷白云岩。全矿区平均P_2O_5含量20%～25%，出露四周，适于露天开采。

海口磷矿按地质构造特点，分为Ⅰ、Ⅱ、Ⅲ、Ⅳ采区，四个采区的矿体赋存特点、矿石自然类型、矿物组成和结构、构造等基本一致，只是因风化程度不同致使化学组分产生相应变化。

矿石的自然类型及其特征，汇列于表36.1.41。

矿石P_2O_5含量，以Ⅰ、Ⅱ采区为例：上层矿变化在14.74%～35.99%之间；一般为25%。下层矿变化在13.47%～35.47%之间，一般为15%～25%。

从1975年起，相继对不同采区、不同品级的磷矿石进行了试验室试验研究。如云南省地质局实验室曾于1975年对该矿Ⅲ级品（P_2O_5含量15%～25%）和Ⅳ级品（P_2O_5含量8%～15%）矿石分别进行了浮选试验，结果列于表36.1.42。其后，从1978年起，化工部化工矿山设计研究院又分别对Ⅰ～Ⅳ采区矿石进行了多种选别流程的探讨，结果汇列于表36.1.43。

在此基础上，又对Ⅰ、Ⅱ采区矿石进行了规模为日处理原矿1.5～2.0吨的中间试验，分别采用不同的工艺路线处理。对以上层矿为代表的氧化镁含量较低（0.9%）的风化矿（指该矿床中因受风化淋沥而使矿石中MgO含量降低为1%以下的矿石；反之，则称为原生矿），采用擦洗、筛分、脱泥，然后浮选磷酸盐矿物，得一粗粒的筛分精矿和一细粒的浮选精矿；对以下层矿

（包括从上层矿中筛分出的粗粒级高镁原生矿）为代表的氧化镁含量较高（一般 MgO 3.5% ±1）的原生矿，则采用擦洗、脱泥，然后进行反—正浮选，仅得一细粒浮选精矿。

表 36.1.41　海口磷矿矿石自然类型及其特征

矿石自然类型名称	矿石特性	主要矿物组成及特征
假鲕状磷块岩	呈灰色、瓦灰色。层状、假鲕状结构、致密状构造。矿物成分以假鲕状胶磷矿为主。P_2O_5 含量25% ~30%	胶磷矿：以假鲕状、鲕状或不规则胶状磷块岩产出。胶结物主要为石英、玉髓及碳酸盐。碳酸盐呈微粒状集合体分布于鲕粒间及胶磷矿块体中。胶磷矿鲕粒最大 1.68mm，最小 0.24mm，一般 0.768mm。 碳磷灰石及少量显微粒状结晶磷灰石。 碳酸盐：95%以上为白云石，或胶结胶磷矿鲕粒、或组成碳酸盐条带。白云石颗粒最大为 3mm，最小 0.003mm，一般为 0.05 ~0.26mm。 石英：呈碎屑状嵌于碳酸盐及胶磷矿基质中，石英颗粒最大 0.86 毫米，最小 0.003mm，一般 0.078 ~0.13mm。 玉髓：呈纤维状、叶片状集合体胶结胶磷矿鲕粒
条带状磷块岩	呈瓦灰色。层状、假鲕状结构，条带状构造。 由含矿条带（假鲕状胶磷矿）和白云石条带相间组成，但含矿条带的数量及厚度大于白云石条带。P_2O_5 含量20% ~25%	
条带状白云质磷块岩	矿物组分、结构、构造均与条带状磷块岩相同，但白云石条带的数量及厚度大于含矿条带。P_2O_5 含量 15% ~20%	
生物碎屑状磷块岩	呈灰色、深灰黑色，生物碎屑结构、块状构造。胶磷矿取代、充填软石螺化石	
砂状磷块岩	呈灰绿色、杂色。砂状结构、块状构造。P_2O_5 含量 15% ~20%	
角砾状磷块岩	呈灰色、灰紫色。砾状结构、块状构造	

中间试验所用原矿的主要化学组分，列于表 36.1.44。

上层矿的选别　上层矿选别的工艺条件，列于表 36.1.45。其工艺设备联系图，示于图 36.1.19。所得数、质量流程，见图 36.1.20。选别产品的主要化学组成，见表 36.1.46。

下层矿的选别下层矿选别的工艺条件，列于表 36.1.47。

表 36.1.42 Ⅲ、Ⅳ级品矿石浮选试验结果

矿石品级	流程结构	磨矿细度 -200 目（%）	浮选药剂总用量（kg/t 原矿）				原矿品位（P_2O_5）%	精矿指标（%）			尾矿品位（P_2O_5）%
			碳酸钠	水玻璃	S-BOS	亚硫酸化皂		产率	品位（P_2O_5）	回收率	
Ⅲ	一次粗选、三次精选、Ⅰ精尾矿再选，排尾矿	98.67	12.34	3.18	3.20	3.10	20.54	55.34	28.96 ~ 29.43	77.48 ~ 76.26	~10.43
Ⅳ	一次粗选、一次扫选、三次精选：Ⅰ精尾矿再选，排尾矿	96.00	8.67	4.83	—	2.10	11.48	37.25	25.25	81.97	3.30

表 36.1.43 Ⅰ～Ⅳ采区不同矿石的各种选别流程闭路试验结果

矿样名称	选别流程	试验条件						结果（%）				
		磨矿细度 -200 目（%）	药剂总用量（kg/t 原矿）					原矿品位（P_2O_5）	精矿			精矿中 MgO 含量
			碳酸钠	水玻璃	S-BOS	磷酸	亚硫酸化皂		产率	品位（P_2O_5）	回收率	
Ⅰ、Ⅱ采区，上、下层混合矿	一次粗选二次精选	98.0	12.48	2.0	1.525	—	1.30	22.04	54.59	33.35	82.62	1.16
Ⅰ、Ⅱ采区，上、下层混合矿	一次粗选、二次精选、但Ⅰ精尾矿脱泥（6μm）	90.0	11.38	2.0	1.525	—	1.30	22.00	53.98	33.22	81.50	<1.5
Ⅰ、Ⅱ采区，上、下层混合矿	擦洗—筛分—脱泥（29μm）；矿砂浮选	84.67	8.20	2.0	1.60	—	1.00	22.44	52.81	33.44	77.99	1.33

续表 36.1.43

矿样名称	选别流程	试验条件						结果(%)				
		磨矿细度 -200目(%)	药剂总用量(kg/t 原矿)					原矿品位(P_2O_5)	精矿			精矿中MgO含量
			碳酸钠	水玻璃	S-BOS	磷酸	亚硫酸化皂		产率	品位(P_2O_5)	回收率	
Ⅰ、Ⅱ采区,上层矿混合矿	擦洗—筛分—脱泥;磷酸盐直接浮选	77.55	1.80	2.30	—	—	0.50	23.15	筛分精矿 43.44 浮选精矿 21.15	31.39 32.92	58.92 30.10	0.66 1.81
Ⅰ、Ⅱ采区,下层矿混合矿	擦洗—筛分—脱泥;反—正浮选	一段:-0.15mm;二段:0.1mm	1.69	0.50	—	3.37	氧化石蜡皂 2.27	21.04	50.74	32.49	78.36	0.63
Ⅲ采区;上、下层混合矿	一次粗选、二次精选	99.0	13.00	2.00	2.20	—	0.65	21.85	54.35	34.55	85.95	1.79
Ⅲ采区,上、下层混合矿	一次粗选、二次精选	90.0	13.00	2.00	1.632	—	0.80	21.68	56.10	33.07	85.56	2.43
Ⅳ采区上层矿	一次粗选、二次精选,Ⅰ精尾矿再选	99.50	13.43	1.50	1.575	—	0.90	18.90	45.23	31.75	75.98	2.73
Ⅳ采区下层矿	一次粗选、二次精选,Ⅰ精尾矿再选	99.50	13.43	1.50	1.575	—	1.20	16.97	41.39	31.04	75.72	2.73

其工艺设备联系图，示于图36.1.21。所得数、质量流程，见图36.1.22。各选别产品的主要化学组成，列于表36.1.48。

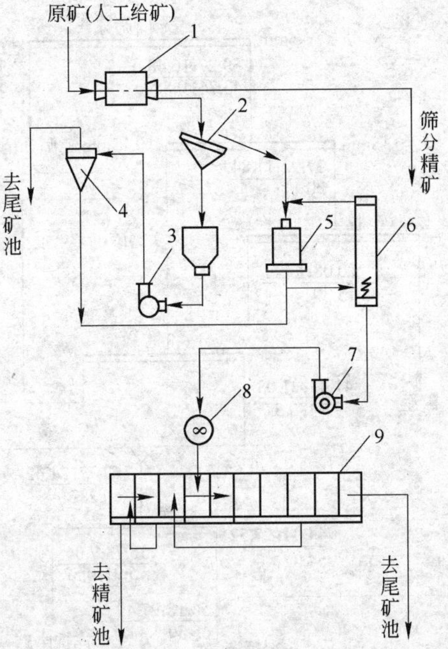

图36.1.19　海口磷矿上层矿选矿中间试验设备联系图
1—圆筒洗矿筛600×1300mm；2—旋回筛φ450mm；3—卧式泡沫泵31mm；4—陶瓷水力旋流器φ25mm；5—格子型球磨机420×450mm；6—单螺旋分级机150×1200mm；7—13mm立式砂泵；8—搅拌槽30升；9—12升连续浮选机10槽

表36.1.44　上、下层矿各自主要化学组分（%）

原矿名称	组分名称							
	P_2O_5	CaO	MgO	CO_2	SiO_2	酸不溶物	烧失量	F
上层矿（25~0mm）	22.49	31.01	0.94	1.86	28.56	30.82	5.13	2.02
下层矿（包括上层矿中75~25mm）	22.31	34.89	3.29	7.44	22.33	24.24	9.10	2.11

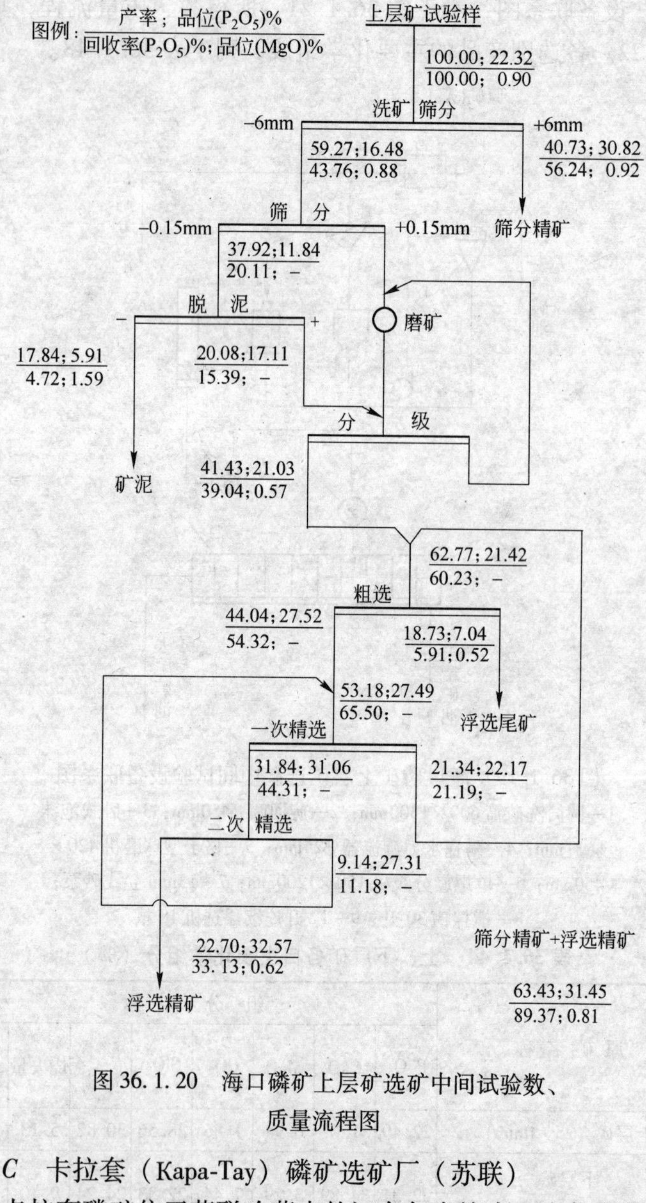

图 36.1.20　海口磷矿上层矿选矿中间试验数、质量流程图

C　卡拉套（Kapa-Tay）磷矿选矿厂（苏联）

卡拉套磷矿位于苏联哈萨克的江布尔省境内，为苏联第二大

磷矿生产基地。该矿发现于1936年。全矿区长120公里，宽20~25公里，共有46个矿床。现开采中心有四个：楚拉克套（Чулактау）、阿克赛（Аскай）、扎那塔斯（Джанатас）和科克苏

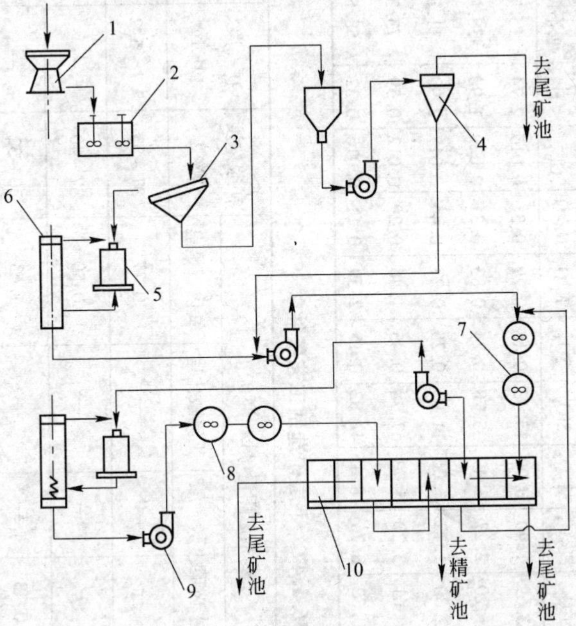

图36.1.21 海口磷矿下层矿选矿中间试验设备联系图

1—圆盘给矿机 $\phi300$；2—双槽立式擦洗机 300×300×375mm；3—单层旋回筛 $\phi200$mm，d=83目；4—陶瓷水力旋流器 $\phi25$mm；5—格子型球磨机 420×430；6—单螺旋分级机 150×1200mm；7—调整桶15升；8—调整桶；9—13mm立式砂泵；10—7升连续浮选机8槽

表36.1.45 上层矿选别工艺条件

作业名称	磨矿细度 -200目（%）	药剂总用量（kg/t给料）			矿浆浓度（%）	浮选时间（分）
		碳酸钠	水玻璃	亚硫酸化皂		
粗　选	75~78	1.69	1.23	0.87	22.34	13~14
一次精选	—	0.48	0.48	—	21.85	3~4
二次精选	—	0.51	0.82	—	33.03	5

表 36.1.46 上层矿擦洗-筛分-脱泥-浮选各产品主要化学组分(%)

产品名称	项目													
	P_2O_5	CaO	MgO	CO_2	Fe_2O_3	Al_2O_3	SiO_2	SO_3	K_2O	Na_2O	Cl^-	F	酸不溶物	烧失量
筛分精矿(+6 毫米)	30.60	42.83	0.96	2.69	1.40	0.99	15.13	0.18	0.29	0.31	0.015	2.74	15.76	3.73
浮选给料	21.12	28.69	0.63	1.20	2.27	3.49	35.78	0.24	0.83	0.31	0.029	1.90	38.07	4.21
浮选精矿	32.50	44.86	0.75	2.30	1.12	1.06	11.03	0.25	0.27	0.44	0.017	2.90	11.82	3.92
浮选尾矿	7.14	8.93	0.52	0.61	3.20	5.73	67.28	0.45	1.46	0.29	0.012	0.59	73.36	3.80
矿泥(-200 目)	6.80	7.12	1.65	0.32	8.76	18.45	42.82	0.15	2.59	0.11	0.016	0.32	58.59	9.88

表 36.1.47 下层矿选别工艺条件

作业名称		磨矿细度 -200 目(%)	药剂总用量(kg/t 原矿)					矿浆浓度(%)	矿浆 pH 值	浮选时间(分)
			碳酸钠	水玻璃	磷酸	亚硫酸化皂	氧化石蜡皂			
碳酸盐浮选	粗选	73~75	—	—	4.0	—	0.77	31~33	5.1~5.2	4~5
	扫选	—	—	—	—	—	0.50	37~40	—	4
磷酸盐浮选	粗选	85~86	2.58	0.43	—	—	1.63	30~32	—	8
	精选	—	0.40	0.26	—	—	—	25~29	—	6

（Кокcy）。其浮选厂生产始于 1963 年，要求磷精矿品位大于 28% P_2O_5，但因成本过高，目前仅要求含 P_2O_5 大于 24.5%。

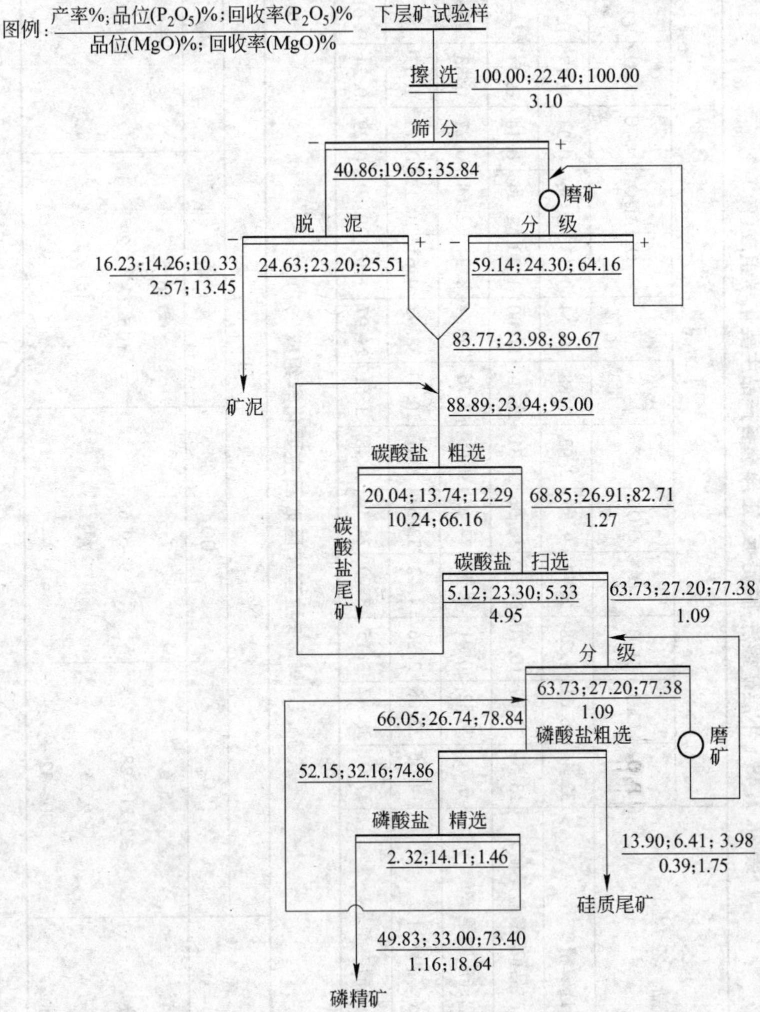

图 36.1.22 海口磷矿下层矿选矿中间试验数、质量流程图

（注：分级溢流品位（P_2O_5）24.30% 为取旋回筛上（P_2O_5 = 24.55%）和 Ⅰ 段磨矿溢流（P_2O_5 = 24.04%）的平均值计算值）

表 36.1.48　下层矿擦洗-脱泥-反、正浮选各产品主要化学组成(%)

产品名称	项目													
	P_2O_5	CaO	MgO	CO_2	SiO_2	F	烧失量	酸不溶物	Fe_2O_3	Al_2O_3	Na_2O	K_2O	Cl^-	SO_2
浮选磷精矿	32.46	46.61	1.28	3.77	9.55	2.93	3.88	10.14	1.13	0.56	0.24	0.17	0.01	0.30
反浮选泡沫产品(碳酸盐尾矿)	13.59	33.67	10.70	24.72	10.36	1.31	26.14	11.40	1.20	1.34	0.14	0.34	—	0.15
正浮选硅质物尾矿	6.70	9.82	0.41	0.76	74.83	0.65	1.76	77.84	1.34	2.68	0.27	0.83	—	0.11
矿泥(-400目)	14.55	22.08	2.36	4.42	32.57	1.31	10.11	38.92	4.61	10.17	0.15	1.57	—	0.17
反浮选槽内产品	27.01	38.47	1.15	3.09	24.14	2.48	3.61	24.97	1.03	0.89	0.29	0.24	0.012	0.23

表 36.1.49　卡拉套矿区矿石主要化学组成(%)

矿床名称	项目			
	P_2O_5	CO_2	酸不溶物	MgO
楚拉克套	25.6	7.5	16.5	—
阿克赛	23.21~23.7	9~9.65	15.2~13.24	3.82
扎那塔斯	25.6	7.1	15.9	—
科克苏	30~32	—	—	—

卡拉套各矿山处理磷矿石能力合计为2000万吨，其磷精矿量可达900~1000万吨。原定产品品级为：磷精矿 $P_2O_5$28%、磷矿粉 $P_2O_5$28%、商品矿 $P_2O_5$23%。现定产品品级为：富矿 $P_2O_5$28%、磷精矿 $P_2O_5$24.5%、商品矿 $P_2O_5$21%。这些产品主要用于国内生产电炉黄磷、安福粉（磷酸铵）和普通过磷酸钙。

卡拉套磷矿床属沉积型磷块岩矿床。矿区位于卡拉套山脉东北支脉（小卡拉套）。含磷岩系厚50~100米，属早寒武纪。含磷岩系又可分为以下岩层：顶部的硅质碳酸盐层（1~20米）；铁锰—含铁层（1~5米）；开采层（5~12米）；硅质层（10~25米）和底部的白云岩层（0~12米）。其中开采层由细粒、黑色和深灰色层状磷块岩构成，并包含有硅质和碳酸盐夹层。厚度变化大（0~20米），P_2O_5 含量达23%~29%、MgO 含量1%~6%。据统计，卡拉套全矿区磷矿石总储量为15.41亿吨。

卡拉套矿区磷块岩矿石产状为层状，延伸方向为板块状、有时呈角砾状。0.1~0.2毫米的鲕粒中包裹着磷酸盐和碳酸盐，还有磷酸盐与硅酸盐的胶结物以及细粒磷酸盐等。磷矿物种属依据矿床不同而分属于碳氟磷灰石或氟磷灰石。硅质物主要是玉髓和石英，呈0.03~0.3毫米的碎屑状。此外还有氢氧化铁和黏土矿物。碳酸盐矿物以白云石为主，粒度0.03~0.15毫米。方解石含量不多，但其颗粒较粗，达0.5毫米。深部矿床的白云石含量较高，还含有部分黄铁矿。

该矿区磷矿石的化学组成，随矿床不同而异，简列于表36.1.49。

对于卡拉套矿区的磷矿石，曾试验过浮选法（正浮选、反—正浮选）、焙烧法和化学法等，而且对磷矿物的抑制剂，如磷酸及其盐类等更进行过较多的研究。近年来则对重悬浮液、光电选矿法预选等，予以很高重视。表36.1.50列出了对该矿区不同类型的矿石选别性能的研究结果。

卡拉套磷矿除浮选厂外，还有破碎—筛分厂、中央磨粉厂（建于1982年）和附设于浮选厂内的重悬浮液选别车间以及拟建的、

表 36.1.50 卡拉套矿区不同类型矿石的选别性能比较

矿石类型	矿石主要化学组分(%)				磷矿物特性				选别方法	精矿	
	P_2O_5	酸不溶物	CO_2	MgO	磷酸盐矿物类别	颗粒度(%)				品位 P_2O_5 (%)	回收率(%)
						粒径(mm)	单体磷矿物	连生体			
单一磷酸盐矿物	28~30	5~10	5~8	0.5~3.0	优质磷块岩	0.015~0.15	60~80	10~20	不选矿	—	—
碳酸盐型磷块岩矿石	23~26	7~15	7~10	2~4	含碳酸盐夹层的优质磷块岩	0.2~0.5	50~60	10~20	浮选或焙烧	29~33	75~80
硅质—碳酸盐型磷块岩矿石	22~25	15~22	5~7	2~4	含碳酸盐和硅质—碳酸盐夹层的优质磷块岩	0.2~0.3	15~20	40~60	浮选或重悬浮液—浮选	26~28	70~75
泥质—碳酸盐—硅质磷块岩矿石	22~26	17~24	5~7	2~3	含磷酸盐—黏土—硅质页岩薄夹层的泥岩质碳酸盐—硅质磷块岩	0.1~0.3	—	60~80	重悬浮液选	25~27	55~60
低品位碳酸盐—硅质型磷块岩矿石	16~20	30~45	2~7	1~3		0.02~0.10	—	30~50	在研究中	—	—
硅质—页岩型磷块岩矿石	8~13	50~60	2~6	1~3	磷酸盐—黏土—硅质页岩	0.02~0.07	—	20~30	在研究中	—	—

年处理原矿250万吨规模的大型重悬浮液选矿—浮选厂。现浮选厂处理的是硅质页岩型磷块岩矿石，用正浮选法，浮选所得精矿与重悬浮液选矿所得精矿合并，其总精矿品位为24.5% P_2O_5，回收率为65.6%。

为介绍该矿反—正浮选工艺的选别效果，现将建于1963年的、年处理原矿能力为80万吨的浮选厂的概况，简述如下：

该厂最初是处理楚拉克套磷矿，后来则选别均属硅质—碳酸盐型磷矿石的阿克赛和扎那塔斯的磷矿粉（粒度小于10毫米）。其原则工艺流程和设备联系图，分别示于图36.1.23和图36.1.24。

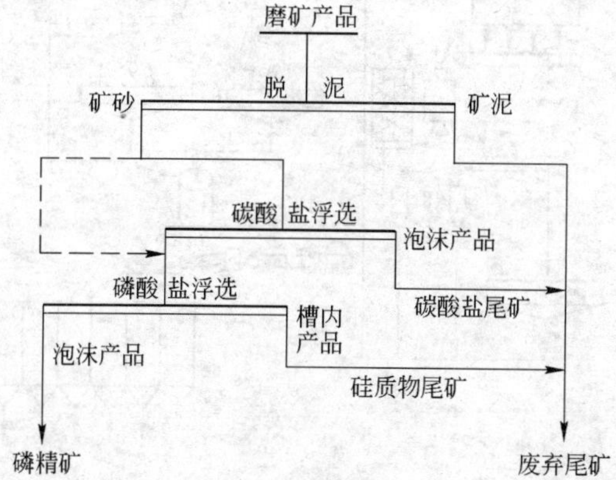

图36.1.23 卡拉套磷矿浮选厂（反—正浮选、正浮选）原则工艺流程图

—— 碳酸盐中高含量的矿石；- - - - 碳酸盐中低含量的矿石

破碎后的矿石由料仓经Д-160型圆盘给矿机和带式输送机给入与分级机构成闭路的МШР-3200×3100球磨机中。球磨机处理能力为每小时25~35吨，循环负荷400~450（%），耗球量1.0~1.2公斤/吨原矿。磨矿用水取自尾矿水、矿井水和部分新鲜水。分级机溢流浓度25%~27%、细度为大于0.15毫米粒级含量小于5%~6%。

分级机溢流进行三段脱泥：第一、二段用ϕ250毫米的水力旋流器，进料压力分别为2.5～3.5公斤/厘米^{2}和1.5公斤/厘米^2；溢流浓度16%～20%、7%～10%；底流浓度45%～55%、30%～35%。第三段脱泥用ϕ24米浓缩池，其溢流入尾矿池，底流与水力旋流器底流一并送去浮选。浓缩池单位生产能力为1吨/（米^2·日)。

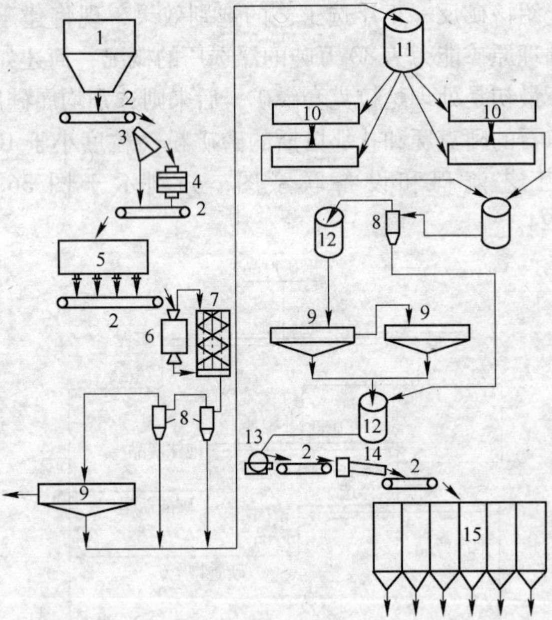

图36.1.24 卡拉套磷矿选矿厂工艺设备联系图

1—受矿仓；2—皮带运输机；3—筛子；4—圆锥破碎机；5—矿仓；6—磨矿机；7—分级机；8—水力旋流器；9—浓缩机；10—浮选机；11—分配槽；12—搅拌槽；13—真空过滤机；14—圆筒干燥机；15—精矿仓

浮选时，先在矿浆温度大于18℃、矿浆浓度30%～40%、pH值小于4.9～5.0的条件下浮选出碳酸盐矿物（即所谓“反浮选”)，其浮选药剂用量为：磷酸5～7公斤/吨、C_{10}～C_{16}合成脂肪酸0.3～0.8公斤/吨。然后在pH值7.8～8.5、矿浆浓度35%～45%的条件下，分别浮选粗粒和细粒磷酸盐矿物（即所谓“正浮选”)。其浮选药剂耗量，列于表36.1.51。

表36.1.51　卡拉套浮选厂粗粒和细粒磷酸盐浮选时药剂耗量

浮选剂名称及用量(kg/t)	粗粒		细粒	
	阿克赛矿石	扎那塔斯矿石	阿克赛矿石	扎那塔斯矿石
碳酸钠	1.0	1.0~1.2	0.5~1.0	0.8~1.0
水玻璃	0.5	0.3~0.6	0.3	0.3~0.5
高级脂肪醇	0.5~0.6	0.5~0.6	0.8~1.2	0.3~1.5
煤　油	0.3~0.5	0.5~0.6	1.0~1.2	1.3~1.5

浮选得到的磷精矿分两段浓缩，第一段用水力旋流器脱水，进料浓度25%~30%、进料压力2~2.3公斤/厘米^2、底流浓度45%~55%、溢流中固体含量5%~12%。第二段脱水在浓缩机中进行，即水力旋流器的溢流再经此浓缩，得浓度为45%~55%的底流。浓缩机单位定额为1吨/(米^2·日)。

两段浓缩底流，经盘式真空过滤机过滤，得含水分小于15%的滤饼，再送回转干燥窑中干燥。干燥用M-100号重油作燃料，耗量为每吨精矿20公斤。最终干燥产品含水分为1.5%。

按照上述工艺过程，选别该矿区高、中等碳酸盐含量矿石的最终结果，列于表36.1.52。由表看出，该选厂生产工艺指标为，浮选精矿产率54.35%、品位28.2% P_2O_5、回收率66.5%。最终商品指标为，成品精矿产率51.28%、品位28.2% P_2O_5、回收率62.70%。在成品精矿中MgO的含量为2.60%。

D　美国佛罗里达南部白云石化磷酸盐矿石选矿研究

美国佛罗里达南部磷矿，分布于波克县以南的哈迪、德索托、马纳蒂诸县境内。现由贝克工业公司、CF工业公司、国际矿物化学公司和法姆兰德公司等经营。以新建矿山为准，规划年产量合计为1640万吨。

与佛罗里达中部的磷矿石相比，上述地区磷矿石的主要特点是：砾状磷酸盐含量少，且其中P_2O_5含量较低；碳酸盐矿物(碳酸钙和碳酸镁)杂质含量相对较高。因此，除去这种矿石中的碳酸盐杂质，已成为人们关注的一项研究课题。

佛罗里达南部磷矿石的化学组分，以哈迪县和马纳蒂县的磷矿石为例，列于表36.1.53。

表36.1.52　卡拉套磷矿高、中等碳酸盐含量矿石最终选别结果

作业名称		指标（%）			
		产率	品位（P_2O_5）	回收率（P_2O_5）	浓度
磨矿、分级		100.00	23.00	100.00	25
脱泥	溢流（废弃）	10.00	23.00	10.00	4.8
	底流（浮选入料）	90.00	23.00	90.00	42.67
碳酸盐浮选	精矿（槽内）	20.30	28.30	25.00	
	中矿（磷酸盐浮选入料）	52.20	24.20	55.00	
	尾矿（泡沫）	17.50	13.10	10.00	18.0
磷酸盐浮选	精　矿	39.10	28.0	47.7	44.8
	尾　矿	13.10	17.8	7.3	20.0
精矿浓缩	入料（总精矿）	59.4	28.2	72.7	29.8
	底流（过滤入料）	54.35	28.2	66.5	55
	溢　流	5.05	28.2	6.2	
精矿过滤	滤饼（干燥入料）	53.95	28.2	66.0	87.0
	滤　液	0.4	28.2	0.5	
精矿干燥	干精矿	52.48	28.2	64.2	
	烟　气	1.47	28.2	1.8	
精矿装运	精矿成品	51.28	28.2	62.7	
	装运损失	1.2	28.2	1.5	

根据该区磷矿石特性，要求最大限度地脱除矿泥，所以一般在洗矿厂内设置了一、二次洗矿槽和立式擦洗机的联合系统以及三层或四层的复式斜面筛，以便预先丢弃－150目的矿泥，同时丢弃 P_2O_5 含量低的+6目、+14目的磷砾石。如果+14目的磷砾

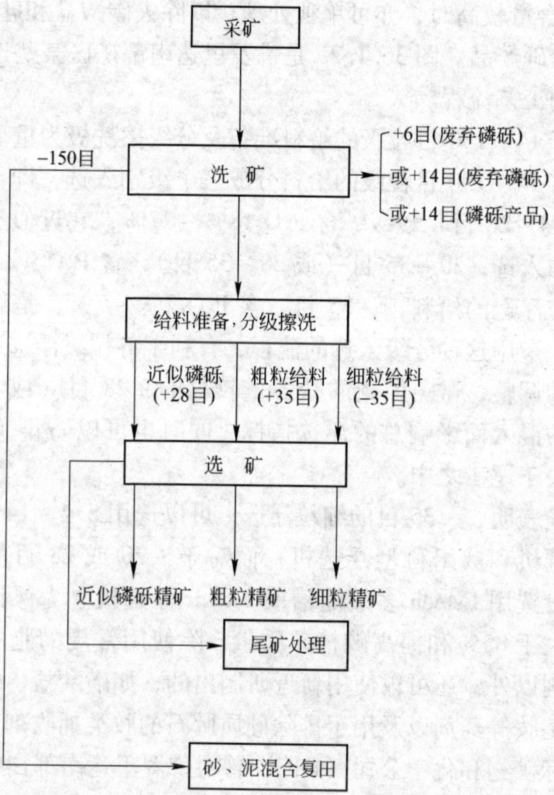

图 36.1.25 佛罗里达南部磷矿区某些选矿厂采用的原则工艺流程

表 36.1.53 哈迪县和马纳蒂县磷矿石主要化学组分

矿石产地	组 分（%）							
	P_2O_5	CaO	MgO	酸不溶物	CO_2	F	Al_2O_3	Fe_2O_3
哈迪县	8.5	20.3	4.8	53.3	11.7	1.1	0.4	0.6
马纳蒂县	6.8	19.1	4.6	54.7	10.1	0.8	0.7	0.9

石 P_2O_5 含量较高时，亦可单独处理，以除去碳酸盐和硅质脉石，而作为磷砾产品。图 36.1.25 是佛罗里达南部矿区某些选矿厂采用的原则工艺流程。

由于 14～150 目粒级的给料准备及分级擦洗极为重要，因此一般都将 14～150 目粒级的给料分成三个级别入选，即：14～20 目（或 14～28 目）粒级，含 $P_2O_5$18%～27%，它近似于磷砾粒级，单独入选；20～35 目（或 28～35 目），含 $P_2O_5$9%～14%，作为粗粒浮选的给料；－35 目，含 $P_2O_5$2%～7%，是细料浮选的给料。采用这种分级入选的流程，有利于各粒级浮选过程中药剂制度的调整，避免因碳酸盐含量较高的＋28 目（或＋20 目）磷砾石的混入而影响总的浮选指标，同时也可以防止＋35 目的粗粒损失于尾矿之中。

试验表明，－35 目的细粒浮选，可以选用 8.4～14 米^3 的丹佛型浮选机和威姆科型浮选机；而对于－20 或 28 目的粗粒浮选，则可选用 Estech 多级溜槽或 Flotair 浮选机。为保证磷酸盐回收率大于 85% 和提高磷精矿质量，除使用常规的脂肪酸类阴离子药剂以外，还可以使用新近研制出的，如磺酸盐、烷基硫酸盐、羟基胺等药剂以及用于排除硅质脉石的胺类捕收剂。

国际矿物和化学公司（IMC）曾对佛罗里达南部白云石化磷矿石，进行过选别方法的试验研究，现按其初步设计的流程，将该方法简述如下。

来自采矿场的磷酸盐基岩（原矿）矿浆，扬送到采用传统方法的洗矿筛分厂，先经孔径为 ϕ75 毫米的转筒筛筛分，以去掉主要由白云石和黏土球（团）组成的大块岩石碎片。－75 毫米物料，用与滚筒筛构成闭路的锤式破碎机进一步破碎至－25 毫米，这部分碎矿产品与原矿中小于 25 毫米粒级，一并送到孔径为 16 目（1 毫米）的平板筛，分出＋16 目粒级；－16 目的物料送往旋流器，进行第一次脱泥，丢弃－150 目（0.1 毫米）矿泥。－16 目＋150 目粒级，则贮于原矿仓。

分出的＋16 目粒级物料（即卵状磷矿石），用传统的洗矿机进行洗涤、富集，以打碎黏土球（团）和软白云石。经过洗矿后的物料再送到孔径为3目（约6.3毫米）的振动筛筛分，排除+3目的粗粒卵石部分（该部分含白云石量高，P_2O_5 含量低）；-3目粒级的物料，再送往孔径为16目的筛子，进一步处理，分出-16目粒级后，便得到-3+16目的筛上产品。

经过上述洗矿、筛分，便得到不同粒级的物料：+3目粗粒级丢弃；-150目矿泥丢弃；-3+16目粒级和-16+150目粒级，分别进入下一步工序。

-3+16目粒级物料，先采用重介质分选，以去除多孔性白云石。所用重介质为磁铁矿或硅-铁，配制到一定的密度。其上浮产品即为白云石，废弃；下沉产品则贮于棒磨机前的贮矿仓中，然后再行选别。

-16+150目粒级物料，先经孔径28目（0.6毫米）筛子筛分，其-16+28目粒级，送往棒磨机；-28+150目粒级便送往浮选。

浮选的工艺流程及其条件，示于图36.1.26，这里就不再赘述了。所用的浮选药剂为：C_{16} ~ C_{18}第一脂肪醋酸胺、煤 油或轻燃料油和气态氨。

依据图36.1.26所示流程，对该矿石进行试验室试验的物料平衡结果，详列于表36.1.54。由表看出，对于含 $P_2O_5$8.92%、MgO 3.98%的原矿，经选别后，可以得到含 $P_2O_5$31.34%、MgO 0.85%的总精矿，对原矿计的回收率为74.38%，对脱泥后的入料计的回收率为85%，说明选别效果还是比较好的。

36.1.4.5 变质型磷灰岩矿

A 罗屯磷矿选矿厂

罗屯磷矿选矿厂位于辽宁省复县许家屯。1973年投产。选矿厂规模为年处理原矿石10万吨。

该矿属沉积变质型硅质磷矿床。矿区出露地层主要为元古代的辽河群变质岩系及下震旦纪的轻微变质岩系。以胶磷矿为主的矿石赋存于石英角砾岩层中。矿体呈不连续分布。较大的矿层有

表 36.1.54 佛罗里达南部白云石化磷矿石 IMC 流程试验室试验物料平衡

产品名称	指标（%）						
	产率	含量			分配率		
		P_2O_5	酸不溶物	MgO	P_2O_5	酸不溶物	MgO
+3 目粗粒废弃物	1.00	5.61	14.75	14.00	0.65	0.30	3.50
−3 +16 目卵石	4.4	20.67	14.09	5.08	10.20	1.20	5.50
−16 +28 目入料	4.4	18.42	37.09	1.14	9.10	3.20	1.30
−28 +150 目入料	58.2	10.36	66.33	0.36	67.60	75.90	5.30
−150 目矿泥废弃物	32.0	3.47	30.77	10.50	12.45	19.40	84.40
原矿（基岩）	100.0	8.92	50.85	3.98	100.00	100.00	100.00
细粒（−28 +150 目）浮选							
−28 +150 目胺浮选精矿	17.70	31.52	3.86	0.83	62.55	1.30	3.80
−28 +150 目胺浮选尾矿	4.20	3.28	未分析	未分析	1.50	—	—
−28 +150 目粗选尾矿	35.60	0.55	未分析	未分析	2.20	—	—
−150 目酸性矿泥	0.70	17.25	未分析	6.81	1.35	—	1.30
−28 +150 目入料	58.2	10.36	66.33	0.36	67.60	75.90	5.30
重介质分选							
−3 +16 目上浮产品（废弃）	1.14	8.39	12.59	13.10	1.10	0.30	3.80
−3 +16 目下沉产品	3.26	24.97	14.70	2.28	9.10	0.90	1.70
−3 +16 目入料（卵石）	4.40	20.67	14.09	5.08	10.20	1.20	5.50

续表 36.1.54

产品名称	指标（%）						
	产率	含量			分配率		
		P_2O_5	酸不溶物	MgO	P_2O_5	酸不溶物	MgO
磨矿与脱泥							
−28 +150 目入料(矿砂)	5.81	20.90	31.09	1.04	13.60	3.50	1.50
−150 目矿泥	1.85	22.39	15.72	3.80	4.60	0.60	1.50
磨矿入料	7.66	21.26	27.37	1.64	18.20	4.10	3.00
正—反浮选							
胺浮选精矿	3.77	29.39	2.30	1.54	12.40	0.20	1.40
胺浮选尾矿	0.56	13.82	未分析	未分析	0.90	—	—
粗选尾矿	1.48	1.99	未分析	未分析	0.30	—	—
入料(−28 +150 目矿砂)	5.81	20.90	31.09	1.04	13.60	3.50	1.50
胺浮选精矿分离							
白云石尾矿	0.30	17.62	3.63	8.00	0.60	0.10	0.60
磷酸盐精矿	3.47	30.42	2.22	0.98	11.83	0.10	0.80
胺浮选精矿	3.77	29.39	2.30	1.54	12.40	0.20	1.40
细粒浮选精矿 Ⅰ	17.70	31.52	3.86	0.83	62.55	1.30	3.80
磷酸盐精矿 Ⅱ	3.47	30.42	2.22	0.98	11.83	0.10	0.80
总精矿(Ⅰ+Ⅱ)	21.17	31.34	3.59	0.85	74.38	1.40	4.60

注：按脱泥后的入料计，P_2O_5 总回收率为 85%。

上、中、下三层。下层矿呈透镜体，含 P_2O_5 8% ~10%，高者达 20%以上；中层矿亦呈透镜体，含 P_2O_5 7%左右；上层矿呈扁豆状，距中层矿 20 ~ 30 米，含 P_2O_5 5% 左右。全矿区平均含 P_2O_5 8%。

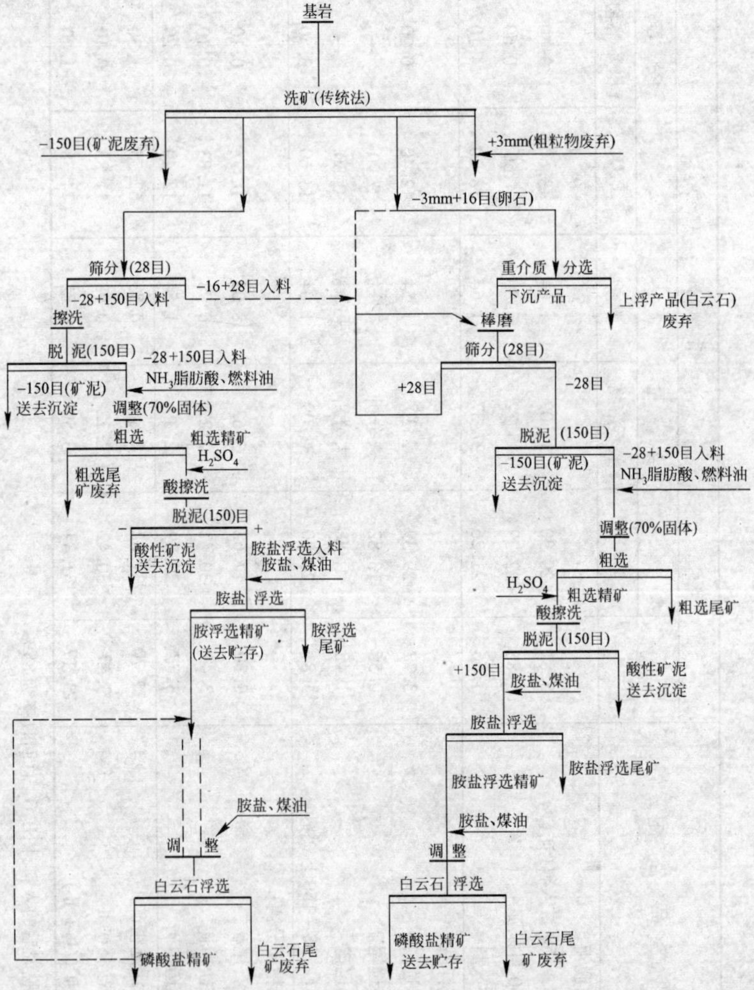

图 36.1.26　佛罗里达南部白云石化磷矿石选别流程（IMC 流程）

该矿矿石类型属含磷砂岩、砾岩和层状磷灰石岩型。按其脉石矿物形状及性质，分为四种自然类型：石英角砾岩状、含泥铁质石英角砾岩状、石英岩状和白色条带状。以前两者为主。有用矿物为磷灰石、细晶磷灰石、胶磷矿及磁铁矿；脉石矿物主要是石英，约占90%，其次为水云母，少量绿高岭石、电气石。

磷矿物多呈等轴粒状，见于层状磷灰石中；少量呈自形柱状体及不规则状，见于含磷砂岩、砾岩中。磷矿物粒度一般为0.05毫米。胶结物包裹有石英、玉髓、水云母等矿物。

磷铁矿作为胶结物出现，包裹有石英、磷酸盐矿物、分布不匀，形态不定，呈层状、砾状构造。因磷矿物和铁矿物紧密结合，使其分离困难。

曾对品位不同的原矿，进行过试验室试验和工业性试验，其结果分别列于表36.1.55和表36.1.56。

表36.1.55 不同品位的原矿试验室浮选试验结果（开路指标）

原矿品位（P_2O_5%）	磨矿细度（-200目%）	浮选药剂用量（公斤/吨原矿）			浮选矿浆温度（℃）	精矿品位（P_2O_5%）	精矿回收率（%）
		碳酸钠	水玻璃	氧化石蜡皂			
10 6	90.0	1.00	0.80	0.60~0.80	25~40	>30.0 25.0	>80.0 >85.0

表36.1.56 不同品位原矿的工业性试验结果①

原矿品位（P_2O_5%）	精矿品位（P_2O_5%）	精矿回收率（%）	尾矿品位（P_2O_5%）	药剂用量（kg/t原矿）		
				碳酸钠	水玻璃	氧化石蜡皂
13.20	33.41	82.83	3.35	0.80	1.00	0.60
12.55	33.90	90.20	1.87	0.90	1.00	0.80
9.55	30.41	91.78	1.11	0.85	1.00	1.00

①浮选流程均为一次粗选、一次精选。

目前选矿厂生产工艺流程（磨浮工段），示于图36.1.27。

各工序主要设备及工艺条件如下：运至选厂的原矿（最大块度350毫米、水分5%～8%、含P_2O_5 9.18%、SiO_2 55.31%、MgO 2.30%、R_2O_3 15.18%），经三段开路破碎，产品粒度小于15毫米。磨矿采用一台ϕ1600×3000毫米球磨机与ϕ2000毫米双螺旋分级机和ϕ500毫米水力旋流器构成闭路。水力旋流器内衬辉绿岩铸石，溢流管径100毫米、沉砂嘴径25毫米，进浆压力1公斤/厘米^2。浮选使用尺寸分别为2.5×3×8米（粗选）、2.0×2.5×6米（精选）和2.0×2.5×5米（扫选）的浮选柱。充气器采用2号聚氯乙烯微孔塑料管。空气压力（指风包处压力）：粗选0.8、扫选0.6、精选0.2（公斤/厘米^2）。由于浮选剂添加地点与一般不同（见图36.1.27），使之实现了低温浮选磷灰石。

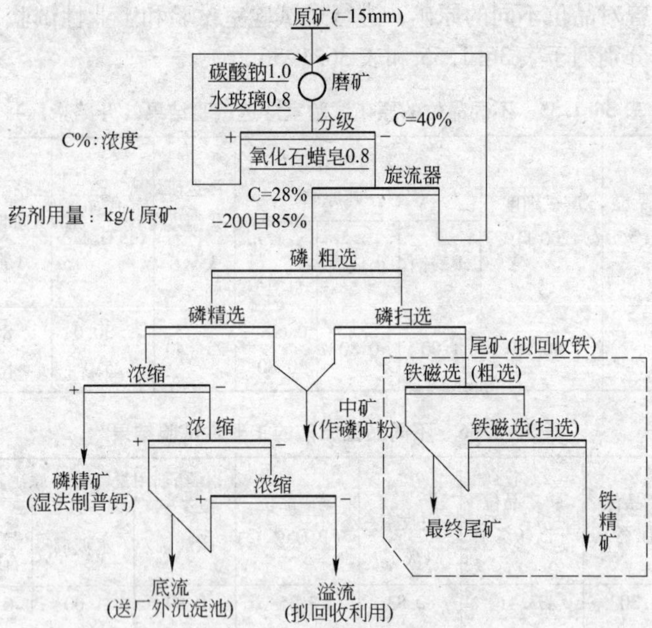

图36.1.27 罗屯磷矿选矿厂工艺流程图

依据上述条件，可由含P_2O_5 7%～8%的原矿，获得品位为22%～30% P_2O_5的磷精矿，回收率87%～80%。

浮选磷精矿产品自流至 ϕ18 米浓缩机，浓度为 70% 的底流直接用湿法制取普通过磷酸钙。溢流再经两台 ϕ6 米浓缩机浓缩，其底流入厂外沉淀池，人工定期回收；溢流水目前全部排放，拟回收利用。

每生产一吨品位为 22% P_2O_5 左右的磷精矿，消耗钢球 9.33 公斤、碳酸钠 3.80 公斤、水玻璃 2.33 公斤、氧化石蜡皂 1.82 公斤、电 122 度，原煤 45.2 公斤，原矿石 3.53 吨。

B 锦屏磷矿选矿厂

锦屏磷矿选矿厂位于江苏省连云港市。该矿于 1919 年发现，随之小规模开采。1956 年设计采、选联合企业，两年后投产。选矿厂规模原设计为年处理原矿石 112.2 万吨，年产含 $P_2O_5$38% 的磷精矿粉 30 万吨。现因矿山开采进入后期，供矿品位由 13.2% P_2O_5 降至 9.20% P_2O_5，磷精矿品位随之从 1971 年起改为 30% P_2O_5，产量以 1984 年计为 21.16 万吨。是目前中国大型磷矿选矿厂之一。

该矿属前震旦纪海相沉积变质硅-钙质型磷灰岩矿床，产于云台系底部。总长约 30 余公里。具有工业价值的矿体为西山（下层矿）、东山（上层矿）和陶湾矿区。东山矿体位于背斜东边的正常翼，产状为层状、似层状，构造较复杂；西山矿体位于倒转背斜的西边，为倒转翼，产状与东山矿体相同，但构造简单。矿体直接底、顶板均系稳固性较强的云母片岩和大理岩。

矿石自然类型主要分为：细粒磷灰岩、锰磷矿和云母磷灰岩三种。其储量比例分别为（%）：78.6；16.5；4.9。矿石矿物组成和化学组成，按此类型分述如下。

矿物组成

细粒磷灰岩以磷灰石、方解石、白云石为主，白云母次之。磷灰石和方解石互层。产于西山者质松软，产于东山者质坚硬。磷灰石多为椭圆状或似圆柱状嵌布，颗粒大小不一。

锰磷矿分布在西山。组成以磷灰石、软锰矿为主，白云母、褐铁矿等次之。其质松软、多孔隙。磷灰石多为不规则粒状，其大小一般在0.04~0.2毫米之间。

云母磷灰岩分布在西山。组成以磷灰石、白云母、石英、褐铁矿为主，赤铁矿次之。呈块状结构，质坚硬，片理发育。磷灰石多似圆形，颗粒较大，且比较规则。大部分松软，嵌布于白云岩中间或边缘。

据测定，含磷矿物属氟磷灰石，理论 P_2O_5 含量41.94%，化学式为 $Ca_{10}P_{5.95}C_{0.05}O_{23.95}F_{1.9}(OH)_{0.15}$。

化学组成

不同自然类型的磷灰岩矿石主要化学组成，见表36.1.57。

表36.1.57 不同自然类型磷灰岩矿石主要化学组成

矿石类型	化学成分							
	P_2O_5	CO_2	MgO	CaO	Fe_2O_3	Al_2O_3	F	酸不溶物
细粒磷灰岩	13.45	23.76	9.92	36.58	2.10	0.68	1.32	11.91
锰磷矿	19.75	4.85	2.96	38.78	3.24	1.95	2.40	24.09
云母磷灰岩	13.53	9.59	2.99	29.33	3.81	2.25	1.87	40.02

锦屏磷矿系井下开采，采出矿石经竖井提升直接卸入选矿厂原矿仓。矿石最大块度350毫米，一般含水6%左右。

入选矿石的主要化学组分，以1984年生产资料为例，列于表36.1.58。

表36.1.58 入选矿石主要化学组成

项 目	P_2O_5	CaO	MgO	CO_2	Fe_2O_3	Al_2O_3	SiO_2	MnO
含量(%)	9.20	28.76	10.28	23.02	2.17	3.21	19.03	1.18

选矿厂生产工艺过程为：

原矿先经格筛（1.5×3.0米、孔径120毫米）筛分，筛上产品用PX-500型旋回破碎机破碎；筛下产品再以孔径60毫米的格筛筛分，其大于60毫米粒级与粗碎产品合并进入 ϕ2100 毫米标准型圆锥破碎机中碎。中碎产品与第二次筛分的筛下产品（-60毫米粒级）合并进入原矿粉矿仓，作为磨矿机入料。

磨矿采用 ϕ2700×2100 毫米格子型球磨机与 ϕ1500 毫米高堰式双螺旋分级机组成一段闭路磨矿（共四个系列）。分级机溢流浓度40%~45%，细度+100目20%~25%、-200目45%。实际生产能力50~60吨/（台·时）。

浮选亦为四个系列，流程为一次粗选、一次扫选、四次精选。均采用XJK-2.8型浮选机。每个系列有19槽，即粗选6槽、扫选3槽、精选Ⅰ~Ⅳ分别为4、3、2、1槽。浮选矿浆温度38~40℃，浮选时间20~25分钟。浮选药剂种类和用量，以1984年为例，分别为（公斤/吨原矿）：碳酸钠3.08；水玻璃0.86；亚硫酸化皂1.94。

浮选精矿（浓度50%~55%）经二分器分别流入两台串联的BGNϕ30米周边传动式浓缩机，溢流（含固体量平均为6克/升）送尾矿库；底流（浓度为67%~70%）经6SP砂泵扬至四分器，自流进入四台32米^{2}内滤式真空过滤机过滤，滤液返回浓缩机，滤饼（水分12%~14%）送入四台 ϕ2.2×12米筒式干燥机，干燥产品（水分4.5%）由皮带输送机运至精矿仓。含尘烟气经旋风除尘和湿式泡沫除尘后排入大气（含尘量0.2~0.5毫克/米^3），总除尘效率在85%左右。

浮选尾矿经三段泥浆泵输送到距选矿厂3公里的陶湾尾矿库。澄清后的尾矿水（每天6000~9000米^3）目前直接排放。但由于pH（9.2）和化学耗氧量（COD）（300毫克/升）超过国家规定排放标准，拟进行预处理和返回使用的试验。

该厂生产的数、质量流程，见图36.1.28。

磷精矿产品的主要化学组分、粒度组成，分别列于表36.1.59和表36.1.60。

选矿厂综合技术经济指标，列于表36.1.61。

选矿厂在历年来的生产过程中，对工艺流程、设备、浮选药

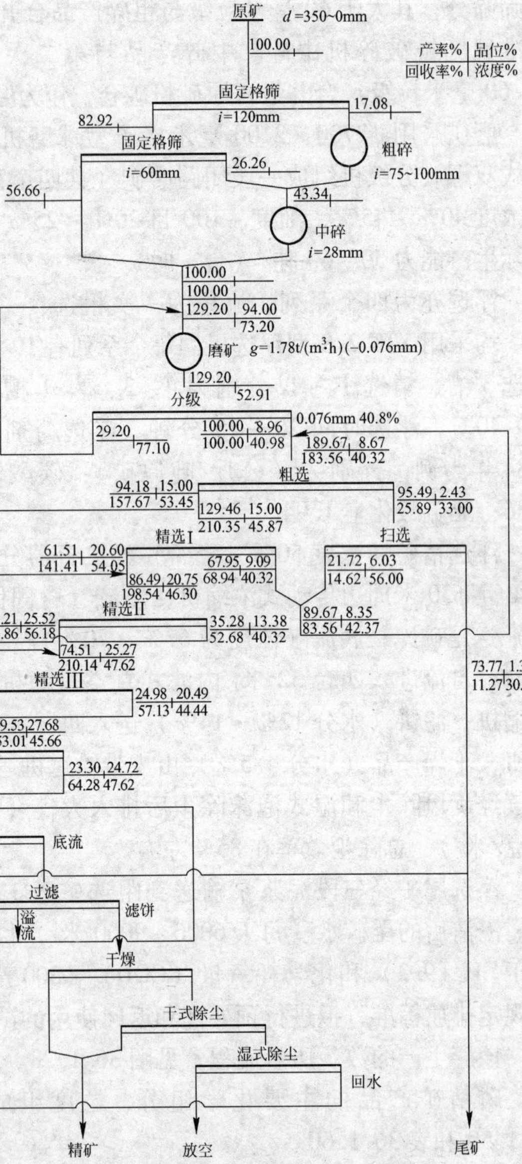

图 36. 1. 28　锦屏磷矿选矿厂数、质量流程图

剂等方面进行某些技术革新和改进，主要有：

工艺流程　一是根据原矿水分高（夏季水分7%～9%、其他季

表 36.1.59　磷精矿产品主要化学组分（1984 年度资料）

项　目	P_2O_5	CaO	MgO	SiO_2	Fe_2O_3	Al_2O_3	CO_2	MnO
含量（%）	30.77	48.54	4.56	1.11	0.29	0.27	11.57	0.41

表 36.1.60　磷精矿产品粒度组成

粒　度（mm）	+0.154	+0.076	+0.050	+0.038	-0.038
组　成（%）	6.75	39.75	23.75	8.75	21.00

表 36.1.61　选矿厂综合技术经济指标

项　目	单　位	年　度	
		1983	1984
原矿处理量	万 t/年	77.67	82.86
原矿品位	P_2O_5%	8.90	9.20
原矿水分	%	5.90	5.70
精矿产量（析 30% P_2O_5）	万 t/年	20.45	20.67
精矿实物量	万 t/年	21.18	21.16
精矿品位	P_2O_5%	30.57	30.77
精矿水分	%	5.30	4.90
精矿实际回收率	%	88.69	88.61
选矿比		3.87	3.76
主要材料消耗：碳酸钠	kg/t 原矿	3.50	3.08
水玻璃	kg/t 原矿	0.93	0.86
亚硫酸化皂	kg/t 原矿	1.76	1.94
钢　球	kg/t 原矿	0.31	0.32
滤　布	m^2/t 原矿	0.002	0.0016
水	m^3/t 原矿	4.73	5.10
电	kW·h/t 原矿	16.68	15.79
煤	kg/t 原矿	16.87	15.87
其中：加温用煤		13.68	12.97
干燥用煤		3.19	2.90

节5% ~7%）、粉矿多（见表36.1.62）的特点，将原设计的三段开路破碎流程，革除细碎，改为两段开路破碎，从而解决了相应作业的堵塞问题；二是考虑浮选操作方便、避免回路堵塞、使矿浆易于自流和缩短浮选时间，改原设计每一系列28槽浮选机为19槽，且布置于同一水平面上。

表36.1.62 原矿粒度特性（1959年测定数据）

粒度（mm）		-300 +100	-100 +60	-60 +40	-40 +20	-20 +10	-10 +8	-8 +5
组成（%）	个别	4.62	6.55	7.21	12.24	12.91	2.37	5.43
	累积	4.62	11.17	18.38	30.62	43.53	45.90	51.33

粒度（mm）		-5 +2	-2 +1.5	-1.5 +1	-1 +0.5	-0.5 +0.2	-0.2 +0.1	-0.1 +0.074	-0.074
组成（%）	个别	7.48	1.77	1.34	3.37	3.88	12.78	6.33	11.72
	累积	58.81	60.58	61.92	65.29	69.17	81.95	88.28	100.00

设备改用 改外滤机为内滤机，使台时产量由7.0吨提高到15.0吨，提高过滤效果。

浮选药剂代用，以亚硫酸化皂代替大豆油脂肪酸、并革除原设计中的抑制剂——淀粉。这样每年相应节省大豆油560吨、粮食280~475吨。此外，近年来还就如天然碱代替碳酸钠；羧甲基纤维素、单宁酸、S-BOS及其他磷酸盐类代替水玻璃；氧化石蜡皂、三线碱渣等代替亚硫酸化皂等，进行过多方面试验，并获得相应结果，但还未付诸生产实践。

C 金吉谢普（Кингисеп）磷矿选矿厂（苏联）

金吉谢普磷矿位于列宁格勒西南125公里处，属金吉谢普磷酸盐联合公司。浮选厂第一期工程于1963年投产；第二期工程于1965年投产，1975~1976年间进行了改建。磷精矿含P_2O_5可达28%。该矿是苏联最早利用贫磷矿生产优质磷肥的采、选、化工联合企业。

该矿属沉积变质型硅质磷矿床。地处低洼的沼泽地带。矿区自东向西延伸达18公里、宽4.5公里。矿体呈水平状产出，直接顶板为海绿砂岩、再上为白云质砂岩、最上为第四纪沉积黏土等。矿区分南、北两段，南段地区磷矿石储量3.2亿吨、平均 P_2O_5 含量为6%。全矿区平均 P_2O_5 含量6.5%。

由于南、北两段地质条件不同，首先开采条件有利的北段。1976年以后，又在南段建成年处理原矿能力为210万吨的露天矿3座。目前全矿区共有5座露天矿在生产，第6座露天矿正在开拓。整个生产作业线长达12.5公里。

该矿矿石主要由16%~20%的磷酸盐介壳和70%~80%的石英砂组成，故又称为介壳型磷块岩矿石。北部矿段因磷矿物和石英的结晶颗粒粗大、黏土量不高，且组成矿物间的物理—化学特性差别较大，易于分选。但南部矿段含有较多的白云石，且有大部分石英颗粒被磷矿物和氢氧化铁薄膜覆盖，增加了选别难度。

通过对该矿石的选别研究，曾制定出多种选别流程，如：阴离子浮选流程（见图36.1.29）；阴—阳离子浮选流程（见图36.1.30）；粗、细粒分别浮选流程（见图36.1.31）以及最近提出的阴离子浮选—化学处理—阳离子浮选联合流程（见图36.1.32）等。这几种流程选别的结果，综合列于表36.1.63。

目前，金吉谢普磷矿选矿厂采用的是阴离子浮选流程。入选矿石的矿物组成为（%）：磷块岩（介壳碎片）19；石英和长石73；白云石6；氢氧化铁1.4；海绿石和水云母0.6。矿石的主要化学组成列于表36.1.64。

为了使所获得的磷精矿能够符合进一步加工成复合磷肥的要求，入选矿石的 P_2O_5 含量和MgO含量，应分别控制在6.2%和<1%的范围内。

该矿系露天采矿。入选厂矿石的粒度：冬季为1000~0毫米；夏季为200~0毫米。用БЕЛА-540型和БЕЛА-548型自动卸矿车分别运到粗碎工段的贮矿仓。

粒度为1000~0毫米的矿石，经1-18-120型板式给矿机送到

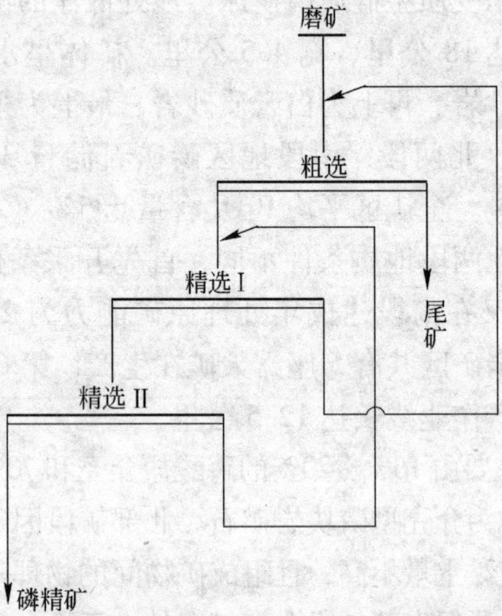

图 36.1.29　金吉谢普磷矿石阴离子浮选流程图

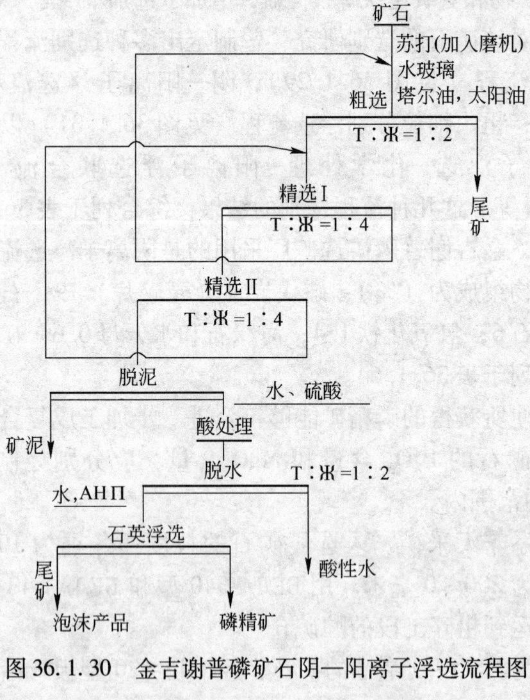

图 36.1.30　金吉谢普磷矿石阴—阳离子浮选流程图

C690 型惯性格筛筛分，筛上产品进入 ЖДП12 × 15 型颚式破碎机破碎，破碎产品与筛下产品合并再经格筛筛分，格筛的筛上产

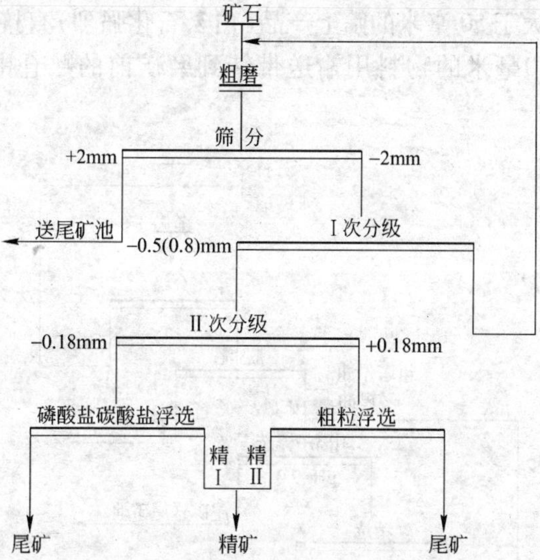

图 36.1.31 粗细粒分别浮选流程

表 36.1.63 金吉谢普磷矿不同流程选别结果

工艺流程	阴离子浮选流程（图 36.1.29）	阴—阳离子浮选流程（图 36.1.30）	粗细粒分别浮选（图 36.1.31）	阴离子浮选—化学处理—阳离子浮选流程（图 36.1.32）
药剂制度（kg/t 原矿）	碳酸钠 1.0；水玻璃 1.0；粗塔尔皂 0.4 ~ 0.5；太阳油 1.0	阴离子浮选之后，加硫酸 0.5，然后以 АПН 阳离子捕收剂 0.08 ~ 0.10 浮选		阴离子捕收剂 0.7 ~ 0.8（公斤/吨精矿）浮洗后，加硫酸处理，然后以 Лилофлот ККАС 阳离子捕收剂浮选
选别结果	原矿 $P_2O_5$6.5% 精矿 $P_2O_5$32% ~ 34% 精矿 P_2O_5 回收率 85% ~ 91%	精矿 $P_2O_5$34.4% ~ 35.2% 精矿 P_2O_5 回收率 87.4% ~ 90.6%	精矿 P_2O_5 不小于 30% MgO 不大于 2%	精矿 $P_2O_5$31.9% ~ 35% 精矿作业回收率 88.5% ~ 85.7%； 原矿 $P_2O_5$6.7%

品给入 CM-170B 型锤式破碎机二次破碎，二次破碎产品和格筛的筛下产品再一并由输送带送到筛孔为 50 毫米的 ГИТ61 型惯性筛筛分，大于 50 毫米的筛上产品(白云石化强烈)直接送往尾矿场，小于50毫米的物料用输送带转到磨矿前的贮仓中。粒度为

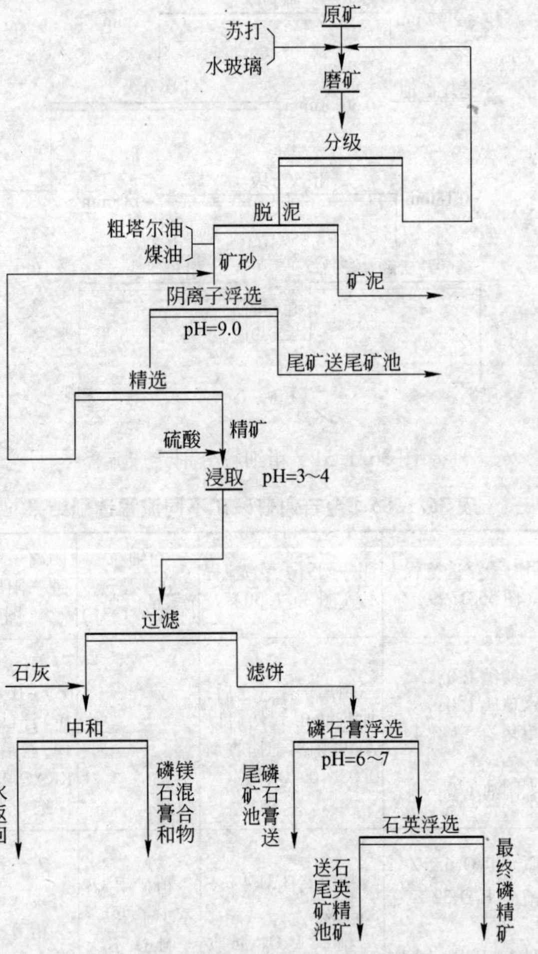

图 36.1.32　金吉谢普磷矿石阴离子浮选—化学处理—阳离子浮选流程

200~0毫米的原矿石，则不经颚式破碎机，而直接进锤式破碎机破碎，经ГИТ61型惯性筛筛分后，分送尾矿场与贮仓中。

由贮仓卸下的小于50毫米的矿石，再经圆筒破碎机三次破碎，并经筛孔为3毫米的湿式筒筛筛分，此时筛出的大于3毫米粒级废弃，以减少矿石中MgO含量，小于3毫米的物料用12ГР-8型泵送到四流矿浆分配器，由此自流分配到与2КСН-24型（直径2400毫米）双螺旋分级机组成闭路的МШР-3200×3100毫米球磨机中，分级溢流粒度为大于0.18毫米者小于50%。为调整水的硬度和造成碱性介质，向球磨机内添加5%的煅烧苏打溶液。同时添加5%的水玻璃溶液，以抑制脉石矿物石英。

表36.1.64 金吉谢普磷矿选矿厂入选矿石化学组成

项　目	P_2O_5	SiO_2	Al_2O_3	CaO	MgO	Fe_2O_3	FeO	CO_2	其他
含量（%）	6.2	60~75	1.5	9.9	0.1~1.0	1.5	0.1	<1	0.95

为了除去细粒矿泥，分级机溢流先送到直径为500毫米的ГЦ型水力旋流器进行第一段脱泥；而后再用直径为250毫米的ГЦ型水力旋流器二次脱泥。其底流（矿砂）送往浮选；二次溢流送尾矿场。

浮选在pH值9~9.5的条件下进行，流程为一次粗选，二次精选。捕收剂系粗塔尔皂。为调整泡沫结构、促进粗粒磷矿石浮选，同时添加拖拉机油。浮选设备为米哈诺布尔6B型浮选机，共二十四个槽。

浮选精矿先经水力旋流器预先分级，溢流即为所需粒度的成品精矿（其中大于0.18毫米者小于20%），底流（浓度60%~65%）送往МШР-2100×3000型球磨机中再磨，并与水力旋流器构成闭路。

符合粒度要求的成品精矿，送往直径为24米的浓缩机中浓缩，并添加硫酸作凝聚剂，其溢流固体含量不大于1%，送往生物净化。

浓缩机底流的过滤和干燥，在平行的八个工段里进行，每一工段包括两台内滤面积为40 米^2 的 BY-40-2.5 型真空过滤机和一台2.8×20 米的圆筒干燥机。过滤时添加6%～7%的氯化钙溶液。干燥后的精矿用螺旋运输机和提升机送往精矿贮矿仓。

浮选尾矿、过滤机滤液，均送往尾矿场，经澄清后的水用于工艺过程。过滤机溢流返到浓缩机。

上述过程中的主要设备生产能力，列于表36.1.65。浮选药剂的耗量，列于表36.1.66。

表36.1.65　金吉谢普磷矿选矿厂主要设备生产能力

设备名称	生产能力（t/h）	设备名称	生产能力（t/h）
ЖДП12×15 型颚式破碎机	200	МЩР-3200×3100 型磨矿机	92
ГИТ61 型惯性筛	350	BY-40-2.5 型真空过滤机	10.5
圆筒磨碎机	400	2.8×20 米圆筒干燥机	20.5

表36.1.66　选厂浮选药剂耗量

药剂名称	耗量（kg/t 原矿）	药剂名称	耗量（kg/t 原矿）
煅烧苏打	9.79	拖拉机油	2.21
水玻璃（块状硅酸盐）	0.14	硫酸（100%）	0.37
塔尔油	0.93	氯化钙（32%）	0.55
苛性苏打（92%）	0.19		

采用现厂工艺流程和表36.1.66所列药剂制度，可由含P_2O_5 6.2%～7%、MgO含量不大于1%的原矿，获得品位为28%～28.5% P_2O_5、回收率为76%～80%的磷精矿。最终干燥精矿水分为1%，粒度为+0.18毫米粒级不大于20%。其数、质量流程，示于图36.1.33。

D　天台山磷矿试验室选矿试验

天台山磷矿位于陕西省南部汉中县。从1974年起，曾采用单一浮选法和低温焙烧—浮选联合法进行了试验室试验研究。

该矿属沉积变质磷灰岩矿床。矿区为一背斜构造，矿层位于背斜的两翼，矿体为板状，较稳定。首期开采对象为塔南坡北翼矿体，矿石地质平均品位 18.5% P_2O_5，是一中、低品位的含有机碳的硅-钙质磷矿石。

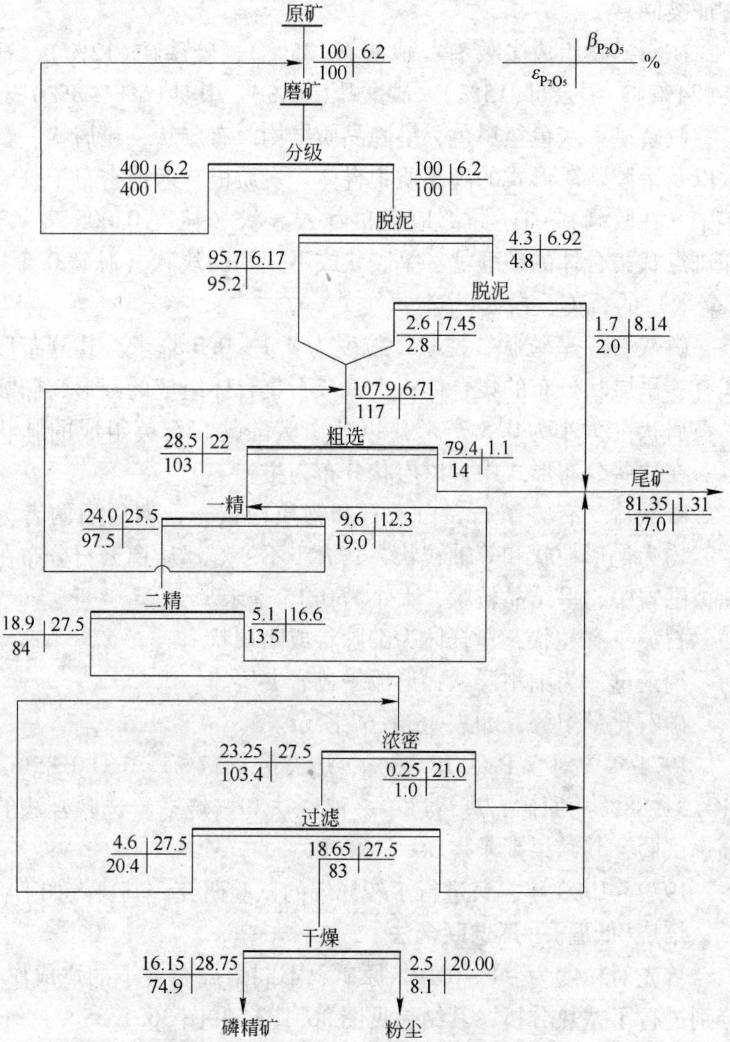

图 36.1.33 选矿厂数、质量流程图

矿石自然类型分为三种：薄层状泥硅质磷块岩（由磷灰石和胶磷矿的薄层组成）；条带状泥硅质磷块岩（由胶磷矿、磷灰石条带和绢石英千枚岩条带组成）；条带状白云质磷块岩（多呈透镜体零星分布，数量少）。以前两者为主，其矿物组成和嵌布特征类同。

矿石矿物组成主要有：磷灰石(25%)、胶磷矿(12%)、石英(24%)、绢云母(15%)、碳酸盐(16%)、其他(5%~8%)。

胶磷矿　灰色至黑色，呈隐晶质结构。有层状、粒屑状、鲕状以及呈胶磷矿形式的隐晶质集合体。炭质极普遍地密布于胶磷矿中。在胶磷矿中还局部地密布着云雾状（粒度 0.005 毫米）和斑点状集合体的碳酸盐、呈胶状或不规则团块状（脉宽 0.5 ~ 2 毫米）的石英、白云母等。

磷灰石　呈粒状、柱状，粒度为 0.1 ~ 0.3 毫米。其分布形式有：呈层状分布的集合体；由磷灰石集合体组成的圆形、椭圆形粒屑状（大小为 0.5 毫米）以及由碳酸盐、石英组成的脉状等。在这些分布形式中，以层状分布为主。

碳酸盐　有方解石、白云石和锰质白云石，但以后两者为主。均为他形粒状和等轴粒状，其大小不一。锰质白云石分布在顶板围岩中，呈结晶粒状，大小为 0.15 毫米。

石英　有粒状，集合体为细脉状或团块状。

绢云母　为细小层状，形成千枚岩夹层。

矿石化学组分，如表 36.1.67 所示。

1974 年曾对含 P_2O_5 18.73%、烧失量 8.17%、MgO 0.85%、SiO_2 31.88% 的原矿，进行过单一浮选法和焙烧—浮选联合法的预选试验，其结果列于表 36.1.68。

1979 ~ 1980 年，又进行了较详细的试验研究，其要点如下：

焙烧(低温)—浮选联合法

首先对粒度为 -1 ~ 0 毫米原矿、不同焙烧温度下的烧成矿，分别进行了差热分析，其结果见图 36.1.34 和图 36.1.35。

差热分析表明，从焙烧温度 400℃开始，黄铁矿和有机炭开

表 36.1.67 天台山磷矿矿石化学组成

项 目	P_2O_5			SiO_2	Fe_2O_3	Al_2O_3	CO_2	烧失量	CaO
	重量法	容量法	枸溶性						
含 量(%)	15.11	15.32	2.25	30.73	3.87	5.08	7.47	11.00	25.05
项 目	MgO	酸不溶物	有机炭	全硫	MnO	K_2O	Na_2O	TiO_2	F
含 量(%)	3.27	37.22	3.77	1.99	2.03	1.03	0.22	0.20	0.48

表 36.1.68 1974 年预选试验结果

工 艺 流 程	主要工艺条件	选 别 结 果
单一浮选法（两次粗选、两次精选、中矿再选）	浮选药剂用量（公斤/吨原矿）：碳酸钠 14.0；S_{18} 1.3；水玻璃 1.0；亚硫酸化皂 1.1；矿浆温度：40℃	精矿品位 30.73% P_2O_5；回收率 93.38%
焙烧—浮选联合法（浮选：两次粗选、三次精选）	焙烧：温度 700℃；时间 1 小时；浮选：碳酸钠 3.5；水玻璃 5.1；氧化石蜡皂 1.2	精矿品位 31.87% P_2O_5；回收率 94.07%

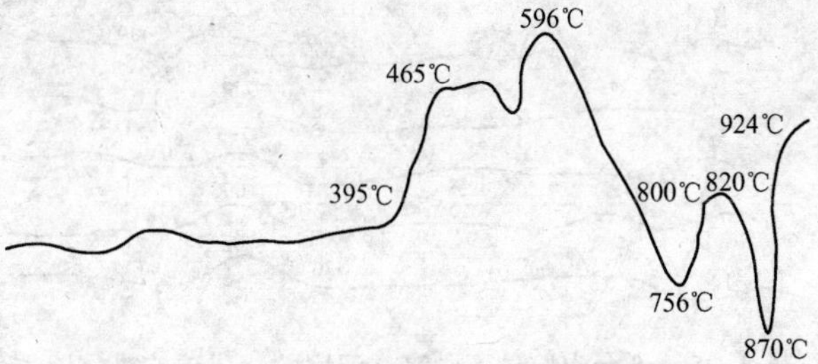

图 36.1.34 天台山磷矿原矿差热分析曲线

（说明 395～596℃放热反应为黄铁矿、有机炭；756～870℃吸热反应为白云石）

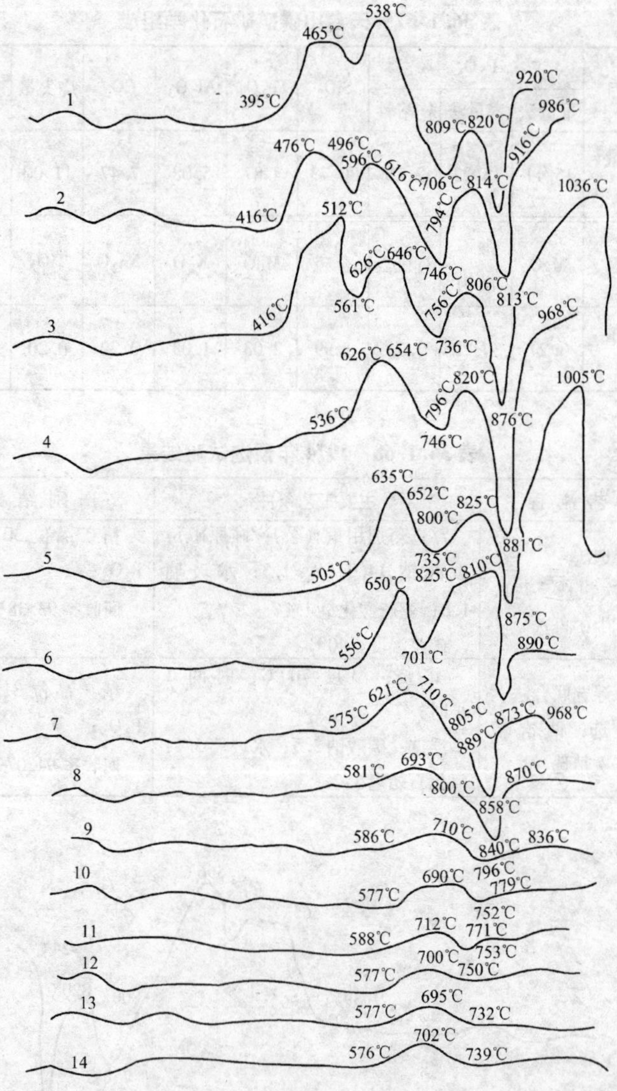

图 36.1.35　天台山原矿不同焙烧温度的烧成矿差热分析曲线

1—天台山原矿；2—焙烧至 300℃；3—焙烧至 400℃；4—焙烧至 500℃；5—焙烧至 550℃；
6—焙烧至 600℃；7—焙烧至 650℃；8—焙烧至 700℃；9—焙烧至 750℃；10—焙烧至 800℃；
11—焙烧至 850℃；12—焙烧至 900℃；13—焙烧至 950℃；14—焙烧至 1000℃

始燃烧(图36.1.34),至600～650℃间,有机炭出现明显烧失(图36.1.35),在650～750℃范围内因白云石中碳酸镁大量分解,烧失量明显增加,但在温度700～1000℃间仍呈现一个变化不大的放热峰。试验选定焙烧温度为650℃,然后按照表36.1.69所列工艺条件,进行焙烧—浮选,其结果见图36.1.36,所得磷精矿的主要化学组成,见表36.1.70。

表36.1.69　焙烧—浮选法工艺条件

工艺条件	作业名称									
	焙烧	Ⅰ段浮选					Ⅱ段浮选			
		粗选	扫选Ⅰ	扫选Ⅱ	精选Ⅰ	精选Ⅱ	脱泥	粗选	精选Ⅰ	精选Ⅱ
入料粒度(mm)	-1+0	-200目 92%					0.03	>0.03		
温度(℃)	650									
时间(分)	50	3	3	3	3	2	—	3	3	2
水玻璃(kg/t原矿)		2	1		1			1	1	
氧化石蜡皂(kg/t原矿)		0.5	0.2	0.1	0.1			0.2	0.1	

表36.1.70　焙烧—浮选联合法磷精矿主要化学组分

项　目	P_2O_5	SiO_2	酸不溶物	CaO	Al_2O_3	Fe_2O_3	MnO
含量(%)	34.44	5.81	7.56	47.52	0.74	1.22	1.68
项　目	MgO	TiO_2	烧失量	有机炭	CO_2	全硫	F
含量(%)	1.42	0.12	1.92	1.06	1.73	0.58	2.15

采用焙烧—浮选联合法,欲获得较好的选别指标,一是焙烧的温度宜控制在650～700℃间,否则将影响有机炭的烧失或产生过多的活性氧化钙和氧化镁;二是焙烧矿粒度以-3～0毫米为好,过粗或过细均对有机炭烧失或磷精矿回收率产生影响。

单一浮选法

单一浮选法研究的目的,一是以氧化钙代替部分碳酸钠作为

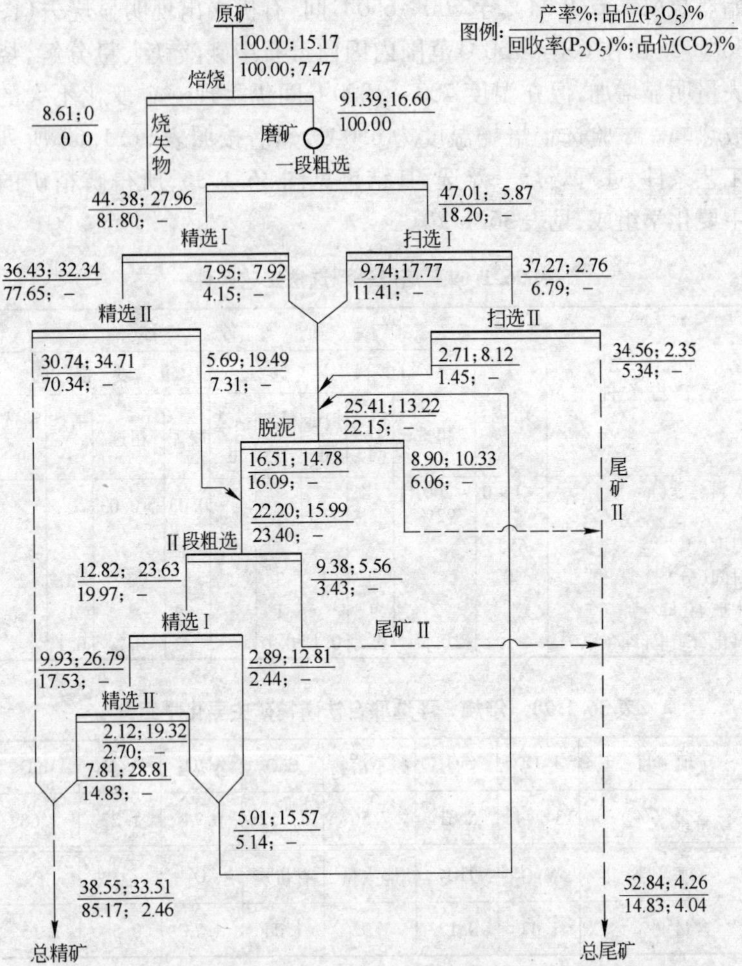

图 36.1.36　天台山磷矿 -1 +0 毫米原矿焙烧—浮选数、质量流程图

调整剂；二是考查浮选产品的脱炭方式。其结果见表 36.1.71。数据表明，在其他条件相近的情况下，调整剂全部用碳酸钠和以氧化钙部分代替碳酸钠，所得选别指标相近。说明后者是可行

的。但需严格控制氧化钙的用量，同时 pH 值要适宜。另外，浮选产品借助于精矿干燥过程中实现脱炭，温度需在 650℃ 以上，方可使有机炭含量降到 1% 以下。

表 36.1.71 单一浮选法选别结果

工艺流程及调整剂用量（kg/t 原矿）	条件				结果
	磨矿细度 -200 目（%）	药剂用量（kg/t 原矿）			原矿品位（P_2O_5%）
		水玻璃	S-BOS	氧化石蜡皂	
一粗、一扫、二精流程，碳酸钠：5.5	89.87	0.4	0.55	0.25	15.61
一粗、一扫、二精流程，碳酸钠：2.0 氧化钙：1.335	89.87	0.4	0.55	0.30	15.56

工艺流程及调整剂用量（kg/t 原矿）	结果				
	精矿指标				尾矿品位（P_2O_5%）
	产率（%）	品位（P_2O_5%）	回收率（%）	有机炭含量（%）	
一粗、一扫、二精流程，碳酸钠：5.5	40.81	33.30	87.06	4.07	3.41
一粗、一扫、二精流程，碳酸钠：2.0 氧化钙：1.335	43.04	32.37	89.52	4.46	2.86

E 美国西部磷矿的选矿

美国西部磷矿主要是指犹他、蒙大拿、怀俄明和爱达荷四州的磷矿山。目前该地区共有八座主要生产矿山：爱达荷州占五座；余则各州一座。均系露天开采。1982 年共生产 487.8 万吨磷矿石，约占美国总产量的 13.1%，大部分产于爱达荷州。其产品用于生产电炉元素磷和湿法磷酸。

该地区磷矿床均生成于二叠纪的含磷岩系中，绝大部分有工业价值的含磷岩层均产于 "Meade Peak" 层中。自下而上又分为 7 小层，其中下层矿是经济价值最高的一层富矿，P_2O_5 含量高达 36%，平均 31%。整个西部地区磷矿石储量达 17.7 亿吨，占美国磷矿石总储量的31%。矿床类型属沉积变质型。

矿石工业类型可分为两类：一为风化的，矿石质地松软，P_2O_5 含量较高，MgO、Al_2O_3 和 Fe_2O_3 等杂质含量相应较低；一为未风化的或风化程度较低的，矿石坚硬而致密，其主要化学组分与风化矿相反，即 P_2O_5 含量较低，杂质含量较高。磷矿石呈鲕粒结构，属于一种极细的团球状，这些鲕粒均由方解石和石英胶结。矿石含氟较高。在高品位矿石中铀含量达110ppm，钒含量达800ppm。含磷矿物属胶磷矿，成分介于氟磷灰石和细晶磷灰石之间。

由于覆盖的岩层及矿石的硬度因风化程度而异，各矿山所采用的采、选方法有别。一般来说，对于风化矿石，只需破碎、擦洗、筛分、脱泥，即可得出精矿，如爱达荷州的 J. R. 辛普洛（Simplot）公司康达矿（Conde Mine）；对于未风化矿石，尚需增加浮选，如犹他州的斯坦福（Stanffer）化学公司菲拉尔矿（Vernal Mine）。

康达磷矿选矿厂　位于爱达荷州东南部苏达泉镇附近。矿区共有五个含矿层，主要开采上部两层：上层矿含 P_2O_5 31%～32%；下层矿含 P_2O_5 24%。直接覆盖层为页岩，夹有燧石薄层。上、下层矿同时开采，经穿爆后用13立方米挖掘机装入Terax90吨矿用汽车运至山上露天堆场混存，再用前装机送入选厂破碎站。选厂规模为年处理原矿石127～163万吨。现在选厂对其五十年代的工艺流程进行了改进，简化了破碎、擦洗等工艺过程，并增加了光电选矿环节。经光电选矿石，原矿中MgO由1.5%降低到0.5%。其主要工艺流程和选别结果，一并示于图36.1.37。

菲拉尔磷矿选矿厂　位于犹他州，年处理原矿石45万吨。矿石储量为7.05亿吨。该矿的特点是覆盖岩层为坚硬的石灰岩，且磷块岩团块中含大量黏土，脉石矿物为燧石、贫磷页岩和泥质页岩，P_2O_5 含量仅20%。由于该矿石品位低、硬度大，且主要杂质为二氧化硅，所以采用了破碎、磨矿和浮选工艺。

原矿经颚式破碎机和反击式破碎机三段破碎至粒度小于16

毫米之后，再经两段棒磨，磨矿产品粒度为小于0.044毫米者占95%，然后送往旋流器脱泥，-0.03毫米的溢流直接进入尾矿浓缩机，其底流（P_2O_5含量24%）经与浮选药剂（脂肪酸、磺酸盐和柴油）调整后进入浮选作业。浮选流程为一次粗选、一次扫选和一次精选，浮选精矿经过滤、干燥，得P_2O_5含量31%、水分1%~2%的最终干燥精矿，回收率仅为60%。浮选

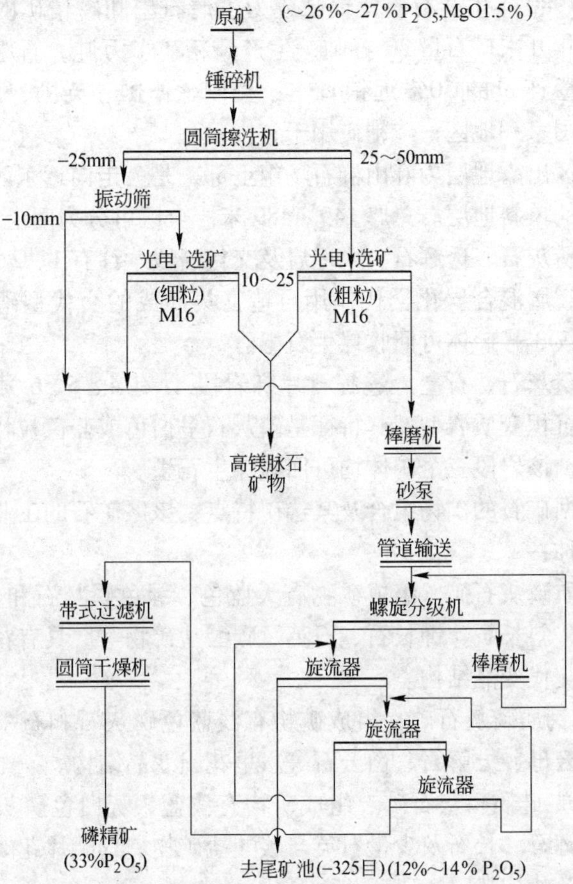

图36.1.37 美国西部康达磷矿选矿厂主要工艺流程和结果

尾矿在浓缩机浓缩后，其澄清溢流水返回浮选作业使用，其底流（含 P_2O_5 12%）送往尾矿池。回水利用量占选矿厂总用水量的40%～50%。选矿厂入选原矿品位为 P_2O_5 20%。

36.1.4.6　磷矿石中伴生矿物的综合回收

A　鸡西磷矿选矿厂（回收石墨）

鸡西磷矿位于黑龙江省鸡西市西南部。1972 年开始生产磷精矿，1980 年生产石墨，现已成为生产石墨和磷精矿的综合性矿山。年开采矿石量 20 万吨，生产磷精矿 1 万吨，石墨 0.7 万吨。石墨产量的 50% 远销日本、美国、德国、英国、意大利、香港等国家和地区；磷精矿用于省内。

矿区出露地层为麻山群石场组上部，是一走向近东西、向南陡倾斜的单斜地层。总厚 149～489 米。全区可分为两个岩段：

含磷灰石、透辉石、大理岩及交代岩段　计有 1、2、3 号三个矿体，属混合岩化交代作用再造富集而成的交代型磷灰石矿石。但仅 3 号矿体可回收伴生石墨。

含磷灰石、石墨、透辉石片麻岩段 计有 4、5、6 号三个矿体，属沉积变质岩型。其特征是磷灰石呈白色或蓝色粒状分布在岩石中。该岩段三个矿体均可回收伴生石墨。

根据矿石的矿物组合及其选矿特点，该区矿石的工业类型可分为三种：

硅质磷灰石矿　组成矿物有天蓝色、绿色磷灰石和金云母、透辉石、斜长石、钾长石、石英及碳酸盐矿物等。具有花岗变晶结构及交代变晶结构。

硅-钙质磷灰石矿　组成矿物有浅蓝色磷灰石和石墨、金云母、白云母、方解石、白云石等。呈花岗变晶结构。

石墨-硅质磷灰石矿　组成矿物有浅蓝、灰白色磷灰石和石墨、透辉石、长石及少量石英与碳酸盐矿物。具鳞片花岗变晶结构和片麻状构造。

矿石的化学组成，列于表 36.1.72。

曾在实验室条件下，采用先浮选石墨，然后自其尾矿中浮选出磷灰石的流程，可由含 P_2O_5 3.2%、C 7.5% 的原矿，获得品位为 28.48% P_2O_5、回收率 77.96% 的磷精矿和品位为 90.73% C、回收率 96.42% 的石墨精矿。

表 36.1.72 鸡西磷矿矿石化学组成

项目	SiO_2	Fe_2O_3	FeO	Al_2O_3	CaO	MgO	K_2O
含量（%）	36.79	0.1	0.89	4.38	11.71	6.14	3.43

项目	Na_2O	MnO	TiO_2	P_2O_5	SO_3	F	C	烧失量
含量（%）	0.34	0.04	0.07	2.62	0.01	0.02	5.00	5.26

目前选矿厂生产的工艺过程为：

露天采出的粒度大于 250～300 毫米的原矿，先人工破碎，而后再经 400×600 毫米颚式破碎机和 PYB-900 圆锥破碎机两段开路破碎，使粒度达到 30 毫米以下，由圆盘给矿机给入与 FLG-ϕ2000 毫米单螺旋分级机组成闭路的 ϕ2100×3100 毫米格子型球磨机进行碾磨。细度为 +100 目占 55%，浓度为 35% 的分级机溢流，在 ϕ2500 毫米搅拌槽中与浮选药剂（用量为：煤油 850、松节油 150、碳酸钠 350 克/吨原矿）作用，其后经一次粗选、一次扫选，选出石墨粗精矿，并得到石墨浮选尾矿。对石墨粗精矿经五次精选和四次中间产品再磨（磨矿设备为 ϕ1200×3500 毫米溢流型球磨机；浮选设备为 XJK 型浮选机。），即获得含碳量达 90% 以上的石墨浮选精矿。得到的石墨浮选尾矿即是磷灰石浮选的入料，这部分物料先经 ϕ350 毫米旋流器分级，其底流经 ϕ1500×3000 毫米溢流型球磨机再磨后，使其粒度达到 -200 目含量大于 55%、与溢流一并送往磷浮选。磷浮选时，添加浮选药剂（用量为：碳酸钠 1.0、水玻璃 0.5、氧化石蜡皂 0.7 公斤/吨原矿）调整，经一次粗选、一次扫选和二次精选，即可

由含 $P_2O_5$2. 65% 的入料，获得含 $P_2O_5$25. 10% 的磷精矿。磷精矿作业回收率为 86. 00%。废弃的磷尾矿含 $P_2O_5$0. 41%。

石墨浮选精矿的脱水，采用 WG-800 型卧式刮刀卸料离心脱水机，脱水后的物料（含水分 15%）经 ϕ200 螺旋运输机送往 ϕ1000 × 4500 毫米气流式干燥机干燥，使其水分降至小于 0. 5%。除尘设备为脉冲除尘器和旋流除尘器。干燥后的石墨精矿按粒度分级包装出厂。

磷浮选精矿采用自然沉淀脱水，待其水分小于 35% 后，即行挖运出厂。磷浮选尾矿送至距选矿厂 1 公里的后山湾沟尾矿池，澄清水因已达国家环境保护指标要求而直接排放。

石墨精矿检查的项目有水分、粒度、含碳量、挥发分和水分等。粒度按国发 GB《石墨粒度测定方法》测定；其他项目按国发 GB《石墨化学分析方法》进行。鸡西选厂现生产的石墨产品计有七个品种，即：+32、+50、+80、+100、-100、-200、-300 目，前四种采用高方筛获得；后三种用风力分级机获取。各品种的含碳量均介于 80% ~99% 之间。

选矿厂工艺流程的物料平衡，列于表 36. 1. 73。

选矿厂主要技术经济指标，以 1984 年为例，列于表 36. 1. 74。

B 法拉博瓦（Phalaborwa）磷矿选矿厂南非（包括从铜浮选尾矿中回收磷）

南非现有法拉博瓦、格莱诺弗尔（Glenover）和朗格班（Langebaan）三座主要矿山，其中法拉博瓦是最主要的生产中心。1982 年，磷矿石产量为 317. 3 万吨，绝大部分供国内使用。

该国磷矿床的类型，主要有岩浆岩型磷灰石矿床和交代型磷矿床两大类。前者主要分布于法拉博瓦和格莱诺弗尔地区；后者发现于开普省和德兰士瓦省。岩浆型磷矿床主要组成矿物为磷灰石、磁铁矿、碳酸盐（主要是方解石）等；交代型磷矿床因其由淋滤鸟粪石的产物与下伏岩层的相互作用而形成，故矿石特征随产地不同而异。

由于入选矿石性质不同，该国三座主要矿山的选别工艺流程也不相同：法拉博瓦选矿厂是由选铜后的尾矿中再浮选富集磷灰石精矿；格莱诺弗尔选矿厂则因矿石中含有大量赤铁矿，采用高强度磁选法将其分离；朗格班选矿厂却采用常规的擦洗—脱泥—浮选工艺，获得含$P_2O_5$30%左右的磷精矿。现以法拉博瓦选矿

表 36.1.73 鸡西选矿厂工艺流程的物料平衡

作业名称	产品名称	产率(%)	品位(C%或P_2O_5%)	分配率(%)
原矿破碎	破碎产品	100.00	C4.90 $P_2O_5$2.65	100.00
磨矿分级	球磨机入料 破碎产品 石墨精选Ⅰ中矿 石墨扫选精矿	 100.00 25.20 63.73	 C4.90$P_2O_5$2.65 C52 C6	 100.00 279.00 78.00
	分级机溢流	188.93	C11.5	457.00
石墨粗选	粗选精矿 粗选尾矿	29.50 159.43	C60 C3.0	360.00 97.00
石墨扫选	扫选精矿 扫选尾矿(磷浮选入料)	63.73 95.70	C6 C1	78.00 19.00
石墨精选Ⅰ	一次精选精矿	12.06	C72	176.00
石墨精选Ⅱ	二次精选精矿	10.01	C78	159.00
石墨精选Ⅲ	三次精选精矿	7.28	C84	125.00
石墨精选Ⅳ	四次精选精矿	5.66	C88	102.00
石墨精选Ⅴ	五次精选精矿(最终浮选精矿)	4.30	C91.5	80.50
磷浮选系统再磨	石墨扫选尾矿(磷浮选入料)	100.00	$P_2O_5$2.65	100.00
磷粗选 磷精选Ⅰ	粗选精矿 一次精选精矿	20.63 11.73	$P_2O_5$15.00 $P_2O_5$21.00	117.00 93.00
磷精选Ⅱ	二次精选精矿(最终浮选精矿)	8.80	$P_2O_5$25.00	86.00
磷扫选	最终磷浮选尾矿	91.20	$P_2O_5$0.41	14.00

厂为例，概述如下。

表 36.1.74　鸡西选矿厂主要技术经济指标(1984 年度)

项　目	单　位	矿　石	
		磷　矿	石　墨
原矿处理量	万 t/年	17.64	17.64
原矿品位	%	$P_2O_5$2.19	C5.48
精矿产量	万 t/年	0.512	0.712
精矿品位	%	$P_2O_5$21.59	C91.44
尾矿品位	%	$P_2O_5$0.56	C0.60
精矿中有用成分回收率	%	$P_2O_5$59.78	C70.58
正目产出率	%	—	35.53
选矿比		15.63	24.77
电　耗	kW·h/t 精矿	131	1156
钢　球	kg/t 原矿	0.19	0.90
亚硫酸化皂	kg/t 原矿	0.64	—
碳酸钠	kg/t 原矿	0.14	—
水玻璃	kg/t 原矿	0.24	—
煤　油	kg/t 原矿	—	0.655
选矿油	kg/t 原矿	—	0.06
干燥煤耗	kg/t 精矿	—	288

法拉博瓦磷选矿厂，属佛斯科尔(Foskor)磷酸盐开发公司经营，位于德兰士瓦洛佛尔东部，距德雷肯斯悬崖约 80 公里。该厂建于 1955 年，经数次扩建后，到 1980 年，年产磷精矿达 320 万吨。

法拉博瓦磷矿床属岩浆岩型磷灰石矿，产于碱性岩浆杂岩中，由一系列同心“颈管状”火成侵入体组成。其特点是含有所谓“磁铁橄磷岩”，这种磁铁橄磷岩主要由富钛磁铁矿、蛇纹石和粗粒磷灰石所组成。按重量计，磷灰石约占 25%，此外还有数量不等的磁铁矿、蛇纹石化的橄榄石等。在“颈管状”火成侵入体中还含有铜矿石，品位为含 Cu 0.6%。该矿由帕拉博拉开采公司(简称 PMC)开采，选铜后的尾矿即为回收磷灰石的原料，虽然磷灰石含量低(15% ~20%)，但碳酸盐含量更低(小于

5%)，所以较易于浮选出磷灰石。

目前，法拉博瓦磷选矿厂处理的矿石有三种：

一是磁铁橄磷岩，它含25%的磷灰石(其中氟磷灰石占70%、羟磷灰石占30%)、35%的钛-铁-磁铁矿、30%的钙、镁碳酸盐。化学组成的变化范围为：$P_2O_5$14%～16%、$CO_2$7%～16%、$Fe_2O_3$25%～45%。

二是辉岩，它约含15%的磷灰石(其中氟磷灰石和羟磷灰石各占50%)，不含磁铁矿，但含少量碳酸盐(～20%)。

三是铜浮选后的尾矿。

由于入选的原矿不同，采用不同的工艺流程分别处理。

对磁铁橄磷岩，首先通过磁选，除去其中的磁性矿物，其非磁性尾矿先经浓缩，后添加浮选药剂进行调整，以获得磷灰石精矿。添加的浮选药剂种类和用量为(克/吨)：水玻璃(SiO_2∶Na_2O=2∶1)800和苛性钠(使矿浆pH值至少达到8.0)，用以抑制碳酸盐和水云母；脂肪酸250和P.G.E(一种非离子型表面活性剂，系由壬基苯酚和环氧乙烷构成的缩合物)100，用以浮选磷矿物。磷浮选后的尾矿，再经重力和淋滤法处理，回收斜锆石。

对辉岩，首先经三段破碎，使最终破碎产品粒度小于19毫米，然后将此物料送至与水力旋流器组成闭路的棒磨机中碾磨，而后添加精制塔尔油2000克/吨和石油磺酸160克/吨进行磷浮选。

对来自帕拉博拉开采公司的已泥浆化的铜浮选尾矿，则添加下列浮选药剂予以调整(用量：克/吨给料)：水玻璃500、阿拉伯树胶(是一种多糖类物质，主要由葡萄醛酸、阿糖、半乳糖和鼠李糖组成)250、苛性钠100、脂肪酸350、PGE130。

在上述浮选药剂条件下，经一次粗选、一次扫选和两次精选，所得磷精矿品位均可达36% P_2O_5以上，只是回收率随矿石不同而异。对磁铁橄榄岩和辉岩而言，回收率为70%～80%；对铜浮选尾矿而言，回收率为70.9%。

分别选得的磷精矿，均经浓缩和过滤，使其水分降至10%左右，再经干燥，即得含水分1%的最终产品。

现以选别帕拉博拉开采公司铜浮选尾矿为例，其简单的数、质量流程，示于图 36. 1. 38。

佛斯科尔磷酸盐开发公司每天约浮选 6 万吨矿石，平均水耗为 13 万吨，其中新鲜水 3 万吨。

法拉博瓦磷选矿厂的标准能耗为(千瓦小时/吨精矿)：磨矿工序 50、浮选工序 21、尾矿处理 14。P_2O_5 工艺回收率和实际回收率相差大约 2. 5%。在其总费用中，浮选工序约占 27%，其中浮选药剂费用占浮选工序费用的 87%。

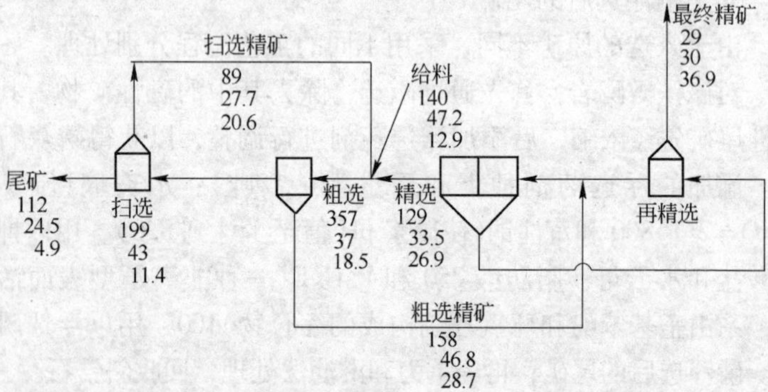

图 36. 1. 38　从帕拉博拉开采公司铜浮选尾矿中浮选磷灰石数、质量流程图

（注：给料等各产品中数字按顺序为：t/h，%固体，% P_2O_5）

C　西林佳维(Siilinjarvi)磷矿选矿厂(回收方解石)(芬兰)

1950 年在芬兰东部的西林佳维发现一年代为 24 亿年的含碳酸盐岩的复合磷矿床，它是该国目前唯一生产磷矿石的基地，属凯米拉(Kemira)公司经营。1979 年底，建于芬兰东部、距赫尔辛基以北 400 公里处的西林佳维磷矿选矿厂正式投入生产。目前年产磷精矿为 50 万吨，磷精矿品位为 37% P_2O_5，全部供矿区磷酸厂使用。此外还副产云母(计划年产量 1. 6 万吨)和用作农业添加剂的方解石(年产量为 10 万吨)。

西林佳维的磷矿床是混合的云母片麻岩杂岩体的组成部分，

属世界上最古老的碳酸盐综合矿床之一。含磷灰石地带长16公里、中心区域宽约0.6公里，走向南北，赋存在碳酸盐岩杂岩中。矿石总储量为5亿吨，平均含 P_2O_5 仅为3.9%。所含磷矿物属浅绿色的氟磷灰石。

西林佳维磷矿矿床，是一大致呈圆筒状的、近似垂直的岩浆岩矿体，由花岗片麻岩包裹。占地面积为4平方公里。矿体中部有一约30~40米宽的含碳酸盐的云母断层带，其磷灰石含量比矿体平均含量高，约为10%~20%，矿体两端是含磷灰石8%~11%的云母岩，还有不等量的碱锰闪石和花岗片麻岩的"捕虏体"。矿石矿物组成为：主要矿物有碳酸盐-磷灰石(占10%)、方解石(占16%)、白云石(占3%)、金云母(占65%)、碱锰闪石(占5%)；次要矿物有锆英石、磁铁矿、黄铜矿、烧绿石；偶见辉石。所有矿物均呈完好结晶，且粒度较粗。磷矿石及各主要矿物的化学组成，汇列于表36.1.75。

由于该矿品位低、矿物组成复杂，曾就浮选、磁选、静电选和风力分选等方法进行过试验，特别就抑制钙质和硅质脉石的选择性药剂，进行了大量的研究。结果与瑞典Berol Kemi公司合作研制出一种对磷灰石有选择性作用的捕收剂-N-烷基甲基氨基乙酸（N-Substitned Sarcosine，两性化合物），其分子式为：

$$\mathrm{R{-}\overset{\displaystyle CH_3}{\underset{\displaystyle H}{\overset{|}{\underset{|}{N^+}}}}{-}CH_2COO^-}$$

。从而可在 P_2O_5 回收率为85%~90%的情况下获得高质量的磷灰石精矿。近来又研制出一种更胜于该种药剂的新捕收剂——十八碳胺基聚己内酰胺(Octadece-ami-do-Capronate)，采用这种新药剂，能降低药剂费用、增加磷灰石回收率(因能较好地回收+0.15毫米的磷矿颗粒)，且泡沫产品易于运送，降低过滤水分和浮选pH值等。

西林佳维磷矿是采用露天开采，为减少矿物组成的变化所带来的影响，采用选择性开采法，同时在进入选矿厂磨矿工序之前，将矿石进行均匀混合，使入选矿石的质量保持稳定。

表 36.1.75　西林佳维磷矿石及各主要矿物化学组成(%)

化学组成	矿石及矿物名称				
	磷灰石	方解石	白云石	金云母	磷矿石
CaO	55.80	53.00	30.00	0.10	
SrO	1.20	0.84	0.32	—	
BaO	—	0.03	0.07	—	
P_2O_5	41.5	—	—	0.04	3.83
R_2O_3	0.40	—	—	—	6.0
F	2.68	—	—	1.06	
CO_2	0.30	43.90	46.40	—	10.7
Na_2O	0.40	—	—	0.60	
K_2O	0.02	—	—	10.20	
Al_2O_3	0.10	—	—	9.80	
Fe_2O_3	0.03	—	—	4.70	
FeO	—	0.40	2.80	5.50	
MgO	0.10	1.60	19.40	24.30	
MnO	0.03	0.20	0.30	0.30	
SiO_2	0.10	—	—	40.50	
TiO_2	—	—	—	0.40	
H_2O	—	—	—	3.34	

选矿厂分为破碎、磨矿分级和浮选脱水三个工段，分别获得磷灰石精矿和方解石产品。其工艺过程为：

破碎筛分　原矿石经 Allis-Chamers54-74 型旋回破碎机粗碎到 -250 毫米后，送入能容 6000 吨矿石的地下储矿仓。然后用带式输送机送往筛孔为 80 和 25 毫米的 Roxon 型双层振动筛(面积 18 米^2)进行预先筛分，筛上产品进入 Symos-2100 毫米标准型圆锥破碎机中碎，中碎产品再经筛孔为 50 和 25 毫米的 Roxon 型双层振动筛(面积 21.6 米^2)预先筛分，筛上产品再经 Symos-2100 毫米短头型圆锥破碎机和 Lokoms-2100 毫米 S21 型破碎机细碎，细碎的产品和小于 25 毫米的两次筛下产品合并送至混矿场，物料的粒度为 -16 毫米级占 80%。为使入浮选的矿石稳定，用自动操作的 Kone Oy 堆料机将矿石均匀堆料，然后送入磨矿前的贮矿仓。

磨矿分级　采用两段一闭路磨矿流程。由于矿石性质的波动第Ⅰ段磨矿作业配置了型号分别为 Kone Oy(4000×6000 毫米)和 Morgandshammar(4500×6500 毫米)的棒磨机各一台；第Ⅱ段相应配置了 4000×6000 毫米和 4900×6500 毫米的球磨机各一台。两台球磨机型号相同。棒磨机采用钢衬板，棒耗为 600 克/吨矿石；球磨机采用橡胶衬板，球耗仅为 10~12 克/吨矿石。与球磨机组成两次分级闭路流程的分级设备有两种：一是型号为 Larox HC50 型水力旋流器(直径 500 毫米，合计 22 台)，作为第一段分级；二是型号为 Larox Hukki 型锥形分级机(直径 2000 毫米，共 2 台)，作为第二段分级，最终分级溢流的细度为 -200 目占 38.5%(其时磷灰石粒度为 -200 目 50%)，浓度为 35%~27%。

浮选脱水　分级溢流在搅拌槽中先用苛性钠溶液调整 pH 值至 10.8，然后用 N-烷基甲基氨基乙酸为捕收剂浮选磷灰石。经一次粗选、四次精选后，得品位为 36%~37% P_2O_5、回收率为 71%~75% 的磷精矿。精矿中主要杂质含量为 MgO 1.3%~1.4%。浮选作业采用每槽容积 38 $米^3$ 的 OK-38 型浮选机，计两个系统。浮选机槽内衬聚乙烯。浮选前矿浆调整 6~8 分钟，利用距选厂 3 公里的硫酸厂废热对矿浆加温，使其保持温度在 20~25℃，当不加温时，冬季浮选矿浆温度在 12~16℃之间变化。浮选磷精矿先经 ϕ20 米浓缩机浓缩，再用八台有效面积为 32 $米^2$ 的压力过滤机过滤，水分为 6%~8% 的磷精矿滤饼送磷酸厂进一步化学加工。磷浮选尾矿经 ϕ300 毫米水力旋流器分级后，其溢流送浓缩机浓缩后排至尾矿坝，底流送入下一工序—方解石浮选。方解石浮选流程为一次粗选、两次精选，添加捕收剂脂肪酸及起泡剂，获得的方解石精矿经 ϕ20 米浓缩机浓缩，底流用鼓式过滤机(面积 30 $米^2$)过滤后，即为农业添加剂用的方解石精矿。

尾矿处理　浮选最终尾矿经四级泵站扬至距选厂 6 公里远、落差为 40 米、面积达 150 万$米^2$ 的尾矿坝。尾矿坝澄清的尾矿水和两种产品浓缩时的溢流水一并返回流程使用，前者约占选厂用水的 25%，后者占 55%。选厂不足的用水取自附近的湖水。

自动控制　选矿厂采用了20/200Proscon电子计算机控制系统，从破碎到过滤出精矿产品，每班6人，其中一名技术人员，五名工人。测试的仪表有：粒度分布和矿浆浓度测定仪；电磁流量计；矿仓料位测定仪，浮选机矿浆液面测定仪，充气量测定仪；pH值测定仪、功率测定仪，药剂定量泵和皮带秤等。

36.1.5　磷矿选矿工艺技术进展

从世界范围来看，商品磷矿石的年生产量已达一亿五千万吨，并将逐年增长。而富矿和易于选别的磷矿资源将日趋减少，中、低品位难选磷矿石的富集已受到普遍重视。例如，近十年来，巴西在开发本国P_2O_5含量为10%～15%、且含大量碳酸盐脉石、矿物嵌布粒度极细的磷灰石矿床方面已取得成功；芬兰在开发利用本国P_2O_5含量在5%以下的、极低品位的磷灰石矿床方面也引起世界的注目。中国在开发利用P_2O_5含量10%左右、且含有大量白云石矿物的变质型磷灰岩矿床和P_2O_5含量15%～25%的硅钙质磷块岩矿床方面也取得重大进展。其他如印度、埃及、叙利亚、塞内加尔、多哥、约旦、伊拉克等国，都在积极开发本国的中低品位磷矿床。即使苏联、美国等磷矿资源比较丰富的国家，也十分重视本国难选矿石的富集问题。如苏联对其卡拉套磷矿石的选矿研究，美国对其南佛罗里达磷酸盐-白云石矿石和西部硅钙质磷矿石的选矿试验研究等。这些试验研究的成果和工业利用的经验，不仅促进了世界磷肥工业的发展，而且从世界范围内推进了磷矿选矿工艺技术的改进、革新和进展。

在世界磷矿石选矿实践中，目前占主导地位的选别方法，仍是擦洗、脱泥、浮选和焙烧。近年来磷矿石的光电分选和重介质分选亦开始受到重视。

传统的洗矿流程及设备日趋完善。目前普遍采用了专门的洗矿机来清除黏土类杂质及净化磷酸盐颗粒表面。如阿尔及利亚遮别翁克磷矿焙烧前用塔形脉冲洗矿机脱除矿泥；突尼斯一试验工厂在磨矿循环中，将Bathoms分级机装于水力旋流器前进行预先分级。在工艺过程中采用二段或三段脱泥，是美国和苏联的一些选矿厂的通例，如苏联卡拉套、金吉谢普磷矿选矿厂和美国佛罗里达磷矿选矿厂。中国对云南滇池周围的地表风化磷矿石，也广泛采用多段擦洗、脱泥流程处理。

磷矿石的焙烧方法也得到发展。焙烧可在竖炉、转炉和沸腾炉中进行，后者似应列为最先进的焙烧炉，故为如美国、摩洛哥和阿尔及利亚的一些磷矿选矿厂所采用，但入炉原料粒度要求细。为节省燃料和获取粗矿砂产品，有时仅对部分磷矿进行焙烧，如以色列内格夫磷酸盐公司研制出一种部分焙烧的磷酸盐新产品的方法，可节省约 70% 的能量。在焙烧新工艺方面，如法国 F. C. B 公司研制出的“闪烁焙烧”，仅需 3 秒钟即可完成焙烧过程。采用低温焙烧磷矿石，早为美国用于选别其西部磷矿，中国天台山磷矿也曾试验过该种方法。焙烧时磷矿石中碳酸盐矿物的分解需消耗大量热能，这也与碳酸盐矿物的种属及含其他杂质的多寡有关。例如，含黄铁矿的碳酸盐型磷矿石，焙烧温度仅为 650℃，同时还可利用磷矿石中黄铁矿在焙烧过程中所产生的热量，以抵偿焙烧时所需消耗热量的 50% 以上。另外，焙烧过程中产生的钙，镁氧化物，一般可根据消化的方式采用洗矿法或风力分级法将其除去，但为了达到全部去除它们的目的，近年来又试图应用酸洗法。伴随磷矿石焙烧过程的进行，磷矿石中各组成矿物必然发生相应的变化，已证实可浮性等变化不尽一致：如磷矿物可浮性变好；石英可浮性不变；碳酸盐矿物可浮性变坏。这样自然有利于浮选分离。

对磷矿石的预先选别，除了一般采用的筛分或分级法外，出现了具有发展前景的光电分选和重介质分选技术。重介质(采用磁铁矿或硅铁或两者的混合物作为加重剂)选矿用于处理碳酸盐化磷酸盐矿石，苏联曾就矿石中矿泥含量对重介质分选的影响进行了研究。光电选矿，美国用于其康达磷矿选矿厂，苏联用于选别卡拉套磷矿，中国对开阳、宜昌磷矿，也进行试验研究，均能获得令人满意的结果。

磷矿石的选矿方法中，最主要的仍然是浮选法。据塞科(Ceco)公司资料，1980年有二亿吨以上的磷矿石是采用浮选法处理的。美国也指出，在今后二十年内，应主要采用浮选法处理佛罗里达磷矿石，因它不像焙烧法受矿石品位、嵌布粒度和杂质矿物类别及数量的限制。就浮选技术和工艺发展而言，基本上是沿着发展新设备、改进现有工艺流程以及采用新型药剂等途径进行的。如对于入选粒度较粗的原料，美国采用烧结膜浮选法，富集粒度为-1.17+0.4毫米，分选设备是射流充气浮选机；苏联则用沸腾层浮选机和跳汰浮选机，选别粒度可达3毫米。对于0.5~1毫米的入选物料，苏联曾试验过两种新的浮选工艺流程，即：分流浮选和逆流浮选，均获良好结果。对于细粒或超细粒的磷矿石或磷矿矿泥(如美国佛罗里达磷矿矿泥)，曾以背负浮选、选择性絮凝—浮选等方法进行选别研究，结果尚不甚理想。根据磷矿石中磷矿物、碳酸盐矿物、硅酸盐矿物的可浮性随粒度不同而异的特点，有分级浮选的趋势。

近年来在出现众多的浮选剂中，获得普遍应用的，如瑞典生产的KKAC阳离子捕收剂；芬兰与瑞典Berol Kemi公司合作研制出的N-烷基甲基氨基乙酸捕收剂；法国研制的磷酸酯(烷基磷酸酯C_8-C_{20})；塞科公司生产的CP-1全浮捕收剂(两性捕收剂)；中国研制的以芳烃化合物、木素化合物和腐植酸为原料加工制成的S系列、L系列和F系列抑制剂等。最有意义的应推后者，因在碱性矿浆中使用这类抑制剂时，可一次完成从碳酸盐和硅酸盐型磷矿石中选出磷矿物于泡沫产品中。在研制新型浮选剂的同时，对原有浮选剂的改性与混合使用等方面，国内外也进行大量的研究。如苏联用电化学法、磁场、电场处理磷酸和某些捕收剂；中国曾以超声波乳化捕收剂浮选湖北黄麦岭磷矿石，均获得良好指标，并可降低浮选矿浆温度。混合使用捕收剂，更为各国所常用。

难选磷矿石的浮选工艺，特别是含碳酸盐(主要是白云石)和硅酸盐脉石矿物的磷块岩矿石的浮选工艺，是目前研究和开发的主题，因而提出了相应的浮选流程。比较具有代表性的工艺流程有：美国矿务局用氟硅酸或其盐类、中国用硫酸、磷酸、Smani 用硫酸铝和酒石酸钾、钠盐分别作磷矿物抑制剂的“反浮选”流程；苏联卡拉套选矿厂用磷酸作磷矿物抑制剂的“反—正浮选”流程；法国用磷酸酯为捕收剂的“正—反”或“反—正浮选”流程；中国用 S-BOS 类为抑制剂的“正浮选流程”；以及新近由美国 TVA 提出的用二磷酸（羟基亚乙基二磷酸）、国际矿物和化学公司（IMC）提出的用磺化脂肪酸和磷酸的相应浮选流程等等，结果均较令人满意。

在磷矿石选矿方面，还有一个重要的发展方向是化学选矿。有时单独采用，如美国曾以硫酸气体鼓泡（吹泡）矿浆的方法处理佛罗里达碳酸盐型磷矿石；苏联更早已用该法对卡拉套磷矿石进行过试验。有时与浮选法联合使用，如苏联曾用浮选—化学—浮选联合法选别金吉谢普磷矿；美国则用浮选—热化学（焙烧）或热化学—浮选联合法处理其西部磷矿石；中国也曾用浮选—化学联合法处理石门磷矿石、或以热化学—浮选联合法处理王集一层矿、瓮福穿岩洞矿段 a 层矿，前者浮选前先以 CO_2 气体碳化，而后正浮选，后者则在碳化后用胺盐反浮选。有时则与制肥结合，如苏联曾以浮选—化学联合法处理某低品位磷矿石时，除获得磷精矿外，还获得镁铵磷酸盐（MAΦ）肥料。

综合利用磷矿石中伴生矿物或元素，是磷矿选别中又一重要发展方向。如芬兰西林佳维选矿厂，在生产磷灰石精矿的同时，回收方解石产品；巴西亚库庇兰加选矿厂，从浮选磷灰石尾矿中分选出磁铁矿；南非帕拉博拉磷矿除生产磷精矿外，还生产斜锆石、磁铁矿和铜精矿；苏联希宾选矿厂同时获得磷精矿和霞石精矿；瑞典和挪威从含磷铁矿石中获得铁精矿和副产磷灰石精矿；中国罗屯、鸡西、瓮福英坪矿段，在获得主要产品磷精矿的同时，也分别获得副产磁铁矿、石墨和碘。

总之，磷矿选矿工艺，随科学技术的进步，将得到更大的发展。

36.2 硫矿选矿

硫矿是化学工业重要原料矿物之一，主要用于制造硫酸，进而生产化肥。此外，它还以元素硫和各种化合物的形式广泛用于橡胶、造纸、纺织、食品、火柴等部门。特别是在国防工业上用以制造各种炸药和发烟剂等。

硫酸是十分重要的化工原料，它几乎为每个工业部门所需要。其消耗量最大的是磷肥工业，约占50%。其次在化学工业上生产磷酸、盐酸等各种酸和盐的过程中、在石油工业上净化石油和煤油的工艺中、在铀矿石的加工提炼中、在冶金工业上的金属酸洗中都要消耗大量的硫酸。因此，人们通常把硫酸誉为“化学工业之母”，足见其在国民经济中的位置之显要。

目前，硫酸生产主要是以含硫的矿物原料为基本来源，而这些含硫的矿物原料中又以自然硫和黄铁矿为主，大约有75%以上的自然硫和几乎全部的黄铁矿，被用来制造硫酸。由此可见，含硫资源尤其是自然硫和黄铁矿资源的开发和利用，对国民经济的发展和工农业生产，有着不可忽视的重要作用。

世界上主要产硫国有美国、苏联、加拿大、波兰、法国、联邦德国、墨西哥、日本和西班牙等十五个国家。它们近年来的产量综合列于表36.2.1。1983年和1984年全世界硫的供应量和消耗量，汇列于表36.2.2。

36.2.1 硫矿物、硫矿石和硫矿床

36.2.1.1 硫矿物

自然界中含硫矿物分布普遍，种类很多。除自然硫外，具有工业价值的主要金属硫化物还有黄铁矿、磁黄铁矿和白铁矿，一

般统称为"硫铁矿"。这些硫矿物的物化特性，列于表36.2.3。

表36.2.1 世界各主要产硫国的产量(万吨硫)

国名	1980年		1981年		1982年	
	各种形式硫	其中硫磺	各种形式硫	其中硫磺	各种形式硫	其中硫磺
美国	1251.9	1046.3	1279.0	1060.7	1023.9	859.6
加拿大	721.5	632.0	689.0	598.8	631.8	562.8
苏联	970.4	381.0	950.1	371.0	915.5	355.5
波兰	518.5	498.5	492.2	477.3	504.0	492.0
日本	282.0	115.1	270.6	104.1	270.9	106.2
法国	222.1	205.8	212.7	197.0	195.9	181.9
墨西哥	221.2	210.2	216.7	205.2	189.6	179.1
联邦德国	176.8	108.9	181.3	110.9	180.5	112.9
西班牙	122.3	1.8	119.9	2.0	102.8	2.0
其他国家	968.0	258.4	948.0	226.6	1008.6	279.8
世界总量	5454.7	3458.0	5359.5	3353.6	5023.5	3131.8

表36.2.2 世界硫的供应量和消耗量(百万吨硫)

种类	供应量		消耗量	
	1983年	1984年	1983年	1984年
硫磺	35.39	39.44	35.45	39.02
黄铁矿	8.35	8.78	8.35	8.78
其他形式硫	9.86	10.02	9.86	10.02
全世界	53.60	58.24	53.66	57.82

36.2.1.2 硫矿石

硫矿石类型的划分，一般以所含主要硫矿物区别。大致分为：自然硫矿石；黄铁矿矿石；磁黄铁矿矿石；煤系硫铁矿矿石和多金属伴生硫铁矿矿石五类。有时为了选矿富集的需要，又将黄铁矿矿石按其所含脉石矿物的不同，细分为硅酸盐型和碳酸盐型两种。

自然硫矿石，一般产于火山喷发岩、石灰岩或盐矿上部的石膏层中。它的成分简单，所含自然硫矿物质地较纯。主要杂质为硅质物、黏土矿物以及石膏等。彼此间的关系虽然有时比较复杂，

表 36.2.3 硫矿物的物化特性

矿物名称	分子式	理论含量(%)		结晶特征	颜色	条痕	光泽	硬度	密度(g/cm^3)	其他性质	共生矿物	分布状况
		S	Fe									
自然硫(硫磺)	S	100		斜方晶系	淡黄色	黄色或白色	金刚光泽	1~2	2.05~2.08	火烧时，发青蓝色火焰，并有刺鼻硫磺臭味		是硫矿石中最重要的一种
黄铁矿(硫铁矿)	FeS_2	53.4	46.6	等轴晶系	金黄色、黄铜色	绿黑色	金属光泽	6~6.5	4.95~5.2	火烧时，发蓝色火焰，并有刺鼻硫磺臭味	通常大量与铜、铅、锌等共生，形成多金属矿床	是分布最广泛的硫化物类矿物
磁黄铁矿	$Fe_{1-x}S$ ($x=0.1\sim0.2$) 或 Fe_nS_{n+1}	39~40		六方晶系	暗青铜黄色	灰黑色	金属光泽	4	4.58~4.7	具有磁性，是良好的导电体	通常与黄铜矿、黄铁矿、磁铁矿、闪锌矿、方铅矿等共生	
白铁矿	FeS_2	53.4	46.6	斜方晶系	淡黄铜色	暗灰绿色	金属光泽	5~6	4.6~4.9			产于沉积地层中，分布较少

但粒度较粗，易于单体解离，加之自然硫矿物本身可浮性极好，浮选法分离效果颇佳。如苏联前喀尔巴阡山含硫矿区最大的硫矿联合企业——罗兹多尔选矿厂和中国青海省甘沟硫磺矿。

黄铁矿矿石，是中国硫资源的主体。由于它在成矿过程中多产生在碳酸盐或硅酸盐岩石里，因而大量伴生着硅、钙质的脉石。

以硅酸盐脉石矿物为主的黄铁矿石，在选矿上又称之为硅酸盐型黄铁矿或含酸性脉石黄铁矿。这类矿石的脉石矿物主要是石英、长石和黏土等硅酸盐类矿物，一般在酸性介质中浮选是很容易的。以往的一些试验研究，乃至生产，大多采用酸性流程浮选，后逐渐改为碱性流程浮选。如中国安徽省向山硫铁矿、浙江省龙游硫铁矿等。

以碳酸盐脉石矿物为主的黄铁矿石，在选矿上又称之为碳酸盐型黄铁矿或含碱性脉石黄铁矿。这类矿石的脉石矿物主要是白云石、方解石等碳酸盐类矿物，间或含有石英、绢云母之类硅质物。这些碳酸盐类矿物在黄铁矿沸腾焙烧制酸的过程中，是有害杂质，工业利用之前要设法将其除去。由于这类脉石与酸作用会消耗大量的酸，一般多采用碱性介质流程浮选。如中国广东省云浮硫铁矿、四川省江油县雁门硫铁矿等。

至于磁黄铁矿类型，因它多与黄铁矿、磁铁矿、黄铜矿等共生，一般采用浮选法或浮选—磁选联合法加以选别。这种类型的矿石在中国储量很小。由于其易于氧化变质，不宜长期贮存和长途运输，炼硫后的尾渣量比较大，制酸时焙烧条件不易掌握，故其利用价值比黄铁矿或白铁矿为低。中国福建省大田县铭溪硫铁矿、河北省内邱硫铁矿和辽宁省张家沟硫化铁矿，即属此类型。

煤系硫铁矿的利用，近年来逐渐引起重视。中国这种类型的含硫资源潜力很大，分布的地区也较广。开发利用的方式大致有：一是煤硫共生矿床的综合开采，如四川省石拱坝煤硫矿，湖北省松宜煤硫矿、湖北省松滋煤硫矿等，在煤层顶底板含有一层硫铁矿，采煤时一并采出，用重选法（如螺旋溜槽、跳汰——

摇床等）选别。二是直接在井下或地面用人工拣选，如四川省南桐红岩煤矿、山东省淄博矿务局等。拣选矿石一般含硫 30% 左右，含炭量 15% ~ 20%，对焙烧不利，有的矿山再度用重选法脱炭，使含硫品位富集到 35% 以上，含炭降至 5% ~ 6%。三是从洗煤厂的排矸中回收硫铁矿，如四川省南桐矿务局干坝子洗煤厂和南桐煤矿洗煤厂，采用跳汰——摇床联合法小批量回收硫铁矿。目前中国这种洗矸回收硫的数量，到 1985 年末可达 50 万吨。

多金属伴生硫铁矿的选别，一般也是采用浮选法，但比单一黄铁矿型要复杂一些，层次较多，工艺控制严格。如中国内蒙巴盟乌拉特后旗炭窑口硫铁矿、江苏潭山硫铁矿和湖南浏阳七宝山硫铁矿，均属此类。这种类型矿石综合利用前景很好。

36. 2. 1. 3 硫矿床

硫在地壳中的平均含量为 0. 05%。是一种化学活动性很强的元素，产出形式多种多样。作为可供利用的硫资源，主要有自然硫矿床，其次为硫铁矿和各种金属硫化矿床，此外，石膏、石煤中也含有大量的硫，构成一种硫的补充资源。

A 自然硫矿床

这种类别的硫矿床，按其成因类型可分为火山型、沉积型、盐丘型和石油天然气型四种。详见表 36. 2. 4。

B 硫铁矿矿床

这种类型的矿床分布极广，几乎世界各国都有。中国的储量也相当丰富。它不仅是硫的重要来源，而且常常伴生可以综合利用的铜、锌、铅、银、金以及铋、钴、镉、砷、硒、碲、铊、铟等多种金属和贵金属等。在硫资源中占有非常重要的位置。其类型划分及特征，列于表 36. 2. 5。

C 硫矿床的一般工业要求

中国目前硫矿床的等级，按储量大小划分为大、中、小型。见表 36. 2. 6。硫矿石品位以硫（S）含量百分数表示，其品级等划分，见表 36. 2. 7。

表 36.2.4 自然硫矿床分类

成因类型	矿床特征	矿物组成	分布地区
火山型	分布广泛，含硫量较高（25% ~ 50%）但规模不大	以自然硫为主	智利、日本、菲律宾、意大利、中国台北
沉积型	矿石多呈浸染状或致密状，含硫量从百分之几到百分之二十，规模巨大，是自然硫矿床的主要类型	除自然硫外，常见有方解石、蛇纹石、白云石、石膏、硬石膏、天青石、玉髓、石英等。也有很多沥青	意大利西西里岛，苏联前喀尔巴阡山含硫区、罗兹多尔矿床、苏联中亚含硫区加乌尔达克矿床
盐丘型	硫呈非晶质致密块状，含硫量很高，一般为 20% ~40%，有的高达 70%，含硫层厚度可达 30 ~40 米，储量很大，具有极大的工业价值	以自然硫为主	墨西哥湾沿岸
石油天然气型			美国、加拿大、法国

36.2.2 中国的硫矿资源

含硫矿物大约有几百种之多，但目前在中国广泛开发利用的主要有三大类，即：黄铁矿（硫铁矿）、伴生黄铁矿（硫铁矿）以及自然硫矿。

36.2.2.1 黄铁矿（硫铁矿）

根据 1982 年底全国 29 个省、市、自治区（未包括台湾省）的调查，中国共有硫铁矿床产地三百多处，总的地质保有储量居世界第一位。其地理分布状况，列于表 36.2.8。地质保有储量较大的一些省份有：广东、安徽、四川、云南、贵州、山东和内蒙古自治区等。

就矿石品位来说，据1981年底统计，中国保有地质储量的硫铁矿平均品位为含硫18.2%，在世界上属偏低的范围。含硫大于35%的Ⅰ级品仅占总储量的5%。这些富矿主要分布在广东、安徽、内蒙古、云南等省区。除此之外，占总储量90%以

表 36.2.5　硫铁矿矿床分类

成因类型		矿床特征	典型矿山（或地区）
岩浆期后接触交代型		在岩浆期后形成，往往含有石榴子石、透辉石、透闪石等高温矿物，又称矽卡岩型矿床	广东阳春硫铁矿
岩浆期后热液型	深成热液矿床	矿床生成时的温度在300℃以上。有用矿物以磁黄铁矿为主，其次是黄铁矿，具有一定的工业价值	福建大田硫铁矿
岩浆期后热液型	中深热液矿床	矿床生成时的温度在170～300℃，主要有用矿物是黄铁矿，或者和铅、锌、硫化物共生而成为多金属硫化矿。 围岩有显著的绿泥石化、绢云母化、硅化和高岭土化。 分布较广，对黄铁矿资源有重要意义	安徽向山硫铁矿、浙江龙游硫铁矿、江苏潭山硫铁矿
岩浆期后热液型	浅成低温矿床	成矿时温度很低，矿床部位距地表很近，甚至露出地表。 所含矿物主要是黄铁矿	四川雁门硫铁矿
煤系沉积型		远景储量极大 有用矿物主要是黄铁矿和白铁矿	四川、山西、湖北、湖南、陕西、云南、贵州
沉积变质型		有相当大的储量 多金属伴生硫化矿	内蒙古巴盟乌拉特后旗炭窑口硫铁矿

表 36.2.6　硫矿床等级划分（矿石：万 t）

矿　种	大　型	中　型	小　型
硫	大于1500	200～1500	小于200

表 36.2.7　硫矿石品级划分

矿 石 品 级	含S（%）
Ⅰ级	>35
Ⅱ级	25～35
Ⅲ级	12～25

续表 36.2.7

矿石品级		含S（%）
边界品位		≥8%
最低工业品位		≥12%
最低可采厚度		0.7~2.0m
夹石剔除厚度		1~2m
有害组分最大允许含量	As（%）	0.1（酸洗流程） 0.2（水洗流程）
	F（%）	0.05（酸洗流程） 0.1（水洗流程）
	Pb+Zn（%）	1
	C（%）	5~8

表 36.2.8 中国硫铁矿床地理分布状况

地区	省、市、自治区	占全国总数（%）
西南	四川、贵州、云南、西藏	36.0
华东	江苏、浙江、安徽、福建、江西、山东、上海	26.1
中南	河南、湖南、湖北、广东、广西	23.0
华北	北京、天津、河北、山西、内蒙古	12.5
东北	辽宁、吉林、黑龙江	1.9
西北	陕西、甘肃、宁夏、青海、新疆	0.5

上的硫铁矿床均属中、低品位矿石，平均含硫量在15%~20%之间，有的甚至低于15%。对于这些中、低品位矿石，必须进行选矿富集，才能为加工部门所利用。

36.2.2.2 伴生黄铁矿（硫铁矿）

这种类别的含硫矿床，包括煤系地层中的硫铁矿和多金属伴生硫铁矿。

凡属海陆交替相煤田，如在湘、鄂、川、黔等省比较发育的上二叠纪龙潭组、华北地区的上石炭纪太原组、本溪组等煤系地层中，均有丰富的硫铁矿资源。南方各省区的早古生代石煤地层中，也富含硫铁矿资源。此外，中国开采高硫煤的煤矿很多，煤层当中或煤层的直接顶底板就伴生着硫铁矿，不仅数量大、质量好，而且开采方便。如湖南省在这种高硫煤中伴生的硫铁矿储量，就有几亿吨之多。这些煤系硫铁矿，含硫量一般在10% ~ 20%之间。

伴生硫的另一种类别，就是多金属硫化矿床的综合回收硫铁矿，多数是冶金矿山的副产品。如西北的白银厂、辽宁的红透山以及湖南、广东、广西一带的多金属硫化矿床。1983年中国生产了735.51万吨硫铁矿石，其中化工系统产量为368.36万吨，其余的产量中，就包含冶金矿山的副产品硫铁精矿砂。

36.2.2.3 自然硫资源

中国自然硫矿石产地，分布于西藏、新疆、青海、湖北等四省区。其中青海省天峻县甘沟硫磺矿，一直进行小规模开采。1975年，在山东泰安地区发现一大型沉积型自然硫矿床，其分布范围达五十平方公里，平均品位含硫10.19%。此外，在华北任丘地区曾经打出一口高压含 H_2S 气井，储量较大，含硫较高，但由于技术方面的原因 该井已暂时封闭。类似这种气田中回收硫，现在只有四川省威远、卧龙河、中坝一带。1982年该省天然气田生产硫磺5.82万吨。

综上所述，中国硫资源的特点是：以黄铁矿（硫铁矿）和伴生黄铁矿（硫铁矿）资源为主；储量较大，但富矿不多；以中、低品位矿石占优势；地理分布也不均衡。与当今世界各主要国家硫酸生产的原料构成相比较（详见表36.2.9），中国的硫酸生产原料仍以硫铁矿石占主导地位。

36.2.3 硫酸生产对硫矿石质量的要求

中国硫酸生产行业，对硫矿石的质量要求原无统一的国家标准。以质论价也仅就含硫品位的高低而言，均以含硫35%为标准矿石，同时对某些有害元素（如砷、氟、铅、锌、碳等）作相应地控制。1985 年由化工部化工矿山设计研究院负责编制了“中华人民共和国专业标准——硫铁矿专业标准”，并于 1986 年 9 月报中华人民共和国化学工业部审批。现将此“专业标准”列于表 36.2.10。该标准适用于生产硫酸的硫铁矿（即：黄铁矿、白铁矿和磁黄铁矿）以及伴生硫铁矿（即：煤系岩层硫铁矿和金属硫化矿物）。

表 36.2.9　1983 年世界主要国家硫酸原料构成比例

国　家	自然硫（%）	硫铁矿（%）	其他形态硫（%）	合计量（万吨 100% H_2SO_4）
英　国	93.5	—	6.5	262.9
法　国	89.0	—	11.0	416.4
波　兰	81.5	—	18.5	280.5
美　国	81.4	1.5	17.1	3049.8
意大利	47.7	36.2	16.1	246.5
苏　联	46.2	35.2	18.6	2470.0
联邦德国	43.0	22.0	35.0	370.0
日　本	25.6	10.9	63.5	666.2
中　国	16.0	72.8	11.2	869.5
西班牙	—	90.2	9.8	286.0
世界合计	60.5	21.0	18.5	13668.2

国外，对硫铁矿品位的要求，正在日益提高，如日本硫铁矿品位要求全部精选到 49% ~50% S；西班牙为 48% S 以上。砷、氟含量一般均不大于 0.05%。为资比较，现将苏联（ГОСТ）浮选硫铁矿国家标准，简列于表 36.2.11。

36.2.4　硫矿选矿实践

自中华人民共和国成立以来，中国硫矿（主要是硫铁矿）的生产有很大发展。1983 年硫铁矿的产量已达 735.51 万吨，从而使硫酸的产量达到 869.6 万吨（100% H_2SO_4），居世界第三位。全国各种规模的硫矿山大约有七十多个，其中建有选矿厂的有十多个。主要矿山及选矿厂概况，综合列于表 36.2.12。

表 36.2.10　硫铁矿技术要求（中华人民共和国专业标准）

指标名称	指标							备注
	特级	一级	二级	三级	四级	五级	六级	
有效硫(S)含量(%)≥	50	48	45	40	35	30	25	
砷(As)含量(%)≤	0.05	0.05	0.05	0.1	0.1	0.1	0.15	
氟(F)含量(%)≤	0.05	0.05	0.05	0.05	0.05	0.1	0.1	
铅锌(Pb+Zn)含量(%)≤	0.5	0.5	1	1	1	1	1	
有机碳(C)含量(%)≤	0.5	1	1	2	2	3	3	
粒度(mm)≤	3	3	3	3	3	3	3	大于3mm粒度不得>15%
水分(%)≤	8	8	10	10	10	8	8	

注：1. 各项成分含量以干基计算；
2. 高砷、高碳矿，其砷或碳的含量由供需双方议定；
3. 磁黄铁矿的 Fe/S 值，各矿常有差别，其质量指标可由供需双方参照本标准议定；
4. 粒度，原矿规定≤3 毫米，精矿为粉矿。

表 36.2.11　苏联浮选硫铁矿国家标准

指标名称	规格等级				
	KCΦ-0	KCΦ-1	KCΦ-2	KCΦ-3	KCΦ-4
表观状态	松散的粉末，不允许有异类夹杂物（岩石块、矿物、木材、混凝土、金属等）				
硫含量（%）不小于	50	48	45	42	38
Pb、Zn 总含量（%）不大于	不规定	1	1	1	1
As 含量（%）不大于	0.3	0.3	0.3	0.3	0.3
F 含量（%）不大于	0.05	0.05	0.05	0.05	0.05
水分含量（%）不大于	3.8	3.8	3.8	3.8	3.8

注：浮选硫铁矿的颗粒最大不超过 2 毫米，根据消费者的需要测定之，但不规定粒度 0.05 毫米以下的比例。

36.2.4.1 硅酸盐型硫铁矿

A 向山硫铁矿选矿厂

安徽省马鞍山市向山硫铁矿，是中国第一个中型硫铁矿采、选联合企业，选矿厂规模为年处理原矿石80万吨。

该矿系岩浆后期热液充填交代型矿床，多种金属矿物共生。有用矿物有黄铁矿、磁铁矿、赤铁矿、假象赤铁矿、阳起石磁铁矿和少量黄铜矿；脉石矿物有石英、磷灰石、角闪石、绿泥石、高岭土、绢云母、阳起石等。矿石构造为致密块状、粉状（细粒松散状）及浸染状；前两者多为富矿，后者多为贫矿。其物理特性见表36.2.13。入选原矿的化学组成见表36.2.14。

选矿厂目前实际生产的工艺流程及相应的主要工艺参数、设备，分述如下：

破碎段：入选原矿最大粒度为400毫米，采用如图36.2.1所示

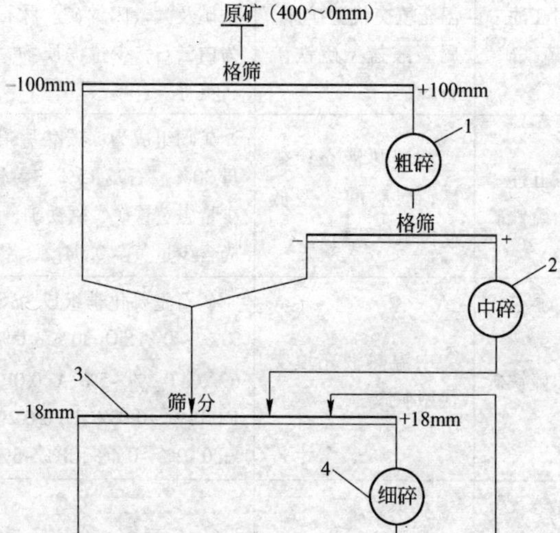

图36.2.1 选矿厂破碎筛分流程

1—600×900颚式破碎机一台；2—ϕ1650标准圆锥破碎机一台；3—SZZ悬挂式1.5×3.0m振动筛两台；4—ϕ2100短头圆锥破碎机一台

表 36.2.12 中国主要硫

序号	矿山或选矿厂	矿床及矿石类型	主要组成矿物
1	安徽 向山硫铁矿	岩浆期后中深热液充填交代型矿床。属硅酸盐型硫铁矿石	有用矿物主要是黄铁矿，少量磁铁矿、赤铁矿，局部有微量黄铜矿，脉石矿物有石英、磷灰石、角闪石、绿泥石、高岭土、绢云母等
2	浙江 龙游硫铁矿	岩浆期后中深热液充填脉状矿床，属硅酸盐型硫铁矿石	有用矿物主要为黄铁矿，少量闪锌矿、方铅矿、褐铁矿等。脉石矿物主要是石英和长石、绢云母、滑石、高岭土等
3	四川江油 雁门硫铁矿	岩浆期后浅成低温充填交代型矿床。属碳酸盐型硫铁矿石	有用矿物以黄铁矿为主，少量白铁矿及微量闪锌矿。脉石矿物主要为白云石，少量泥质物、有机炭及石英等
4	山东五莲 七宝山硫铁矿	中温热液交代矿床，属碳酸盐型低品位硫铁矿石	矿物组成为：碳酸盐 45%、绢云母 30%、石英 15%、黄铁矿 10%，少量磁黄铁矿、磁铁矿、磷灰石等。尚含少量黄金 0.04g/t、银 2.25g/t
5	云台山硫铁矿	中温热液充填交代型矿床	矿石主要化学组成为：S10.30%、Fe 30%～40%、SiO_2 10%～15%、Al 2%～6%、Ca 0.2%～5%、As 0.01%～0.05%、F 0.01%～0.08%、Pb 0.002%～0.03%、Zn 0.02%～0.4%、C1%～3%
6	广东 阳春硫铁矿	高温热液充填交代矽卡岩型硫铁矿床，属碳酸盐型硫铁矿石	主要矿物为黄铁矿、磁铁矿、黄铜矿、闪锌矿、赤铁矿等。脉石矿物有石英、方解石、石榴子石和绿泥石等

铁矿山和选矿厂概况

选矿方法及原矿处理量（万 t/年）	选矿工艺流程	技术指标(%)				备　注
		产品	α	β	ε	
浮选法 80	碎矿:三段一闭路 磨矿:一段闭路 浮选:一粗开路 精矿:二段常规脱水	硫精矿 铁精矿	10.56 10~20	32.41 60.69	85.63 32.09	技术指标为1981~1984年平均实际指标,铁为副产 1983年硫产量为18.03万吨
浮选法 10	碎矿:二段开路 磨矿:一段闭路 浮选:一次粗选(浮选柱) 精矿:二段常规脱水	硫精矿	12.71	37.07	90.03(理论回收率)	技术指标为1979~1980年平均工艺指标 1983年硫产量为9.3万吨
浮选法 15	碎矿:三段开路 磨矿:一段闭路 浮选:一粗二扫 精矿:二段常规脱水	硫精矿	12.59	37.66	91.88	技术指标为1982年平均工艺指标
浮选法 21	碎矿:二段开路 磨矿:一段闭路 浮选:一粗一扫 精矿:沉淀池脱水	硫精矿	5.05	33.68	88.66	技术指标为1979~1981年平均工艺指标
设计采矿能力40 浮选法 生产能力30		硫精矿	11	50	85.1	技术指标为设计指标 1983年硫产量11.36万吨
设计采选能力15 实际为3~4	碎矿:一段开路 磨矿:棒磨加球磨分级闭路 浮选:混合浮选,再铜、硫分离 精矿:二段常规脱水	硫精矿 铜精矿	20 0.18	46 16	93 82	技术指标为设计指标

序号	矿山或选矿厂	矿床及矿石类型	主要组成矿物
7	广东 云浮硫铁矿	沉积变质热液富集黄铁矿床，属碳酸盐型硫铁矿石	有用矿物主要是黄铁矿，其次为白铁矿，磁黄铁矿及少量闪锌矿、黄铜矿等。脉石矿物以石英、方解石、绢云母、炭质为主
8	河南 柏山硫铁矿	煤系地层中的硫铁矿	有用矿物为黄铁矿，脉石矿物主要为叶蜡石、绢云母及黏土矿物，其次为白云母、炭质及少量方解石、石英等
9	湖北 松滋硫铁矿	煤系地层中的硫铁矿	有用矿物主要为黄铁矿，粒度可分为粗、细两部分：粗粒 0.5 ~ 2mm，最大可达 20 ~ 30mm，其量占黄铁矿的 75% ~ 80%；细粒 0.02 ~ 0.2mm，最小 < 0.044mm，脉石矿物主要为黏土、炭质石英等
10	山西 阳泉硫铁矿	煤系地层中的硫铁矿	
11	辽宁张家沟 硫化铁矿	高温热液充填交代型矿床，属磁黄铁矿矿石	矿石主要化学组成：S 22.17%、As < 0.01%、F < 0.01%、Zn 0.01%、C1.5%、Cu 0.05%、$SiO_2$23.03%、$Al_2O_3$4.69%、MgO 2.73%、TFe 34.62%、$B_2O_3$1.93%
12	广东 英德硫铁矿	锦潭矿区：为中温热液充填交代矿床，硅酸盐型矿石 沙口矿区：为风化残留黄铁矿床	锦潭矿区矿石主要化学组成：S 27.6% ~ 44.32%、As 0.064% ~ 0.157%、F 0.023% ~0.119% 沙口矿区矿石主要化学组成：S 37.3%、As 0.133% ~ 0.263%、F 0.023% ~0.063%

续表 36.2.12

选矿方法及原矿处理量（万 t/年）	选矿工艺流程	技术指标(%)				备　注
		产品	α	β	ε	
浮选法 150	贫矿选矿厂流程为：一段粗碎；湿式自磨与格子型球磨联合磨矿，一粗，二扫，二精浮选；常规两段脱水	硫精矿	14.8 ~20	38 ~ 40	90 ~ 92.5	技术指标为设计工艺指标 1983 年硫产量(包括富矿)47.26 万 t
浮选法，设计能力 10	设计流程为：两段开路破碎；一段磨矿闭路；一粗、二扫、一精浮选；两段常规脱水	硫精矿	12.4	40.60	96.21	技术指标为设计工艺指标
重选法设计 10	原矿破碎到 35 ~ 40mm，一段棒磨；螺旋溜槽和摇床选别	硫精矿	12.94	36.20	85.79	技术指标为 1982 年 1 ~ 6 月实际生产工艺指标
无选厂		采出矿石原矿	22 ~ 25			1983 年硫产量 21.89 万吨
无选厂	采矿生产能力 25 万 t/年	采出原矿破碎至 3mm 以下				1983 年硫产量 6.78 万吨
无选厂	锦潭矿区采矿能力 20 万 t/年 沙口矿区采矿能力 10 万 t/年					1983 年硫产量 17.85 万吨

序号	矿山或选矿厂	矿床及矿石类型	主要组成矿物
13	福建 大田硫铁矿	高中温热液充填交代矽卡岩型含硫多金属矿床,矿石分硫铁矿石、铅锌黄铁矿石、闪锌矿石三种	硫铁矿石:主要含有磁黄铁矿,少量黄铜矿、闪锌矿和黄铁矿。脉石矿物以石榴子石和透辉石为主 铅锌黄铁矿石:主要含方铅矿、闪锌矿和黄铁矿、脉石矿物为石英、方解石 闪锌矿石,以铁闪锌矿为主,脉石以石榴子石为主
14	江苏 潭山硫铁矿	中低温热液交代矽卡岩型矿床。矿石分铅锌矿石、铅锌硫矿石、含锌磁铁矿石三种	矿石中主要金属矿物有：方铅矿、闪锌矿、黄铁矿和菱铁矿，其次是磁铁矿、白铅矿等。非金属矿物主要是石英，其次是石榴子石、透辉石、绿泥石、方解石和黏土矿物等
15	内蒙古 炭窑口硫铁矿	沉积变质多金属硫化矿床	硫锌类型矿石：属铜锌含量很低的黄铁矿石。主要矿物有：黄铁矿、黄铜矿、闪锌矿、磁黄铁矿、方铅矿等。脉石矿物以方解石、白云石、石英为主，其次为长石、绿泥石、云母等
16	湖南浏阳 七宝山硫铁矿	沉积变质型，以铜为主，多金属含铜黄铁矿和含铜黄铁磁铁矿	分硫铜矿石、磁铁矿石和硫锌矿石三种类型 采出矿石含硫 31.23%

的三段一闭路破碎筛分流程。最终筛下产物经 $\phi20$ 毫米圆孔筛检查，小于 20 毫米粒级占 75%。

磨矿、浮选、磁选段：原则流程见图 36.2.2。磨矿采用 $\phi2700\times2100$ 毫米格子型球磨机与 $\phi2000$ 毫米双螺旋分级机组成一段闭路流程，共三个系列。主要工艺参数：给矿粒度 20 毫米；磨矿浓度 70%～75%；溢流浓度 18%～22%；溢流细度 -100 目

续表 36.2.12

选矿方法及原矿处理量（万 t/年）	选矿工艺流程	技术指标（%）				备　注
		产品	α	β	ε	
浮选法 8	破碎：两段一闭路。磨矿为一段闭路。浮选为：原矿混合浮选，铜硫分离，仅获铜、硫两种精矿，铅、锌未回收，产品两段常规脱水	硫精矿 铜精矿	17.34 0.27	32.65 15.03	92.77 40.85	技术指标为1982～1983年平均工艺指标
浮选法 16.5	破碎：两段一闭路 磨矿：一段闭路 浮选:原矿全浮,铅锌和硫再分离,得铅锌混合精矿和硫精矿 精矿：两段常规脱水	硫精矿 铅锌精矿	16.64 Pb 2.69 Zn 5.79	31.62 Pb 17.39 Zn 33.81	76.22 Pb 72.42 Zn 65.92	技术指标为1981～1982年平均工艺指标
浮选法 45（设计）	化工矿山设计院中间试验流程为：原矿粗磨全浮和混合精矿再磨分离，得到硫、锌、铜三种产品	硫精矿 铜精矿 锌精矿	17.281 0.145 0.674	40.21 10.71 46.00	88.72 60.69 63.50	技术指标为化工矿山设计院中间试验选别结果
浮选法 25（设计）						选矿厂计划1987年建成

80%～85%；球磨机处理量 35～40 吨/（台·时）；按新生成 -200目级别计算生产能力为 1.1～1.3 吨/（台·时）。浮选原设计为酸性介质浮选，流程结构为一次粗选、一次精选和一次扫选。现改为碱性介质浮选，一次粗选流程。采用 16 槽 6A 型浮选机，三个系列。主要工艺参数：入选原矿含硫 10%～12%、精矿含硫 30%～33%、尾矿含硫 1.5%～2.5%，精矿回收率 82%～

88%。浮选药剂为：乙基黄药0.2公斤/吨原矿，加于球磨机和搅拌槽中；2号油0.1公斤/吨原矿，加于搅拌槽中；石灰6~10公斤/吨原矿，配成乳状加于球磨机中。原设计未设计磁选，为了综合利用铁矿资源，采用CYTϕ600×1800毫米和CYTϕ750×1800毫米弱磁永磁筒式磁选机各三台，从浮选尾矿中回收铁精矿。主要工艺参数：浮选尾矿含铁10%~20%、铁精矿含铁大于59%，铁回收率20%~35%。

表36.2.13　矿石物理特性测定

项　目	单　位	矿石类型				
		致密块状黄铁矿	细粒松散状黄铁矿	浸染状黄铁矿	致密块状铁　矿	浸染状铁　矿
普氏硬度		7~14	1~2	1~12	16	6~7
密　度	t/m^3	2.70~3.59			3.90	3.0
松散系数		1.65		1.543	1.633	

表36.2.14　入选原矿化学组成

项　目	SiO_2	Fe_2O_3	Al_2O_3	Na_2O+K_2O	S	P	Co	As	CaO+MgO
含量(%)	51.93	19.41	11.29	1.98	13.40	0.21	0.0078	0.0048	微量

精矿脱水段：硫精矿采用浓缩、过滤两段脱水流程，见图36.2.3。铁精矿为露天矿池自然脱水。浓缩设备为ϕ24米周边传动耙式浓缩机两台，台时生产能力30~50吨；单位面积处理能力1.5~2.0吨/(米^2·日)。过滤设备为40米^{2}真空圆筒外滤机四台，给矿浓度65%~70%，滤饼水分12%~14%，生产能力为8~12吨/(台·时)，单位面积处理能力0.2~0.3吨/(米^2·时)。

尾矿设施，选矿尾砂经两段泵房加压送至尾砂库，每一泵房有四台（两台备用）6HP灰浆泵，两台串联使用。长5公里的输送管道为ϕ250毫米铸铁管双线铺设。尾砂输送浓度为16%，尾砂库设计容量为548万米^3，澄清后排出废水基本符合国家要求标准，部分返回选厂循环使用，其余直接排放。水量每天约6000米^3。

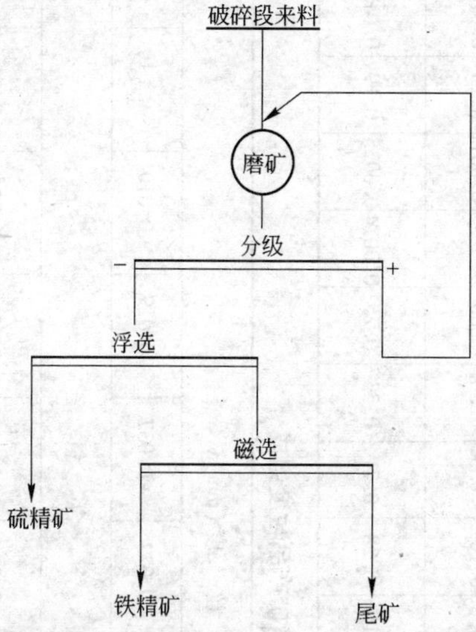

图36.2.2 选矿厂磨、浮、磁选流程

选矿产品硫精矿和铁精矿的化学组成，见表36.2.15。其粒度组成见表36.2.16。选矿厂1981和1982年技术经济综合指标，见表36.2.17。

选矿厂主要技术革新

酸性浮选流程改为碱性浮选流程：向山硫铁矿属于硅酸盐型硫铁矿石，选厂原设计是采用传统的酸性介质浮选，每天有近6000吨pH值在3左右的酸性尾矿水，成为主要的污染源；设备、管道腐蚀严重；生产难以正常进行。1966年该厂与化工矿山设计研究院共同完成了“碱性浮选工艺流程”的工业试验，并投入生产。该流程的特点是采用石灰作调整剂，矿浆pH值控制在9左右，按图36.2.4所示工艺条件，从含硫11%的原矿，富集得到含硫33%以上的精矿，回收率达84%。经实践证明，该流程具有以下优点：（1）减轻了对选矿设备、管道的腐蚀，延长了使用寿命；

表 36.2.15　精矿多项分析结果(%)

项　目	全 S	全 Fe	FeO	SiO_2	Al_2O_3	CaO	MgO	MnO	P_2O_5	V_2O_5	TiO_2	K_2O	As	Se	F	Cu	Zn
硫精矿	36.07	33.30	1.44	16.62	6.40	1.30	0.47	0.058	0.107	<0.01	0.50	0.60		0.001	0.25	0.076	0.023
铁精矿	1.00	61.40	21.27	6.16	2.78	1.20	0.63	0.16	0.28	0.71	0.33	0.25	0.0014	0.0025	0.19	0.013	0.011

表 36.2.16　精矿产品粒度组成

品　种	粒　度(mm)									
	+0.295	+0.159	+0.13	+0.097	+0.077	+0.037	+0.019	+0.010	-0.010	合　计
	百　分　含　量									
硫精矿	2.51	16.89	8.66	13.94	19.81	14.14	9.22	6.00	8.83	100.00
铁精矿		15.63			38.54	17.71	-0.037 28.12			100.00

表 36.2.17 选矿厂技术经济综合指标

序号	项　　目	单　位	设计指标	1981 年	1982 年
1	原矿处理量	万 t/年	80	59.75	64.65
2	原矿品位	S%	13	11.26	10.48
3	原矿水分	%	5	7.03	7.35
4	精矿实物量	万 t/年	27	18.40	19.41
5	精矿品位	S%	35	32.27	33.24
6	精矿水分	%		14.22	13.82
7	折算标矿(S35%)产量	万 t/年		14.76	15.86
8	精矿回收率(实际)	%	90	82.82	88.53
	(理论)			85.93	87.93
9	选矿比	t 原矿/t 精矿	2.91	3.46	3.58
10	尾矿品位	S%	1.5	2.24	1.75
11	铁精矿实物量	万 t/年		2.92	2.85
12	铁精矿品位	Fe%		60.93	60.45
13	铁精矿水分			14.04	10.68
14	铁精矿回收率(实际)	%		34.59	29.58
15	选厂全员	人	584	430	446
	其中:工程技术人员	人		5	6
	工人	人	553	410	426
16	供矿成本	元/t 原矿	8.30	6.62	6.67
17	精矿实物成本	元/t 精矿	45.40	45.16	48.91
	折标准矿成本			56.31	59.78
18	主要材料消耗(按原矿计)				
	乙基黄药	g/t	80	157	198
	2 号油	g/t	50	60	61
	石灰	kg/t		9.85	8.32
	钢球	kg/t	1.0	1.48	1.64

续表 36.2.17

序号	项　目	单　位	设计指标	1981 年	1982 年
18	滤布	m^2/t	0.0025	0.004	0.0039
	水	m^3/t	5.05	5.5	5.3
	电	kW·h/t	23.57	23.53	24.73
19	选厂设备总重	t	1190	948(在用)	948(在用)
20	设备安装容量	kW		4965	4713
	其中:生产容量	kW		4000	4000
	备用容量	kW		965	713

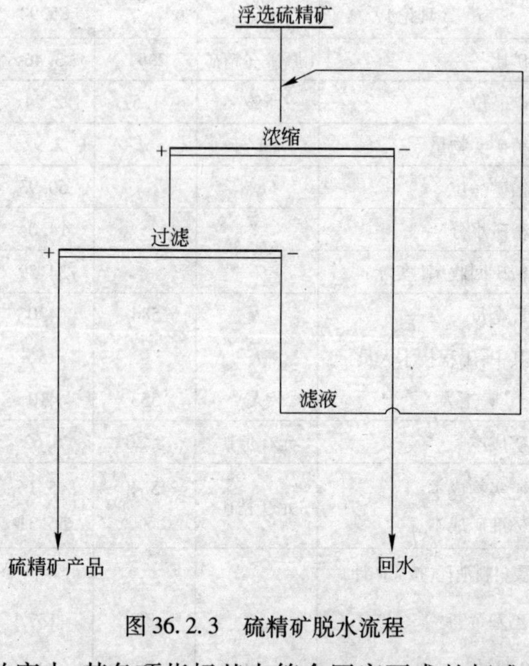

图 36.2.3　硫精矿脱水流程

(2)排放的废水,其各项指标基本符合国家要求的标准;(3)选别过程比较稳定,便于操作,改善了生产指标。两种流程的试验研究对比结果,列于表 36.2.18,供参考。

表 36.2.18 酸、碱性流程指标对比

矿 石	介质性质	原矿品位(S%)	精矿品位(S%)	尾矿品位(S%)	精矿回收率(%)	矿浆的pH值
向山硫铁矿	酸性	12.89	38.82	3.12	82.37	4.5
	碱性	13.60	39.42	2.11	89.47	8.5

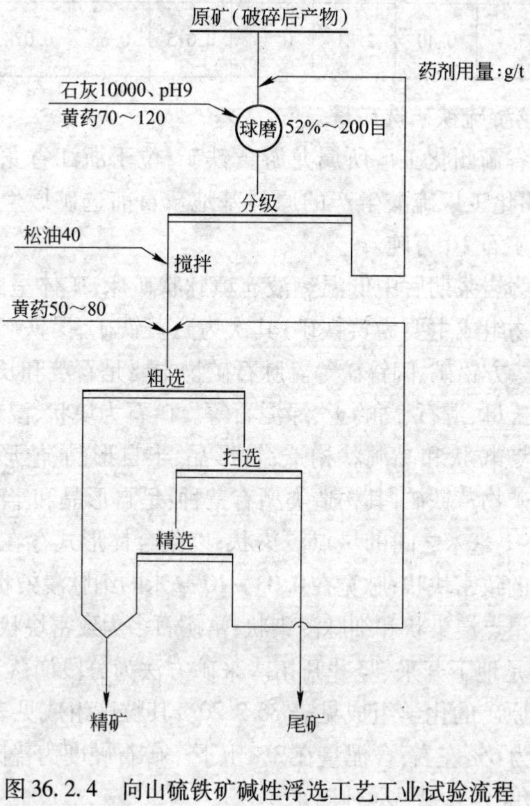

图 36.2.4 向山硫铁矿碱性浮选工艺工业试验流程

综合回收铁矿资源:该矿在采出的黄铁矿石中,混有部分铁矿,经选硫后进入浮选尾矿中,其组成见表 36.2.19。选用永磁弱磁选机,经两段磁选,获得了含 *T*Fe 大于 60% 的合格铁精矿,使含铁尾矿得到了合理利用。

表 36.2.19　浮选尾矿化学组成

项　目	*T*Fe	FeO	SiO_2	Al_2O_3	CaO	MgO	S
含量(%)	18.54	7.16	41.48	14.0	1.68	1.34	3.57
项　目	P	K_2O	Na_2O	Cu	TiO_2	V_2O_5	Co
含量(%)	0.40	2.81	0.73	0.015	0.63	0.078	<0.005

B　龙游硫铁矿选矿厂

浙江省衢州化工厂所属龙游黄铁矿，位于浙江省龙游县溪口镇，是衢州化工厂硫酸生产的原料基地。目前选矿厂生产规模为年处理原矿石 10 万吨。

该矿为岩浆期后中低温热液充填脉状矿床，矿体呈脉状产出。矿石的矿物组成主要为黄铁矿；其次为磁黄铁矿、褐铁矿以及黄铜矿、辉铜矿、方铅矿、闪锌矿等。脉石矿物主要是石英和长石的蚀变物以及绢云母、滑石、高岭土、绿泥石等。矿石为块状、浸染状、松散状、角砾状、粒状和晶洞状构造；自形晶、半自形晶、他形晶粒状结构。主要矿物黄铁矿，其构造类型有三种：呈自形晶和半自形晶、粒度在 0.3～1 毫米之间的星点浸染状；以集合体形式存在、粒度在 1 毫米以上的致密块状；脉宽在 0.03～10 毫米的细脉浸染状。其中贫矿石多为星点浸染状和细脉浸染状；富矿石多为致密块状。

采矿是地下开采、竖井开拓。采矿方法为分段崩落法。

入选原矿的化学组成见表 36.2.20。其粒度组成见表 36.2.21。矿石水分为 6% 左右；含泥量在 3% 上下。矿石硬度为普氏硬度 8～12；松散密度为 1.92～2.2 吨/米^3。

选矿厂的生产工艺流程见图 36.2.5，所用主要设备见表 36.2.22。选厂所用浮选设备为浮选柱，流程结构为一次粗选。使用的浮选药剂为：石灰（8～10 公斤/吨原矿）、松油（约 0.25 公斤/吨原矿）、乙基黄药（约 0.3 公斤/吨原矿），在碱性介质中选别。

自1982年至1984年,主要的选矿技术指标,列于表36.2.23。其精矿的化学组成和粒度组成,见表36.2.24和表36.2.25。主要设备的能量消耗,见表36.2.26。

表36.2.20 入选原矿化学组成

项目	S	SiO_2	Fe	CaO	MgO	Al_2O_3	F	Pb	Cu	Zn
含量(%)	11.89	58.90	11.20	0.82	0.30	13.42	0.052	0.023	0.0049	0.0054

表36.2.21 原矿粒度组成

粒级(mm)	产率(%)	累计产率(%)	品位(S%)
+200	0.32	0.32	6.67
-200 +150	2.87	3.19	8.91
-150 +100	2.13	5.32	11.06
-150 +75	5.95	11.27	10.25
-75 +50	5.63	16.90	7.20
-50 +25	19.34	36.24	10.67
-25 +15	15.20	51.44	10.95
-15 +5	20.51	71.95	12.03
-5 +3	8.61	80.56	12.81
-3 +1	6.91	87.47	14.92
-1	12.53	100.00	15.05
总计	100.00		

据统计,该选厂处理一吨原矿成本为10.31元,处理一吨精矿成本为79.50元。

选矿厂主要技术革新

浮选柱的应用:选厂原设计采用的浮选设备为4A型浮选机,粗选和扫选合计28槽。后改为浮选柱,选别效果相似。可由含硫7%~15%的原矿,获得含S34%~42%的精矿,理论回收率在82%~92%之间。同时,浮选柱操作简单、制造容易、维修工作量小。在基建、设备费用上,也显示出较大的优越性。详见表36.2.27。

利用浮选尾矿制陶:经岩相分析,龙游黄铁矿尾矿中有石英、

表 36.2.22　龙游选矿厂(规模 10 万吨/年)设备表

序号	设备名称、规格	台数	序号	设备名称、规格	台数
1	水泵 4K-12A	1	15	圆盘给石灰机 $\phi 400$	1
2	绞车 2БЛ1200/830	1	16	药剂搅拌机 $\phi 1000 \times 1000$	1
3	1 号皮带机 TD-62 $B=800$ $L=23\text{m}$	1	17	球磨机 MQG$\phi 2100 \times 2200$	1
4	板式给矿机 HBG800 × 2200	1	18	单螺旋分级机 FLG$\phi 1500 \times 8230$	1
5	颚式破碎机 PEF400 × 600	1	19	矿浆搅拌槽 $\phi 1500 \times 1500$	2
6	泡沫除尘器 $\phi 1000$　4-62-1	2	20	浮选柱 $1300 \times 1300 \times \frac{7750}{9250}$	2
7	2 号皮带机 TD-62 $B=650$ $L=7.2\text{m}$	1	21	空压机 3LB-15/3	3
8	自定中心振动筛 SZZ900 × 1800	1	22	SZ-3 水环式真空泵	4
9	单转子反击式破碎机 $\phi 1000 \times 700$	2	23	SZ-4 水环式真空泵	2
10	5T 电动葫芦 ZQ-41-4	1	24	周边传动浓缩机 $\phi 11.5\text{m}$	1
11	3 号皮带机 TD-63 $B=650$ $L=12.2\text{m}$	1	25	圆盘过滤机 ДУ-34-2.5/4	1
12	敞开式圆盘给矿机 $\phi 1000$	1	26	4T/5T 抓斗起重机 $L=11\text{m}$ $H=7\text{m}$	各 1
13	滚轮式皮带秤	1		原矿仓和粉矿仓 $V_{有效}=50\text{m}^3$	各 1
14	4 号皮带机 TD-62 $B=500$ $L=8.8\text{m}$	1		精矿仓 $V_{有效}=750\text{m}^3$	1

表 36.2.23　选矿厂主要技术指标

序　号	指 标 名 称	1982 年	1983 年	1984 年
1	入选原矿品位(S%)	14.81	14.80	11.67
2	精矿品位(S%)	35.36	37.46	39.16
3	理论回收率(%)	93.22	91.94	88.65
4	实际回收率(%)	—	—	—

白云石、叶蜡石、高岭石以及正长石、钠长石、黄铁矿、闪锌矿等,其化学成分与江苏省宜兴某厂砂锅原料白泥的化学组成较接

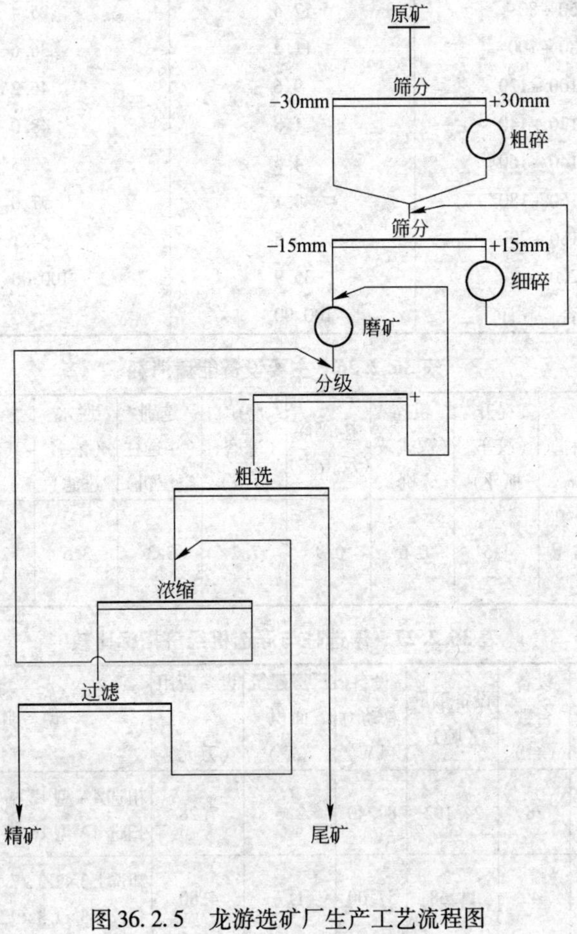

图 36.2.5 龙游选矿厂生产工艺流程图

表 36.2.24 精矿化学组成

项 目	S	As	F	Pb	Zn
含量(%)	37.02	0.0075	微量	0.024	0.76

表 36.2.25　精矿粒度组成

粒级(目)	产率(%)	累计产率(%)
+60	8.0	8.0
-60 +80	17.4	25.4
-80 +100	11.2	36.6
-100 +120	9.6	46.2
-120 +140	1.8	48.0
-140 +160	4.5	52.5
-160 +180	5.1	57.6
-180 +200	6.5	64.1
-200	35.9	100.00
合　计	100.00	

表 36.2.26　主要设备能量消耗

设备名称	提升（绞车、抓斗）	粗碎（颚式破碎机）	中、细碎（反击式）	磨矿（球磨、分级）	选别（浮选柱空压机）	脱水（浓缩过滤）	其他	总计
电耗（kW·h/t 原矿）	4.5	0.6	0.9	7.2	3.3	3.5	2	22

表 36.2.27　浮选柱与浮选机经济指标比较

项　目	设备台数（台）	设备重量（吨）	设备总动力（kW）	厂房建筑面积（m^2）	设备费用（万元）	说　明
原设计浮选机	28	24.192	82.40	226	7.28	粗选 4A 型 12 槽 扫选 4A 型 16 槽
采用浮选柱	4	11.68	57.00	117	4.80	粗选 1.3×1.3×7.75m 一台 扫选 1.3×1.3×9.25m 一台
减少(%)	85.70	56.21	34.11	48.23	33.32	

近，基本上是一种天然的制陶原料（见表 36.2.28）。义乌陶器厂曾用该尾矿试制成功花盆。

球磨机橡胶衬里代替锰钢衬板：这一改进提高了生产能力、降低了生产成本，同时降低噪声、改善工作环境。其两者的技术经济比较见表36.2.29。

表36.2.28 龙游浮选尾矿与白泥化学成分比较

项目	老尾矿(%)	新尾矿(%)	砂锅原料白泥(%)
SiO_2	67.36	68.28	70.80
Al_2O_3	18.27	15.77	18.14
Fe_2O_3	2.75	4.40	1.57
CaO	0.95	1.48	0.35
MgO	0.19	0.29	0.46
K_2O	3.44	3.73	>2.08
Na_2O	0.40	0.30	>2.08
TiO_2	0.52	0.67	0.86
灼减量	6.10	4.98	5.74

36.2.4.2 碳酸盐型硫铁矿

A 雁门硫铁矿选矿厂

四川省绵阳地区雁门硫铁矿，位于宝成铁路雁门坝。选矿厂规模为年处理原矿石15万吨。设计年产含硫40%的精矿5.55万吨。

雁门硫铁矿属低温热液充填交代的碳酸盐型硫铁矿床。矿体赋存于白云石化白云岩中。矿石成分单一，围岩蚀变简单。有用矿物以黄铁矿为主(含量约25%～60%)，其次为少量白铁矿及微量闪锌矿；脉石矿物主要为白云石(含量为40%～60%)，并有少量泥质物、有机炭及石英等。矿体浅部次生变化严重，金属矿物氧化为褐铁矿、水针铁矿、赤铁矿；非金属矿物氧化为水云母、黏土、绿泥石等。矿石以粒状、变胶状结构为主，网状、梳状结构次之。矿石构造以块状、浸染状和脉状为主，角砾状、网脉状和浸染-脉状次之。在致密块状和角砾状构造类型中，黄铁矿较富，嵌布粒度0.03～0.05毫米；浸染状构造类型，黄铁矿品位较低，粒度亦较小，为0.03～0.1毫米。

入选原矿石多呈星散浸染状，颗粒较小，品位变化较大，含硫约6%～33%、平均为10%～20%。矿石含水为5%～10%，含泥量7%～20%。矿石硬度系数$f=12\sim14$，松散密度为3.2～4.0吨/米^3。

矿石主要化学组成，见表36.2.30。

表36.2.29　锰钢衬板与橡胶衬里技术经济比较

项目名称	单位	锰钢衬板	橡胶衬里	增加＋ 减少－ （%）	从10万t/年规模看技术经济效益	备　注
生产能力	t/台·h	16.0	18.0	+12.5	可扩大1.25万t原矿处理量	
电　耗	kW·h/t	7.2	6.4	－13.0	每年可节电8万kW·h，价值6400元	0.08元/kW·h
钢球单耗	kg/t	1.36	1.26	－7.4	每年可节约钢球10t，价值9200元	920元/t
衬板重量	t/套	8.9	1.5	－83.0	每年可节约材料费2.8万元	锰钢2000元/t 橡胶7000元/t
拆卸安装	h/组	41.5	11.5	－72.0	每组需安装工人7人，可节约65元	
每套衬里可处理矿量	t	35000	45799	+31.0	每年消耗锰钢衬板2.86套，橡胶衬里2.18套	
合　计					约可节约4.36万元	

注：1. 球磨机规格：$\phi2100\times2200$毫米；

2. 橡胶压条衬里：宽×高＝140×108毫米。

表36.2.30　原矿化学组成分析（%）

项　目	S	Pb	Zn	As
含　量	10～20	0～0.033	0～0.45	0.09～0.035

项　目	F	SiO_2	CaO	MgO	*T*Fe
含　量	0.013～0.37	0.01	3.42～22.70	2.4～16.30	8.7～17.00

矿山开采方式为“无底柱崩落法”，出矿块度为 0～400 毫米。

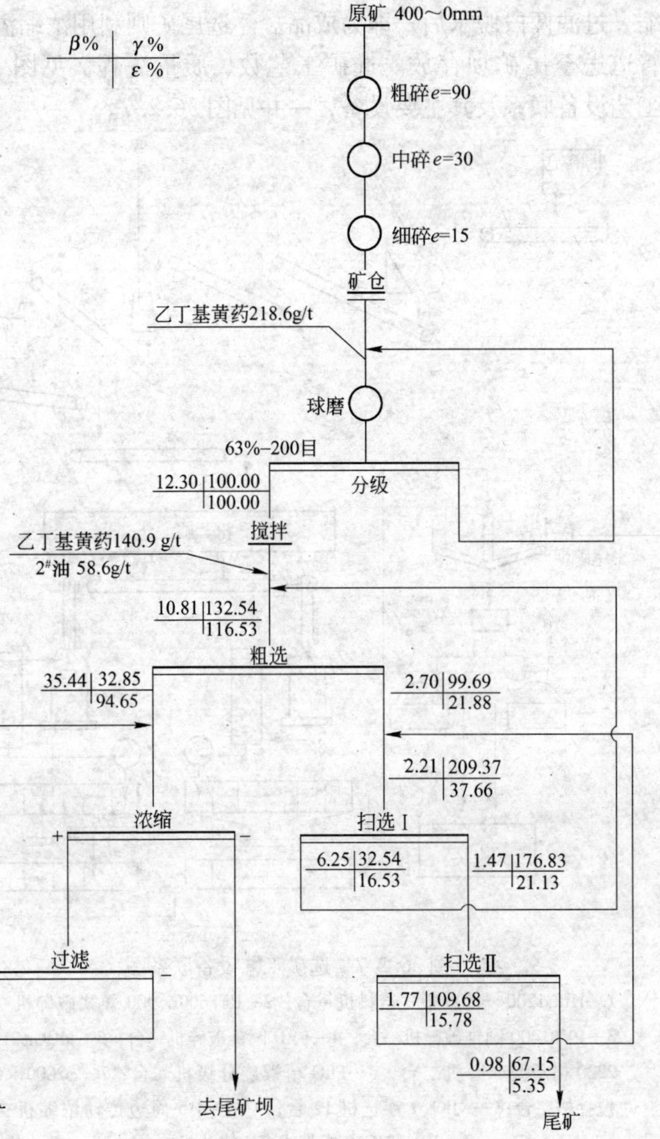

图 36.2.6　选矿工艺数、质量流程图

目前选矿厂实际生产的工艺流程是：二段开路破碎、一段闭路磨矿和一粗、两扫的浮选流程。所得浮选精矿泡沫产品，经浓缩、过滤两段脱水后，即为成品。浮选尾矿则利用浓缩溢流水经管道送至尾矿坝存放。选矿工艺数、质量流程，见图 36. 2. 6；工艺设备联系及其主要设备，一并见图 36. 2. 7。

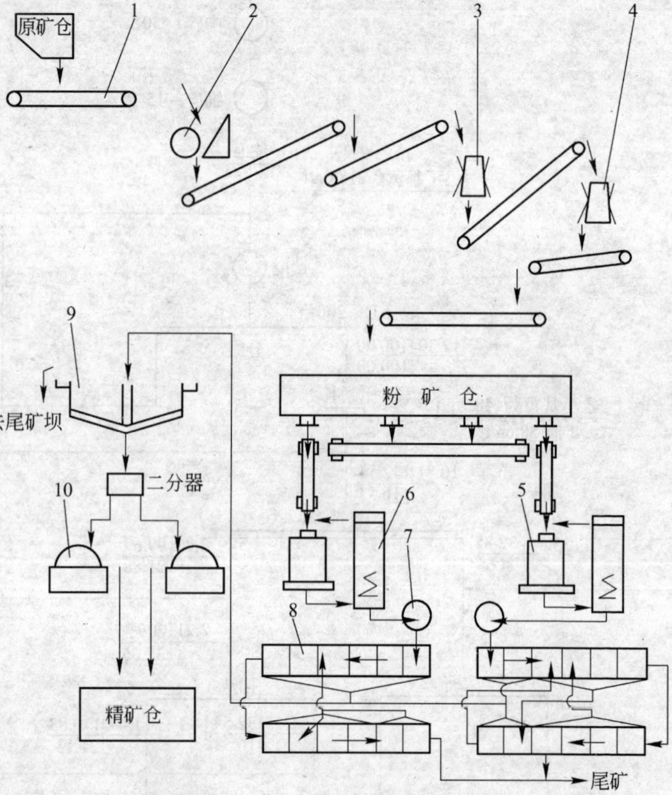

图 36. 2. 7 选矿工艺设备联系图

1—HBG1200 ×4500 板式给料机一台；2—PEF600 ×900 颚式破碎机一台；3—PYB1200 圆锥破碎机一台；4—PYD 圆锥破碎机一台；5—MQGϕ2100 × 2200 格子型球磨机二台；6—FLG 单螺旋分级机二台；7—ϕ2000 ×2000 搅拌槽二台；8—XJK1. 1 浮选机 12 台；9—TNB15 周边传动浓缩机二台；10—TZG10 折带式真空过滤机二台

选厂自1982年投产以来，平均年产精矿3万吨左右，尚未达到设计水平。入选原矿平均含硫14.71%，精矿平均含硫36.95%、水分含量9%～11%，细度－200目占74%左右，精矿理论回收率93.20%，实际回收率89.34%，尾矿品位含硫1.58%。自1982年至1984年，选矿厂生产的主要技术经济综合指标，列于表36.2.31。

表36.2.31 选矿厂主要技术经济指标

项目		单位	1982年	1983年	1984年
原矿品位		S%	12.59	15.06	16.49
精矿品位		S%	37.66	35.88	37.30
尾矿品位		S%	1.47	1.28	1.99
精矿回收率	理论	%	91.88	94.88	92.86
	实际	%	86.39	93.79	87.75
选矿比			3.34	2.51	2.48
精矿水分		%	8～11	10～12	10～12
每吨原矿主要消耗	钢球	kg/t	0.58	0.77	0.8
	衬板	kg/t	0.19	0.22	0.17
	黄药	kg/t	0.294	0.423	0.393
	2号油	kg/t	0.069	0.059	0.048
	胶带	m^2/t	0.01	0.01	0.01
	滤布	m^2/t	0.005	0.008	0.004
	电	kW·h/t	19.15	19.84	17.35
	水	m^3/t	2.5	3.0	3.0
磨机作业率		%	48.38	56.78	56.44
选矿加工费（按原矿计）		元/t	7.38	7.82	7.18

B 云浮硫铁矿选矿厂

云浮硫铁矿位于广东省肇庆地区云浮县。为一大型露天采、选联合企业。设计规模为年产原矿石300万吨，其中150万吨贫矿入选，并建有相应规模的贫矿选矿厂，可年产含硫品位40%的硫精矿粉69.4万吨；另为含硫品位为36.75%的富矿150万吨，经富矿破碎厂加工，得粒度小于3毫米的产品。两者总计约折合含硫35%的标准矿石为每年236.8万吨。

该矿为一巨大型沉积变质热液富集矿床。在中国已探明的硫铁矿床中储量最大、含硫品位最高。矿体埋藏较浅、且比较集中，具有较好的开采条件。设计范围内开采服务年限可达45年。

矿山开采方法为露天开采—汽车运输开拓方案。平均剥采比2.6；生产剥采比0.8；采矿损失率和贫化率均为5%。出矿块度1000毫米。

云浮硫铁矿矿石，由于含有炭质，颜色呈灰黑色、黑色。矿石构造以条带状为主，块状、浸染状次之。有用矿物主要是黄铁矿，其次为白铁矿、磁黄铁矿、褐铁矿以及少量闪锌矿、黄铜矿等。脉石矿物以石英、方解石、绢云母、炭质为主，尚有极少量的黏土、榍石、萤石和锆石等。

贫矿选矿厂设计

根据选矿试验结果，对矿区内赋存的大量中、低品位的硫铁矿石，进行了贫矿选矿富集工艺的设计。这部分贫矿石主要集中在该矿南采区的上部，采出的矿石全部入选。

设计的选矿工艺流程为：

碎矿：采用一段粗碎流程；

磨矿：采用湿式自磨与格子型球磨联合流程。第二段磨矿配ϕ2400毫米高堰式双螺旋分级机；

浮选：采用一粗、二扫、二精浮选流程；

脱水：采用浓缩、过滤两段脱水流程。

详细的生产工艺流程，绘于图36.2.8。选矿厂主要工艺设备，汇于表36.2.32。

富矿破碎厂设计

设计采用三段开路破碎、棒磨、分级机高浓度返砂得产率为

40%的粗粒精矿产品，分级机溢流经浓缩、过滤得产率为60%的细粒（粒度为0.2~0.3毫米）精矿产品。其工艺流程见图36.2.9。所采用的主要设备，见表36.2.33。

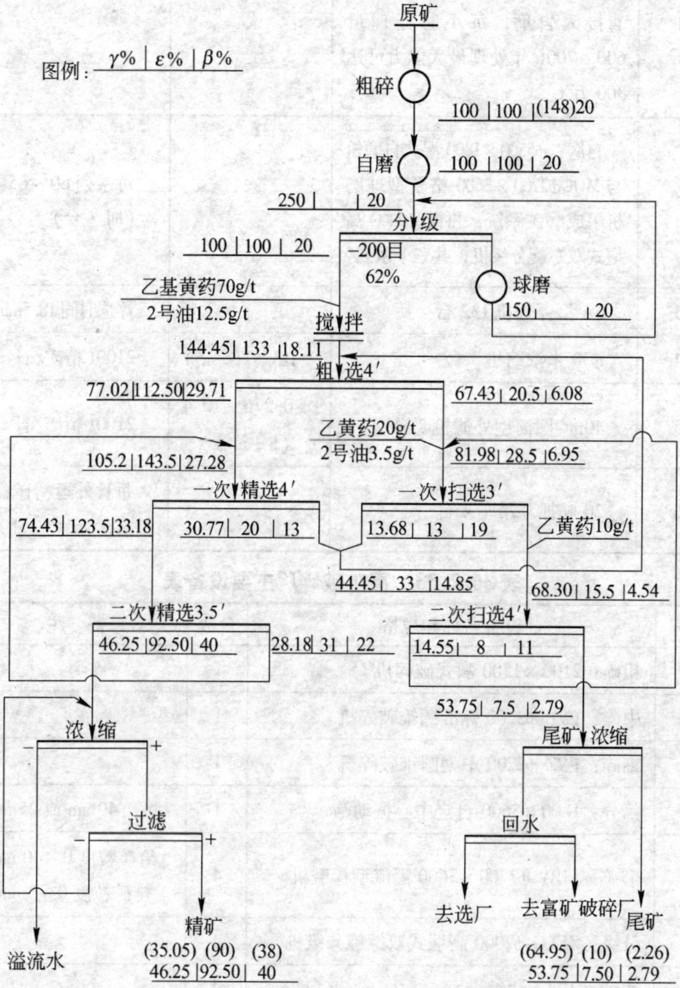

图36.2.8 贫矿选矿工艺流程

（注：图中括号内数字，为初期生产指标）

表 36.2.32　云浮硫铁矿贫矿选矿厂主要设备表

序号	设备名称和规格	定额	备注
1	粗碎：2100×1500 颚式破碎机一台，排矿最大粒度 350mm，直接入自磨，每小时处理量 600~700t。年处理最大能力可达 300 万 t。		
2	自磨：ϕ5500×1800 湿式自磨机与 MQGϕ2700×3600 格子型球磨机组成磨矿系统；再配 ϕ2400 高堰式双螺旋分级机，共三个系列		每系列 60~65 吨/（时·台）
3	6A 型浮选机 132 台		浮选时间 18.5min
4	ϕ30 米浓缩机 3 台	1t/（日·m^2）	2100t 精矿/日
5	40m^2 圆筒型外滤机 8 台	0.276~0.4 t/（h·m^2）	2100t 精矿/日
6	20 吨抓斗吊车 4 台		每日外运精矿（包括富矿）6615t(5h)

表 36.2.33　富矿破碎厂主要设备表

序号	设备名称和规格	台数	备注
1	粗碎：2100×1500 颚式破碎机	1	
2	中碎：PYB-ϕ2200 标准圆锥破碎机	1	
3	细碎：PYZ-ϕ2200 中型圆锥破碎机	1	
4	筛分：1800×3600 自定中心振动筛	1	筛孔 40mm 或 25mm
5	磨矿：MBY-ϕ2700×3600 溢流型棒磨机	4	给矿粒度 0~40mm 排矿粒度 0~3mm
6	分级：ZFLG-ϕ2000 高堰式双螺旋分级机	4	
7	浓缩：ϕ24m 浓缩机	2	
8	过滤：40m^2 转鼓真空内滤机	10	备用 2 台

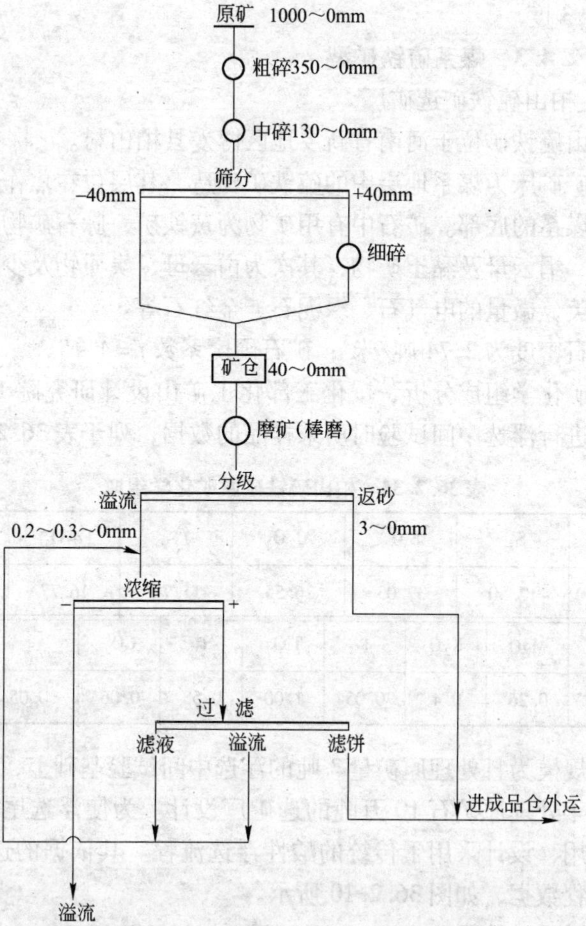

图 36.2.9 富矿破碎厂工艺流程

综合技术经济指标

贫矿选矿厂：规模150万吨/年；选矿比2.16，硫精矿产量69.4万吨/年，（初期入选品位为14.8%时，产量为52.6万吨/年），硫精矿含硫40%、硫精矿回收率92.5%；每吨原矿电耗21.7度。

富矿破碎厂：规模150万吨/年；富矿破碎粒度小于3毫米；富矿含硫36.75%；富矿破碎加工费3.14元/吨原矿；每吨原矿

电耗16.3度。

36.2.4.3 煤系硫铁矿型

A 柏山硫铁矿选矿厂

柏山硫铁矿位于河南省新乡地区博爱县柏山村。

该矿矿床为煤系地层中的硫铁矿建造，其层位在焦作煤田石炭二叠煤系的底部。矿石中有用矿物为黄铁矿，脉石矿物主要为叶蜡石、绢云母及黏土矿物，其次为白云母、炭质物及少量方解石、石英，微量的电气石、绿泥石、金红石等。

矿石密度为2.74吨/米^3；矿石硬度系数$f=4\sim5$。

原矿化学组成分析，按化工部化工矿山设计研究院1972年对该矿进行浮选中间试验时所采样品的数据，列于表36.2.34。

表36.2.34 柏山硫铁矿原矿化学组成

项 目	$S_{总}$	SiO_2	Al_2O_3	*T*Fe	$Fe_2O_3^-$	CaO
含量（%）	12.50	37.03	26.55	11.72	16.77	0.33

项 目	MgO	K_2O	F	TiO_2	C	CO_2	As	烧失量
含量（%）	0.26	0.4	0.05	1.00	0.53	0.06	<0.05	16.64

在规模为日处理原矿量3吨的浮选中间试验基础上，进行了规模为年处理原矿石10万吨的选矿厂设计。为使浮选尾矿得到合理利用，设计采用了传统的酸性浮选流程。其依据的选矿数、质量流程数据，如图36.2.10所示。

选矿设计流程

破碎：采用两段开路流程；

磨矿：采用一般磨矿流程，磨矿细度为-200目占72%～73%；分级溢流浓度33%。

选别：采用一次粗选、一次精选、两次扫选的浮选流程。原矿含硫12.4%，精矿含硫40.60%，回收率96.21%。浮选药剂：捕收剂乙基黄药用量400克/吨原矿；起泡剂松油用量108克/吨原矿。

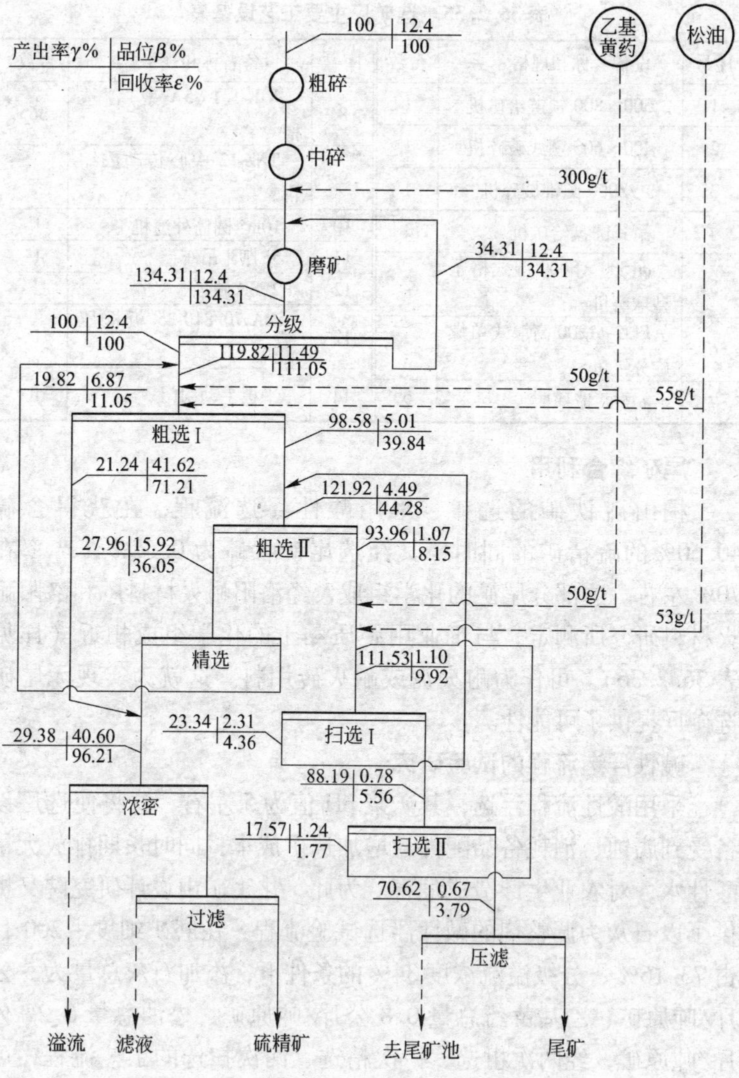

图 36.2.10 柏山硫铁矿选矿工艺数质量流程

脱水：采用浓缩、过滤两段脱水流程。

选矿厂主要工艺设备，见表 36.2.35。

表 36.2.35　选矿厂主要工艺设备表

序号	设备名称和规格	台数	序号	设备名称和规格	台数
1	500×800 锁链给矿机	1	8	XJK-1.1（5A 型）浮选槽	36
2	400×600 颚式破碎机	1	9	TNZ-12 中心传动浓缩机	1
3	PYZ900 圆锥破碎机	1	10	$10m^2$ 圆筒外滤机	1
4	吊式圆盘给矿机	4	11	5t 抓斗吊车	1
5	ϕ1500×3000 湿式格子型球磨机	2	12	2PSB 砂泵	2
6	FLG-ϕ1200 高堰式单螺旋分级机	2	13	BAy70/810-25 板框压滤机	1
7	ϕ1500 搅拌槽	2	14	平板手动闸门	1

尾矿综合利用

柏山硫铁矿的选矿，采用酸性浮选流程，在获得含硫40.60%的硫精矿的同时，其浮选尾矿含硫为0.67%，产率在70%左右。这部分尾矿的化学组成，经洛阳耐火材料厂和洛阳耐火材料研究所测定，与工业用硬质黏土的化学组成相近（详见表36.2.36）。可作为耐火泥或耐火砖用料。这就为实现无尾矿选矿厂提供了可能性。

碱性浮选流程的试验研究

采用酸性流程浮选，其矿浆 pH 值为 5 左右，这将使选厂设备受到腐蚀、消耗备品配件，增加选矿成本；同时长期排放大量酸性水，对农业生产造成危害。为此，化工矿山设计研究院又提供了以石灰为调整剂的碱性浮选试验流程：在磨矿细度 -200 目占 73.16%、分级溢流浓度 34% 的条件下，添加石灰总量为 5 公斤/吨原矿、乙基黄药总量 0.8 公斤/吨原矿、松油总量 0.27 公斤/吨原矿，经两次粗选、一次精选、两次扫选的工艺流程，可从含硫 12.4% 的原矿，获得含硫 38.35% 的硫精矿，回收率为 89.60%。尾矿矿浆 pH 值近于中性。该流程不足之处是尾矿中的 Fe_2O_3 含量超过了耐火材料技术指标的要求，使尾矿的综合利用遇到了一些困难（碱性浮选流程尾矿含硫 1.81%、Fe_2O_3 含量为 4.04%）。

表 36.2.36 柏山浮选尾矿与硬质黏土化学组成比较

名称	品级	化学成分（%）			耐火度（℃）	吸水率（%）	密度（g/cm^3）	杂质含量（%）	备注
		$Al_2O_3+TiO_2$	Fe_2O_3	CaO					
硬质黏土	Ⅲ	30－36	<3.0	<1.0	>1670	<5.0	>2.6	<4	制作高炉砖
硬质黏土	Ⅳ	30－36	<3.0	<1.0	>1630	<5.0	>2.6	<4	制作高炉砖
浮选尾矿		34.66	2.33	0.24	1710		2.71		洛阳耐火材料厂分析
浮选尾矿		34.31	1.76	0.58	1670		2.71		洛阳耐火材料研究所分析

B 彩屯选煤厂煤矸石回收硫铁矿选矿试验

辽宁省地质局中心试验室，对彩屯选煤厂煤矸石中的伴生硫铁矿，进行了重选法回收的选矿试验。

辽宁省本溪煤矿彩屯选煤厂的煤矸石，其主要组成矿物为：硫铁矿 16.66%、煤及碳质物 40.84%、泥质矿物 23.07%、多水高岭石 12.30%、石英 4.50%。其主要化学组成，见表 36.2.37。基本构造为浸染状、结核状、鹅卵石状、致密块状和条带状等。主要结构为半自形粒状、他形粒状、生物碎屑假象及云雾状等。

矸石中的硫铁矿，嵌布粒度比较细，其小于 0.1 毫米者占 70% 以上。但其存在形态多为集合体，这种集合体的粒度，最大者可达十几毫米甚至几十毫米，因此在粗粒级中，这些集合体就可能与其他矿物解难。浮沉试验的结果表明，重产品可以得到合格的硫精矿，在此基础上进行了不同方案的重选试验。

单一跳汰流程

将煤矸石破碎至 10 ~ 0 毫米，其跳汰的选别结果，列于表 36.2.38。

表 36.2.37　彩屯煤矸石主要化学组成

项目	SiO_2	Al_2O_3	Fe_2O_3	CaO	MgO	TiO_2	$C_{固}$	K_2O	Na_2O	S	As	烧失量
含量（%）	34.76	20.47	13.08	1.12	0.60	0.68	2.63	1.50	0.22	9.78	0.0045	23.00

表 36.2.38　10～0 毫米单一跳汰选别结果

产品名称	产率（%）	品位（S%）	回收率（%）
硫精矿	19.66	30.69	63.21
尾　矿	80.34	4.41	36.79
原　矿	100.00	9.56	100.00

单一摇床流程

将煤矸石破碎至 2～0 毫米，进行摇床试验，其结果见表 36.2.39。

跳汰—螺旋溜槽组合流程

将煤矸石破碎至 10～0 毫米，分成三个级别。其中 10～6、6～2 毫米两级别分别进行跳汰、2～0 毫米进行螺旋溜槽试验。流程见图 36.2.11，试验结果见表 36.2.40。

跳汰—摇床组合流程

将煤矸石破碎至 10～0 毫米，分成 10～6、6～2 和 2～0 毫米三个级别。粗、中粒级入跳汰、细粒级进摇床。其流程见图 36.2.12。试验结果见表 36.2.41。

该流程所得之硫精矿的化学组成，汇列于表 36.2.42。

36.2.4.4　自然硫型

A　甘沟自然硫矿石选矿中间试验

青海省天峻县硫磺山甘沟矿区自然硫矿，是中国目前已发现的为数不多的自然硫矿床之一。1976 年，化工部化工矿山设计研究院对该矿进行了规模为日处理原矿 1 吨的浮选法中间试验。

根据试验矿样的物质组成测定，甘沟硫磺矿矿石类型为：块状硫、含砂砾硫、砂砾硫和裂隙硫四种。从所取矿石标本来看，其矿石特性为：

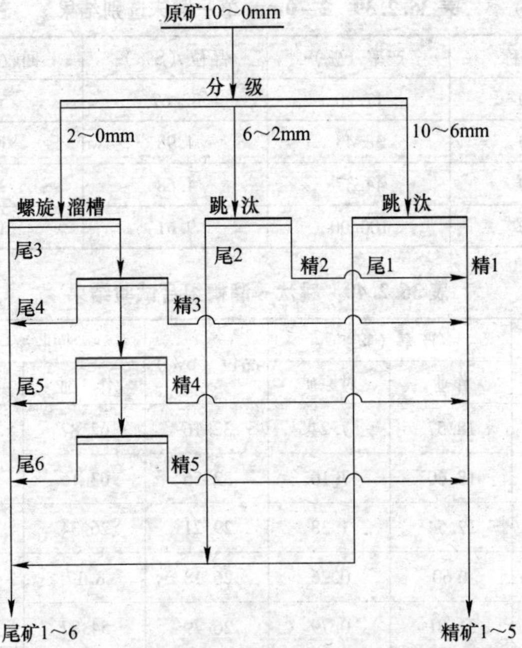

图 36.2.11 跳汰—螺旋溜槽组合流程

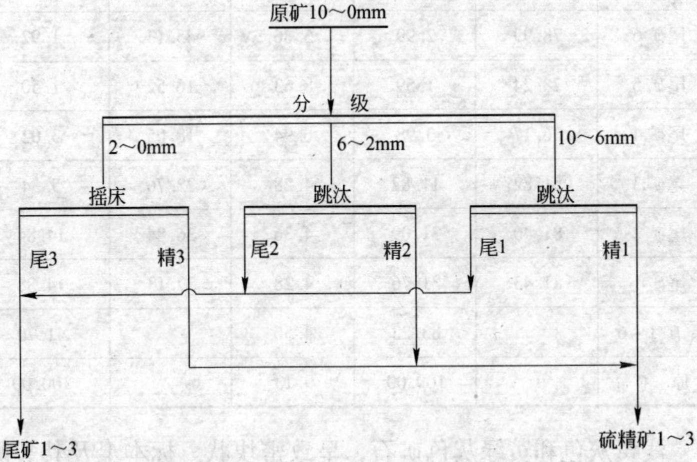

图 36.2.12 跳汰—摇床组合流程

表 36.2.39　2～0mm 单一摇床选别结果

产品名称	产率（%）	品位（S%）	回收率（%）
硫精矿	17.20	32.67	58.47
中　矿	38.43	4.98	19.92
尾　矿	44.37	4.68	21.61
原　矿	100.00	9.61	100.00

表 36.2.40　跳汰—溜槽组合试验结果

产品名称	产率（%）		品位（S%）	回收率（%）	
	作业	对原矿		作　业	对原矿
硫精矿 1	18.57	7.24	32.16	62.87	25.50
硫精矿 2	18.60	7.10	32.56	63.16	25.32
硫精矿 3	12.54	1.38	29.21	26.34	4.41
硫精矿 4	4.60	0.26	26.18	8.17	0.75
硫精矿 5	21.01	0.79	26.79	54.87	2.32
硫精矿 1～5		16.77	31.74		58.30
尾矿 6	78.99	2.99	5.86	45.13	1.92
尾矿 5	28.24	1.59	8.63	16.52	1.50
尾矿 4	36.17	3.98	6.94	18.05	3.02
尾矿 3	51.82	11.82	4.28	23.76	5.54
尾矿 2	81.40	31.09	4.36	36.84	14.84
尾矿 1	81.43	31.76	4.28	37.13	14.88
尾矿 1～6		83.23	4.56		41.70
原　矿		100.00	9.13		100.00

浅黄灰色和黄绿灰色矿石，呈致密块状。标本上及其裂隙、孔洞中见细小的白色矿物石膏。局部见有少量的钾明矾和一种溶于水的硫酸钠矿物。目估其矿物含量大致为：自然硫 50%、石

膏20%、石英15%、玉髓10%、其他矿物15%。

表36.2.41　跳汰—摇床组合试验结果

产品名称	产率（%）		品位（S%）	回收率（%）	
	作业	对原矿		作　业	对原矿
硫精矿1	18.57	7.24	32.16	63.11	24.40
硫精矿2	18.60	7.10	32.56	63.16	24.19
硫精矿3	17.20	3.92	32.67	58.47	13.40
硫精矿1～3		18.26	32.43		61.99
尾矿3	82.80	18.89	4.82	41.53	9.53
尾矿2	81.40	31.09	4.36	36.84	14.24
尾矿1	81.43	31.76	4.28	36.89	14.24
尾矿1～3		81.74	4.44		38.01
原　矿		100.00	9.55		100.00

表36.2.42　跳汰—摇床组合流程硫精矿化学组成（%）

项目	SiO_2	Fe_2O_3	Al_2O_3	MgO	CaO	TiO_2	F	As	$C_{固}$
精矿1	16.56	38.72	7.91	0.89	0.35	0.36	0.04	0.034	2.42
精矿2	12.86	40.60	6.88	2.02	0.70	0.30	0.03	0.069	3.29
精矿3	14.16	40.67	6.90	1.05	0.51	0.28	0.04	0.081	1.75

黄绿色矿石，其中多见裂隙、孔洞和砂砾。砂砾一般由石英、玉髓组成，比较坚硬。目估其矿物含量大致为：自然硫40%、玉髓25%、石英20%、石膏20%、其他矿物5%。

灰绿黄色块状矿石，主要由泥质、玉髓和石英组成。此类矿石相当于含砂砾硫类型。目估砂砾、石膏等含量约50%左右。

主要组成矿物有：自然硫、石膏、石英、玉髓、蛋白石、白云母以及钾明矾和一种溶于水的硫酸钠类矿物。

中间试验以四个类型的混合矿样为研究对象，矿石含硫52%左右，试验所用设备，列于表36.2.43。选矿工艺条件为：原矿入球磨机粒度为15～0毫米，分级溢流浓度22%，分级溢

流细度 -200 目 84.84%。药剂制度为：粗选和二次精选作业添加水玻璃 0.5 + 1.5 公斤/吨原矿；粗选和扫选作业添加 2 号油 10.9 + 6.65 克/吨原矿。浮选温度 25℃。最终选别结果，见图 36.2.13。

表 36.2.43　甘沟矿中间试验设备表

序号	设备名称和规格	台数
1	ϕ380 圆盘给料机	1
2	ϕ900 ×900 格子型球磨机	1
3	ϕ500 单螺旋分级机	1
4	30 升搅拌槽	1
5	39 升浮选机	12
6	真空抽滤机	1

对于自然硫矿石炼制硫磺的尾渣，通过简单的浮选方法处理，在磨矿细度为 -200 目占 78.9% 的条件下，仅加入煤油 83.35 克/吨入料，即可由含硫 15% 左右的尾渣，获得含硫 61.23% 的粗精矿，回收率为 72.80%。探明了其尾渣的可选性。选硫后的尾渣含硫 4.82%。

B　喀尔巴阡地区罗兹多尔（Роздольский）联合企业硫矿选矿厂

前喀尔巴阡山含硫矿区，是苏联硫工业的主要原料基地。这个地区的罗兹多尔斯克和中伏尔加河含硫地区的古比雪夫以及中亚含硫地区的加乌尔达克，是目前苏联的三个制硫联合企业。其中罗兹多尔联合企业产量最大。该企业的硫矿选矿厂规模为年处理原矿石 700～750 万吨。

罗兹多尔含硫矿床的矿石分成三类：石灰岩型、石灰岩—黏土型和黏土型。第一类石灰岩型为致密结构、洞穴和裂隙隐晶质结构或再结晶结构的灰色或深灰色的石灰岩占优势。硫主要以

0.02 ~6 毫米大小的浸染颗粒分布在石灰岩中。这种类型约占82%。矿石主要由方解石和自然硫组成，其余组分如石英、长石、锆石、金红石和电气石等少量。至于黏土质硫矿石，则为包含 0.6 ~40 毫米大小的含硫石灰岩碎屑的黏土，其中还含有少量沥青。

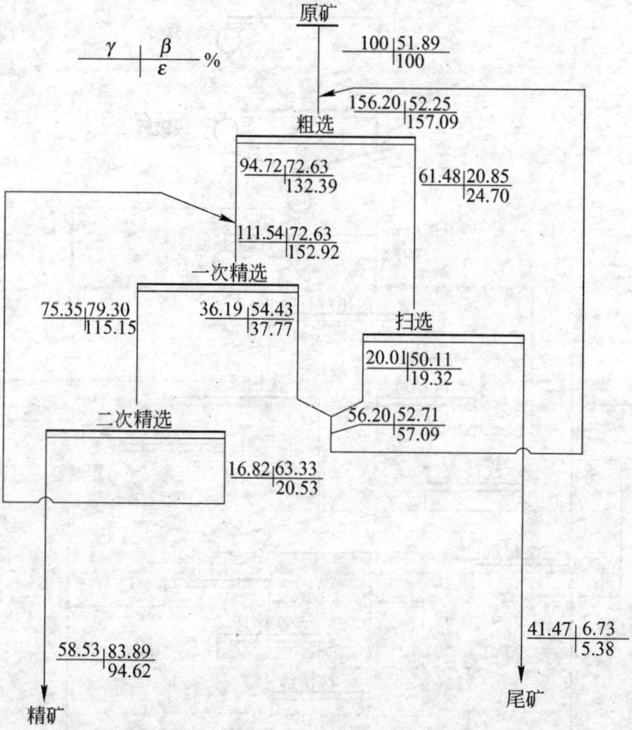

图 36.2.13 甘沟硫磺矿选矿中间试验数、质量流程图

矿石硬度系数 $f=6\sim8$，矿石含水约为 8%。矿石平均含硫 23.5%。平均矿物组成为：硫 25%、方解石 59.5%、石英 9.8%、石膏 2.5%、白云石 1.7%、天青石 1.5%。

该矿为露天开采，矿石最大块度为 1000 ~1100 毫米。为了稳定工艺过程，在浮选时，加入混匀矿石。其配比为：40%的浸染脉状结构矿石；20%的浸染巢状结构矿石；10%的带状结构矿石和30%的细浸染结构矿石。在配料中黏土和崩解的石灰岩杂质，约占10%。

采出矿石由汽车运到选矿厂。选矿工艺流程见图36.2.14。

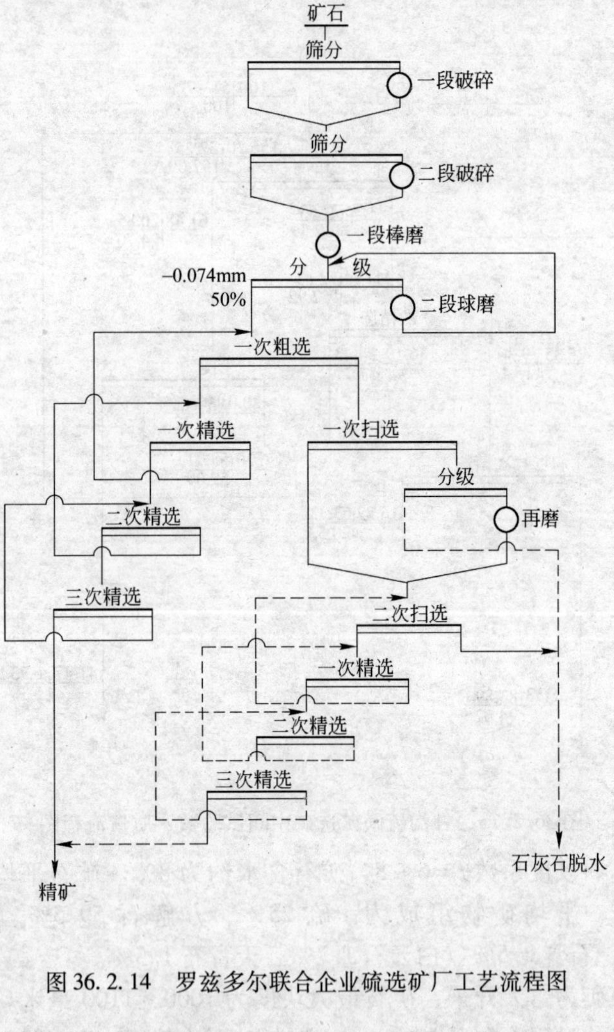

图36.2.14　罗兹多尔联合企业硫选矿厂工艺流程图

矿石准备：由两段开路（第一段破碎至250毫米、第二段破碎至60毫米）破碎作业和两段磨矿（第一段棒磨至5毫米、第二段球磨至－0.074毫米占50%）作业组成。

浮选，为一次粗选，三次精选和一次扫选流程。为了从细浸染结构的矿石中回收硫，扫选的尾矿在单独循环系统中经分级进行再磨和补充浮选，见图36.2.14中虚线所示部分。所采用的浮选药剂种类和总用量为：煤油1000克/吨矿石、T-66（起泡剂）250～300克/吨矿石、水玻璃500克/吨矿石。

脱水：浮选精矿浓缩后，运到炼硫厂进一步加工。选矿最终尾矿和浓缩机溢流，自流到尾矿池，其澄清水作为回水使用。

选矿厂所采用的主要工艺设备，综合列于表36.2.44。

表36.2.44 罗兹多尔联合企业选矿厂主要设备表

序号	设备名称和规格	备　注	序号	设备名称和规格	备　注
1	2400×15000mm 平板给矿机		8	МСЧ-2700×3600 棒磨机	
2	棒条筛		9	МШР-3200×3100 格子型球磨机	
3	1500×2100mm 颚式破碎机	两个系列	10	2КСП-24 高堰式双螺旋分级机	
4	带式输送机		11	水力旋流器	
5	惯性筛		12	砂泵	
6	2100×1850mm 锤碎机	两个系列	13	ФМР-25 型机械搅拌式浮选机	
7	槽式给矿机				

采用上述工艺，可由含硫22%～23.5%的原矿，获得含硫65%～70%的精矿，其回收率大于90%。

处理一吨矿石的电耗为：19千瓦·时；水耗为4.2米^3；钢球消耗为0.23公斤；蒸汽消耗为0.0019千兆卡。

每吨浮选精矿的成本构成，列于表35.2.45。

表 36.2.45　罗兹多尔联合企业选矿厂每吨浮选精矿成本

项　目	卢布/t 精矿
矿　石	24.03
药　剂	0.19
球、衬板、棒	0.22
电	1.33
水	0.36
工资（基本工资和附加工资）	0.32
设备维护和管理费用	1.44
车间费用	0.38
每吨硫精矿成本总计	28.27

1976 年，罗兹多尔联合企业选矿厂的工作指标为：原矿含硫品位 21.7%、精矿含硫 品位 68.6%，尾矿含硫品位 2.7%。硫的商品回收率为 83.0%。

36.2.4.5　磁黄铁矿型

大田硫铁矿选矿厂

福建省大田县铭溪硫铁矿，为一高、中温热液充填交代矽卡岩型含硫多金属矿床。选矿厂规模为年处理原矿石 8 万吨。矿石类型主要有三种：硫铁矿石、铅锌黄铁矿石和闪锌矿石。

硫铁矿石：是主要含有磁黄铁矿的矽卡岩，伴生少量的黄铜矿、闪锌矿和黄铁矿。其脉石矿物以柘榴子石和透辉石为主，绿泥石、透闪石、方解石和石英次之。

铅锌黄铁矿石：这类矿石的主要金属矿物为方铅矿、闪锌矿和黄铁矿；少量黄铜矿。脉石矿物为石英和方解石。矿石呈斑状压碎结构，黄铜矿呈固溶体被包于闪锌矿中。

闪锌矿石：主要金属矿物为铁闪锌矿，其次为磁黄铁矿、黄铁矿和褐铁矿，少量黄铜矿，微量斑铜矿。脉石矿物为柘榴子石，少量透辉石、绿泥石、方解石和绿帘石。

这三种类型矿石的物理性质，列于表 36.2.46，主要矿物的粒度组成，见表 36.2.47。

表 36.2.46 矿石的物理性质

项目	单位	矿石类型		
		硫铁矿石	铅锌黄铁矿石	闪锌矿石
普氏硬度		10~17		
松散密度	t/m^3	3.7	3.43	3.5
矿石粒度	mm	300~0	300~0	300~0

表 36.2.47 主要矿物的粒度组成

矿石	矿物	最大粒度（mm）	一般粒度（mm）	最小粒度（mm）
硫铁矿石	磁黄铁矿	3~4	2~0.2	0.08~0.04
	黄铜矿		0.3~0.04	0.03~0.005
铅锌黄铁矿石	方铅矿	5~10	2~0.2	0.01~0.03
	闪锌矿	5~6	1.6~0.2	0.1~0.06
	黄铁矿	1~2	0.1~0.5	>0.1
	黄铜矿		0.01~0.005	
闪锌矿石	铁闪锌矿	5.4		
	磁黄铁矿		0.27~1	0.01
	黄铜矿		0.01~0.04	

矿石开采为平硐开拓、房柱采矿法。设计的出矿中，磁黄铁矿与黄铁矿的比例为：2.67∶1。矿石块度小于 300 毫米。

选矿厂设计所采用的入选矿石品位，按三种类型矿石划分，列于表 36.2.48。选矿设计的精矿产品，硫精矿含硫 35%；铜精矿含铜 15%。产量分别为每年 40664 吨和 856 吨。

在生产过程中，由于矿石性质的变化，采出的原矿石为含铜黄铁矿和含铜磁黄铁矿，因此在生产初期，采用一次粗选，一次扫选的简单流程，仅回收硫铁矿。当原矿含硫为 15% ~17% 时，得精矿含硫 32% ~35%，回收率为 85% ~90%，铜未作回收。自 1982 年开始正式回收铜。当入选原矿含硫 17.09%、含铜 0.25% 时，得硫精矿品位 32.73%、铜精矿品位 14.52%。目前选厂生产已趋于正常，日处理原矿量已达设计规模。

表 36.2.48　入选原矿品位

矿石类型	含量（%）			
	硫	铜	铅	锌
硫铁矿石	19	0.2		
铅锌黄铁矿石	13.8	0.2	2.04	2.81
闪锌矿石				2.17

选矿厂所采用的工艺流程及主要设备，分述如下：

破碎段：采用两段一闭路破碎流程。见图 36.2.15。粗碎选用 PEF400 ×600 颚式破碎机一台；中碎选用单转子 ϕ1000 ×700 毫米反击式破碎机；筛分设备为 SZZ900 ×1800 毫米自定中心振动筛，筛孔为 13 毫米，筛下产品粒度 11 ~0 毫米。

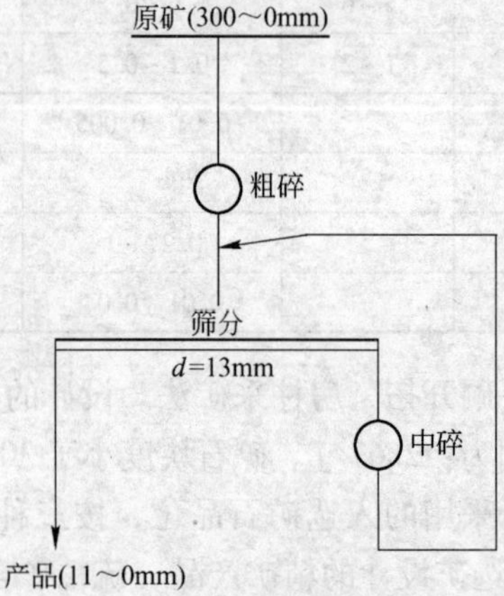

图 36.2.15　破碎流程

磨矿、浮选段：磨矿采用 MQG1500 ×3000 毫米格子型球磨机与 FLG-ϕ1200 毫米高堰式单螺旋分级机构成一段闭路磨矿分级流程。共三个系列。其工艺参数为：给矿粒度 11～0 毫米；磨矿浓度 75%；分级溢流浓度 30%；分级溢流细度 -200 目占 70%；实际生产处理能力 7.5 吨/（台·时）。浮选流程原设计为：原矿混合浮选、粗精矿进行铜、铅分离，得铜、铅精矿；粗尾矿选硫后，再选锌，得硫、锌精矿。这样可得铜、铅、硫、锌四种产品。目前在生产中采用的流程，与原设计不同，原矿混合浮选后，仅进行铜、硫分离，获铜、硫两种精矿产品。详见工艺

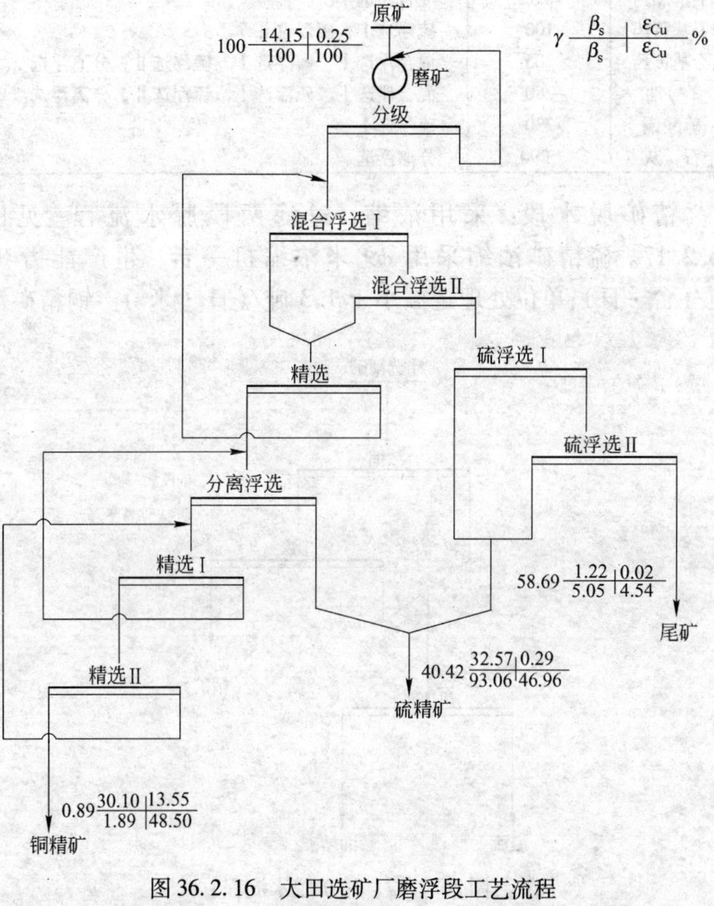

图 36.2.16　大田选矿厂磨浮段工艺流程

流程图 36.2.16。使用的浮选机为：4A 型 32 台、2A 型 4 台，单列配置。通过浮选选别，使含硫 14.15%、含铜 0.2% 的原矿，富集到含硫 32% ~35%、含铜 14% 左右，其硫精矿回收率达 93%、铜精矿回收率在 45% 以上。最终尾矿含硫 1.22%、含铜 0.02%。浮选药剂的种类、用量及添加地点详见表 36.2.49。

表 36.2.49　浮选药剂制度

药剂名称	用量（g/t）	加药地点
丁基黑药	25	混合浮选Ⅰ
丁基黄药	100	硫浮选Ⅰ，硫浮选Ⅱ
乙基黄药	205	混合浮选Ⅰ，硫浮选Ⅰ，硫浮选Ⅱ，分离浮选
2 号油	280	混合浮选Ⅰ，硫浮选Ⅰ，硫浮选Ⅱ，分离浮选
硫酸铜	230	硫浮选Ⅰ
石　灰	5290	分离浮选

精矿脱水段：采用浓缩、过滤两段脱水流程。见图 36.2.17。硫精矿浓缩采用 $\phi 9$ 米浓缩机一台，生产能力 80 吨/(台·日)；单位处理定额小于 1.3 吨/(日·米^2)。铜精矿浓

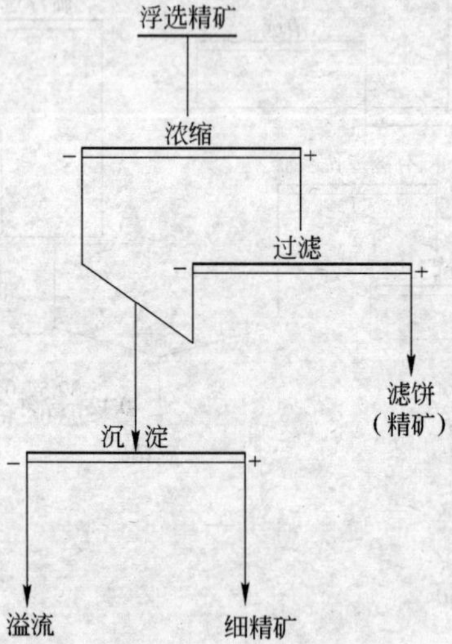

图 36.2.17　精矿脱水流程

缩为一台 ϕ3.6 米浓缩机。硫精矿过滤选用 18 米^2 盘式过滤机一台，配用一台 SZ-3 型真空泵和一台 SZ-2 型空压机。当给矿浓度为 60%～65% 时，滤饼水分为 10%～12%，滤饼厚度 15～20 毫米，生产能力一般为 3.44 吨/(台·时)。铜精矿过滤选用 3 米^2 外滤机一台。浮选精矿自流入浓缩机，浓缩底流自流入过滤机，滤饼落入精矿抓斗矿仓。浓缩机溢流和过滤机滤液合并流入沉淀池，回收细粒精矿，溢流水排出厂外。

尾矿设施：浮选尾矿采用二段加压输送至尾矿坝，加压泵为 2PSA 型二台。尾矿管直径 100 毫米，线长 350 米，尾矿输送浓度 25%，澄清后的尾矿水直接排放，未回收利用。污水中黄药、松油等含量均超过排放标准，目前尚未着手治理。

选矿厂设计指标与 1982 年、1983 年技术经济综合指标列于表 36.2.50。

36.2.4.6 多金属伴生硫铁矿的回收

A 炭窑口硫铁矿选矿中间试验

炭窑口硫铁矿是中国北方重要的化学矿产基地。该矿三号东段矿床属于以硫为主、伴生铜锌的多金属硫化矿。化工部化工矿山设计研究院曾对该矿床的硫锌类型矿石进行了比较系统的选矿试验研究，应用亚硫酸盐法无氰工艺分选铜、锌、硫，取得了较好的效果。目前已建成规模为年处理原矿石 45 万吨的选矿厂。

该矿床系沉积变质多金属硫化矿床。所研究的硫锌类型矿石属铜锌含量很低的黄铁矿矿石。矿石中主要有用矿物为黄铁矿、黄铜矿、闪锌矿、磁黄铁矿、磁铁矿和方铅矿；脉石矿物以方解石、白云石和石英为主，其次有长石、绿泥石、云母等。

由物相分析结果得知，矿石中铜、锌元素主要呈原生硫化物形态存在，次生的铜矿物和铜锌的氧化物含量则很少；硫元素以硫化物占绝对优势，而硫酸盐类—重晶石和石膏的含量很少。

通过矿石镜下鉴定发现，黄铁矿分为两种形态：一为早期晶出者，呈完好的立方体；二为晚期晶出者，自形晶程度差，多与磁黄铁矿、黄铜矿、闪锌矿密切共生，呈浸染状结构。黄铜矿多呈不规则状充填早期矿物间隙，也有部分黄铜矿在闪锌矿中呈乳滴状结构。闪锌矿呈他形晶充填或浸染状分布于脉石中；所见磁黄铁矿呈乳滴状分布于闪锌矿中，颗粒细至0.005毫米；所见闪锌矿颜色较深，含铁小于10%，不属铁闪锌矿。

表36.2.50　选矿技术经济综合指标

序号	项　　目	单位	设计指标	1982年	1983年第三季度
1	原矿处理量	万t	8	4.32	1.39
		S%	19.00	17.09	17.58
2	原矿品位	Cu%	0.20	0.25	0.28
3	原矿水分	%		2.50	2.50
4	硫精矿产量	万t	4.0664	2.105	0.6918
5	铜精矿产量	t	856	293.7	105.65
6	硫精矿水分	%	15	12	12
7	铜精矿水分	%		14	14
8	硫精矿回收率	%	94.12	93.34	92.20
9	铜精矿回收率	%	80.00	39.74	41.96
10	硫精矿产率	%	50.83	48.73	49.76
11	铜精矿产率	%	1.07	0.68	0.76
12	硫精矿品位	%	35.00	32.73	32.57
13	铜精矿品位	%	15.00	14.52	15.53
14	硫选矿比		1.97	2.05	2.01
		S%	1.9	1.88	1.75
15	尾矿品位	Cu%	0.006	0.02	0.02
16	选矿厂定员	人	86	84	83
17	精矿成本	元/t		48.64	42.69
18	主要材料消耗				
	钢　球	kg/t	1.8	1.37	0.98
	反击锤	kg/t		0.176	
	衬　板	kg/t		1.07	0.66
	水	m^3/t	4.0	4.2	4.0
	电	kW·h/t		24.5	22.68
	乙基黄药	g/t	115	46	207
	丁基黄药	g/t		272	90
	黑　药	g/t	50	7	27
	2号油	g/t	204	260	121
	硫酸铜	g/t	1000	165	116
	硫　酸	g/t	2100	778	
	石　灰	g/t	5000		5920

此外，对矿石中伴生组分钴、镉、银等元素镜下观察结果，未发现有任何单矿物。镉几乎全部赋存于闪锌矿中，其平均含量为0.122%；钴绝大部分赋存于黄铁矿晶格内，尤以早期晶出的黄铁矿含量较高；银以黄铜矿中含量比较高。

矿物的嵌布特性是通过筛析和镜下单体解离度的测定得知的。当磨矿细度-200目占60%时，脉石矿物可达到基本解离，镜下测定0.25~0.15毫米级别脉石矿物单体解离度为84%；而有用矿物中尚有相当部分的黄铜矿、闪锌矿呈连生体嵌布，它们的单体解离必须磨细至-320目占80%的粒级。

根据原矿物质组成研究和实验室试验结果，确定了原矿粗磨全浮和混合精矿再磨分离流程。该流程的特点是：粗磨全浮时可丢弃产率在60%左右的粗粒尾矿；分离浮选时应用亚硫酸盐法无氰工艺，实现了铜、锌、硫的综合回收。

在小试验基础上，按设计要求的硫锌类型矿石的品位，配制了供规模为日处理原矿石5吨的中间试验所用矿样，其主要类型比例，列于表36.2.51。混合矿样原矿化学多项分析结果，列于表36.2.52。

表36.2.51　中间试验矿石主要类型比例

类型矿样名称	配矿比例（%）	品位（%）			
		Cu	Zn	$S_{有效}$	$S_{全}$
锌硫样	20	0.068	2.88	23.48	
铜硫样	8	0.65	0.069	25.34	
硫　样	55	0.12	0.13	18.10	
围岩样	17	0.02	0.055	1.21	
试验用混合矿样	100	0.14	0.66	16.90	18.65
设计要求的矿石			0.57		17.38

粒度为10~0毫米矿石，经圆盘给矿机给入ϕ900×900毫米格子型球磨机内磨矿，球磨机与ϕ500毫米单螺旋分级机构成闭路循环，磨矿细度为-200目占62%左右。添加少量硫酸铜作难浮闪锌矿活化剂，在39升浮选机内，实现铜、锌、硫全浮选，

获得铜、锌、硫回收率分别为81.38%、83.53%和91.82%的混合精矿，并丢弃粒度较粗的尾矿。混合精矿分离之前，添加石灰在ϕ600×600毫米格子型球磨机内再磨，球磨机与ϕ300毫米螺旋分级机构成闭路系统，磨矿细度达-320目占77%左右。分离浮选包括两个部分：浮铜时，添加闪锌矿抑制剂——亚硫酸钠和硫酸锌，由石灰造成的高碱度矿浆(pH值12左右)可有效地抑制硫铁矿；浮锌时，为使闪锌矿恢复活性而再度添加活化剂——硫酸铜，并补充添加石灰以维持矿浆pH值11.5~12.0，从而进一步排除硫铁矿的干扰。这两个作业均在39升浮选机内进行。从混合精矿中选出的铜、锌粗精矿，分别送往铜系统（在12升和3升浮选机中，经四次精选作业）和锌系统（亦在12升和3升浮选机中，经五次精选作业），得到最终合格的铜、锌精矿产品。最终硫精矿则以槽内产品形式排出。

表36.2.52　中间试验混合矿石原矿化学多项分析

项目	$S_{全}$	$S_{有效}$	Cu	Zn	Pb	Fe	Co	Cd	SiO_2	CO_2
含量(%)	18.65	17.36	0.15	0.70	0.096	25.08	0.0094	0.0022	18.62	9.28
项目	MgO	CaO	Al_2O_3	TiO_2	BaO	MnO	As	F	Ag(克/吨)	C
含量(%)	4.76	4.65	4.49	0.26	1.44	1.18	<0.05	0.030	18.2	未测

中间试验所采用的药剂制度以及最终选别指标，分别列于表36.2.53和表36.2.54。

由表36.2.54可以看出，主产品硫精矿品位可达到40.21%，回收率为88.72%；而铜、锌在原矿含量很低的情况下，也取得了符合冶炼要求的精矿产品：铜精矿含铜10.71%；锌精矿含锌46.00%。

表 36.2.53 硫锌类型矿石中间试验药剂制度

工艺系统名称	药剂名称							
	硫酸铜	乙黄药	丁黄药	二号油	石灰	亚硫酸钠	硫酸锌	水玻璃
	用量（g/t 原矿）							
全　浮	125	158.5		48				
铜—锌硫分离		45		4.5	2100	740	1250	
锌—硫分离	200		25	1.5	1650			300
铜精选		10			464	236	665	
锌精选			16.6		619			450
合　计	325	213.5	41.6	54	4833	976	1915	750

表 36.2.54 硫锌类型矿石中间试验选别指标

产品名称	产率（%）	品位（%）			回收率（%）		
		Cu	Zn	S	Cu	Zn	S
铜精矿	0.82	10.71	1.59	28.90	60.69	1.93	1.37
锌精矿	0.93	0.31	46.00	32.17	2.07	63.50	1.73
硫精矿	38.13	0.070	0.32	40.21	18.62	18.10	88.72
混合精矿	39.88	0.30	1.41	39.79	81.38	83.53	91.82
尾　矿	60.12	0.045	0.185	2.35	18.62	16.47	8.18
原　矿	100.00	0.145	0.674	17.281	100.00	100.00	100.00

炭窑口硫铁矿地处干旱地区，回水的利用就显得更为必要。中间试验将尾矿水和硫精矿水分别按浮选回路返至全浮系统和分离系统，依照图 36.2.18 所示流程，进行了回水试验。回水循环后，对浮选药剂的用量影响及相应的调整，列于表 36.2.55。循环前后水质的变化，列于表 36.2.56。

调整后的浮选药剂制度，可使硫锌类型矿石的浮选过程，进行得比较顺利，其工艺流程中具体药剂的添加量和添加地点，详细列入图 36.2.19。回水返回使用所获得的工艺指标，完全接近于使用清水的浮选指标。其结果见表 36.2.57。

根据中间试验回水流程，计算全浮系统、分离系统以及全系统的矿浆平衡结果，其中尾矿水回收约50%左右，占全浮系统水量的34%；硫精矿水回收约62%左右。二者总回水量约占总用水量的58%。

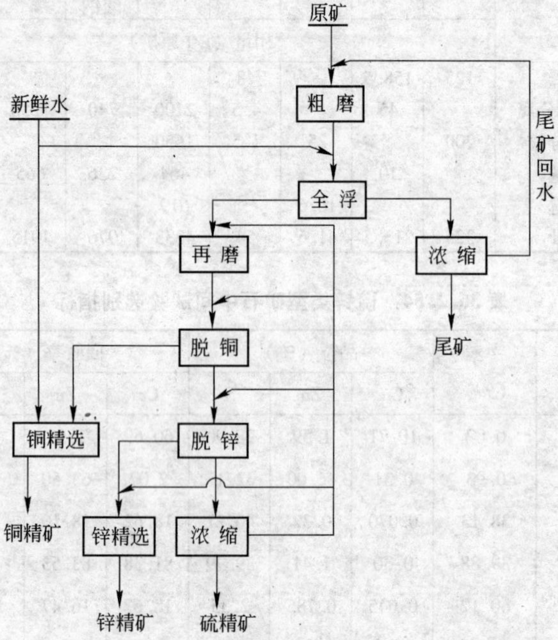

图36.2.18　硫锌类型矿石中间试验回水流程示意图

表36.2.55　中间试验回水流程的浮选药剂用量

药剂名称	清水流程用量（g/t）	回水流程用量（g/t）	药剂用量变化 增加+，减少-（g/t）
硫酸铜	325	275	-50
乙黄药	213.5	175	-38.5
丁黄药	41.6	35	-6.6
二号油	54	41.6	-12.4
石　灰	4833	5490	+657
亚硫酸钠	976	700	-278
硫酸锌	1915	1433	-482
水玻璃	750	700	-50

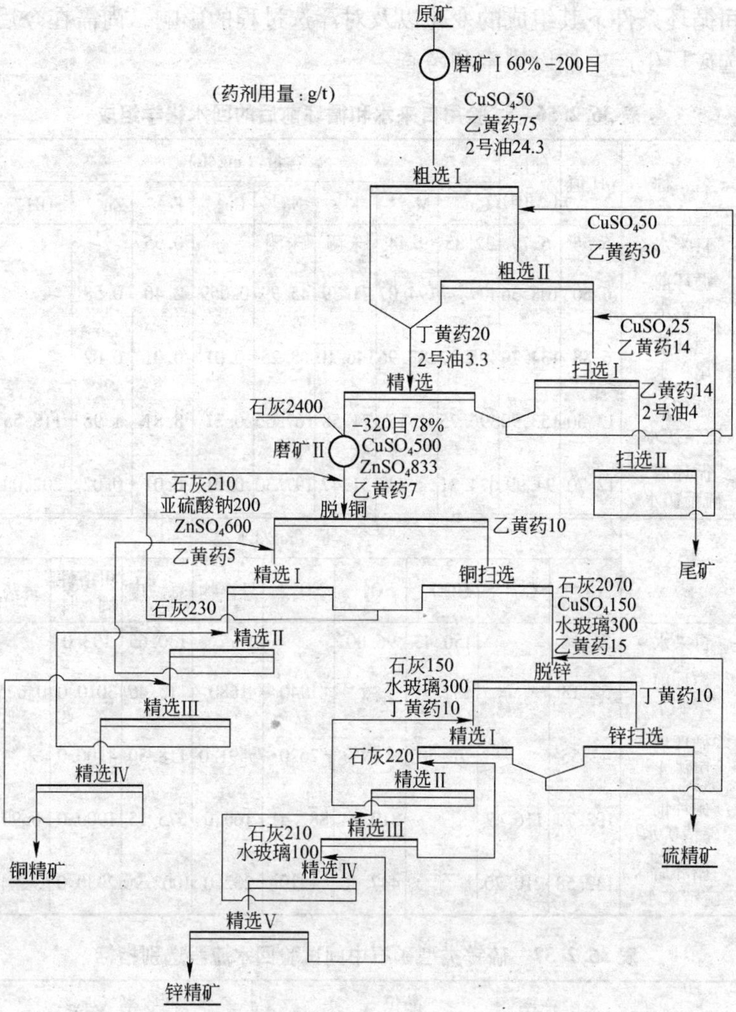

图 36.2.19 硫锌类型矿石中间试验回水工艺流程

应当指出，硫精矿水的数量较大，除作为浮选（主要是分离系统）回水循环使用外，尚有剩余，由于这种水 pH 值较高，其中黄药不易氧化分解，含量超过国家规定的标准，排放时存在着污染问题，尚需进一步研究治理措施。另外，对于回水在长时间循环条件下其组成的变化以及对浮选过程的影响，尚需在今后选矿厂生产中加以摸索和考查。

表 36.2.56 试验用自来水和循环前后的回水化学组成

名称	pH值	硬度（德国）	含量（mg/L）							
			Ca^{2+}	Mg^{2+}	K^{+}	Na^{+}	Cu^{2+}	Fe^{2+}	Zn^{2+}	OH^{-}
自来水	6.58	6.79	32.85	9.44	未测	未测		0.55		
循环前尾矿水	6.50	108.36	409.77	194.07	71.39	45.99	0.059	2.40	0.58	
循环后尾矿水	6.88	134.79	495.37	283.96	146.10	68.25	0.01	0.01	0.02	
循环前硫精矿水	12.50	153.90	396.75	1.15	21.58	167.66	0.21	8.81	1.98	118.55
循环后硫精矿水	12.70	94.99	674.31	2.84	51.47	197.30	0.01	0.01	0.02	202.08

名称	含量（mg/L）								
	Cl^{-}	CO_3^{2+}	HCO_3^{-}	SO_3^{2+}	SO_4^{2+}	悬浮物	总碱度	可溶性固体	黄药
自来水	21.18		150.43	96.00			130.65	193.0	
循环前尾矿水	52.13		132.91	微	1940	1680	115.46	3010.0	0.625
循环后尾矿水	42.55		78.50	微	2620	5491.0	118.50	4100.0	未测
循环前硫精矿水	102.79	116.47		319.84	887.41	160.0	575.15	1900.0	6.90
循环后硫精矿水	132.58	210.70		447.36	1210	232.0	1002.90	2930.0	未测

表 36.2.57 硫锌类型矿石中间试验回水流程选别指标

产品名称	产率（%）	品位（%）			回收率（%）		
		Cu	Zn	S	Cu	Zn	S
铜精矿	0.96	10.84	1.99	27.35	65.00	2.74	1.52
锌精矿	0.99	0.51	44.66	32.41	3.12	63.87	1.86
硫精矿	37.96	0.058	0.26	40.22	13.75	14.31	88.34
尾　矿	60.09	0.048	0.22	2.35	18.13	19.08	8.28
原　矿	100.00	0.16	0.69	17.28	100.00	100.00	100.00

B 潭山硫铁矿选矿厂

潭山硫铁矿位于江苏省吴县。该矿分西迹山和铁山两个矿区。目前生产的是铁山矿区。为一年产矿石16.5万吨的铅、锌、硫多金属采选联合企业。1982年底投产。

选矿厂设计指标为：原矿入选品位：铅2.18%、锌4.80%、硫12.80%；产品质量：铅精矿含铅55%、含锌<8%；锌精矿含锌48%、含铅<1.5%；硫精矿含硫为40%。

试生产的结果表明，产品质量始终不能达到设计指标或冶金部部颁标准等级品要求，铅精矿和锌精矿中锌、铅混杂严重。故改产铅锌混合精矿，运销广东韶关冶炼厂。

潭山硫铁矿矿床成因类型属于中、低温热液交代的矽卡岩型多金属矿床。矿区矿石根据其矿物组成，可分成三个类型：铅锌矿石、铅锌硫矿石和含锌磁铁矿石，其所占比例分别为46.95%、50.05%和3%。矿区围岩主要有绿帘石、柘榴子石矽卡岩、绿泥石矽卡岩和菱铁矿化，赤铁矿化矽卡岩。矿石中主要的金属矿物有：方铅矿、闪锌矿、黄铁矿和菱铁矿；其次是磁铁矿、白铅矿（$PbCO_3$）、磷氯铅矿［$Pb_5Cl(PO_4)_3$］、铅钒（$PbSO_4$）和深红银矿（Ag_3AsS_3）等。非金属矿物主要是石英，其次是柘榴子石、透辉石、绿泥石、方解石和黏土矿物等。选矿回收的主要工业矿物为：方铅矿、闪锌矿和黄铁矿。

矿石的化学组成，见表36.2.58。

铅矿物相分析和锌矿物相分析，分别见表36.2.59和表36.2.60。

主要矿物特性，分述如下：

黄铁矿：以自形晶和半自形晶为主，他形晶很少。粒度以粗粒、中粒为主，大于75微米颗粒占黄铁矿总量的91.33%。由于成矿较早，黄铁矿常不同程度地被闪锌矿或方铅矿交代，黄铁矿与方铅矿、闪锌矿关系密切，单独存在于脉石之中的较少。

闪锌矿：以半自形晶、他形晶为主，粒度较细，大于75微米粒级占闪锌矿总量的92.15%，闪锌矿常被方铅矿所交代，呈

表 36.2.58 原矿石化学组成（%）

项　目	Pb	Zn	S	SiO_2	*T*Fe	Al_2O_3	CaO	MgO	P	Mn	K_2O	Na_2O
铅锌矿石	0.494	3.45	2.38	34.54	25.68	0.38	11.55	2.13	0.031	3.43	0.11	0.98
铅锌硫矿石	1.87	4.46	34.52	8.10	35.38	1.10	0.85	0.73		2.26	0.15	0.12
项　目	Gd	Co	Ti	In	Ge	Se	As	Cd	P_2O_5	F	Ag（克/吨）	Au（克/吨）
铅锌矿石	0.0011	0.0129	0.001	0.00016	0.0005	0.0007	0.006	0.0256			73.05	0.16
铅锌硫矿石			0.00022	0.00162		0.0005	0.182	0.037	0.176	0.018	108.40	0.32

表 36.2.59 铅矿物相分析

矿物名称	铅　钒	碳酸铅	磷氯铅矿、砷铅矿、钒铅矿	其他铅	方铅矿	总　铅	氧化率
Pb（%）	0.14	0.32	0.26	0.08	1.49	2.29	
占有率（%）	6.11	13.97	11.35	3.5	65.07	100.00	34.93

表 36.2.60 锌矿物相分析

矿 物 名 称	菱锌矿、红锌矿	硅锌矿、异极矿	闪锌矿	总　锌	氧化率
Zn（%）	0.512	0.78	3.92	5.212	
占有率（%）	9.82	14.97	75.21	100.00	24.79

残余岛状。所有的闪锌矿都不同程度地含有均匀分布的铁元素，闪锌矿中镉含量较高，其纯矿物含镉（Cd）0.74%。

方铅矿：一般生成时间较黄铁矿和闪锌矿为晚，常交代闪锌矿。方铅矿可分两期，以早期为主。早期方铅矿与黄铁矿及闪锌矿关系密切，有时还含有微量的、细小的（10~20 微米）毒砂包体，也含有 5~20 微米的深红银矿和部分的闪锌矿残留体。后期的方铅矿，自形程度较低，他形为主。

菱铁矿：它是与工业有用矿物关系最密切的矿物，广泛分布于工业矿物周围及其裂隙间，粒度为中细粒。菱铁矿普遍含锌，锌在其中呈均匀分布，平均含锌 3.47%。

白银：原矿含银为 100~135 克/吨，含银矿物为深红银矿，嵌布粒度 5~20 微米，主要以分散状态或银矿物包体的形式存在于方铅矿中。其次是在闪锌矿或黄铁矿中呈分散状态分布。

该矿矿山开采为竖井开拓，采用无底柱分段崩落采矿法。

选矿工艺流程在原设计的基础上，根据实际生产情况，进行了改进，见图 36.2.20。

破碎段：原矿石由竖井提升至地面，经电机车运至选矿厂。破碎采用两段一闭路流程。根据原矿含泥、含水较多的特点，原设计曾在粗碎后加有洗矿设施，由于实际生产中未能正常洗矿，故在改进的流程中已予革除。

磨矿、浮选段：磨矿流程分两个系列。均采用一段磨矿分级闭路流程。主要工艺参数为：给矿粒度：15 毫米（实际生产达 25 毫米）；磨矿浓度：65% ~70%；分级溢流浓度：28% ~30%；分级溢流细度：-200 目占 65% ~70%；实际生产处理能力：10~12 吨/(台·时)。浮选流程亦分为两个系列。原设计流程为铅、锌、硫顺序优先浮选：选铅作业和选锌作业均为一粗、两扫和三精；选硫作业为一粗、一扫和一精。改进后的新流程（见图 36.2.20）为生产铅锌混合精矿，铅、锌、硫混合浮选后，再对混合精矿抑硫、浮铅锌，获得锌铅精矿和硫精矿两种产品。

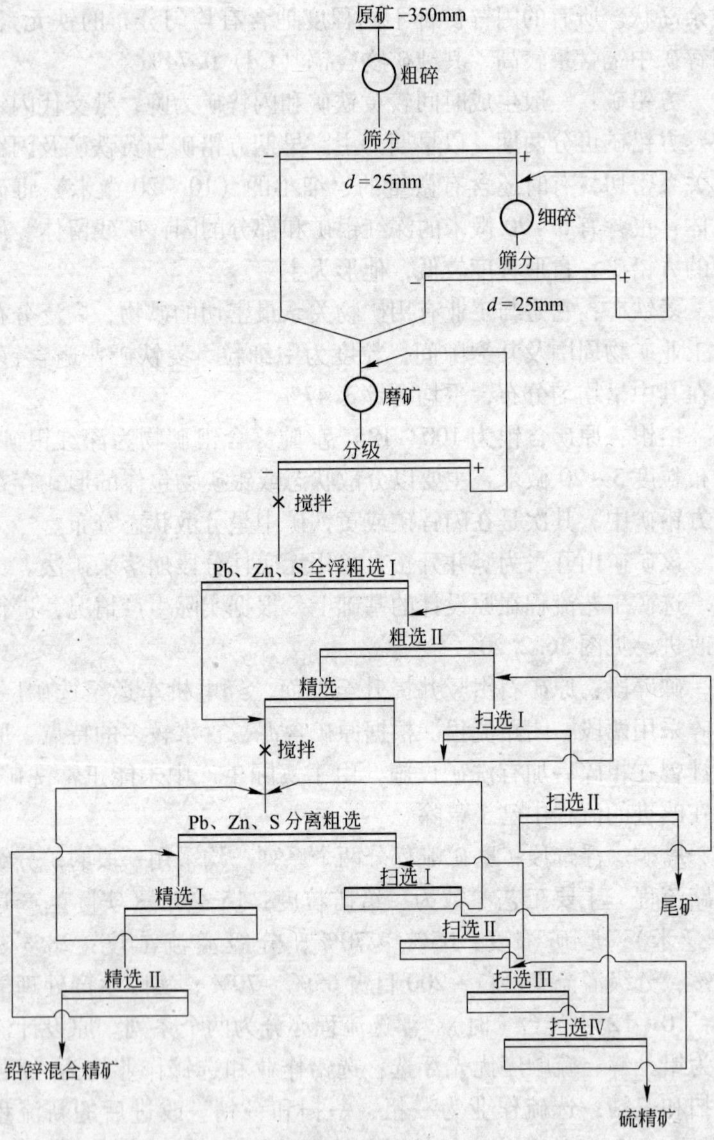

图 36.2.20　潭山硫铁矿选矿厂改进后的工艺流程图

产品脱水段：所得精、尾矿产品，均经浓缩、过滤两段脱水后，由汽车外运。

选矿厂工艺设备联系图及相应的设备规格、型号和数量，一并绘于图36.2.21。

选矿厂产品的化学多项分析，取该厂1984年9月综合结果，列于表36.2.61。浮选尾矿中铁矿物相分析，见表36.2.62。

表36.2.61　选矿产品化学多项分析

产品名称	项目								
	S	*T*Fe	Cu	Cd	Pb	Zn	Mn	As	Al_2O_3
	含量（%）								
铅锌精矿	30.30	11.29	0.533	0.383	16.28	36.75	0.49	0.088	0.22
硫精矿	37.26	37.54	0.037	0.010	0.93	0.84	1.37	0.194	0.94
尾　矿	5.12	24.98	0.027	0.016	0.56	2.02	4.97	0.036	2.26
原　矿	15.14	27.00	0.059	0.050	2.24	4.92	3.65	0.073	1.77

产品名称	项目							
	CaO	MgO	F	In	Se	Te	Au	Ag
	含量（%）						(g/t)	(g/t)
铅锌精矿	0.56	0.10	0.010	0.0118	0.0033	0.0050	0.3	885
硫精矿	3.84	0.47	0.012	0.0001	0.0003	0.0005	—	55
尾　矿	18.70	1.35	0.034	0.0003	0.0002	0.0002	—	11
原　矿	3.36	1.02	0.031	0.0014	0.0006	0.0006	—	119

表36.2.62　尾矿中铁矿物相分析

项　目	碳酸铁	磁性铁	硫化铁	赤褐铁	硅酸铁	合　计	全　铁
含量（%）	8.57	4.43	0.96	8.07	2.79	24.82	24.52

选矿厂1981～1983年主要技术经济指标，综合列于表36.2.63。

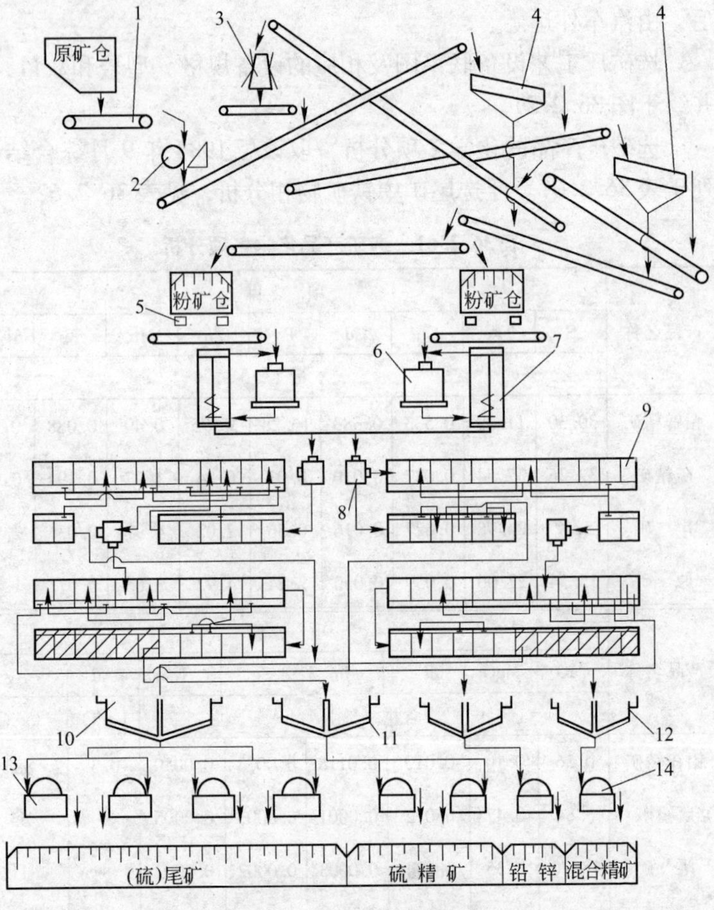

图 36.2.21　选矿工艺设备联系图

1—1200×4500 中板给矿机一台；2—400×600 颚式破碎机一台；3—ϕ1200 中型圆锥破碎机一台；4—$SZZ_2$1500×3000 振动筛一台；5—ϕ1000 圆盘给料机八台；6—ϕ2100×2200 格子型球磨机二台；7—ϕ1500 单螺旋分级机二台；8—1.9m^3 提升式搅拌桶四台；9—XJK1.1 浮选机 68 槽；10—TNB24 浓缩机一台；11—TNB15 浓缩机一台；12—浓缩机二台；13—20m^2 外滤机四台；14—10m^2 外引滤布过滤机四台

表 36.2.63 选矿厂技术经济综合指标

序号	项目	单位	设计	1981 年	1982 年	1983 年
1	原矿处理量	万 t/年	16.5	5.1839	5.8255	5.8506
2	原矿品位：铅	%	2.18	3.12	2.26	3.26
	锌	%	4.8	5.53	6.05	6.48
	硫	%	12.80	17.47	15.81	18.50
3	精矿产量：					
	铅锌精矿（实物量）	万 t		0.6210	0.6245	0.7906
	黄铁矿砂（折 35%S）	万 t	4.10	1.80	2.09	2.524
4	精矿品位					
	铅锌精矿：铅	%		19.58	15.20	17.72
	锌	%		29.97	37.64	32.95
	银①	g/t 精矿		936	749	861
	硫精矿：硫	%		31.62		
5	金属回收率（实际）					
	铅	%	57	75.18	69.65	73.44
	锌	%	65	64.91	66.92	68.67
	硫	%	68	72.90	79.53	77.99
6	精矿产率：铅锌精矿	%		11.98	12.05	13.51
7	选矿比：铅锌精矿	t 原矿/t 精矿		8.35	9.33	7.40
8	选厂全员	人	176	177	188	191
	其中：工程技术人员	人		4	6	5
	工人	人	149	164	167	179
9	主要材料消耗					
	丁基黄药	kg/t	0.26	0.65	0.30	0.22
	硫氮九号	kg/t	0.05	0.02		—
	丁基铵黑药	kg/t	0.02	0.02	0.01	—
	苯胺黑药	kg/t		0.02	0.09	0.08
	硫酸铜	kg/t	1.06	0.58	0.94	0.86
	水玻璃	kg/t	1.56	0.69	—	—
	2 号浮选油	kg/t	0.11	0.02	0.07	
	石灰	kg/t	13	22.36	18.66	14.75

续表 36.2.63

序号	项　目	单 位	设 计	1981 年	1982 年	1983 年
9	主要材料消耗 钢　球 水 电	 kg/t m^3/t kW·h/t	 3.20 	 1.97 72.6	 1.75 ~5 78.4	 70.10
10	选厂设备安装容量	kW	2211			

①铅锌精矿含银，按全年供冶炼厂精矿中含银量平均计。

C　波立登公司多金属硫化矿中心选矿厂（瑞典）

瑞典波立登中心选矿厂，目前年处理原矿石能力为 90 万 ~ 120 万吨。可以同时处理四种不同性质的矿石：第一生产系列处理尤登（Udden）矿，第二生产系列处理龙格达尔（Langdal）和伦斯特罗姆（Renstrom）矿；第三生产系列处理兰德色勒（Langsele）矿。这些矿石均系多金属硫化矿，并含有少量稀有金属。其矿石化学组成的平均数值，列于表 36.2.64。生产的精矿产品的主要技术指标，列于表 36.2.65。

表 36.2.64　矿石化学组成分析（%）

矿　石	Cu	Pb	Zn	S
尤登矿	0.35	0.40	3.80	20.00
龙格达尔矿	0.20	1.75	6.00	12.00
伦斯特罗姆矿	0.70	1.30	5.90	12.00
兰德色勒矿	0.40	0.30	3.50	30.00

表 36.2.65　精矿产品主要技术指标

项　目	铜精矿	铅精矿	锌精矿	硫精矿
产量（t/年）	15000	7000	65000	240000
精矿品位（%）	19.00（Cu）	50.00（Pb）	55.00（Zn）	51.50(S)
回收率（%）	94.0	80.0	70.0	80.0

井下采矿场设有两个相同的地下破碎站，一个设在122米中段；另一个设在457米中段。上层破碎站的原矿石用卡车运输，每个贮矿仓的容积为5000吨。仓底设Apron型给料机。破碎是在Symons Swandard型（ϕ1.68米）和Allis-Chalmors型两段破碎机里进行。最终碎矿粒度25~75毫米。破碎产品入Koepe型箕斗提升机至井口矿仓。每个矿仓容积为4000吨。两个地下破碎站处理能力均为200吨/时。457米中段的下层破碎站，处理的原矿石用电机车运输，矿石来自兰德色勒矿区。

不同矿区的原矿，分别进入不同的棒磨、砾磨—浮选机生产系列。小于25毫米的矿石进入Ⅰ段开始棒磨，所得小于1毫米的棒磨产品，再进入以25~75毫米矿石为介质的Ⅱ段砾磨，进一步碾磨，并与水力旋流器构成闭路。其溢流细度小于50~60目。在矿浆搅拌槽内，添加各种浮选药剂，然后进行铜—铅混合浮选（粗选、扫选和五次精选作业）。中矿用水力旋流器处理，其溢流返回粗选作业，而底流的粗颗粒进入锌浮选系统的中矿再磨作业。铜铅混合浮选精矿再进行四次精选、一次扫选的铜铅分离浮选，

表36.2.66 浮选药剂制度（药剂用量：g/t）

浮选药剂	作业名称			
	铜铅混合浮选	铅铜分离浮选	锌浮选	黄铁矿浮选
石灰	0~2000		1~2000	
碳酸钠	0~250			
活化剂（Aerofloats）	15~50			
闪锌矿抑制剂	0~500			
重铬酸钠		200		
异丙基氧杂蒽（Isopropyl Xanfhene）			65~100	70~400
硫酸铜			200~500	
硫酸				0~2400
起泡剂（Frother）			0~11	4~6
矿浆pH值	9~10.5	8.5	11.9	10.0

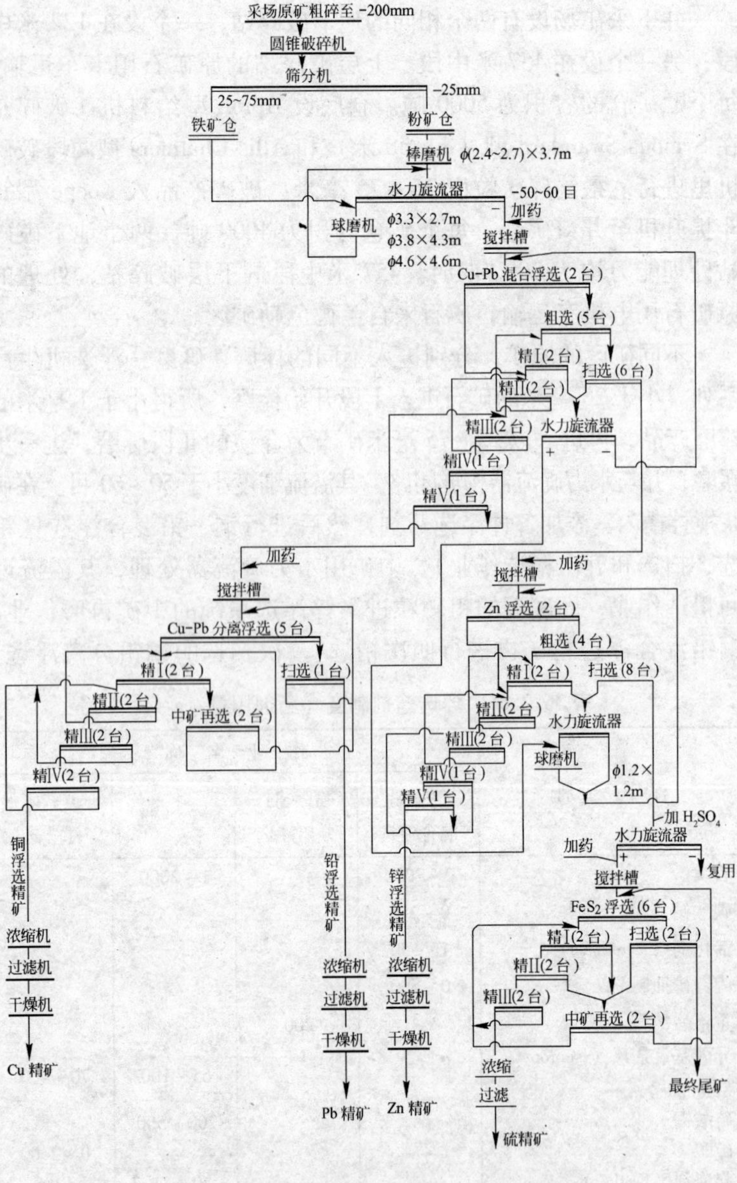

图 36.2.22 波立登中心选矿厂工艺流程

分别得铜、铅精矿产品。铜铅混合浮选尾矿经五次精选、一次扫选的锌浮选流程，得锌精矿浮选泡沫产品。锌浮选尾矿添加硫酸调整剂，用水力旋流器、浓缩机脱水、脱药后，进行黄铁矿三次精选、一次扫选的浮选作业，得黄铁矿精矿产品。浮选所得到的铜、铅、锌、硫精矿产品，分别进行浓缩、过滤或干燥，进入各自的精矿仓。整个工艺流程，详见图 36.2.22。浮选药剂的种类、用量和添加地点，见表 36.2.66。

选矿厂每处理一吨原矿石，水耗 4 米^3；电耗 65 千瓦·小时。其动力分配百分数为：箕斗提升机：2；破碎 2.3；磨矿 30.4；浮选 44.1；过滤和干燥 9.6；供水 4.1。选矿厂全员劳动生产率：1.1 ~ 1.2 万吨原矿/(年·人)；4000 吨精矿/(年·人)。

36.3 可溶性钾盐矿的选矿

钾盐矿是重要的化工原料矿物之一，它主要用于制取钾肥，部分用作化工基本原料。

农作物生长过程中需要的钾元素，其主要作用是发展根系、强壮枝杆、充实籽粒和抵抗病害。因此，随着氮肥、磷肥施用量的增加，钾肥的施用量也需相应地增加，以使三者之间互相配合、互相促进，提高作物的产量和质量。在农业比较发达的国家里，钾肥的施用量已与氮、磷肥相当。其品种主要是氯化钾（含60%～62% K_2O），约占钾肥总产量的90%以上，其次是硫酸钾（含50%～52% K_2O），约占8%。这些钾肥的原料，绝大部分来自钾盐矿。

化工用钾盐的基本原料也主要为氯化钾，由此而制成其他钾化合物产品。如用于印染、造纸和炸药的氯酸钾；用于电子工业和电焊条生产的碳酸钾等。

基此，世界各国对于钾盐资源的勘察、开发及其加工利用，都极为重视，发展也比较迅速。

目前，世界上主要有苏联、加拿大、民主德国、联邦德国、美国、法国、以色列、西班牙、英国、意大利、中国和约旦等12个国家生产钾盐，其近年来的钾盐生产量，列于表36.3.1。用于钾肥生产的钾盐消费量，列于表36.3.2。世界钾肥总的供求状况，列于表36.3.3。

36.3.1 钾盐矿物、矿石和矿床

36.3.1.1 钾盐矿物

自然界含钾矿物约有100多种，有钾的氯化物、硫酸盐、硝

酸盐、碳酸盐类矿物以及钾的硅酸盐类矿物。但能够作为钾资源利用的仅有十余种，其名称和分类，见表 36.3.4。

表 36.3.1 世界主要钾盐生产国的钾盐产量（万 t K_2O）

国家	1982 年	1983 年	1984 年
苏联	807.9	929.4	960.0
加拿大	520.8	592.8	774.9
民主德国	344.5	343.1	346.3
联邦德国	205.7	241.9	264.5
法国	170.6	153.9	174.0
美国	178.2	142.3	139.5
以色列	94.6	94.2	95.0
西班牙	69.2	65.7	67.7
英国	24	30.2	31.9
意大利	11.5	13.3	12.8
中国	2.4	2.9	2.5
约旦	1.0	16.8	29.2
总计	2430	2626.5	2898.3

表 36.3.2 世界主要钾盐生产国钾肥消费量（万 t K_2O）

国家	1982/1983（或 1982）	1983/1984（或 1983）	1984/1985（或 1984）
苏联	499.1	620.1	616.7
加拿大	35.5	39.0	44.7
民主德国	49.7	42.4	50.0
联邦德国	104.2	101.4	98.8
法国	177.4	183.4	184.0
美国	437.8	526.5	499.9
以色列	2.1	1.9	2.0
西班牙	26.4	25.0	28.1
英国	52.1	54.2	54.1
意大利	35.9	36.2	37.5
中国	39.3	77.0	77.0
约旦	0.1	0.1	0.2

在表 36.3.4 所列的含钾矿物中，钾盐、光卤石、钾盐镁矾和

钾镁矾为可溶性含钾矿物，此类矿物以及由其形成的钾石盐(钾盐 KCl 和石盐NaCl的混合物)或硬盐(钾盐KCl和硫镁矾 $MgSO_4 \cdot H_2O$

表 36.3.3 世界钾肥供求状况（万 t K_2O）

项　目	1982/1983	1983/1984	1984/1985
有效供给的钾盐矿量①	2320.9	2645.0	2744.2
用于肥料的有效供给量②	2258.2	2576.0	2768.7
钾肥消耗量	2272.5	2540.8	2558.7
平衡③	-14.3	+35.2	+210.0

① 有效供给的钾盐矿量：指钾盐产量减去由于装袋、运输、装卸等作业的损失(约占产量的5%)；

② 用于肥料的有效供给量：指有效供给的钾盐矿量减去工业用的销售量；

③ 指储存变量。

表 36.3.4 钾盐矿物类别

序号	类　别	矿物名称	化 学 成 分	纯矿物 K_2O 含量 (%)
1	氯化物	钾　盐	KCl	63.1
		光卤石	$KCl \cdot MgCl_2 \cdot 6H_2O$	17.0
2	氯化物-硫酸盐	钾盐镁矾	$KCl \cdot MgSO_4 \cdot 3H_2O$	18.9
3	硫酸盐	杂卤石	$K_2SO_4 \cdot MgSO_4 \cdot 2CaSO_4 \cdot 2H_2O$	15.5
		明矾石	$KAl_3(SO_4)_2(OH)_6$	11.4
		无水钾镁矾	$K_2SO_4 \cdot 2MgSO_4$	22.6
		钾镁矾	$K_2SO_4 \cdot MgSO_4 \cdot 4H_2O$	25.5
		钾石膏	$K_2SO_4 \cdot CaSO_4 \cdot H_2O$	28.8
		软钾镁矾	$K_2SO_4 \cdot MgSO_4 \cdot 6H_2O$	23.3
4	硅酸盐	白榴石	$K_2O \cdot Al_2O_3 \cdot 4SiO_2$	21.4
		钾长石	$K_2O \cdot Al_2O_3 . 6SiO_2$	16.8
		海绿石	$(K, Na)_2O \cdot (Mg, Fe, Ca)O \cdot (Fe, Al)_2O_3 \cdot xSiO_2 \cdot yH_2O$	2.3~8.6
		霞　石	$(K, Na)_2O \cdot Al_2O_3 \cdot 2SiO_2$	0.8~7.1

的混合物）所聚集而成的矿床，通称为可溶性钾盐矿。其加工利用方便，是当今世界钾肥生产的基本原料。

除了上述呈固态埋藏于地下的钾盐矿物以外，尚有呈液态存在的含钾资源。它们有海水、卤水（包括地下卤水、地表卤水和晶间卤水）、苦卤等。这类资源中还伴有许多有价值的岩盐、镁盐、芒硝、石膏以及宝贵的锂、硼、溴、铷、铯等元素。因此在提取钾盐的同时，多综合提取其他有益组分。目前利用比较多的这类资源中，国外主要是死海海水，中国主要是青海察尔汗含钾盐湖晶间卤水。

用作提取钾盐的固态钾盐矿物的特征，综合列于表36.3.5。

钾盐矿物与其他一般的矿物相比，有它自己的特点：

A 具有可溶性：钾盐矿物大多数易溶于水，而且比其他的盐类矿物的溶解度还要大一些。因此在其形成矿床时，就需要更为有利的条件，形成以后，还可能受地表水或地下水的影响而被溶解或转变为不含钾的矿物。在开采利用时，也要有特殊的措施，充分考虑到钾盐矿的这一特性。

B 具有变化性：钾盐矿物易于变化，在成矿期间，不同浓度或不同成分的地表水或地下水的影响，或者温度变化时的影响，都可能使它们由一种矿物变成另一种矿物，这就是钾盐矿床矿物成分比较复杂的原因之一。这种易于变化的特点，当然也给钾盐矿的开采、利用提出了需要特别注意的课题。温度的变化、母液组成的变化、带入水量的变化等因素，都有它的特殊性。

C 具有相似性：钾盐矿物的物理性质彼此很相似，密度都小于3克/厘米^3、硬度都小于4、颜色也相近，因此，肉眼鉴定比较困难。

D 具有吸湿性：钾盐矿物大多具有一定的吸湿性，易潮解。不论是采出的原矿石或是经过加工获得的成品，都具有这一特点。因此在运输、贮存等过程中，要有防潮、防结块措施。主要的钾盐矿物，按吸湿性递减程度，可排列如下，光卤石、无水钾镁矾、钾盐镁矾、钾石盐。

表 36.3.5　固态钾盐矿物的特征

序号	矿物名称	类别	结晶特性	颜色	光泽	硬度	密度 (g/cm^3)	其他特征	加工性能
1	钾石盐	是最常见的钾盐矿物，由钾盐（KCl）和石盐（NaCl）组成的混合物	外表与石盐极相似，结晶完整的成立方体	无色透明或乳白色，有时因杂质而呈砖红色、玫瑰色等	玻璃光泽	1.5～2.0	1.97～1.99	易潮解、易溶于水、味苦咸，且带辣味，摩擦时发芳香味，火烧时发紫色火焰	是生产KCl的最主要资源，含钾量高，易于加工
2	光卤石	是钾、镁含水的氯化物类矿物	晶体罕见，多呈致密粒状块体	无色或红、黄褐等色	断口呈玻璃或油脂光泽	2～3	1.60	易潮解、易溶于水，味辛辣苦咸、发强荧光	含钾量低，加工条件较差
3	钾盐镁矾	是钾、镁含水的氯化物-硫酸盐类矿物	晶体少见，常为细粒块状集合体	无色，常带浅黄、铜黄或褐色	玻璃光泽	2.5～3.0	2.15	易溶于水，味苦咸，有钾的（紫色）火焰反应	
4	无水钾镁矾	是钾、镁硫酸盐类矿物	晶体少见，常呈致密粒状块体	无色或白色，常带玫瑰色、淡紫色或浅灰色	玻璃和油脂光泽	3～4	2.80	在冷水中较难溶解，锤击时发蓝绿色火花	
5	杂卤石	是钾、钙含水硫酸盐类矿物	晶体少见，常呈致密粒状块体，或呈纤维状、片状集合体	多为肉红色	玻璃或油脂光泽	3.5	2.77	味苦辣	

E 组成复杂性：钾盐矿物在形成矿床时，多与石盐共生，有时石盐含量往往大大超过钾盐含量；其次总多少含有一些硫酸盐类、碳酸盐类和黏土等杂质。因此在加工利用时，给分离带来一定的困难，造成工艺流程复杂，产品质量受到影响。

36.3.1.2 钾盐矿石

钾盐矿石按其所含的矿物成分，一般可分为两种，即：氯化物型和硫酸盐型。也有把同时含有这两种成分的矿石称之为“混合型”的说法。详见表36.3.6。

至于含钾盐湖卤水资源类型的划分，也与此类似，分为氯化物型盐湖卤水（如巴勒斯坦地区的死海和中国的察尔汗盐湖）、硫酸盐型盐湖卤水（如美国犹他州的大盐湖）、碳酸盐型盐湖卤水（如美国的西尔兹盐湖）等三种类型。多采用化学加工的方法提取其中的有益组分。

36.3.1.3 钾盐矿床

A 钾盐矿床的分布

钾盐矿床是盐类矿床的一种。按它的成因来说，是蒸发沉积矿床。是溶解在地表水体中的盐类，在干旱气候条件下，在封闭、半封闭盆地中蒸发沉积而成的。由于含钾矿物的溶解度比石盐、石膏、芒硝等常见的盐类矿物高，它们只在盐类物质沉积的最后阶段才能大量富集，因此钾盐矿床总是和石盐、石膏等共生，而其分布范围则远远不如石盐、石膏那样广泛。

从古生代开始直到现代，每一个地质时代都有盐类沉积，但各时代的成矿规模和程度是不同的，其中钾盐矿床的沉积也有所不同。目前世界上有三十几个可溶性钾盐矿床，其时代由寒武纪直到第四纪，都有不同的分布。其主要的矿床分布情况见表36.3.7。

由表36.3.7可以看出：这些矿床的分布特点是很不均衡的，已知的钾盐矿床，尤其是大型钾盐矿床，基本上都在北半球，更集中于北欧和北美，均在北纬40°~60°之间。而且有相当一部分钾盐矿床，其发现过程是与勘探和开发石油有关的。

B 钾盐矿床的分类

表 36.3.6　钾盐矿石类别及其特征

类别	矿石名称	主要特征	加工性能	典型矿区
氯化物型	钾石盐矿石	主要矿物是钾盐，常与石盐共生，还含有少量石膏，硬石膏、光卤石和黏土类物质 产于盐类沉积矿床中； 矿石中 KCl 含量因产地不同而悬殊，高者可达 40% 以上，低者在 15% 以下，一般在 20% 左右	品位高者可直接用作肥料； 用浮选法或溶解结晶法加工； 这类矿石质量高，加工条件好，是最主要的钾盐矿石	加拿大萨斯喀彻温； 苏联乌拉尔和白俄罗斯； 民主德国，联邦德国； 法国阿尔萨斯； 中国云南
氯化物型	光卤石矿石	主要矿物是光卤石，共生矿物是石盐，有时杂有钾石盐及少量硬石膏； 产于盐类沉积矿床中； 矿石为块状、条带状或角砾状构造，矿石品位较低，一般含 KCl 15% 左右	光卤石吸湿性强，既不利于运输，也不便直接作肥料，加工比较困难	民主德国，联邦德国； 中国柴达木盆地察尔汗盐湖
硫酸盐型	硫酸盐类钾矿石	主要矿物为钾盐镁矾、无水钾镁矾、杂卤石等，主要共生矿物为石盐、硬石膏、硫镁矾等	成分比较复杂，利用受到限制，加工也比较困难； 主要作硫酸钾类肥料	民主德国斯塔斯孚特； 苏联喀尔巴阡山（钾盐镁矾） 中国四川（杂卤石）
混合型	主要泛指含有钾石盐和其他硫酸盐类的钾矿石	主要矿物组分是石盐、钾石盐、钾盐镁矾、无水钾镁矾、硫镁矾、硬石膏，有时还有光卤石； 一般可分为两大类：（1）以钾石盐为主，并含有硫镁矾的；（2）以无水钾镁矾为主，并含有其他硫酸盐类矿物的	加工方法通常采用浮选法和溶解结晶法相结合的联合加工工艺	民主德国和联邦德国的“硬盐”

盐类矿床一般分为两大类：现代盐类矿床和古代盐类矿床。每类矿床中按其成因不同又可分为若干类型。其中钾盐矿床的分类也不相同。详见表36.3.8。

表36.3.7 世界主要钾盐矿床的分布

地质时代	主要钾盐矿床（盆地）
寒武纪	巴基斯坦盐岭、苏联西伯利亚
泥盆纪	加拿大萨斯喀彻温、苏联白俄罗斯斯塔罗宾
二叠纪	民主德国、联邦德国北部盆地、英国约克郡（Yorkshire）、苏联乌拉尔上卡姆、美国新墨西哥
侏罗纪	苏联塔吉克—土库曼盆地
白垩纪	巴西塞尔西培、刚果霍利（Holle）、中国云南
老第三纪（渐新世）	西班牙喀塔隆（Cotatonia）、法国阿尔萨斯（Alsace）
新第三纪（中新世）	意大利西西里岛（Sicily）、苏联乌克兰前喀尔巴阡
第四纪	中国察尔汗盐湖、巴勒斯坦死海（Dead Sea），美国犹他州大盐湖（Great Salt Lake）

表36.3.8 盐类矿床分类

类别	类型	典型钾盐矿床
现代盐类矿床	盐湖（大陆盐湖）	美国大盐湖、苏联埃尔顿和因杰尔湖、中国柴达木、塔里木盆地中的盐湖
	盐湖（海滨盐湖）	
	盐泉	
	表土盐矿	
古代盐类矿床	泻湖盐类矿床	加拿大萨斯喀彻温钾盐矿、苏联上卡姆钾盐矿、美国喀斯伯特钾盐矿
	陆成盐类矿床	中国云南钾盐矿
	盐丘	
	天然卤水	

36.3.2　中国的钾盐资源

目前，世界上已发现的钾盐矿床和含钾盐湖卤水，分布在六大洲的二十六个国家。其中储量超过亿吨 K_2O 的国家和地区有9个。参照美国矿山局和英国硫磺公司1980年发布的统计资料，世界主要国家钾盐的储量和资源数字，简列于表36.3.9。

表36.3.9　世界主要国家和地区钾盐储量和资源（亿 t K_2O）

国家或地区	储量①	资源②
苏　联	40.00	410.00
加拿大	27.00	643.00
民主德国	8.00	72.00
联邦德国	5.00	45.00
美　国	3.00	57.00
巴　西	5.25	63.50
其　他	7.30	124.60
世界总计	95.55	1415.10

① 在现行技术经济和环境条件下能够开采的矿量定为储量；
② 有远景价值但暂不能开采的矿量列为资源。

中国的含钾资源种类较多，除了储量巨大的不溶性钾矿（明矾石、钾长石等）资源以外，还拥有大量的钾盐湖、地下卤水、海盐苦卤等资源。钾石盐矿，在中国也有发现，并正在开发和利用。

据统计，中国可溶性钾盐（包括含钾盐湖卤水）已探明储量的矿区有十三处，主要分布在青海、云南和四川三省。

青海省柴达木盆地察尔汗盐湖，是中国含钾盐湖卤水资源非常丰富的地区，在五千八百多平方公里的面积内，蕴藏着巨量的氯化钾。1979年，国家确定在这里建立氯化钾生产基地，总规模为年产钾盐100万吨，氯化钾品位大于90%。目前第一期工程（年产钾盐20万吨）已经开始建设，预计1989年建成投产。这将是中国第一座大型钾肥厂。

云南省思茅地区勐野井钾石盐矿，是中国于1963年发现的第一个古代钾盐矿床。自1973年开始，进行着小规模的浮选法生产。此外，四川省自贡制盐工业中，利用含钾苦卤，也在生产一些氯化钾副产品。

目前，中国每年生产氯化钾大约7万~8万吨，其中4万多吨是由盐田日晒光卤石和钾石盐矿经浮选法制得的；其余部分是由制盐的母液提取的。

36.3.3 钾肥生产对钾盐质量的要求

以可溶性钾盐矿石为原料生产钾肥（或氯化钾），一般来说，可分为两种主要方法：一是溶解结晶法；一是机械富集法。

溶解结晶法（又称“热法”或“化学法”）是基于不同的盐类矿物在不同的温度下，它们在水中的溶解度发生变化的特性而制定的。比如，主要组成为石盐和钾盐以及黏土类杂质的钾石盐矿石，其中的氯化钾和氯化钠在不同的温度下，在水溶液中具有不同的溶解度。当温度升高时，两者的溶解度差异即随之扩大：氯化钠的溶解度增加很少，而氯化钾的溶解度明显增高。这种情况在为两盐（NaCl和KCl）所共同饱和的溶液中，更为显著。这可由图36.3.1看出。因此将一定数量20℃的共饱和溶液加热到100℃，去溶解定量的钾石盐矿石，则可将其中的氯化钾全部溶入溶液中，而氯化钠则留于固相残渣。再将这种热溶液冷却，即结晶出氯化钾。然后利用结晶出氯化钾后的母液，再循环溶解钾石盐矿，如此反复进行，即构成溶解结晶法加工钾石盐矿的操作基础。当然，在具体的工艺过程中，由于要分离掉黏土等杂质、尽量减少所需产品的带失、最大限度地回收热溶液中的热量以及改善所需产品的质量，实际控制还是比较复杂的。

机械富集法包括浮选法、重介质选矿法和静电选矿法等。这些方法是基于盐类组成矿物的物理性质或物理—化学性质的差别而制定的。其中应用最广泛和最经济的方法是浮选法。浮选法主要是以组成矿物表面的物理—化学性质不同为依据的。仍以钾石盐矿石为例，其中组成矿物石盐（NaCl）和钾盐（KCl）的晶体表面，具有不同程度被水润湿的性能，这种性能的差异是由于晶体表面和水分子结合力的强弱所引起的，在一般情况下，这种差别是不显著的，但当加入某种浮选药剂后，即能改变其表面性质，扩大两种矿物表面润湿性的差别而实现两者的有效分离。这与采用浮选法选别其他有用矿物的原理是一致的，只是由于盐类矿物本身具有可溶性，浮选过程必须在其盐类的饱和溶液中进行，而且饱和溶液要尽可能地回收并循环使用。重介质选矿法处理钾石盐矿石，则是利用钾盐和石盐的密度不同，石盐较致密，密度为2.13，而钾盐密度为1.97～1.99，因此在一种中间密度的重悬浮液中，石盐将下沉到底部而钾盐则上浮到表面，使之两者有效分离。静电选矿法选别钾盐是应用盐组分的相互摩擦电荷。把物料加热到300～700℃，然后冷却到100～200℃，或者用专门的调整剂处理。这些药剂能选择性地改变多种物料的带电性质，以使一种或多种组分从混合盐中分离出来。

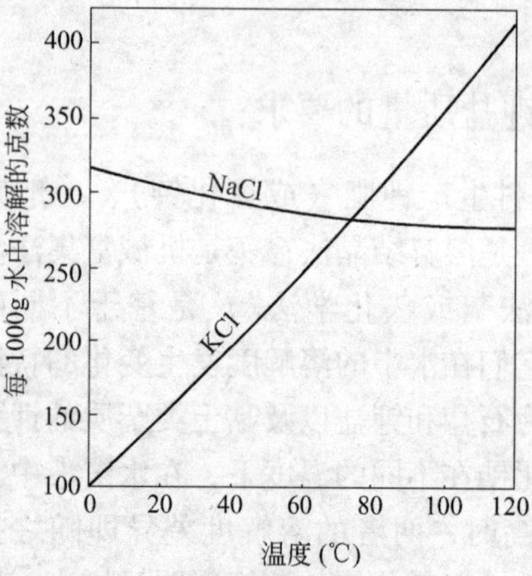

图36.3.1 氯化钾和氯化钠在不同温度下的互溶解度

在上述这些选矿（加工）方法中，获得工业性生产应用的主要是浮选法和溶解结晶法；重介质选矿和静电选矿还处于中间试验阶段或作为矿石预处理的一种手段，发展受到限制。

当采用溶解结晶法加工钾盐矿时，主要要求矿石的品位，即KCl的含量，而采用浮选法选别钾盐矿时，除了要求矿石品位外，还有一个水不溶物，特别是细泥含量的要求，这主要是可溶性钾盐矿浮选的特点所决定的。

中国的钾肥生产厂家较少，对于钾盐矿石的质量尚没有一个明确的要求，而且矿山与加工厂是联合一体，最终是按加工后的产品来衡量经营的优劣，所以，只把中国对钾盐矿床的要求，列于表36.3.10，供参考。至于含钾盐湖卤水，一般按含 KCl 大于1%计算工业品位，含 KCl 0.5%计算边界品位。

关于钾盐产品的标准，按1985年制定的“中华人民共和国国家标准——氯化钾”为依据，列于表36.3.11。该标准适用于由盐田日晒光卤石和钾石盐矿经浮选法或溶解结晶法加工制取的、工业或农业用的氯化钾产品。

表36.3.10　钾盐矿石主要工业要求

项　目		氯化钾（固体矿）	备　注
矿石边界品位		3%	岩盐中含 KCl 大于0.5%，即作为伴生钾盐储量计算
矿石最低工业平均品位		6%	
矿石储量	表　内	10%	
	表　外	3%～10%	
矿石可采厚度		0.5m	
夹石剔除厚度		0.5m	

表36.3.11　中华人民共和国国家标准——氯化钾

指标名称	指　标					
	工　业			农　业		
	优级品	一级品	二级品	一级品	二级品	三级品
外　观	白色细结晶	白色或微红色细结晶				
氯化钾含量（以干基计）（%）≥	98.0	96.0	93.0	96.0	93.0	90.0
水分（%）≤	2.0	2.0	2.0	2.0	2.0	2.0
水不溶物（以干基计）（%）≤	0.1	0.2	0.4	—	—	—
氯化钠含量（以干基计）（%）≤	1.2	2.0	3.0	—	—	—
钙含量（以干基计）（%）≤	0.1	0.3	0.5	—	—	—
镁含量（以干基计）（%）≤	0.05	0.2	0.3	—	—	—
硫酸根含量（以干基计）（%）≤	0.25	0.75	1.25	—	—	—

36.3.4　可溶性钾盐矿选矿（加工）实践

36.3.4.1　可溶性固态钾盐矿床

A　勐野井钾盐矿选矿厂

勐野井钾石盐矿，位于云南省思茅地区江城哈尼族、彝族自治县境内。目前已建有年产精钾1500吨的浮选厂，为一小型采、选联合企业。

矿区为兰坪—思茅拗陷成盐带南段之一小盆地。出露地层属中侏罗统。盐层以勐野井坝子为成盐中心，控制总面积为2.8（钾盐）~3.5（石盐）平方公里。矿体为巨大的透镜状，中部厚、边缘薄。盐层深埋地下，最浅的26米，最深的达411米。

从地质角度来看，该矿钾盐矿体数量虽多，但变化大，构造形态复杂，规模又比较小，这就给工业利用带来了较大的困难。

勐野井钾盐矿床为氯化物型，是一个钾盐—石盐密切共生的矿床。其中还有数量不等的泥质物。除石盐为该矿床中含量最大的矿物外，其主要含钾矿物为钾石盐，在钾盐层中分布普遍；其次为光卤石，分布于中上部；钾铁盐（$3KCl \cdot NaCl \cdot FeCl_3$）仅见于部分钾盐带中，含量很少。其他如硬石膏、白云石在矿石中分布较广，但含量不多。此外还有少量的黄铁矿、镜铁矿以及自生石英等。

按泥砾质的多少及其外观颜色，将矿石分为三种自然类型。即：青灰色（灰白色）石盐—钾盐岩；灰绿色泥砾质钾盐岩；杂色泥砾质含钾石盐岩。其各类型的平均化学成分，主要矿物组成及结构、构造等特征，综合列于表36.3.12。

从表36.3.12可知，该矿区中所含矿物大致可分为三个部分。即：易溶盐类——钾、钠、镁的氯化物；难溶盐类——硬石膏、白云石、菱镁矿等；水不溶物。其中易溶盐类含量一般大于60%；难溶盐类含量一般小于5%；而水不溶物含量悬殊，一般5%~40%，青灰色类型较低，灰绿色和杂色类型则较高。因此该钾盐矿石的特点是氯化钾含量低，而水不溶物含量高，这与国外的一般钾盐

表 36.3.12 勐野井钾盐矿石类型表

矿石类型				
矿石类型	自然类型	青灰色(灰白色)石盐—钾盐岩	灰绿色泥砾质钾盐岩	杂色泥砾质含钾石盐岩
	工业类型	钾盐矿石	含泥砾钾盐矿石	含泥砾含钾矿石
平均化学成分(%)	KCl	13.14	13.11	4.28
	NaCl	72.34	44.88	58.53
	$MgCl_2$	0.28	0.82	1.07
	$CaCl_2$	0.52	2.11	1.31
	$CaSO_4$	0.85	1.92	1.97
	水不溶物	4.99	37.53	34.03
	Br	0.041	0.036	0.030
主要矿物组分		钾石盐、石盐、硬石膏、白云石、少量光卤石、黏土及细砾石	钾石盐、石盐、光卤石、钾铁盐、白云石、硬石膏、灰绿色黏土及砾石	钾石盐、石盐、硬石膏、白云石、少量光卤石、黏土及砾石
典型构造		块状、层状、浸染状	砾状、不规则脉状	砾状、浸染状
典型结构		他形细粒状、球粒状、半自形粒状	他形粒状、镶边状、半自形粒状	他形粒状、半自形粒状
非盐类矿物		自生石英	黄铁矿、自生石英	黄铁矿、镜铁矿、自生石英
数量比例(%)		28.2	40.5	31.3

矿相比，是有很大差别的。

为了探索钾石盐矿的可选性，并为矿区的开发利用提供技术依据，1970 年，化工部化工矿山设计研究院对该矿进行了浮选法制取氯化钾的试验室试验。试验是按照单一青灰色矿石、单一灰绿色矿石以及青灰色矿石与灰绿色矿石比例为 4∶6 的混合矿石分别进行的。现以混合矿石试验为例，简述如下。

试验采用的混合矿石原矿的化学多项分析，列于表 36.3.13。

在以羧甲基纤维素为抑制剂、十八胺为捕收剂的条件下，获得的最终结果及工艺流程如图 36.3.2 所示。试验前后的母液组成，列于表 36.3.14。母液温度 26～27℃，密度 1.4 克/厘米^3，浮选温度 29℃左右。

表 36.3.13　混合矿石原矿化学多项分析

项　目	KCl	NaCl	水不溶物	$CaCl_2$	$MgCl_2$
含量（%）	12.57	57.63	25.77	2.52	0.63

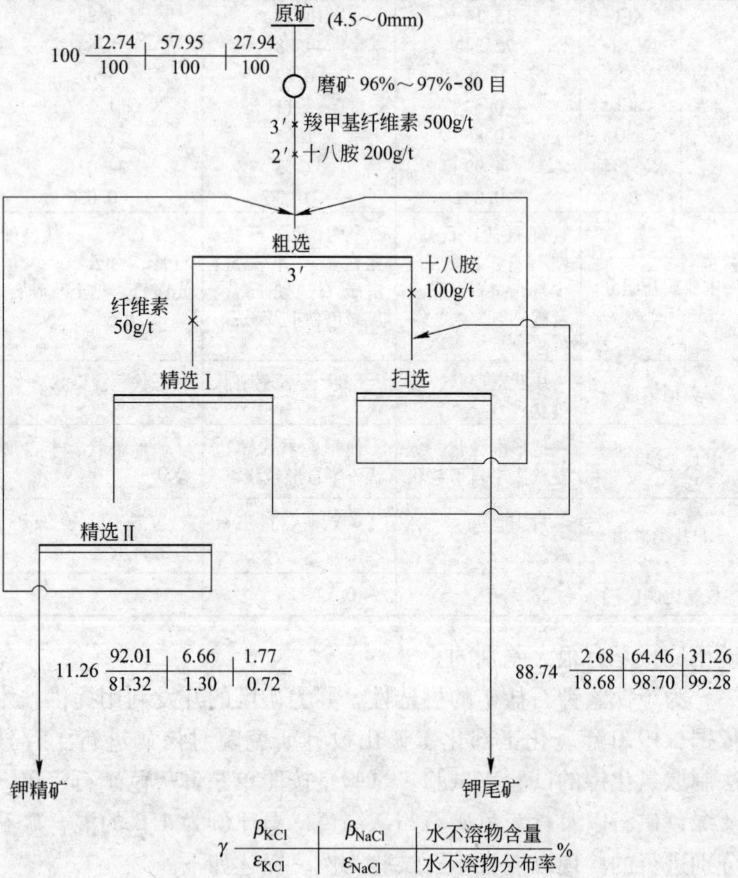

图 36.3.2　以十八胺为捕收剂混合矿石闭路流程及选别指标

在以羧甲基纤维素为抑制剂、石油副产品为原料生产的混合胺代替十八胺作为钾盐浮选捕收剂的条件下，所获得的试验结果及工艺流程，见图 36.3.3。试验前后的母液组成列于表 36.3.15。

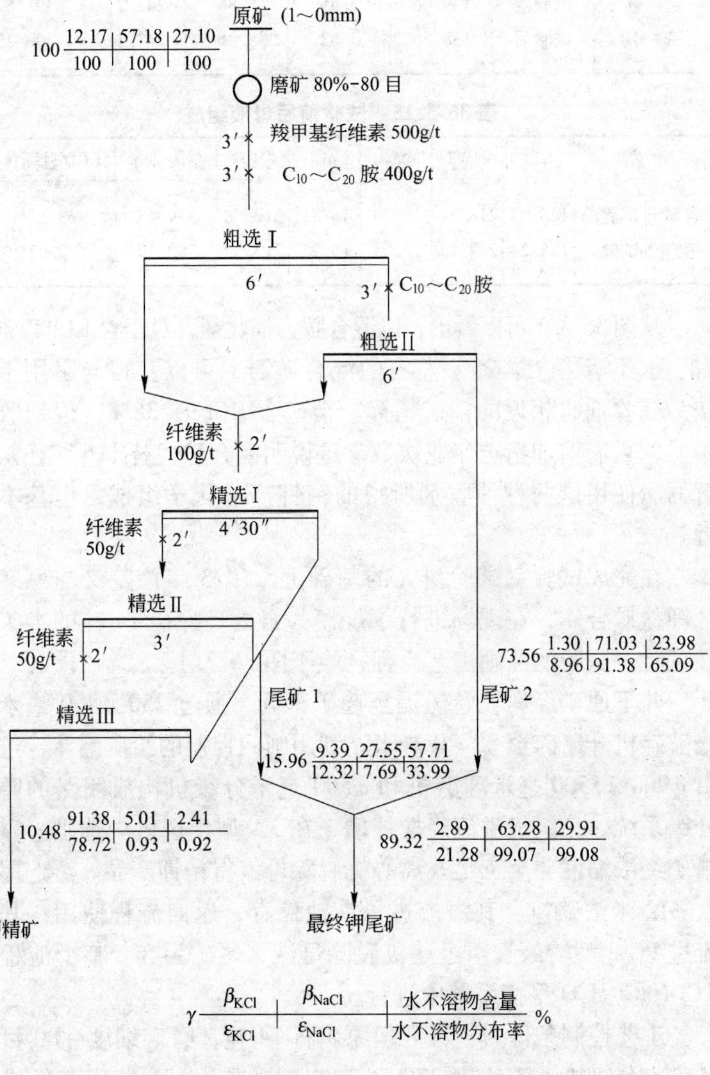

图 36.3.3　以混合胺为捕收剂混合矿石闭路流程及选别指标

表 36.3.14 试验前后母液组成

组　成		KCl	$MgCl_2$	$CaCl_2$	NaCl	总固体量
含　量（克/升）	试验前	139.06	3.55	5.86	243.21	391.67
	试验后	138.56	3.62	5.96	242.11	390.25

表 36.3.15 试验前后母液组成

组　成		KCl	NaCl	$MgCl_2$	$CaCl_2$	总 Cl^-	总固体量	KCl/总固体量
含量（克/升）	试验前	125.58	218.31	16.75	18.81	216.68	379.45	33.10%
	试验后	125.24	219.15	16.85	19.25	217.39	380.49	32.92%

从图 36.3.3 可以看出，以混合胺为捕收剂，对于含 KCl 12%左右、水不溶物含量 25%左右的混合矿石，可以获得与采用十八胺为捕收剂时相近的精矿指标。精矿含 KCl 91.38%。但回收率稍低，且需增加精选作业次数。这说明混合胺代替十八胺还是可行的。使用这两种捕收剂所得的精钾产品化学组成，也基本相近。

在完成试验室试验研究的基础上，1973 年该院又与思茅地区钾盐矿合作，在现场进行了规模为日处理原矿 14 吨的半工业性试验。试验的原则工艺流程，绘于图 36.3.4。

井下原矿经斜坡卷扬提至选矿车间，通过 250×400 毫米颚式破碎机开路碎至 25～0 毫米。利用闸门控制的给矿漏斗，进入由 ϕ900×1500 毫米球磨机和 ϕ500 毫米分级机构成闭路的磨矿分级系统。分级机溢流经搅拌槽，在 3A 型浮选机中选别。浮选精矿经浓缩漏斗至三足式离心机脱除母液得精钾产品。浮选尾矿入 ϕ12 米浓缩机，其溢流进母液池储存，返回流程使用；其底流进 PG-2 型转鼓真空过滤机脱除母液，尾矿丢弃。整个流程在 KCl-NaCl-H_2O 平衡系统中进行。

工艺控制条件为：日处理原矿石 14 吨，磨矿细度 -80 目占 75%，分级机溢流浓度 27%～30%。浮选药剂为羧甲基纤维素（分别加入搅拌槽 803 克/吨和精选Ⅰ165 克/吨）和十八胺（粗选、扫选和精选Ⅰ分别加入 165、91、49 克/吨)。母液温度 21℃、母液密度 1.22 克/厘米^3,母液组成为(克/升):KCl 124.78、NaCl 240.77、$CaCl_2$ 7.77、$MgCl_2$ 6.15、总盐量 379.41、H_2O 840.19。母液中 KCl 与总盐量之比为 32.89%。试样制备时温度 18℃。

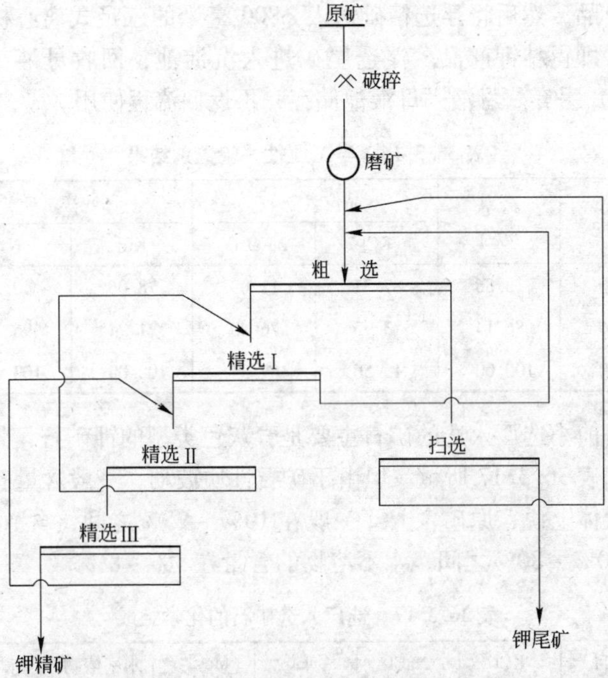

图 36.3.4 半工业性试验原则流程

试验所取得的选别结果,列于表 36.3.16。

半工业性试验的结果说明,对于该矿中等水不溶物含量(低于 20%)的矿石,选到精钾产品氯化钾品位 85% 左右、浮选作业回收率 75% 左右,是完全可以实现的。这就为该矿的小规模生产,提供了技术基础。

勐野井钾盐矿目前有一对年产 2.4 万吨原矿石的斜井,采出矿石粒度小于 300 毫米,水分 3% ~6%。供给本矿的小选厂。

选厂的工艺过程为：矿石经 250×400 毫米颚式破碎机碎至粒度为 3～0 毫米后，进入 ϕ900×1500 毫米和 ϕ800×1800 毫米两台球磨机磨细至 -80 目占 90% 左右。分级机溢流经 ϕ1000 毫米搅拌槽入 4A 型浮选机（10 槽）中进行一次粗选、一次扫选和四次精选选别，并在第四次精选作业中加入 15% 的清水洗涤精选泡沫产品，然后将浮选精矿送入 ϕ800 毫米的三足式离心机脱除母液，即得精钾产品。浮选尾矿进入沉淀池，回收母液，盐矿（尾矿）丢弃。母液入母液池储存，再返回流程使用。

表 36.3.16　半工业性试验选别结果

产　品	产率（%）	品位（%）		回收率（%）	
		KCl	NaCl	KCl	NaCl
精　矿	13.86	87.31	11.03	78.06	2.27
尾　矿	86.14	3.95	76.40	21.94	96.73
原　矿	100.00	15.50	67.34	100.00	100.00

目前小选厂入选的矿石主要是青灰色类型的钾矿石，其化学组成如表 36.3.17 所示。但由于矿石性质波动，一般含量有所变化。大体上说，原矿含 KCl 一般在 10%～25% 之间，含 NaCl 一般在 60%～80% 之间，水不溶物的含量在 3%～8%。

表 36.3.17　选厂入选矿石的化学组成

项　目	KCl	NaCl	$CaCl_2$	$MgCl_2$	水不溶物	水　分
含量（%）	17.83	80.33	0.64	0.28	5.33	3.58

选矿后的精钾产品品位在 90%～97% KCl 之间，实际回收率一般在 50%～70%。其抽样的精钾产品化学组成，见表 36.3.18。

从生产情况来看，产品品位可以满足用户要求，只是回收率比较低，选矿比高。欲获得含 KCl 90% 以上的钾精矿一吨，需要含 KCl 12% 的原矿 13 吨左右。

就经济效果而言，目前每生产一吨精钾，消耗煤 50 公斤、电 300~450 千瓦·时。浮选药剂的用量为：十八胺 1.5 公斤/吨、羧甲基纤维素 3 公斤/吨、盐酸 3 公斤/吨。在这样的条件下，每吨精钾的成本为 350~450 元，产品出厂价格为每吨精钾 600 元。

表 36.3.18　抽样的精钾产品化学组成

项　目	KCl	NaCl	$CaCl_2$	$MgCl_2$	水不溶物	水分
含量（%）	94.64	2.70	0.199	0.136	0.19	3.08

B　萨斯喀彻温（Saskatchewan）钾盐矿的选矿（加拿大）

加拿大南部以萨斯喀彻温为中心，西至阿尔伯达省东部，东至曼尼托巴省西南部，向南延伸到美国的北达科他州，是一个巨大的中泥盆世成盐盆地。在这里广泛分布着钾盐层，是世界著名的钾盐矿床。其地理位置见图 36.3.5。

这里过去曾是一个内陆海，在干燥的气候条件下，这个海慢

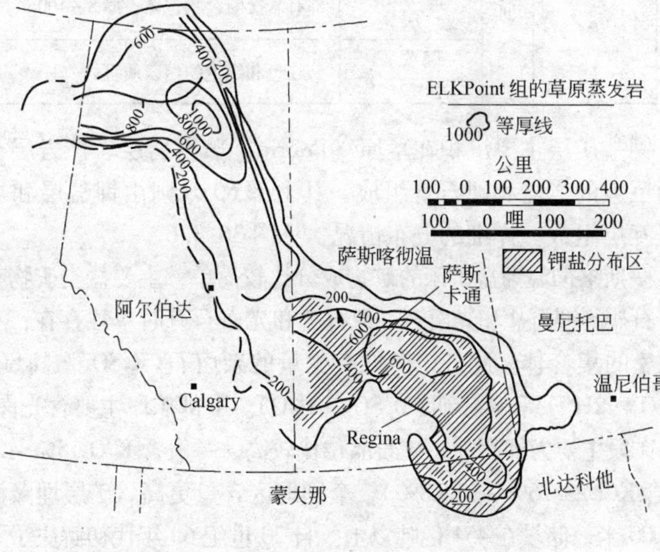

图 36.3.5　萨斯喀彻温钾盐矿床地理位置图

慢地被蒸发，逐渐变成盐碱滩。在这期间产生了三个蒸发盐旋回，形成了三个钾盐层。其地层的简要概况，列于表 36.3.19。

表 36.3.19　萨斯喀彻温地层简表

时代	组	旋回	层	岩　性
中泥盆纪	曼尼托巴组	第三旋回	下索里斯河 (Souris River) 层	上部：蒸发岩，主要为石盐，厚 0～65m； 中部：白云岩、淡色碳酸岩，淡色灰岩； 下部：（第一红层）红色和绿色的白云质页岩
	ELK Point 组	第二旋回	达夫松湾 (Dawson Bay) 层	夫巴尔特蒸发岩段：主要为石盐层，厚 0～20m，黑色沥青质灰岩、白云质硬石膏；褐色角砾状灰岩、灰色和浅黄色隐晶质灰岩、淡黄色灰岩。 第二红层：红色和绿色白云质页岩
		第一旋回	草原（Prairie）蒸发岩层	钾盐、岩层、硬石膏，少量白云岩，厚 0～230m
			温尼伯哥西斯 (Winnipegosis) 层	黄褐色砂粒状白云岩，少量灰岩，顶部有岩盐断续状包体，厚 8～100m
			阿歇尔（Ashern）层	红色和绿色的白云质页岩

钾盐矿层主要沉积在草原（Prairie）蒸发岩层。该岩层下半部由巨大的岩盐和硬石膏组成，其上部 60 米则由钾盐层和岩盐层呈互层组成。详细的分布情况，见图 36.3.6。

萨斯喀彻温钾盐矿床的矿物成分比较简单，主要盐类矿物有三种：石盐、钾石盐和光卤石。钾石盐和光卤石有时单独存在；有时成致密的集合体。此外，尚见有少量的杂卤石($K_2SO_4 \cdot MgSO_4 \cdot 2CaSO_4 \cdot 2H_2O$)和硫镁矾($MgSO_4 \cdot H_2O$)。下部矿段主要含光卤石；上部矿段主要为钾石盐。矿石品位比较高，一般含 K_2O 15%～20%(折含 KCl 23.76%～31.68%)，个别地区含量更高。矿层埋藏深度为 1000 米，储量在 454 亿吨以上。自 20 世纪 60 年代初解决了开采技术问题以来，该矿床已成为世界上最重要的钾盐产地之一。

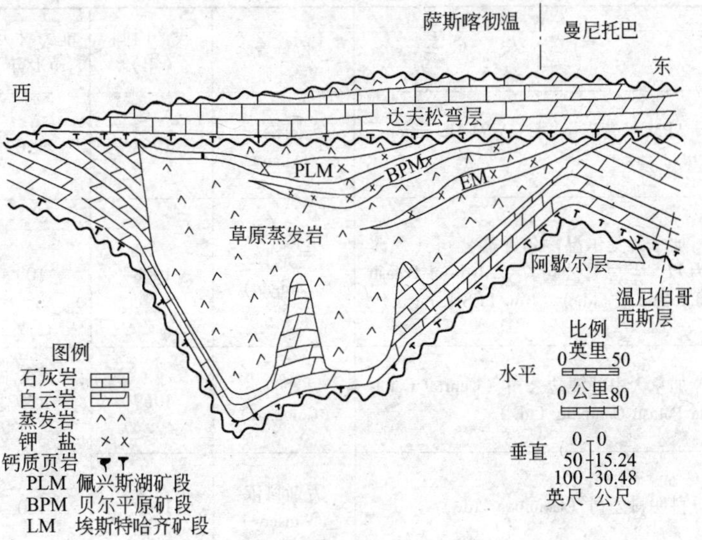

图 36.3.6 萨斯喀彻温钾盐矿床地质剖面图

目前，在萨斯喀彻温地区，有九家公司经营的十个钾盐选矿厂，详见表 36.3.20。

在这些选矿厂中，萨斯喀彻温钾盐公司（Potash Corporation of Saskatchewan，简称 PCS 公司）控制着四个选矿厂，它们是：阿伦（Allan）、兰尼甘（Lanigan）、柯里（Cory）和罗坎维尔（Rocanville），为加拿大最大的钾盐生产者，1980 年产量为 450 万吨氯化钾。计划在 1990 年将产量提高至 1200 万吨氯化钾。

这四个选矿厂，都是在 1970 年以前由不同的所有者设计和建设的，因此选矿流程和设备不尽相同，但每个厂都是采用浮选法来分离氯化钾的。其中兰尼甘是利用法国钾盐加工工艺；其余三个厂是采用美国新墨西哥州喀斯伯特（Carlsbad）的技术。它们开采的矿段是：罗坎维尔在萨斯喀彻温东部开采埃斯特哈齐矿段；而其余三个厂则开采佩兴斯湖矿段。埃斯特哈齐矿段钾盐结晶粒

表 36.3.20 萨斯喀彻温地区钾盐选矿厂家

厂 家	位 置	投产时间（年）	能力（万 t KCl/年）
APM 经营者公司（APM Operations, Ltd.）	阿伦（Allan）	1968	150
加拿大艾尔温萨尔钾盐公司（现改为 PCS 兰尼甘公司）（Alwinsal Potash of Canada, Ltd.）（Now PCS Lanigan）	兰尼甘（Lanigan）	1968	100
加拿大中部钾盐公司（Central Canada Potash Company Ltd.）	科朗赛（Colonsay）	1969	150
科明科公司（Cominco Ltd.）	万斯科依（Vanscoy）	1969	120
PCS 柯里有限公司（PCS Cory Ltd.）	萨斯卡通（Saskatoon）	1968	120
国际矿物和化学公司（加拿大）（International Minerals and Chemical Corporation (Canada) Ltd.）	埃斯特哈齐（Esterhazy）	K-1，1962 K-2，1967	210 170
钾化学制品公司（Kalium Chemicals Ltd.）	贝尔平原（Belle Plaine）	1964	150
美洲钾盐公司（Potash Company of America）	佩兴斯湖（Patience Lake）	1965 （1958 年开采）	76
赫德森湾矿冶公司，加拿大钾盐分公司（现为 PCS 赛尔维特公司）（Sylvite of Canada, Pivision of Hudson Bay Mining and Smelting Co Limited.）	罗坎维尔（Rocanville）	1970	120
总 计			1366

度比较粗大，尚含有少量光卤石。处理的钾盐矿石品位为含 KCl 40% ~47.5%、水不溶物含量较低。碎、磨粒度小于 4（3.36）毫米。佩兴斯湖矿段，水不溶物含量较高，约为 5%，碎、磨粒度稍细，小于 3（2.38）毫米。它们总的选矿加工工艺流程，以简单的方块图的形式概括表示于图 36.3.7。其流程的细节，以柯里厂为例，表示于图 36.3.8。每个单元工序的特点，分别叙述如下。

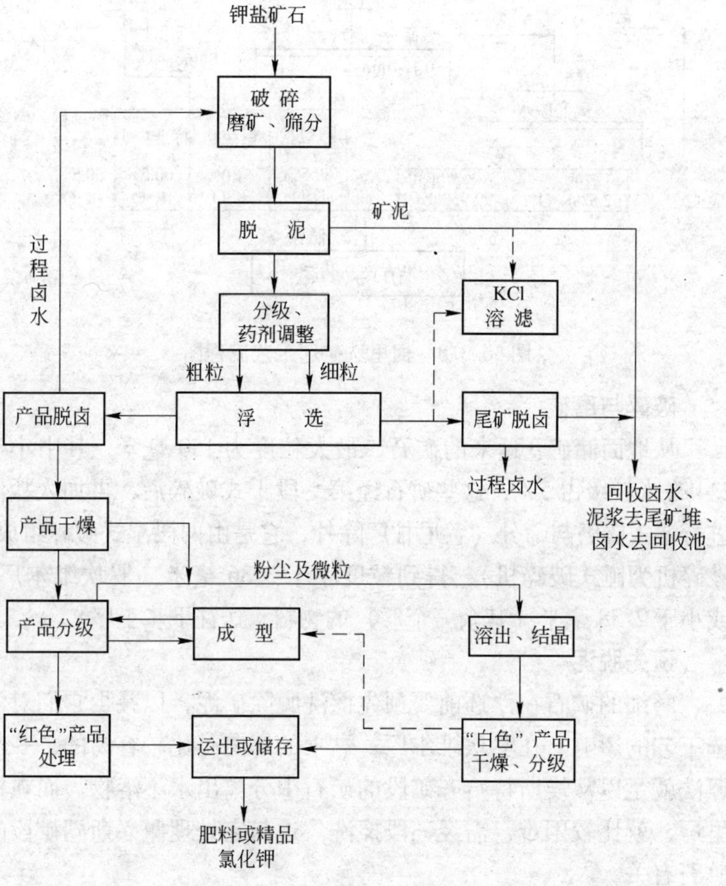

图 36.3.7 PCS 公司钾盐选矿（精制）工艺流程示意图

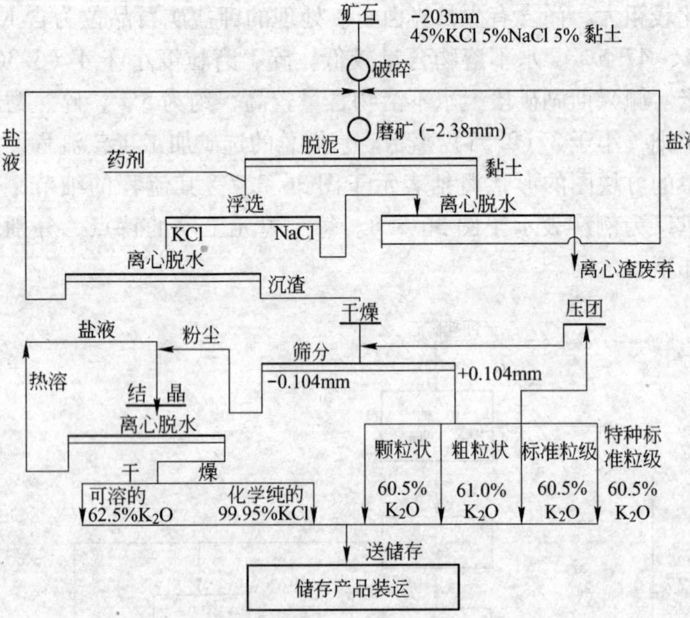

图 36. 3. 8　柯里选矿厂工艺流程图

破碎与磨矿

从地面储矿仓运来的矿石，最大粒度为 150 毫米，其中小于 2. 4 毫米粒级占 5%，这些矿石经第一段干式破碎后，再加入盐液进行湿式棒磨与筛分（兰尼甘厂除外，它是由两段湿式破碎组成，破碎机为锤式破碎机），得到粒度小于 3. 36 毫米（罗坎维尔厂）或小于 2. 38 毫米（其余三个厂）的物料，送往下步工序。

预先脱泥

磨细的矿石在浮选前要预先擦洗脱除矿泥，以减少它们对浮选工艺的影响。在罗坎维尔厂，黏土的解离是比较容易的，一段擦洗就足以从埃斯特哈齐矿段的矿石中分离出水不溶物。而在柯里厂，就比较困难，需经三段擦洗。这与它处理佩兴斯湖矿段的矿石有关。

所采用的擦洗脱泥设备，都是 PCS 公司独特的。它能有效地把黏土等从浮选入料中分离出去。柯里厂使用耙式分级机（Rake Classifiers）；阿伦厂使用虹吸分级系统（Siphon Sizer）；而在兰尼甘厂则使用旋流器，以除去含水不溶物高达7%的杂质。

脱出的细粒矿泥，将进一步再加工，以回收损失在其中的氯化钾。被分离出的大于150微米的料浆，送去进行药剂调整和浮选。

钾盐浮选

经过磨矿、脱泥预处理的钾石盐矿，添加古尔胶（67~70克/吨矿石）或小麦淀粉（513克/吨矿石）或羧甲基纤维素（16.7克/吨矿石）为抑制剂、长链胺盐（用量40~100克/吨矿石）为捕收剂、甲基异丁基甲醇（MIBC、用量20克/吨矿石）为起泡剂以及扩散油（Extender Oil），在丹佛（Denver）型浮选机中，进行一次粗选、两次精选（浮选温度22~33℃），即获得肥料级（含 KCl 95%）的产品。浮选是按照粗、细分级（分级粒度为0.841~1.19毫米）进行的。

产品过滤

PCS公司采用一种推压式（Pusher-Type）离心机进行产品过滤，所产生的干物料水分被控制在3%~4%，比起筛辊式（Screen-bowl）离心机，效果要好。当然，维修费用也较高。

产品干燥

采用大型的、以天然气为燃料的回转干燥窑，蒸发从过滤工序送来的产品中的残余水分。干燥窑的尺寸是直径2.43~3.04米、长度18.3米。干燥窑排料口温度是190~235℃。干燥物料水分控制在小于0.1%。干燥的目的一方面是除去水分，另外也为了改善产品表面性质。干燥的矿粉尘，通过一段或两段收尘器收尘，再返回滤液—重结晶工序，以进一步回收其中的氯化钾。

在罗坎维尔和兰尼甘两个工厂，重结晶得到的“白色的 KCl 产品”和浮选得到的“红色的 KCl 产品”是一并送入干燥工序的，全部作为销售产品。而在阿伦和柯里两个工厂，是分开的。“白色的 KCl 产品”是单独在一个小型装置中干燥的。

产品分级

干燥后的产品，通过恰当的筛分分级，而得出“肥料级”产品。

压实成型

为了提高干燥的、细粒的氯化钾的平均尺寸，压实设备通常将细粒级（+200 目）的物料，转换为“粗粒级”或“粒状级”，以满足市场的需要。

重结晶

钾盐的产率是通过从黏土、细粒或粉尘中再度溶解氯化钾以及从多段卤水溶液中再结晶而得以提高的。选矿厂的实践表明：在总的氯化钾的回收率中，有 6%～20% 是由“重结晶”工艺得到的。

结晶是消耗能量的，把结晶过程的余热，再引用来调整浮选流程的温度，这显然是合理的。

产品的处理与堆存

高度可溶的氯化钾产品，吸湿性是很强的，因此不再为工业应用而必须精制的 KCl，一般需经过防结块药剂的处理，以保持产品的流动特性。

尾矿的处理

从浮选流程得来的尾矿主要是 NaCl，它是通过筛分、过滤等工序，从工艺卤水中分离出来，澄清净化的母液再返回流程中利用；盐渣（尾矿）再浆化后，送往盐尾矿堆存场。

最终产品分类

在萨斯喀彻温，最终产品要根据其用途，按照粒度和品位分类。一般的分类见表 36. 3. 21。

第二代钾盐选矿厂

前面叙述了 PCS 公司所属四个选矿厂的生产过程概况。从发展角度出发，该公司计划在皮勒德布里（Bredenbury）建立新的采选联合企业，并引入新的工艺技术。该选厂将加工埃斯特哈齐矿段的矿石，因其钾盐颗粒解离度大的特点，可以减少碎、磨的负荷。拟采用重介质分离技术，利用磁铁矿作加重剂，来分离钾石盐以回收粗粒产品，并排除尾矿。其中矿再磨后，仍采用传统的选矿方法来加以（浮选）处理。新选厂的浮选作业，也将采用14立方米的大型浮选机代替2.8立方米的浮选机组，这样可以减少药剂消耗。允许干的石盐尾矿堆放，改善环境，节省人力和能源。这个新的“重介—浮选”联合流程处理钾石盐的工厂，其规模预计为320万吨KCl/年，谓之加拿大“第二代钾盐选矿厂”。

表 36.3.21 钾盐最终产品分类

类 别	粒度（目）	品位 KCl%（K_2O%）
颗粒状粒级	-6 +14	95（60）
粗粒级	-8 +28	95（60）
标准粒级	-14 +65	95（60）
特殊标准粒级	-35 +150	95（60）
可溶级	-35 +150	98.9（62）
化学级	-35 +150	99.9（63）

C 苏联钾盐选矿厂概况

苏联是世界上钾盐资源比较丰富的国家之一，其钾盐产量占世界产量的三分之一。它的主要钾盐储量集中在乌拉尔山脉北部二叠纪的上卡姆矿床、白俄罗斯南部泥盆纪的斯塔罗宾矿床和乌克兰西部中新世的喀尔巴阡矿床。此外还有西伯利亚寒武纪的钾盐矿床和中亚的钾盐矿床等。其地理位置见图36.3.9。

乌拉尔上卡姆矿床含有两层钾石盐，中间隔一层光卤石。主要开采中心是在索利卡姆斯克（Соликамский）和别列兹尼科夫斯克（Березниковский），二者相距27公里。采出的钾石盐矿品位为KCl 23%～30%之间，水不溶物的含量为0.5%～3%。

白俄罗斯斯塔罗宾矿床分四个含钾矿层，其特征见表36.3.22。平均含K_2O 14.2%、水不溶物为10%，比上卡姆矿床所含黏土杂质高，使得矿石的处理比较困难。1963年在这里建立起索利戈尔斯克（Солигорский）钾联合企业，目前生产能力达 220 万吨 K_2O/年。

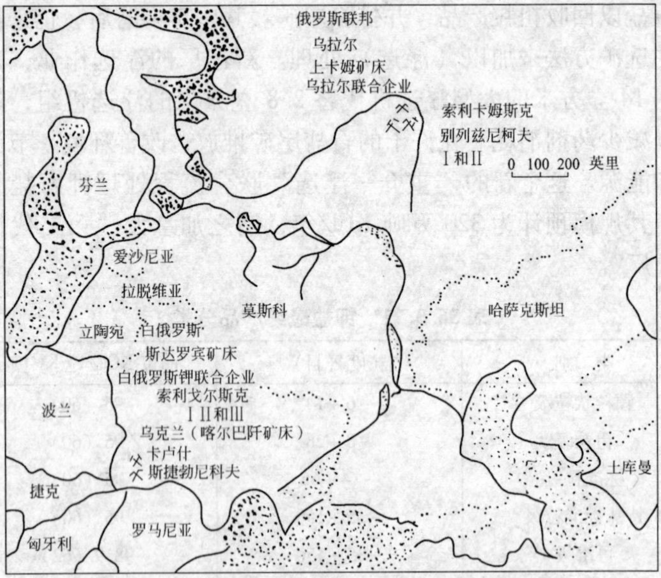

图 36.3.9　苏联主要钾盐矿床地理位置图

乌克兰钾盐矿床包括两个矿山，一个是卡卢什，另一个是斯捷勃尼科夫（Стебниковский）。两者相距 70 公里。卡卢什矿埋深 100～300 米，主要含钾矿物为钾盐镁矾、无水钾镁矾和钾石盐。一般含量为：前两者 10%～12% K_2O；后者 8%～19% K_2O。斯捷勃尼科夫矿，平均埋深 150 米，主要是钾、镁的硫酸盐类矿物，即：钾盐镁矾、无水钾镁矾、杂卤石和少量钾石盐。矿石含 K_2O 8.5%～10% 之间，水不溶物含量高达 16%，矿石组成比较复杂，加工也比较困难。

现以乌拉尔钾生产联合体所属的别列兹尼柯夫第二矿务局选矿厂为例，介绍苏联钾盐选矿概况。

这个厂处理的是比较难选的、含 6%～7% 黏土和碳酸盐矿泥的钾盐矿石。其矿石特点是钾盐矿物的嵌布粒度较粗。矿石中钾盐矿物含量为 30%～32%、石盐矿物含量为 61%～64%。

表 36.3.22　斯塔罗宾矿床含钾矿层特征

矿　层	Ⅰ	Ⅱ	Ⅲ	Ⅳ
深度（m）	352～617	360～698	353～899	601～948
厚度（m）	2～7.5	2～4.5	16～28	5～39
钾矿物	钾石盐	钾石盐	钾石盐和光卤石	钾石盐
K_2O（%）	10～15	15～25	10～12.5	11～13
水不溶物（%）	15	4	4～9	9～13

矿石经两段闭路破碎至小于 25 毫米后，再经一段筛分，其 +3 毫米粒级入磨矿分级系统，设备为格子型球磨机与弧形筛组成闭路。最终控制其粒度为 -3 毫米粒级占 90%。磨细后的料浆，经水力旋流器和水力分级机脱除黏土—碳酸盐矿泥，分为 +0.25毫米和 -0.25 毫米两个级别，其中 -0.25 毫米粒级，即是矿泥。这部分矿泥经精选、浓缩及多段洗涤后，回收其母液、残渣丢弃。+0.25 毫米的物料，再进行分级，分为粗粒钾盐和细粒钾盐两个部分，分别进行浮选。所用的浮选药剂为：以水玻璃、聚丙烯酰胺或亚硫酸盐—酒精废渣，抑制残余的细矿泥；以胺盐和重油的混合物为捕收剂，选别钾盐。浮选设备为沸腾层浮选机。浮选精矿浓缩、过滤后在沸腾层干燥机中干燥，尾矿用带式过滤机过滤，然后贮存起来。其工艺流程，示于图 36.3.10。最终获得的精矿品位含 KCl 95%，回收率为 80%。

D　光卤石直接浮选法制取氯化钾

邻近美国新墨西哥州喀斯伯特（Carlsbad，N. Mex.）的二叠纪钾盐盆地，在过去的四十年里，是一个高品位的钾石盐资源。由于这些高品位钾石盐矿石的不断开发，含有大量水不溶物的、低品位的钾盐矿石和光卤石矿石，便成为未来氯化钾产品的来源。这些矿石大约含有 1%～8% 的水不溶物（矿泥），在浮选氯化钾之前，必须预先将其除去，以减少它们对胺盐捕收剂的强烈吸附。美国矿山局提出了一种直接浮选法，以从含水不溶物杂质比较高的光卤石矿中，回收氯化钾。这个方法包括：光卤石的分解、水不溶物矿泥的絮凝—抑制、钾盐（氯化钾）的浮选和最

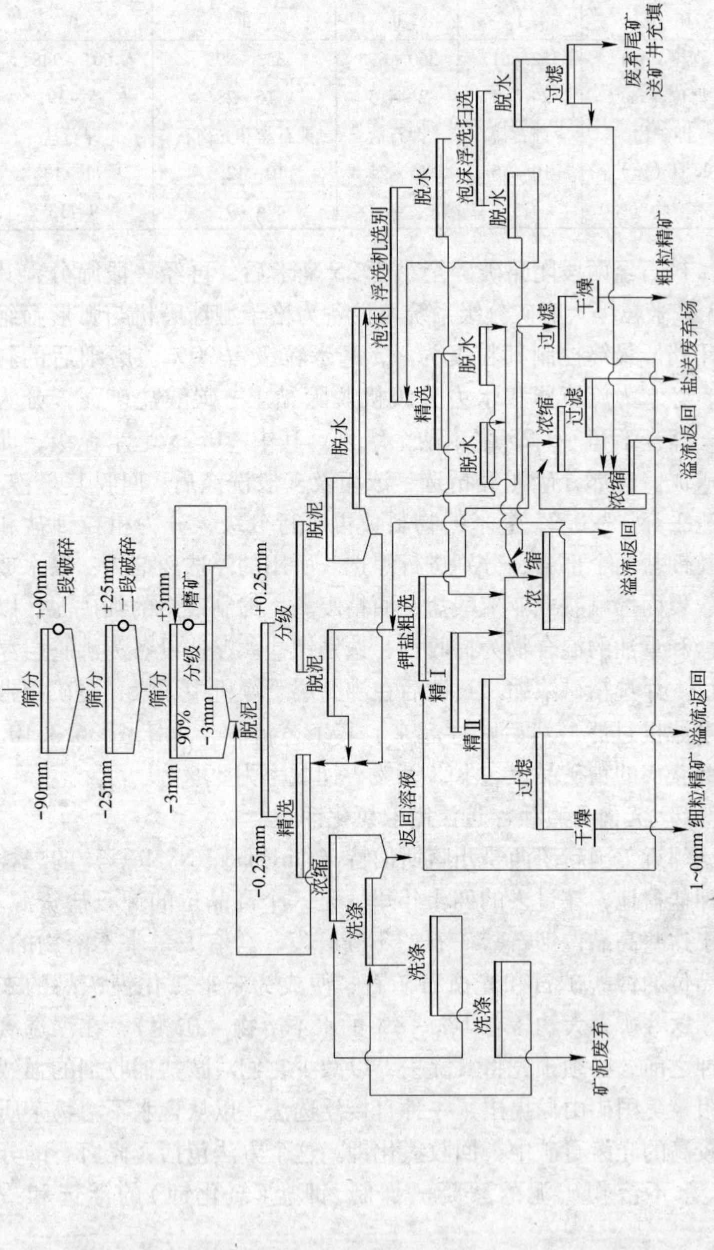

图 36.3.10　别列兹尼柯夫第二矿务局选矿厂钾石盐矿浮选工艺流程图

终产品的淋洗。试验室研究表明，采用该法可从含 K_2O 11.8%、水不溶物4%的原矿中，获得含 K_2O 60.5%、水不溶物0.3%的最终氯化钾产品，对浮选入料的回收率为87.8%。

试验所用光卤石原矿的矿物组成，按重量百分数计为：光卤石43、氯化钾7、氯化钠43、水不溶物4。某些光卤石和氯化钾中，含有少量的赤铁矿（Fe_2O_3），使得矿物的颜色显红色。此外还有少量的杂卤石、钾盐镁矾和钾镁矾。水不溶物的粒度，一般小于150目，且含有较多的菱镁矿、绿泥石和伊利石。氯化钾和原生光卤石的解离粒度为10目。

因为光卤石直接浮选，仅可得到品位为39% K_2O、回收率60%的产品，因此将光卤石分解以得到一种有利于氯化钾浮选的物料，是必要的。光卤石分解的标准过程是：将光卤石在饱和母液中稀释到60%的浓度，然后在搅拌器中搅动，添加淡水以溶解 $MgCl_2$，残留下固相氯化钾产品。加水量接近181.6公斤每吨光卤石，并且一次加入矿浆中。分解时间不是重要因素。通过分解，进入浮选的物料粒度仍为-10目。

光卤石分解之后的料浆，分别进行了机械脱泥流程、浮选脱泥流程和絮凝—抑制矿泥流程的试验。其中以第三种流程的指标为优。其工艺流程见图36.3.11。所采用的浮选药剂种类及用量为：一种高分子量的、非离子型的絮凝剂 Superflot-127（聚丙烯酰胺）：0.15公斤/吨矿石；水不溶物的阻滞剂 MRL-201（古尔胶）：0.61公斤/吨矿石；ArmeenTD：Barrettis Oil（胺和浮选油）为1∶1的混合剂：0.2公斤/吨矿石。浮选机为 Fagergren（法格古伦）型，叶轮转速253米/分。

通过浮选所得的精钾产品，均含有少量的 NaCl，为了达到市场商品产品的要求，必须除去这部分 NaCl。采取的方法是：在固液比为4∶1的条件下，用清水喷洗，既除去 NaCl，而钾的损失在0.5%以下。

试验所获得的最终结果，列于表36.3.23。

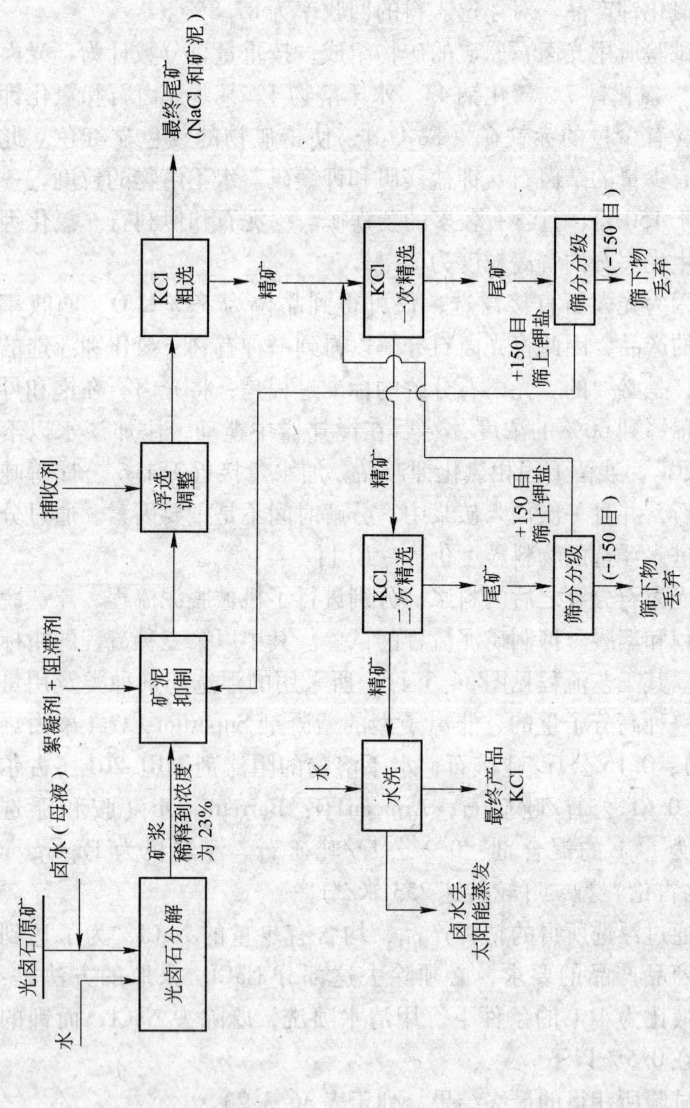

图36.3.11　光卤石矿絮凝—抑制矿泥的直接浮选流程图

表 36.3.23 直接浮选法最终试验结果

产 品	重 量（%）	品 位 （%）		分配率（%）	
		K_2O	水不溶物	K_2O	水不溶物
KCl 产品	15.9	60.6	0.3	87.8	1.3
尾矿	84.1	1.6	4.7	12.2	98.7

美国矿山局的研究表明，直接浮选法具有以下优点：水不溶物矿泥的去除，不必在钾盐浮选之前进行；抑制水不溶物矿泥，对钾盐浮选造成的损失是很小的；最终尾矿中水不溶物排出量为98.7%，实现了水不溶物矿泥的有效去除；在丢弃的尾矿中，钾的损失率较低。

依据上述试验结果，将进行规模为每小时 45.4 公斤的连续性试验，以求该法得以应用。

36.3.4.2 含钾盐湖卤水

A 青海钾肥厂第一选矿厂

含钾盐湖卤水是生产氯化钾的另一个重要来源。

中国青海省盐湖资源相当丰富，有大小盐湖一百多个。主要集中地区在柴达木盆地。全盆地共有湖泊 32 个，其中淡水湖一个，半咸水湖七个，盐湖二十四个。盆地面积约十二万一千平方公里，聚集着巨大的钾、钠、镁、硼、锂等盐类资源。整个盆地主要有三个湖区：大小柴旦湖区（以硼、锂为主）；察尔汗湖区（以钾、镁为主）；台吉乃尔——里坪湖区（以锂为主）。其中察尔汗湖区是目前中国最大的含钾盐湖卤水矿床。

察尔汗湖区位于柴达木盆地的中南部，面积为 5856 平方公里，东西长 168 公里，南北宽 20 ~ 40 公里，海拔 2677 ~ 2680 米。这里是一个汇集了近六百亿吨以氯化物为主的近代盐类化学沉积矿床。其中氯化钾储量估计约为两亿吨，平均品位为含 KCl 1.92%。还伴生有镁、钠、硼、锂、溴、碘、铷、铯等重要工业原料，是发展盐化工的良好基地。

察尔汗湖区处在格尔木县境内。矿区南距格尔木 65 公里，北距大柴旦129公里，东距西宁市860公里。敦煌—格尔木公路贯穿矿区中部，交通尚属方便。正在建设的自西宁至拉萨的青藏铁路，已通车至格尔木。

矿区气候属高原、干旱、荒漠（盐湖）气候区域，气候干燥，年降雨量约为20~30毫米，蒸发量约为2860毫米，为降雨量的100倍左右。

矿区自东向西共分为四个区段，即：霍布逊、察尔汗、达布逊和别勒滩区段，详见图36.3.12。湖区内是以赋存在石盐层中的晶间卤水为主要的钾盐矿类，其次是达布逊湖的湖水。下面主要介绍晶间卤水矿床。

1957年，中国科学院盐湖调查队对察尔汗湖区做了初步调查；1958~1966年，青海省地质局柴达木第一地质队又对该区进行了普查勘探工作。1958年，青海省在察尔汗湖区的南端建立了察尔汗钾肥厂。

察尔汗钾肥厂在建厂初期，是利用附近地表的光卤石矿，采用冷分解法制取低品位钾肥。1965年采用冷分解—洗涤法生产品位在90%以上的氯化钾，加工过程基本上实现了机械化，同时利用沟槽法日晒蒸发晶间卤水生产光卤石。1968年，在中国科学院盐湖研究所的帮助下，建起了一座年产氯化钾精矿二万吨的浮选厂，并修造小型（15万平方米）隔离性盐田，逐渐代替了沟槽盐田，并于1973年投入试生产，1974年产量即达1.52万吨，直至近期又新建一座年产氯化钾精矿四万吨的青海钾肥厂第一选矿厂为止，断续进行工业性生产十年左右。

新建的青海钾肥厂第一选矿厂，生产规模为年产精钾四万吨，折合处理原矿石为每年32.68~40万吨。

该厂生产氯化钾所用的原料矿，为盐田日晒光卤石矿。进入盐田的晶间卤水原料的组成大致为，KCl 1.87%、$NaCl$ 5.3%、$MgCl_2$ 20.36%、$CaSO_4$ 0.49%。每生产一吨光卤石矿，大约需卤水11.2吨。每平方米盐田产光卤石200公斤。利用这种方法得到的光卤石，其化学组成列于表36.3.24。

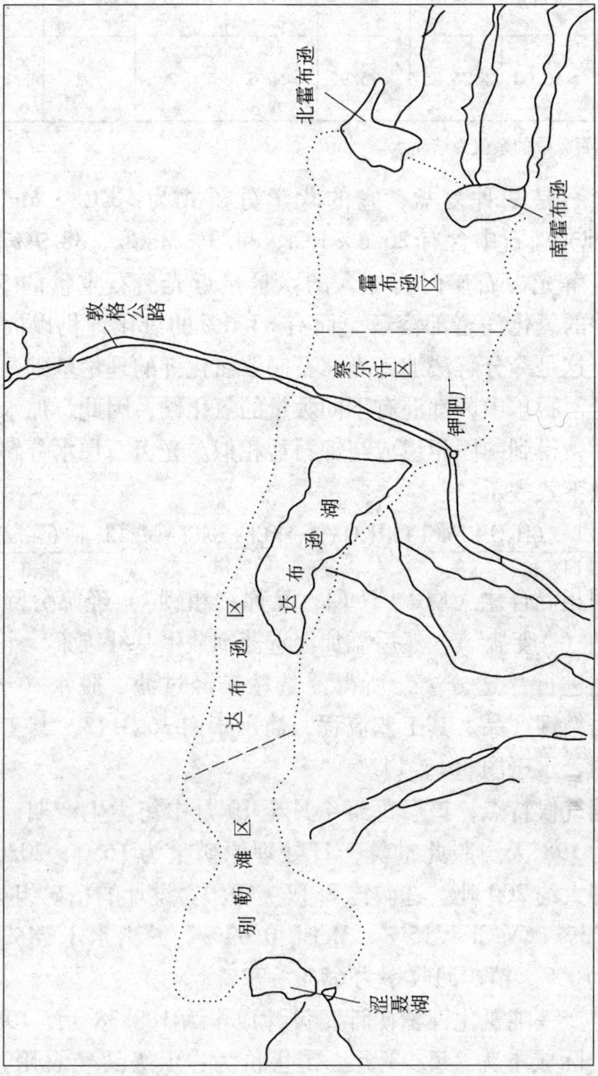

图 36.3.12　察尔汗含钾盐湖卤水钾镁盐矿区示意图

表 36.3.24　盐田光卤石矿化学组成

项　目	KCl	NaCl	$MgCl_2$	$CaSO_4$	水不溶物	游离水	$\frac{MgCl_2}{KCl}$
含量（%）	>16.00	<26.25	<25.95	<0.5	0.2	<2	<1.7

注：含量百分数的余值为结晶水。

光卤石是一种复盐，它的化学分子式为：$KCl \cdot MgCl_2 \cdot 6H_2O$。纯光卤石中含有 26.8% KCl、34.3% $MgCl_2$、38.9% H_2O。用水去溶解光卤石矿时，加入的水量接近光卤石重量的 50%，可将其中的氯化镁全部溶解，而有 83.6% 的氯化钾仍以固相形式存在。这是冷分解法加工光卤石制取氯化钾的理论基础。由于一般的光卤石矿中，都混有不同数量的氯化钠，因此，加水溶去氯化镁后，得到的固相组成与钾石盐相似。光卤石加水分解的反应式，以下式表示：

$$\underbrace{KCl \cdot MgCl_2 \cdot 6H_2O + NaCl}_{\text{固　相}} + nH_2O \longrightarrow \underbrace{KCl + NaCl}_{\text{固　相}} + \underbrace{MgCl_2 + (6+n)H_2O}_{\text{液相}}$$

得到的固相混合盐（KCl + NaCl，又称“粗钾”）经筛分除去粗粒氯化钠（“废盐”），然后添加浮选药剂羧甲基纤维素、十八胺和 2 号油进行浮选分离，所得浮选精矿经过滤、脱水（母液）后，即为精钾产品。其工艺流程，简示于图 36.3.13。其工艺设备联系图，示于图 36.3.14。

根据气候特点，该厂每年 4 月至 10 月中旬为生产期，年生产天数为 198 天。照此推算，日处理原矿量为 1650 ~ 2020 吨，日产精钾大约 200 吨。选矿比 8.17 ~ 10.0。设计的精矿组成为：KCl 92.23%、NaCl 1.15%、$MgCl_2$ 0.63%、游离水 1.74%、全水 6% ~10%。精矿回收率为 65% ~72%。

以生产一吨氯化钾精矿计，设计成本为 188.38 元，1985 年上半年实际成本为 246.23 元。销售价为：Ⅰ级品（农用）350 元/吨精矿。

B　察尔汗盐湖光卤石矿冷分解—浮选—精钾洗涤法制取氯

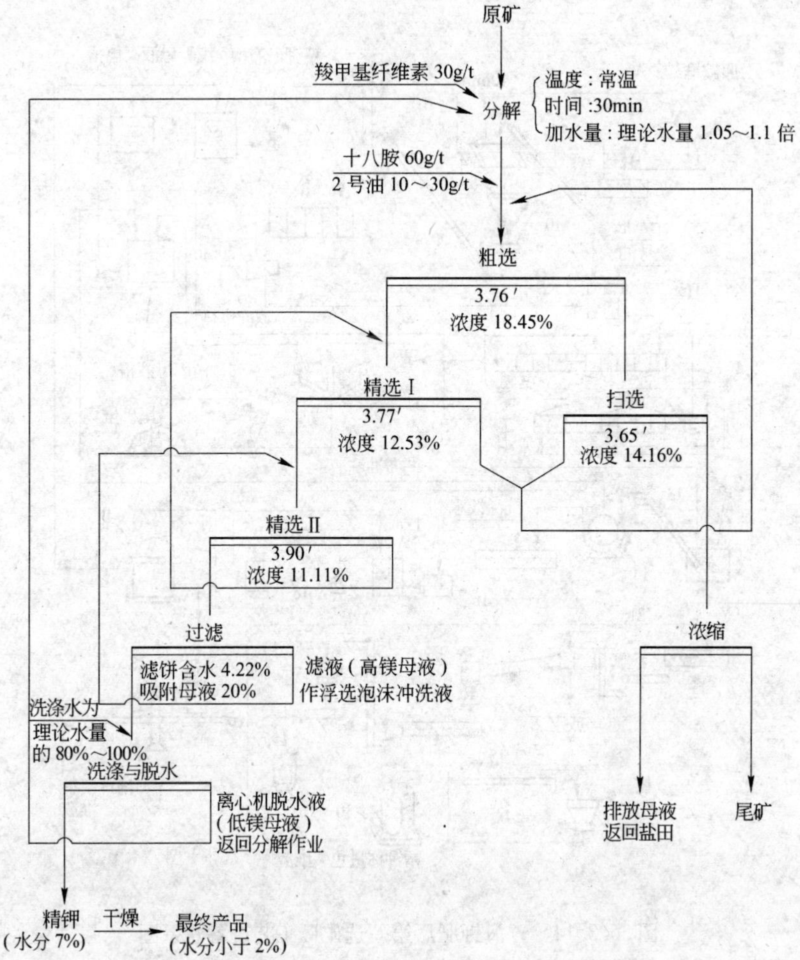

图 36.3.13 青海钾肥厂第一选矿厂光卤石冷分解—浮选法制取氯化钾流程

化钾中间试验

为配合青海省察尔汗盐湖的开发建设，化工部化工矿山设计研究院于 1981 年进行了规模为日处理光卤石矿 5 吨的浮选法制

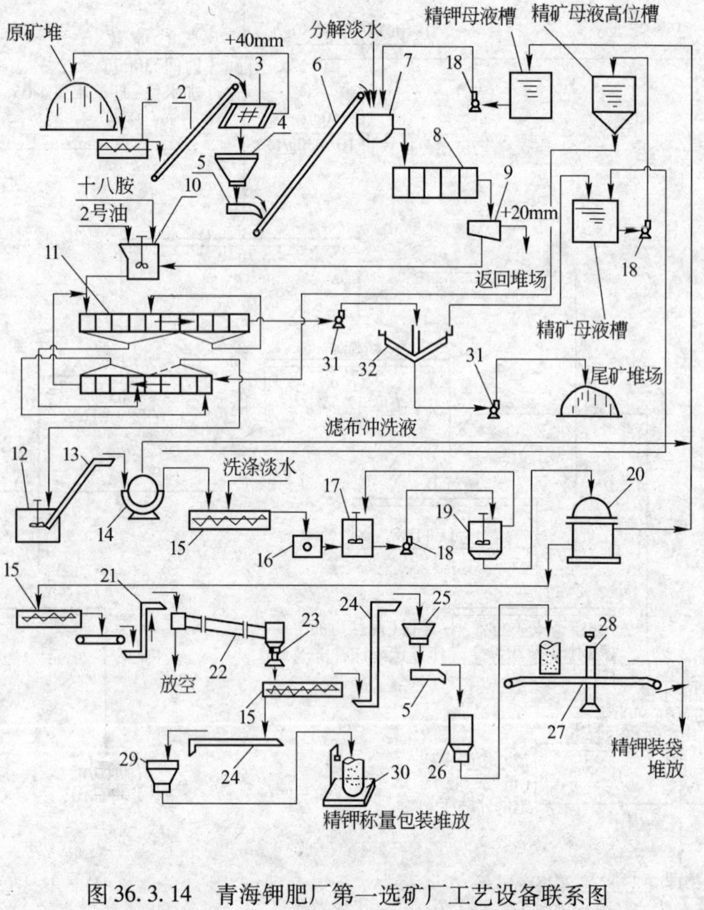

图 36. 3. 14 青海钾肥厂第一选矿厂工艺设备联系图

1—螺旋给矿机组；2—胶带运输机；3—格条筛；4—缓冲料斗；
5—电振给料机；6—胶带运输机；7—螺旋分料器；8—螺旋分解机；
9—圆筒筛；10—矿浆调节桶；11—6A 浮选机；12—精矿泡沫贮槽；
13—刮板输送机；14—折带式过滤机；15—螺旋输料机；
16—螺旋洗涤机；17—精钾搅拌槽；18—泥浆泵；19—精钾高位槽；
20—离心机；21—斗式提升机；22—圆筒干燥机；23—星形卸料器；
24—刮板输料机；25—料仓；26—包装机；27—缝袋输送机；
28—缝包机；29—料仓；30—磅秤；31—砂泵；32—尾矿浓缩机

取氯化钾的中间试验。

试验用盐田光卤石矿样，采自青海钾矿筹建处的试验盐田2号池。数量为500吨。其化学组成列于表36.3.25。

表36.3.25　盐田光卤石原矿化学组成

组　成	KCl	NaCl	$MgCl_2$	$CaSO_4$	$MgSO_4$	水不溶物	表面水
含量（%）	20.25	11.60	30.97	0.40	0.40	0.15	2.20

经原矿筛析查明，该原矿具有以下特点：原矿纯度较高，在+100目以上的粗粒级中，光卤石得到一定程度的富集，其KCl含量较高，NaCl含量较低，KCl的分配率高达96%；在-100目以下的细粒级物料中，KCl含量低，NaCl含量高，这将对分解后“粗钾”物料的钾钠分离，增加一定的难度；原矿中难溶盐类、水不溶物含量，都比较低，这对于浮选工艺是有利的。

在试验室小型试验的基础上，提供了中间试验的原则工艺流程，如图36.3.15所示。流程包括光卤石原矿冷分解、“粗钾”浮选分离和精钾洗涤三个部分。即：光卤石原矿冷分解所得粗钾料浆，经浮选分离获得浮选钾精矿，其精矿料浆经离心脱除高镁分解液后加入淡水进行洗涤，再脱除洗涤液后得到洗涤钾精矿，该精矿可经干燥得到最终精钾产品。所得洗涤液可返回分解作业代替部分淡水并使氯化钾得到进一步回收。浮选尾矿经浓缩、过滤后排放。

在连续稳定运转的条件下，中间试验获得下述主要工艺指标：

分解作业　分解作业的加水量（包括精钾洗涤液返回所带入的水量）为理论加水量的105%～115%之间为宜；分解温度19～20℃（自然水温）；分解时间大于15分钟；氯化镁的转化率大于99%；氯化钾的收率为理论收率的95%；分解液氯化镁含量大于24%。

浮选作业　浮选作业的流程结构为一次粗选、一次扫选、两次精选。捕收剂为十八胺（用量35克/吨原矿）、起泡剂为2号油（用量 6 克/吨原矿）。浮选温度 26～28℃，浮选时间总计为 24 分钟。获得的浮选精矿品位 KCl 大于 89%、浮选作业回收率大于 97%。浮选尾矿品位 KCl 3% 左右。

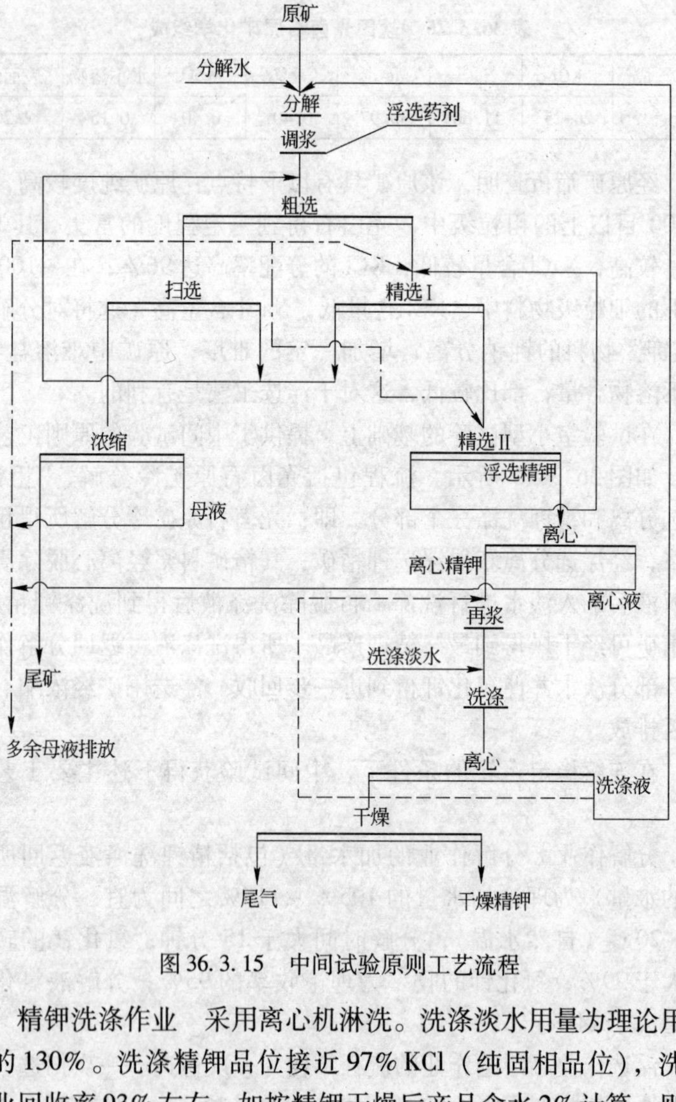

图 36.3.15　中间试验原则工艺流程

精钾洗涤作业　采用离心机淋洗。洗涤淡水用量为理论用水量的 130%。洗涤精钾品位接近 97% KCl（纯固相品位），洗涤作业回收率 93% 左右。如按精钾干燥后产品含水 2% 计算，则最终干燥精钾产品含 KCl 可达93%，氯化钾总回收率接近73%。

由于光卤石矿加水分解—浮选工艺特点所决定，当处理量为5吨光卤石原矿时，加水分解后所获得的粗钾料浆固体物料，仅为原矿量的30%左右，物料量减少三分之二以上，这时实际规模相当于1.5吨处理量进入浮选作业。因此，本中间试验因设备条件和其他因素限制，不具备进行全闭路试验的要求。为此，试验分开路试验和洗涤液返回分解作业的浮选闭路试验两步进行，最后按照分段试验结果综合分析，合理调整工艺制度和工艺指标，经过计算，推荐出如图36.3.16所示的数、质量和矿浆流程。该推荐结果，可以作为年产20万吨氯化钾生产厂工艺设计的依据。

光卤石矿冷分解—浮选—精钾洗涤工艺流程的优点在于：

主要工艺系统在光卤石分解母液中进行，即所谓“高镁母液流程”，故流程简单、便于操作控制和管理。

母液系统对温度变化的适应性较强，这对于青海盐湖地区的气候条件，具有重要意义。

由于流程中设置了精钾洗涤作业，对确保精钾产品的质量起着重要的作用，工艺简单，可获得较高质量的产品，并提高了全流程对外部条件变化和操作控制条件变化的适应性。另外，精钾洗涤液返回光卤石分解作业，不仅可代替部分淡水，而且使氯化钾及时得到回收。

C 死海（Dead Sea）地区的钾盐生产

死海位于地中海东部北岸，为一无出口的湖。南北长约80公里，东北宽18公里。湖面比地中海低400米，为世界最低点。死海东岸突出的利逊（Lison）半岛将其分为南北两部分，北部约占总面积的四分之三，水深350米；南部面积为244平方公里，深度多在十米以内，为富含钾盐区。死海平均含盐量为31.5%，是世界各盐湖中最高者。其成分如表36.3.26所示。据统计，死海总盐量达450亿吨之多，其中氯化钾20亿吨、氯化镁220亿吨、氯化钠120亿吨、氯化钙60亿吨、溴化镁10亿吨、硫酸钙1亿吨。死海气温，冬季约10~20℃；夏季为25~40℃，全年晴日300天，

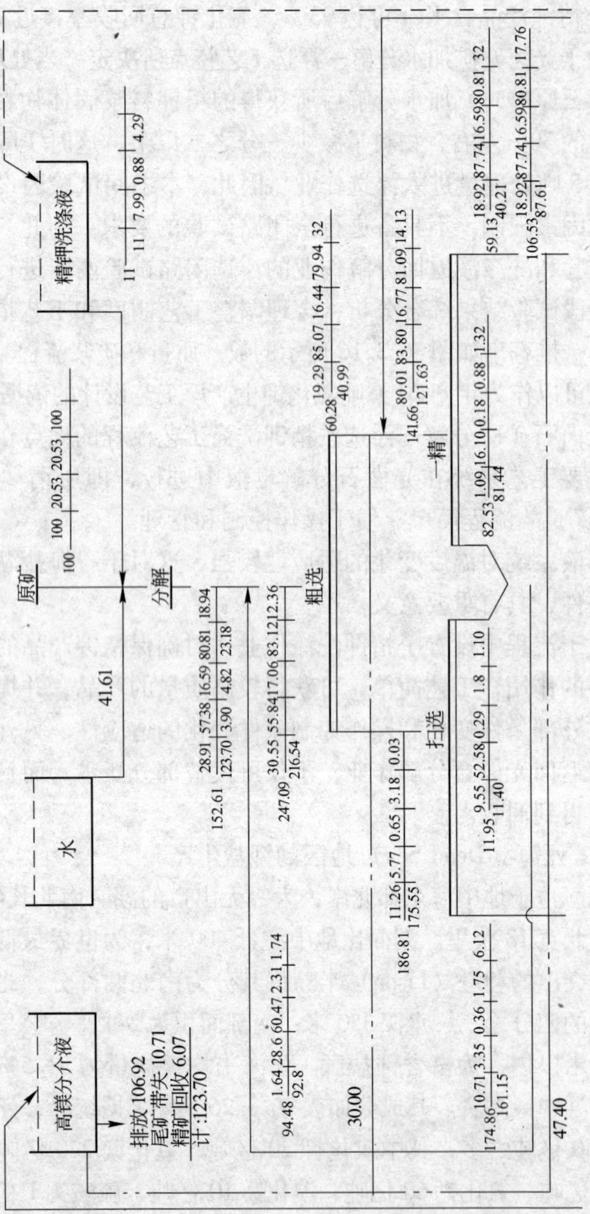
精钾洗涤液
原矿
水
分解
粗选
一精
扫选
高镁分介液
排放 106.92
尾矿带失 10.71
精矿回收 6.07
计:123.70

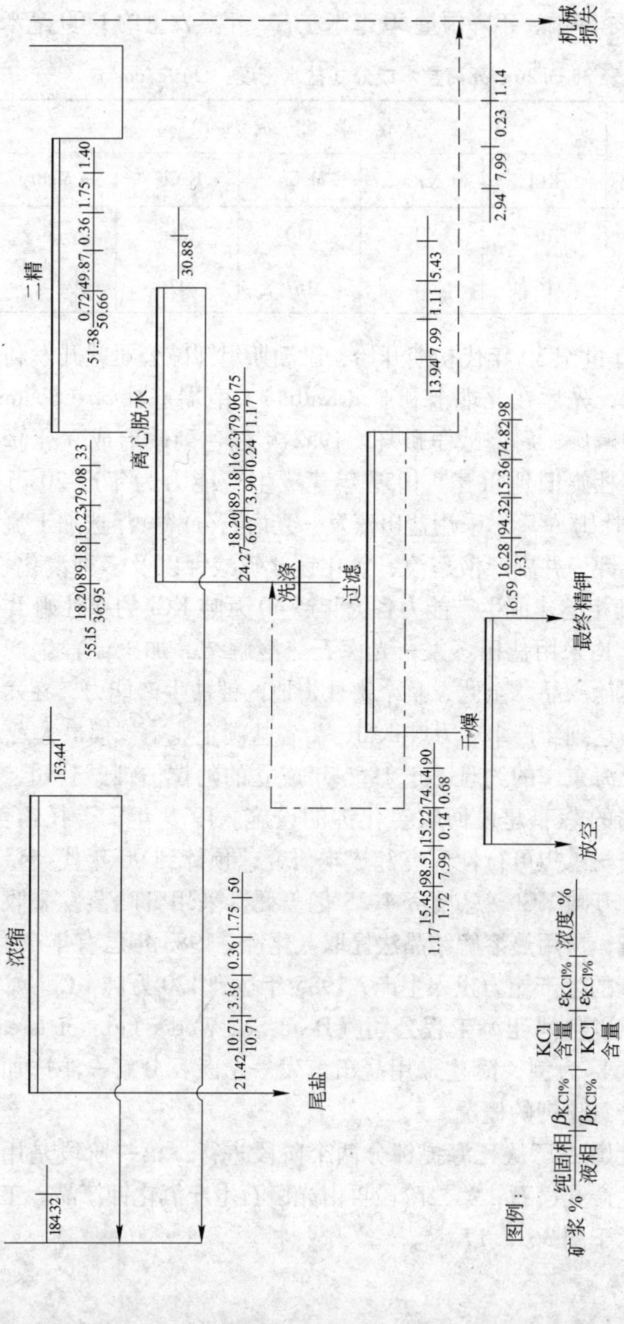

图 36.3.16 光卤石冷分解—浮选—精钾洗涤法制取氯化钾全闭路数、质量和矿浆工艺平衡图

主要在冬季降雨，年降雨量50毫米左右，年蒸发量约1700毫米。

表36.3.26 死海盐水成分（盐水密度：1.19g/cm^3）

地点	化学组成（g/L）				
	KCl	NaCl	$MgCl_2$	$CaCl_2$	$MgBr_2$
海面	10	71	110	31	4
110米深处	16	87	167	47	7

自20世纪30年代初期开始，巴勒斯坦钾碱公司就开发利用死海资源，先后在北端卡利亚（Kallia）、南端塞杜姆（Sodom）建立了钾碱厂，后遭战争破坏。1952年以色列政府成立死海公司，在塞杜姆旧地重建。1959年建成生产能力为年产20万吨KCl的塞杜姆A厂，采用盐田蒸发—光卤石分解—浮选加工流程生产氯化钾，并副产液态溴、氯化镁、硫酸钾以及多种溴化物。1964年又相继建成生产能力各为年产40万吨KCl的塞杜姆B厂和C厂，均采用盐田蒸发—光卤石热溶解结晶加工流程生产氯化钾及其他产品。至此，整个塞杜姆地区钾盐生产能力，在六十年代末即达到年产100万吨KCl，为各盐湖企业中规模最大者。

在死海东岸的约旦，于1956年成立的阿拉伯钾碱公司，计划在南端的萨菲建设回收氯化钾的设施。1975年，委托给美、英两家公司承担可行性研究和成本研究，预计到90年代产量达每年170万吨KCl，总投资4.25亿美元。采用日晒蒸发采收盐田光卤石，再用热溶解结晶法提取氯化钾。1983年已有年产114万吨KCl的生产能力投入生产，1985年达到120万吨KCl。

现以以色列死海工程公司（Dead Sea Works Ltd. of Isreal）塞杜姆A厂为例，简述采用盐田蒸发—光卤石分解—浮选加工流程生产氯化钾的概况。

塞杜姆A厂从死海提钾分两个阶段进行：第一阶段是用蒸发盐田生产光卤石；第二阶段再由光卤石生产氯化钾产品。工艺过程简示于图36.3.17。

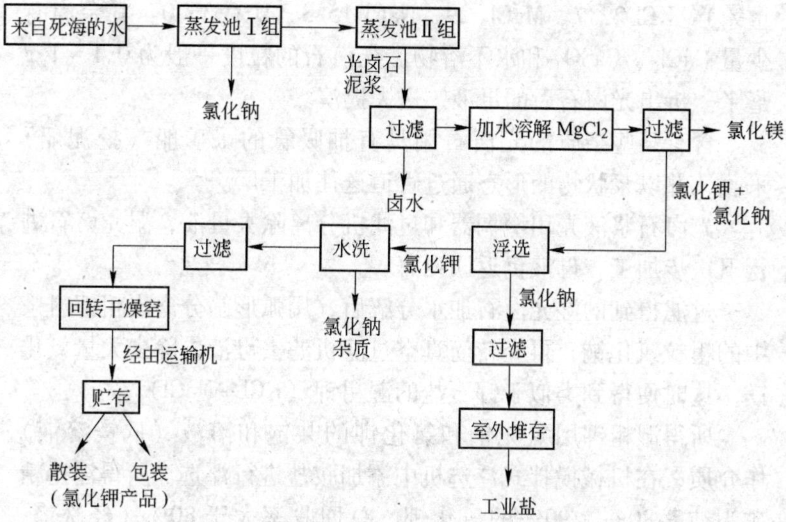

图 36.3.17 塞杜姆 A 厂工艺过程简图

将密度约 1.2 克/厘米^3 的死海海水，用泵抽吸到第Ⅰ组蒸发池（氯化钠结晶池），水深 4～6 米，通过日晒蒸发（日蒸发量为 1～2 厘米），使海水总盐度达 27%（350 克/升），此时卤水密度为 1.234 克/厘米^3（30℃），其组成为（克/升）：$MgCl_2$ 165、$CaCl_2$ 48、NaCl 105、KCl 145、$CaSO_4$ 1.0，即开始析出氯化钠。氯化钠沉积厚度因池深浅而异，一般为 20～80 厘米以上。蒸发时为了减少太阳辐射能被白色盐结晶反射出去而引起的损失，在卤水中加入一种称为萘酚绿的染料（用量为 5 克/米^3 卤水），将卤水染色，这样可提高蒸发量 15% 左右。当蒸发卤水密度达 1.3 克/厘米^3（总盐度 35%）时，即开始析出光卤石，其组成为（克/升）：$MgCl_2$ 295、$CaCl_2$ 85、NaCl 20、KCl 27、Br 19、$CaSO_4$ 小于 0.1。此时分离去掉上阶段析出的氯化钠，立即使该蒸发卤水流入面积较小的第Ⅱ组蒸发池—光卤石结晶池。析出光卤石的过程一直持续到水镁石（$MgCl_2 \cdot 6H_2O$）开始结晶为止，此时蒸发卤水密度为 1.34 克/厘米^3，所得光卤石的组成为（干重%)：KCl 22.7、$MgCl_2$ 29、NaCl 15.3、H_2O 33.0。其余尚有少量 $CaCl_2$、$CaSO_4$ 和水不溶物。光卤石的粒度一般为 0.1～1.2 毫米。析出光卤石后的母液，送去提溴。

含有某些杂质的光卤石用具有抽吸管的采矿船（挖泥船）采收，并以浆状物的形态通过管道送往加工厂。

光卤石浆液先用增稠器和过滤机分离除去母液，湿光卤石进行下一步加工，母液仍返回死海。

过滤得到的湿光卤石加水分解后，用弧形筛分离出粗钾料浆中的粗粒氯化钠，再经转筒真空过滤机滤去母液，除去大量氯化镁，这时便得到类似于钾石盐的湿粗钾（KCl + NaCl）。

所得湿粗钾用氯化钠和氯化钾的共饱和溶液（低镁溶液）作介质，在机械搅拌式浮选机中添加胺盐进行浮选。所得浮选精矿为纯度 80%～90% 的氯化钾，总回收率大于 80%。经洗涤、过滤、离心分离和干燥后，可得纯度为 98% 的氯化钾产品。所得浮选尾矿，为纯度 90% 的氯化钠，经洗涤、过滤回收含钾溶液后，堆存作工业用盐。

浮选法得到的氯化钾产品，其化学组成，列于表 36.3.27。

表 36.3.27 死海工程公司氯化钾产品分析（浮选法）

化学组成	KCl（保证）	NaCl（最大）	$MgCl_2$（最大）	$CaCl_2$（最大）	Br（最大）	水不溶物	水分	粒度（目）
含量（%）	96.5～97.5	1.5～2.5	0.1～0.2	0.30	0.30	0.05～0.10	0.1	100～150

36.4 硼矿及其他化工原料矿物的选矿

36.4.1 硼矿选矿

硼矿是一种用途广泛的化工原料矿物。它主要用于生产硼砂、硼酸和硼的各种化合物以及元素硼。在冶金、玻璃、搪瓷、医药、纺织、制革、油漆、日用化工等部门，都有着不可缺少的作用。特别是近年来，随着对硼元素及其化合物的物理化学性质的研究，使得在国防尖端工业方面，硼及硼化合物的用途日益广阔。因此，硼矿资源的开发、利用，对于现代工业的发展，具有越来越重要的意义。

36.4.1.1 硼矿物、硼矿石和硼矿床

A 硼矿物

硼在自然界中分布很广，地壳中硼的重量克拉克值为 $5\times10^{-3}\%$，但含硼矿物很分散，虽然目前已知的含硼矿物至少有 150 种以上，而真正能被加工利用的仅仅十多种。

根据含硼矿物的化学组成，一般将其分为三类：硼硅酸盐矿物、硼铝硅酸盐矿物和硼酸盐矿物（包括含水硼酸盐矿物和无水硼酸盐矿物）。硼硅酸盐矿物主要是硅钙硼石［$2CaO\cdot B_2O_3\cdot 2SiO_2\cdot H_2O$］和赛黄晶［$CaB_2(SiO_4)_2$］；硼铝硅酸盐矿物主要是电气石［$Na_2O\cdot(Fe,Mg)O\cdot 10Al_2O_3\cdot 18SiO_2\cdot 4B_2O_3\cdot 5H_2O$］和斧石［$Ca(Mn,Fe)Al_2BSi_4O_{15}(OH)$］。这两类含硼矿物中，只有硅钙硼石最具有工业价值，其他则因工业加工困难或未经大量聚集成为工业矿床而意义较小。作为硼加工工业原料的主要是第三类——硼酸盐矿物，其主要矿物特

征，汇于表36.4.1。在这些硼酸盐矿物中，目前作为世界工业硼矿资源开发利用的，主要有硼砂、硬硼钙石和硼镁石三种。

硼砂是硼酸盐加工工业最重要的矿物，它包括天然硼砂、斜

表 36.4.1　硼酸盐类矿

矿物名称	化学分子式	B_2O_3 含量(%)	晶　形	颜　色	光　泽
硼镁石	$2MgO \cdot B_2O_3 \cdot H_2O$	40.4	纤维状或针状集合体	白、灰、浅黄色	丝绢光泽
硼镁铁矿	$(Mg,Fe)_2Fe(BO_3)O_2$	16	针状、纤维状或柱状结合体	黑、黑绿色	珍珠、金刚光泽
镁硼石	$Mg_3(BO_3)_2$	36.5	细粒状	无色、白色	玻璃光泽
天然硼酸	$B_2O_3 \cdot 3H_2O$	56.4	鳞片状、板状、钟乳状	无色、白色	玻璃、珍珠光泽
天然硼砂	$Na_2O \cdot 2B_2O_3 \cdot 10H_2O$	36.6	短柱状	白、浅灰、浅黄色	玻璃油脂光泽
斜方硼砂	$Na_2O \cdot 2B_2O_3 \cdot 4H_2O$	51.0	粒状或纤维状块体	白色、无色	玻璃丝绢光泽
钠硼解石	$Na_2O \cdot 2CaO \cdot 5B_2O_3 \cdot 16H_2O$	43.0	结核状纤维状块体	无色、白色	玻璃丝绢光泽
硬硼钙石	$2CaO \cdot 3B_2O_3 \cdot 5H_2O$	50.9	短柱状	白色、无色	玻璃金刚光泽
白硼钙石	$4CaO \cdot 5B_2O_3 \cdot 7H_2O$	49.8	结核状或致密块体	白色	无光泽
水方硼石	$CaO \cdot MgO \cdot 3B_2O_3 \cdot 6H_2O$	50.7	放射状、纤维状集合体	无色、白色、玫瑰色	玻璃光泽
锰方硼石	$Mn_3B_7O_{13}Cl$	50.36	他形粒状、变鲕、变豆状集合体		

方硼砂和三方硼砂。它易于粉碎、易溶于水、B_2O_3 含量高、加工工艺简单。典型矿区有:中国西藏北部某大型盐湖;美国西尔兹(Searles)盐湖;美国加利福尼亚州克拉默(Kramer)矿床和土耳其克尔卡(Kirka)谷地等。

物的主要特征

硬度	密度 (g/cm^3)	对水的可溶性	成因类型和典型矿区
3.5	2.69	不	外生成因:产于盐类沉积物中的苏联因杰尔矿床; 内生成因:产于镁质矽卡岩中的中国辽—吉地区矿床
5	4	不	内生成因:产于镁质矽卡岩中。苏联东部和东南部、美国、朝鲜、中国东北部
6.5	3	不	内生成因:产于镁质矽卡岩中。苏联、朝鲜、中国
1	1.5	易	外生成因:产于温泉、火山口或含硼砂的沉积物中。意大利中部多斯加尼
2~2.5	1.69~1.72	可	外生成因:产于盐湖或火山沉积物中。中国藏北、美国西尔兹湖、土耳其克尔卡
2.5	1.9	易	外生成因:产于火山沉积物中。美国克拉默矿床
1	1.65~1.95	难	外生成因:产于火山沉积物或盐矿床的石膏帽中。美国及南美洲一些国家
4~4.5	2.41~2.44	不	外生成因:产于火山沉积物或盐矿床的石膏帽中。美国死谷地区、土耳其比加迪克、埃梅特
3~3.5	2.26~2.48	不	外生成因:产于火山沉积物或盐矿床的石膏帽中。土耳其苏尔坦—恰乌尔地区
2~3	1.9~2.17	难	外生成因:产于盐类矿床的石膏帽中及盐类沉积物中。苏联因杰尔矿床、美国加利福尼亚州
	3.49		古海相沉积硼矿床。美国得克萨斯州钱柏斯县。中国河北

硬硼钙石难溶于水，易溶于酸。在土耳其经手选及洗涤后富集，作为加工原料，很少再粉碎，以免粉矿损失。在美国则利用这种矿石在加热时的热爆性，使其与黏土质分离，得到半精制品，直接用于玻璃纤维制造工业。典型矿区有：美国加利福尼亚州和内华达州交界的死谷（Death Valley）地区的比尼（Billie）矿，土耳其巴勒埃西尔省的比加迪克（Bigadic）以及库塔西亚省西部的埃梅特（Emet）地区。

硼镁石在水中溶解缓慢，易溶于酸。它不如前两种资源（硼砂和硬硼钙石）易于加工。典型矿区有，苏联哈萨克斯坦的因杰尔（ИНДЕР）地区；中国东北部的辽—吉地区。

在这三种主要硼资源中，中国仅发现硼砂和硼镁石两种。前者地处青藏高原，工业基础薄弱，交通十分闭塞，尽管在1956年就已开始采掘并建立了硼加工厂，但发展规模受到限制。因此，硼镁石这种资源，在中国就占据了突出地位。表36.4.1所列的硼镁石矿物特征中，指出其理论 B_2O_3 含量为40.4%，而目前国内研究和生产的矿区，其选矿富集的精矿品位分别列于表36.4.2。其富矿比都不高。因此在选矿工艺、选矿药剂乃至选矿设备上，均有大量科研工作需待进行。

表36.4.2　某些矿区选矿富集结果

矿　区	研究或生产	精矿品位（B_2O_3%）
辽宁后仙峪	半工业性试验	23.66
辽宁凤城	试验室研究	20.51
辽宁凤城	小生产厂	14.76
吉林小东沟	试验室研究	13
湖南常宁	试验室研究	14.71
吉林高台沟	试验室研究	21.30

B　硼矿石

中国对于硼矿石类型的划分，一般是以其内生或外生为别。在外生硼矿床中，多以所含主要硼矿物命名。在内生硼矿床中，根据含镁硼酸盐矿物的组合不同，一般又分为硼镁石矿、硼镁石—硼镁铁矿以及硼镁铁—磁铁矿三个自然类型，它们各自都可成为独立的矿床。但结合选矿和加工工艺的特点，这样的划分又显得粗略。因此有人主张根据矿石的自然类型和选矿方法的差异，划分为矿石工艺类型；也有人认为按照矿石中所含脉石矿物的不同而冠以不同的类别。参照上述看法，现将中国内生硼矿石类型列于表36.4.3。

从表36.4.3可大致看出，中国内生硼矿床，矿石类型复杂、矿物组成多样、嵌布特性各异、共生关系密切，造成选别手段各有不同，选别指标高低不一。因而必须从多方面加以探索，并且使开采、选别、加工三个环节密切联系，才能使中国丰富的、多种的硼矿资源，发挥其巨大潜力。

C　硼矿床

中国硼矿床类型，主要有两大类：一类是大陆盐湖硼矿；二是矽卡岩硼矿。

大陆盐湖硼矿属于外生条件下形成的硼矿床，在世界硼矿床分类中，为火山沉积型闭流湖泊的盐湖沉积矿床（详见表36.4.4)。如中国西藏北部某大型硼湖，其含硼矿物主要有硼砂，少量钠硼解石。共生的盐类有芒硝、天然碱、石膏和食盐，是一综合性的盐湖矿床。硼有三种存在形式：硼晶、硼泥和卤水，都具有开采价值，尤其是硼晶，易于粉碎、易溶于水，加工方法简单，利用比较方便。

矽卡岩硼矿属于内生条件下形成的硼矿床，在世界硼矿床分类中，为镁矽卡岩中的硼酸盐矿床（详见表36.4.4)。中国东北地区有比较丰富的这类矿床。现已开采的辽宁省凤城硼矿，赋存于变质岩层内的白云质大理岩中，主要含硼矿物为硼镁石，矿石品位（以B_2O_3计）较高，多为B_2O_3含量大于12%的富矿，加工条件也较好，有一定的工业意义。至于其他类型的内生硼矿床，由于矿物成分复杂、加工方法困难，尚没有得到充分利用。值得注意的是，这类硼矿资源中，往往含有大量的磁铁矿并常赋有稀散

表 36.4.3 中国内生硼矿石类型划分

矿石类型	主 要 特 征	典型矿区	矿 石 可 选 性
硼镁石型	1. 主要矿物是硼镁石和蛇纹石，前者及其集合体粒度较粗；后者浸染粒度较微细； 2. 主要矿物是硼镁石和砂镁石，前者以网脉状与脉石矿物共生，易于解离	1. 辽宁砖庙沟 2. 辽宁后仙峪	1. 多采用细磨（−200 目占 80% ~90%）浮选流程：原矿含 $B_2O_3$2.28%，精矿含 $B_2O_3$13.70%，回收率 69.40%； 2. 多采用粗磨（−200 目占 70%）浮选流程：入料含 $B_2O_3$7.57%，精矿含 $B_2O_3$23.66%，回收率 85.61%
硼镁石—磁铁矿—蛇纹石型	1. 主要矿物是硼镁石和磁铁矿，含有部分蛇纹石，前者与脉石矿物均匀共生，浸染粒度较细； 2. 主要矿物是硼镁石和蛇纹石，含有部分磁铁矿，前者与脉石矿物交错连生，浸染粒度细	1. 辽宁凤城 2. 吉林小东沟	1. 细磨（−320 目占 94%）、磁—浮选联合流程：原矿含 $B_2O_3$13.94%、TFe14%；精矿含 $B_2O_3$20.51%、TFe61.79%，回收率分别为 91.97% B_2O_3、88.10% TFe； 2. 采用细磨、磁—浮选或细磨浮选流程
硼镁石—碳酸盐型	1. 主要矿物是硼镁石（镁硼石）和方解石、白云石，其中碳酸盐矿物占脉石矿物量的 80% 以上； 2. 主要矿物是硼镁石、菱镁矿和部分蛇纹石，硼镁石浸染粒度微细；但菱镁矿浸染粒度较粗	1. 湖南常宁 2. 吉林高台沟	1. 采用焙烧—消化法，原矿 6.95% B_2O_3，精矿 14.71% B_2O_3，回收率 82.89%； 2. 因非碳酸盐脉石含量较大（7.30%），故采用优先浮选菱镁矿或混合浮选、再行分离菱镁矿的流程
硼镁石化硼镁铁矿—磁铁矿型	以硼镁铁矿为主要硼矿物，磁铁矿也占较大比例。前者多呈粒状，浸染粒度 0.1 ~0.3 毫米；后者浸染粒度 0.1 ~0.2 毫米		由于两种主要矿物的磁性不同，采用弱磁—强磁全磁选流程选别，所得硼铁精矿，再经化学加工，进行硼铁分离
含铀硼镁铁矿化硼镁石—磁铁矿型	成分比较复杂，主要矿物有硼镁石、磁铁矿、蛇纹石，还含有一定量的硼镁铁矿和少量的晶质铀矿，硼镁石嵌布粒度细，连晶关系密切	辽宁翁泉沟	采用磁选—重选—分级联合流程，综合回收其各有益组分
锰方硼石型	中国首次发现的新矿种，主要有用矿物为锰方硼石和菱锰矿；脉石矿物为铁白云石	河北蓟县	曾进行细磨浮选、重选、磁选等方法的研究，以干式中磁选效果较好

表 36.4.4 硼矿床的分类

类型		亚类	主要硼矿物	B_2O_3含量(%)	储量	矿例
外生矿床	火山沉积矿床	1. 火山活动地区淡水湖相沉积矿床	硼砂、斜方硼砂	20~30	多为大型富矿	美国克拉默
		2. 火山附近盐湖沉积矿床	钠硼解石	25	不等	南美普纳高原
		3. 闭流湖泊的盐湖沉积矿床	钠硼解石、硼砂	1.5~2.5 可达 12	大	美国西尔兹湖、中国西藏、青海盐湖
	盐类沉积矿床	1. 产于钾盐、镁盐沉积中的硼酸盐矿床	水硼镁石、硼钾镁石、方硼石	2~3	很大	苏联上卡姆钾盐矿、民主德国斯塔斯孚特、美国温丘拉
		2. 产于石膏及泻湖沉积的硬石膏层中的硼酸盐矿床	白硼钙石	15~20	中	土耳其的苏尔坦—恰乌尔
		3. 盐丘中的石膏帽矿床	硼镁石、钠硼解石、水方硼石	20	一般不大，少数为中型	苏联因杰尔
内生矿床	镁矽卡岩中的硼酸盐矿床	1. 镁硼石 2. 硼镁石 3. 硼镁铁矿		4~11 变化很大	大	朝鲜阿尔镇、中国东北地区、前苏联雅库特、罗马尼亚、美国
	钙矽卡岩中的硼酸盐矿床	1. 硅钙硼石		4~11 可达 20		苏联远东、意大利、捷克
		2. 赛黄晶石		4~11	不大	苏联
矿化水		1. 温泉		大于 300 mg/L		意大利多斯加尼
		2. 盐湖卤水				
		3. 油田卤水		大于 400 mg/L		美国、苏联巴库和中亚细亚

元素而成为复合性矿床，这就带来了综合评价、综合利用的价值。

中国对各类硼矿床的主要工业要求，分别列于表 36.4.5、表 36.4.6 和表 36.4.7。

表 36.4.5　硼镁石矿床

边界品位	$B_2O_3 \geq 3\%$
工业品位	$B_2O_3 \geq 5\%$
可采厚度	1m
夹石剔除厚度	1～2m
矿石品位	Ⅰ级 $B_2O_3 > 10\%$（不需选矿、直接加工） Ⅱ级 $B_2O_3 > 5\% \sim 10\%$（需经选矿才能加工）

表 36.4.6　硼镁铁矿床

边界品位	$B_2O_3 \geq 3\%$
工业品位	$B_2O_3 \geq 5\%$
可采厚度	1m
夹石剔除厚度	1m
矿石品位	Ⅰ级 $B_2O_3 > 9\%$ Ⅱ级 $B_2O_3 > 5\% \sim 9\%$

表 36.4.7　盐湖硼矿

固体硼矿层	
边界品位	B_2O_3 1.5%
工业品位	B_2O_3 2%
可采厚度	0.3m
夹石剔除厚度	0.6m
含硼卤水及晶间卤水	
边界品位	B_2O_3 400mg/L
工业品位	B_2O_3 1000mg/L

36.4.1.2 中国的硼矿资源

中国的硼矿资源相当丰富。目前已查明的硼矿点，大约有55处。以探明储量与国外经济可用储量相比，居世界第五位。矿床类型主要有矽卡岩硼矿(内生硼矿)和大陆盐湖硼矿(外生硼矿)两种。前者集中于东北的辽宁和吉林地区，其储量占总储量的65%；后者分布在青海和西藏，其储量占总储量的29.8%。在青海，主要有钠硼解石($Na_2O \cdot 2CaO \cdot 5B_2O_3 \cdot 16H_2O$)、柱硼镁石($MgO \cdot B_2O_3 \cdot 3H_2O$)、水方硼石($CaO \cdot MgO \cdot 3B_2O_3 \cdot 6H_2O$)和库水硼镁石($2MgO \cdot 3B_2O_3 \cdot 15H_2O$)等；在西藏，主要是天然硼砂($Na_2O \cdot 2B_2O_3 \cdot 10H_2O$)。在辽宁和吉林，则蕴藏着硼镁石矿($2MgO \cdot B_2O_3 \cdot H_2O$)和硼镁铁矿[$3MgO \cdot B_2O_3 \cdot (Fe, Mg)O \cdot Fe_2O_3$]。此外，在西藏还有含硼湖泥、湖水；在四川还有含硼卤水；吉林在某石棉矿中伴生硼镁石矿，江苏在某铁矿中含有硼的资源；河北有中国首次发现的锰方硼石($Mn_3B_7O_{13}Cl$)；湖南和安徽也有中型矽卡岩硼矿等。

目前，中国大量开采利用的主要硼资源，是辽—吉一带的矽卡岩型硼镁石矿床。这种内生硼矿的特点，一般是品位低(B_2O_3含量在5%~18%之间，而苏联用于化学加工的硼镁石矿品位多在20%~25% B_2O_3以上)，有用矿物嵌布粒度较细，矿物组成和共生关系复杂。这相对于美国的天然硼砂矿和土耳其的硬硼钙石矿而言，加工难度大，从而限制了矿石的有效利用。为了保证硼化物的生产，要加强地质勘探工作，寻找新的矿源；同时要研究低品位硼镁石矿及占储量比例很大的盐湖硼矿和内生硼镁铁矿的选矿富集技术和加工利用技术，使中国的硼矿资源得以充分地、合理地开发和利用。

36.4.1.3 硼砂(酸)生产对硼矿石质量的要求

目前中国除了西藏和青海就地利用粗硼砂和钠硼解石生产小量硼矿以外，内地的硼加工厂，绝大多数以硼镁石矿为原料生产硼砂和硼酸，然后再加工成其他一系列的硼化合物。

生产硼砂、硼酸的方法，归纳起来有碱法、氨法和酸法三种生产类型。这些加工方法对硼矿石质量的要求，中国现尚无统一的规定，一般要求是：

碱法和氨法：因其硼矿石要经焙烧预处理后，才能进一步碱解或氨浸，所以在目前采用竖窑焙烧的工艺时，要求矿石的块度大于30毫米。矿石的品位，以含B_2O_3 12%为标准矿。

酸法：它不受矿石块度的影响，小于30毫米的粉矿也可以利用，但要求矿石品位高一些为好，即要注意矿石的“镁硼比”(MgO/B_2O_3)。矿石含硼量越高越好，含镁量越低越好。此外，含铁量也不宜太高。

这些要求，应该说只是根据中国目前的硼资源现状而形成的权宜之策，随着硼矿富集技术的提高，逐步向加工部门提供精料，将会使中国硼化物的生产，发展到一个更高的水平。

36.4.1.4　硼矿选矿实践

A　硼镁石型：后仙峪硼矿浮选法中间试验

辽宁省地质局中心实验室，1966年曾对营口后仙峪硼矿手选后的中矿(含B_2O_3 7%～8%)进行过浮选法选别的研究。

试验用的样品采自后仙峪矿区一号矿体。采出原矿的品位为B_2O_3 15.11%，经破碎到150～200毫米手选后，获得含B_2O_3 29.4%的“手选精矿”，回收率为72.0%；丢弃的废石含B_2O_3 0.62%，硼损失率为0.8%。手选后剩下的中矿，产率在40%左右，含B_2O_3 7%～8%，即为试验研究的“浮选给矿”。

这部分浮选给矿的矿物组成，列于表36.4.8。含硼矿物硼镁石的构造，以致密块状为主，结构以纤维状为主。硼镁石与矽镁石共生关系密切，与蛇纹石、金云母、碳酸盐矿物次之。其连生特性为：硼镁石呈网脉状，与矽镁石之间共生关系较密切，脉壁较为平直，易于解离，呈这种接触关系的约占60%～65%；硼镁石呈较平直的港湾状与金云母接触，边缘规则，易于解离，呈这种接触关系的约占10%；硼镁石呈不连续脉状与蛇纹石接触，边缘平直，局部也见锯齿状，呈这种接触关系的占10%～15%；硼镁石呈网脉状分布于蛇纹石中，大约占5%。浮选给矿的化学多项分析，列于表36.4.9。

中间试验所用的设备，如图36.4.1和表36.4.10所示。

表36.4.8 浮选给矿矿物组成(目估)

矿　物	硼镁石	矽镁石	橄榄石	金云母	蛇纹石	碳酸盐及金属矿物
含量(%)	20	40	15	5~10	<5	少量

表36.4.9 浮选给矿化学多项分析

项　目	B_2O_3	Fe_2O_3	Al_2O_3	SiO_2	CaO	MgO
含量(%)	7.62	6.60	1.22	32.56	0.59	44.83

表36.4.10 中间试验设备表

序号	设备名称	规　格	转速(r/min)	其　他
1	给矿机	190mm	2	功率0.5kW
2	球磨机	250×500mm	108	功率1.1kW
3	分级机	150×1200mm	38	功率0.35kW
4	分级机	100×1200mm	48	功率0.35kW
5	砂　泵	13mm		
6	搅拌槽	φ300mm	1340	功率0.5kW
7	浮选机	121mm	1180	充气量7.17mL/min

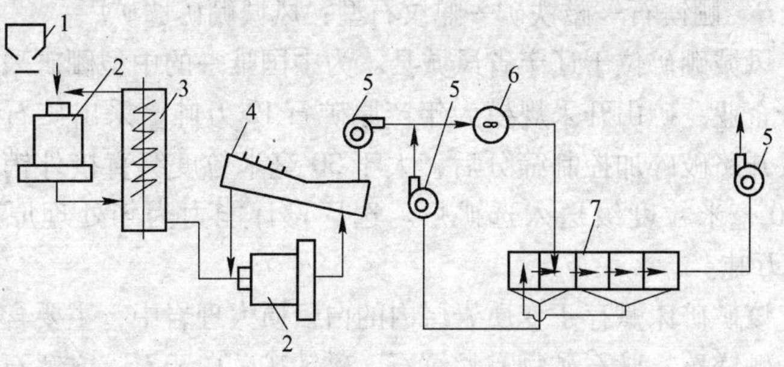

图36.4.1 营口后仙峪硼矿浮选法中间试验设备联系图

工艺控制条件为：给矿粒度 3～0 毫米；Ⅰ段磨矿细度 -200 目占 40%，分级溢流浓度 25%；Ⅱ段磨矿细度 -200 目占 75%，分级溢流浓度 14%。浮选矿浆 pH 值 6.5～7.0，浮选温度 40℃左右。浮选药剂制度见表 36.4.11。

中间试验所获结果，见图 36.4.2。试验产品的化学多项分析，见表 36.4.12。

表 36.4.11　浮选药剂制度

浮选药剂名称	加药地点				
	Ⅱ段分级机溢流砂泵	粗选搅拌槽	扫选第一槽	扫选第二槽	扫选泡沫槽
	用量（kg/t 给矿）				
硫酸	8.98		0.225	0.225	0.178
硅酸钠	6.00				0.78
捕收剂①		5.80	1.16		

①捕收剂：皂用酸和轻柴油按重量比 1∶1 的混合物。

表 36.4.12　中间试验产品化学多项分析

项目	B_2O_3	SiO_2	Fe_2O_3	Al_2O_3	CaO	MgO
精矿（%）	23.66	11.09	4.86	0.76	1.10	44.37
尾矿（%）	1.50	39.38	7.07	1.73	0.51	44.60

B　硼镁石—磁铁矿—蛇纹石型：凤城硼矿选矿厂

凤城硼矿位于辽宁省凤城县。为中国唯一的中型硼矿采、选联合企业。矿山开采规模为年产原矿石 12 万吨，采出矿石经过一段开路破碎加控制筛分后，大于 30 毫米粒度级直接外销；小于 30 毫米粒度级送入选矿厂。选厂设计能力为年处理原矿石 2.5 万吨。

该矿矿床赋存于变质岩层内的白云质大理岩中，主要含硼矿物为硼镁石，脉石矿物有蛇纹石、磁铁矿、白云石、方解石、镁橄榄石、透辉石、金云母和阳起石等。

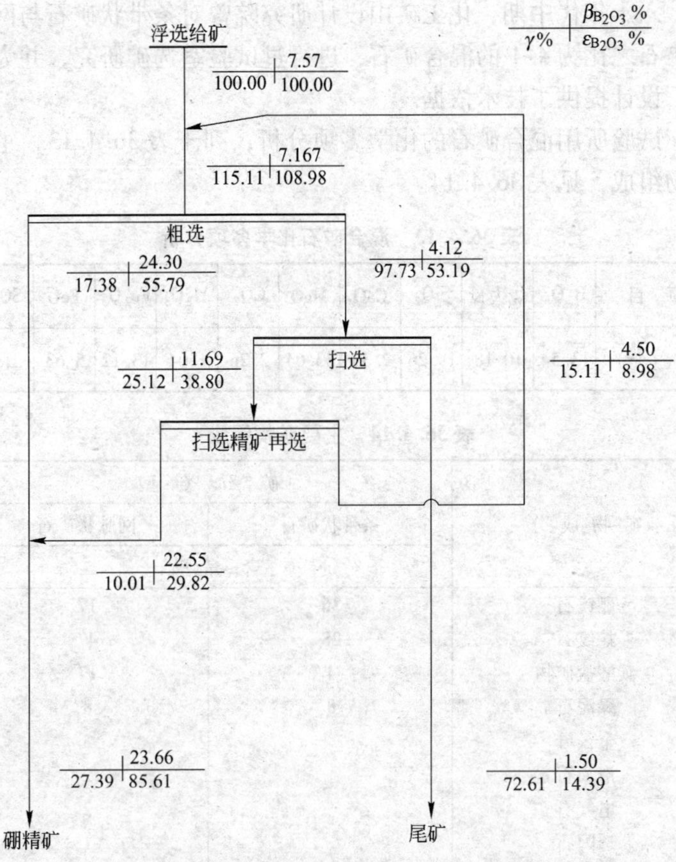

图 36.4.2 中间试验数质量流程

矿区内矿石构造，主要分为条带状和网脉状两种类型，其储量之比大约为 4∶1。条带状矿石为灰色、灰黑色。硼镁石与少量蛇纹石、磁铁矿等组成灰白色含矿条带；金属矿物与少量硼镁石组成暗灰色非矿条带。两者相间排列形成条带状构造。其条带宽度最小小于 1 毫米；最大大于 20 毫米。网脉状矿石为灰白色、绿色、暗绿色。硼镁石以脉状、团状穿插于矿石之中，形成不规则的网脉状构造。

六十年代中期，化工矿山设计研究院曾对条带状矿石与网脉状矿石之比为4∶1的混合矿石，进行过试验室选矿研究，并为选矿厂设计提供了技术依据。

试验所用混合矿石的化学多项分析，列于表36.4.13，主要矿物组成，见表36.4.14。

表36.4.13　混合矿石化学多项分析

项　目	B_2O_3	烧失量	SiO_2	CaO	MgO	CO_2	Al_2O_3	Fe_2O_3	FeO	SO_4^{2-}
含量(%)	13.54	10.18	19.26	2.33	33.64	2.26	1.04	13.12	5.63	1.06

表36.4.14　主要矿物组成

矿物成分	矿石类型	
	条带状矿石	网脉状矿石
	含　量(%)	
硼镁石	36	17
蛇纹石	28	47
碳酸盐矿物	4	17
绿泥石	8	8
金云母		3
滑　石		2
电气石		2
透闪石		1
磁铁矿	23	2
其　他	1	1

硼镁石和磁铁矿的颗粒分布，见表36.4.15。脉石矿物粒度大小，见表36.4.16。

试验室选别的工艺条件和获得的产品指标见图36.4.3。所得硼镁石精矿产品的化学多项分析，列于表36.4.17。

在试验室试验研究的基础上，1975年8月，该院又配合凤城硼矿在现场进行了硼浮选系统的生产测定，其结果见图36.4.4。对含B_2O_3为8.47%的浮选入料，经一次粗选、两次扫选和一次

表 36.4.15 主要矿物颗粒粒度测定

矿石类型	矿物	粒级（毫米）	0.0038 ~ 0.016	0.016 ~ 0.064	0.064 ~ 0.0912	0.0912 ~ 0.128	0.128 ~ 0.192	0.192 ~ 0.272	0.272 ~ 0.40	0.40 ~ 0.64	0.64 ~ 1.60	>1.60
条带状矿石	硼镁石	面积百分数		0.42	0.70		1.40	2.33	4.55	9.16	36.07	45.32
		颗粒百分数		59.86	11.01		6.88	6.19	5.27	4.81	4.81	1.14
	磁铁矿	面积百分数	2.06	18.99	45.51	5.60	8.37	19.44				
		颗粒百分数	52.8	39.4	4.5	1.3						
网脉状矿石	硼镁石	面积百分数		1.74	6.48		6.76	7.35	11.64	27.66	38.36	
		颗粒百分数		51.77	18.79		11.34	6.06	4.96	4.60	2.48	

表 36.4.16 脉石矿物粒度

脉石矿物名称	范围 最大	范围 最小	范围 一般
	粒径（mm）		
蛇纹石	1.84	0.016	
白云石	3.20		0.4 ~ 0.8
方解石	0.5	0.016	0.08 ~ 0.2
绿泥石	0.5	0.32	
滑　石	0.08	0.016	0.048
金云母	0.5	0.048	0.32
电气石	2.9	0.5	0.8 ~ 1.28

精选的工艺流程，在采用与试验室试验的浮选药剂条件相近的情况下，可获得含 B_2O_3 为 14.81% 的硼镁石精矿，浮选作业回收率为 56.08%。

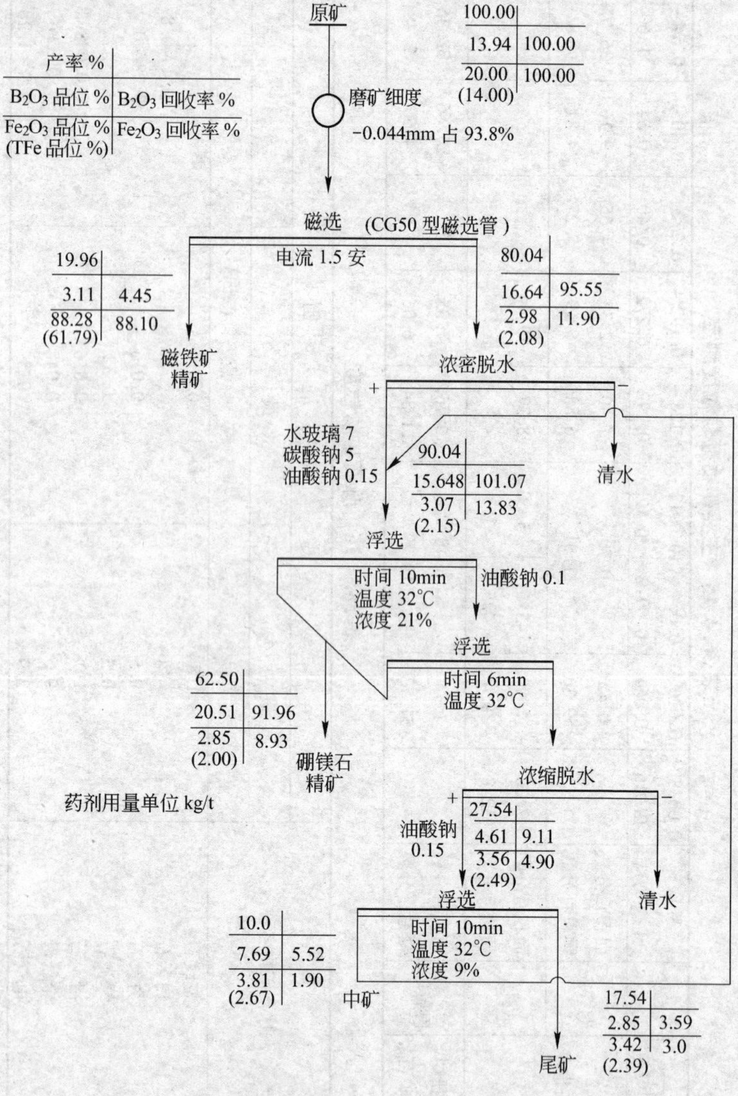

图 36.4.3　凤城硼矿试验室试验工艺条件及选别结果

表 36.4.17　硼镁石精矿化学多项分析

项目	B_2O_3	MgO	CaO	Fe_2O_3	TFe	Al_2O_3	SiO_2	MnO	SO_4^{2-}	Cl^-	烧失量
含量(%)	20.81	39.82	3.53	3.12	2.18	1.11	16.09	0.24	0.13	0.07	14.26

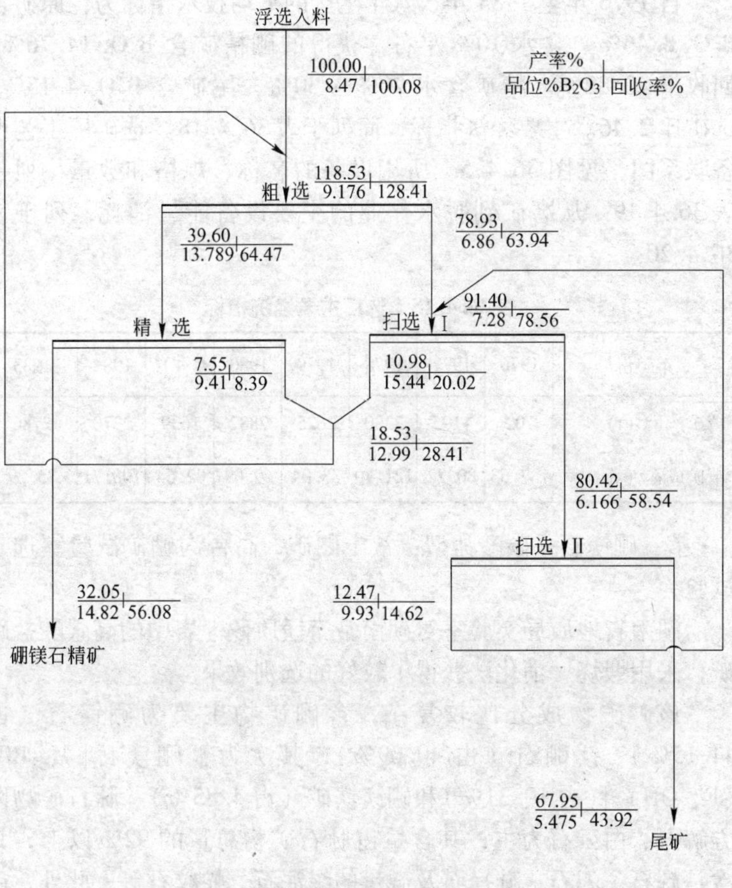

图 36.4.4　凤城硼矿硼浮选系统生产流程测定

自 1975 年试生产之后，选矿厂实际生产时的工艺控制条件为：磨矿细度 -200 目占 80%；浮选温度 32 ~ 40℃、浮选矿浆

pH 值 9 ~ 9.5、粗选浓度 23%、粗选时间 17 分、精选浓度 12.6%、精选时间 9 分；浮选药剂自 1977 年 6 月起，改油酸钠为氧化石蜡皂，实际用量为：碳酸钠 3.70 ~ 5.97 公斤/吨原矿、水玻璃 0.54 ~ 1.68 公斤/吨原矿、氧化石蜡皂 0.42 ~ 1.31 公斤/吨原矿。

自 1976 年至 1983 年，八年生产的平均技术指标为：原矿含 B_2O_3 8.46%、含水 10% 左右，获得的硼精矿含 B_2O_3 14.76%、回收率 70.82%。精矿含水 20% ~ 30%，尾矿含 B_2O_3 4.15%。选矿比 2.46。主要经济指标，简列于表 36.4.18。选矿厂工艺设备联系图，见图 36.4.5。所用设备的名称、规格和数量，列于表 36.4.19。从磨矿到脱水作业的主要设备能量消耗，列于表 36.4.20。

表 36.4.18　选厂主要经济指标

年　份	1976	1977	1978	1979	1980	1981	1982	1983
精矿产量（t）	702	1195	2380	2625	2882	1639	2370	2786
精矿成本（元/t）	137.63	80.22	121.70	83.04	69.09	82.64	108.71	75.29

C　硼镁石—碳酸盐型：常宁硼矿、高台沟硼矿试验室选矿试验

湖南省地质局实验室对湖南常宁镁质矽卡岩中的高碳酸盐硼矿，采用煅烧—消化法获得了较好的选别效果。

该矿矿物成分比较复杂，含硼矿物主要为硼镁石（占 44.15%）、镁硼石（占 40.69%），其次为氟硼镁石[$Mg_3BO_3(F、OH)_3$]（占 10.31%）和硼镁铁矿（占 4.85%）。脉石矿物以方解石、白云石为主，其含量占脉石矿物总量的 92% 以上，其次是辉石、闪石、硅镁石及微量的绿泥石、蛇纹石等。此外，还伴生有铜、锡等有益组分。

试验所用原矿的化学多项分析，列于表 36.4.21。原矿差热曲线，示于图 36.4.6。图中 730℃为白云石开始分解：白云石中

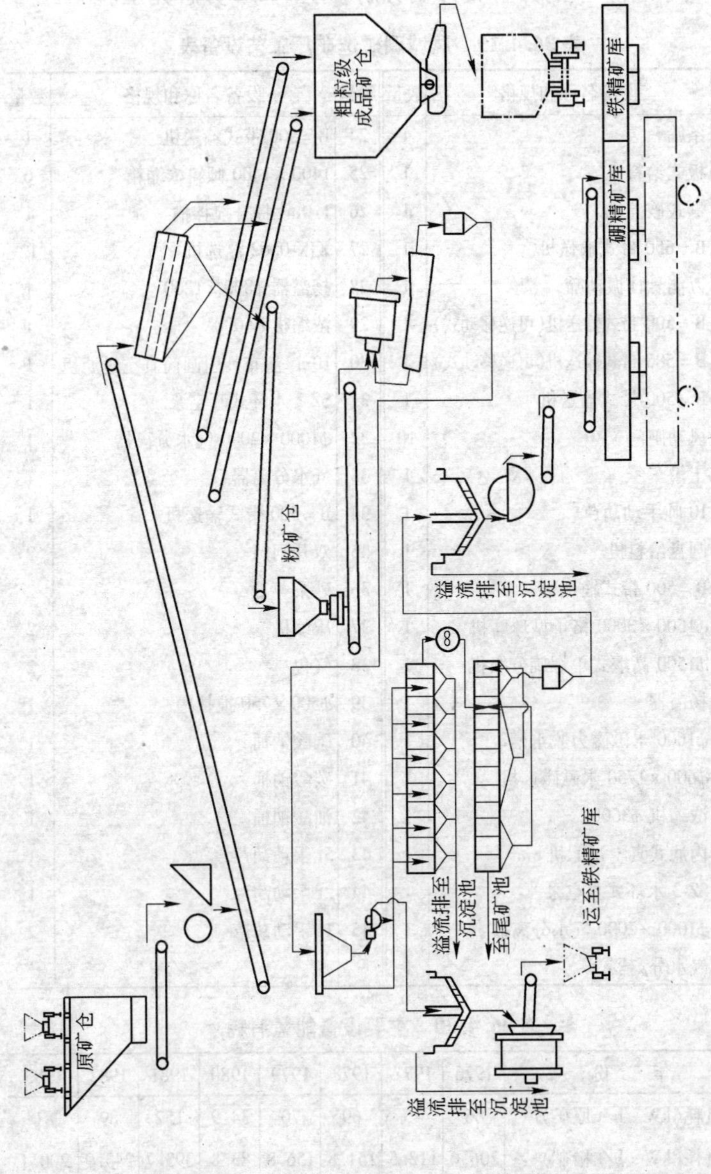

图 36.4.5 风城硼矿选矿厂工艺设备联系图

的 $MgCO_3$ 分解成为 MgO 和 CO_2。860℃的吸热峰表示白云石中的 $CaCO_3$ 和原矿中的方解石开始分解，至 900℃分解完全。

表 36.4.19 凤城硼矿选矿厂工艺设备表

编号	设备名称和规格	数量	编号	设备名称和规格	数量
01	条筛	1	24	B=500 带式输送机	1
02	板式给料机	1	25	1400×1400 倾斜浓缩箱	6
03	颚式破碎机	1	26	1.9m^3 提升搅拌槽	1
04	B=650 带式输送机	1	27	XJK-0.62 浮选机	12
05	万能悬挂振动筛	1	28	扬溢器 ϕ800×1200	1
06	B=500 带式输送机(可逆移动式)	1	29	浓缩机 ϕ6000	1
07	B=500 带式输送机(可逆移动式)	1	30	10m^2 滤布外引圆筒真空过滤机	1
08	B=500 带式输送机	1	31	SZ-3 水环式真空泵	1
09	风动闸门	10	32	ϕ1000×2000 气水分离器	1
10	土吊车	1	33	气水分离器	1
11	10 吨手动葫芦	1	34	B=500 带式输送机	1
12	圆盘给料机	1	35	双开闸门	2
13	B=500 带式输送机	1	36	砂泵	2
14	ϕ1500×3000 格子型球磨机	1	37	压缩机	2
15	ϕ1500 高堰式单螺旋分级机	1	38	气包	2
16	扬溢器	1	39	ϕ500×750 搅拌槽	1
17	ϕ1600 永磁磁力脱水槽	1	40	碳酸钠桶	1
18	ϕ600×1750 永磁磁选机	1	41	碳酸钠桶	1
19	浓缩机 ϕ3600	1	42	油酸钠桶	1
20	内滤式真空过滤机 8m^2	1	43	5t 手动葫芦	1
21	SZ-3 水环式真空泵	1	44	2t 手动葫芦	1
22	ϕ1000×2000 气水分离器	1	45	1t 手动葫芦	2
23	气水分离器	1			

表 36.4.20 主要设备能量消耗

年 份	1976	1977	1978	1979	1980	1981	1982	1983
电耗(kW·h/t 原矿)	66	45	69	70	34.9	152	89	81
电耗(kW·h/t 精矿)	206.6	112.5	151.8	156.8	83.8	393.7	243.9	200.1

试验的简单过程为：采用实验室型马弗炉(温度波动范围±20℃)烧矿，在耐火盘中装入粒度小于2毫米的原矿500克，煅烧温度920℃、煅烧时间30分钟，将烧成矿出炉立即投入室温水中骤冷消化(CaO、MgO与水作用成乳状悬浮液)，消化时的液固比为3: 1，人工搅拌15分钟或机械搅拌5分钟，然后用200目筛子人工脱除石灰乳，粗粒部分即为硼精矿。

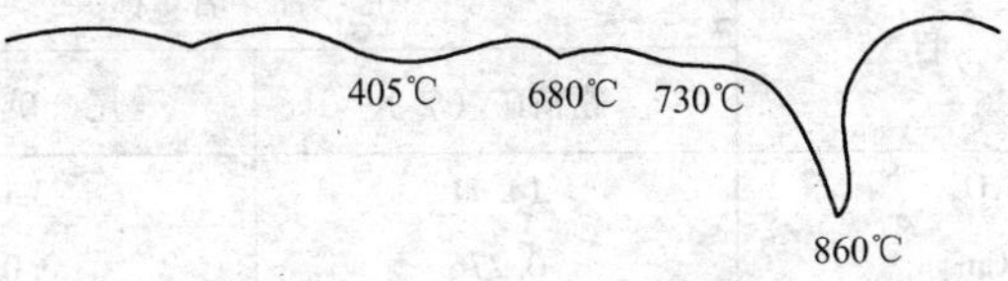

图36.4.6　试验原矿差热曲线

表36.4.21　试验原矿化学多项分析

项　目	B_2O_3	Sn	Bi	Cu	WO_3	MnO	SiO_2	TiO_2	Al_2O_3
含量(%)	6.95	0.087	0.002	0.110	0.010	0.14	2.92	0.00	0.39
项　目	Fe_2O_3	FeO	P_2O_5	CaO	MgO	Na_2O	S	烧失量	
含量(%)	1.15	0.70	0.005	31.51	21.96	0.22	0.041	34.27	

试验结果为:原矿含$B_2O_3$6.95%,获得硼精矿含$B_2O_3$14.71%,回收率82.89%。该硼精矿用酸法制硼酸的酸解率为97.1%,符合化工部门的质量要求，最终产品的化学多项分析，见表36.4.22。

吉林高台沟硼矿，主要矿物除硼镁石、蛇纹石外，尚有可综合回收的碳酸盐矿物——菱镁矿。矿石中菱镁矿的浸染粒度较粗，为0.2~0.3毫米；硼镁石多为纤维状硼镁石，浸染粒度较细，为0.02~0.2毫米；且与蛇纹石、磁铁矿呈犬牙交错连生。选别这种矿石，研究了优先浮选和混合浮选两种流程。

优先浮选流程，如图36.4.7所示。在pH值为8~9的弱碱性介质中优先浮选菱镁矿，以水玻璃作为抑制剂；也可在pH值为7的中性介质中，以羧甲基纤维素为抑制剂；均以粗塔尔皂作捕收剂。浮选温度宜控制在30~35℃。在优先浮选菱镁矿后，可采用浓缩、过滤、活性炭解吸、硫酸清洗解吸等方法使被抑制的硼镁石重新活化。其中以硫酸清洗解吸的方法效果较好。

表 36.4.22　煅烧—消化法产品化学多项分析

项目	产品名称	
	硼精矿（%）	尾矿（%）
B_2O_3	14.71	3.00
Cu	0.276	0.031
Sn	0.207	0.041
CaO	24.56	48.11
MgO	37.80	17.12
Fe_2O_3	2.36	0.50
Al_2O_3	0.05	0.05
酸不溶物	17.40	2.42

混合浮选流程，如图36.4.8所示。在pH值为6~7的介质中，用1∶2.5的水玻璃和硫酸混合药剂来抑制蛇纹石，并加入单宁酸活化硼镁石。羧甲基纤维素与柠檬酸混合使用来抑制混合精矿中的硼镁石，用米糠油浮选菱镁矿。

两种浮选流程的试验结果，均列于表36.4.23。由表中看出：虽然混合浮选的菱镁矿精矿回收率低些，但硼镁石精矿的回收率较高，而且可把45%的脉石矿物蛇纹石首先排出尾矿，这就大大减少了浮选过程的负荷，流程结构也比较简单。

D　硼镁石化硼镁铁矿—磁铁矿型：某硼矿试验室选矿试验

在这种类型的矿石中，硼镁铁矿、磁铁矿和蛇纹石为主要矿物，还有少量的纤维状硼镁石。

硼镁铁矿多呈粒状，一般粒度为0.1~0.3毫米；磁铁矿粒度为0.1~0.2毫米。硼镁铁矿属弱磁性矿物，比磁化系数为$100\times10^{-6}\sim600\times10^{-6}$厘米^3/克；磁铁矿的比磁化系数为9200×

$10^{-6} \sim 5800 \times 10^{-6}$厘米^3/克；硼镁石和蛇纹石为非磁性矿物，比磁化系数分别小于40×10^{-6}和$17.09 \times 10^{-6} \sim 13.33 \times 10^{-6}$厘米^3/克。由此可见，采用弱磁—强磁的全磁选流程，能获得硼镁铁精矿。其结果见表36.4.24。

硼铁的分离，可用电炉熔炼—加压碱解法和直接还原—磁选法。

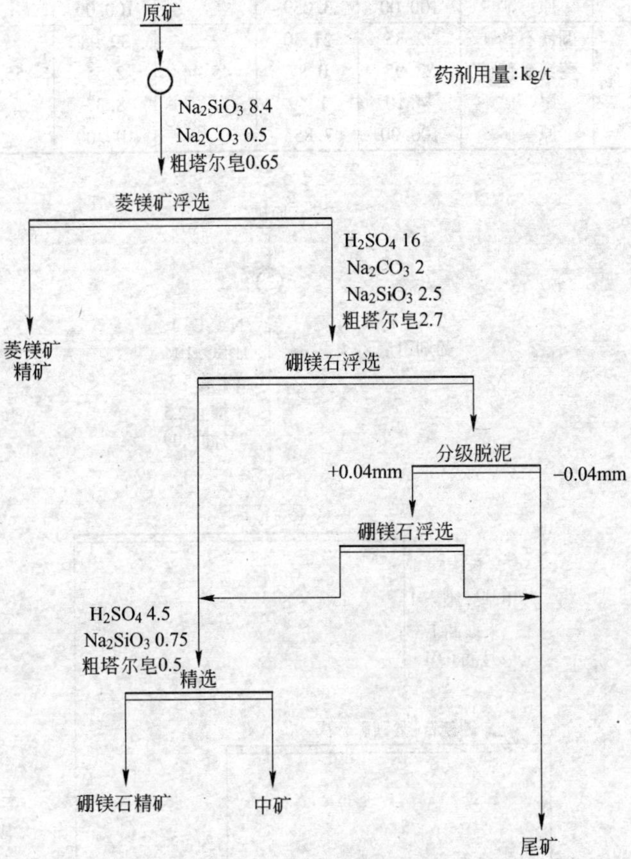

图36.4.7　优先浮选流程

采用直接还原—磁选法，是使硼镁铁矿在1150～1250℃时，

表 36.4.23　两种流程试验结果

选别流程	产品名称	产率（%）	品位（%）		回收率（%）	
			B_2O_3	MgO	B_2O_3	MgO
优先浮选	硼镁石精矿	21.68	11.70		82.93	
	菱镁矿精矿	21.19	0.53	44.86	3.67	73.50
	硼镁石中矿	9.93	1.94		6.30	
	尾　矿	47.20	0.46		7.10	
	原　矿	100.00	3.059		100.00	
混合浮选	硼镁石精矿	32.85	21.30		89.08	
	菱镁矿精矿	23.05	0.87	45.44	2.55	55.00
	尾　矿	44.10	1.49		8.37	
	原　矿	100.00	7.855		100.00	

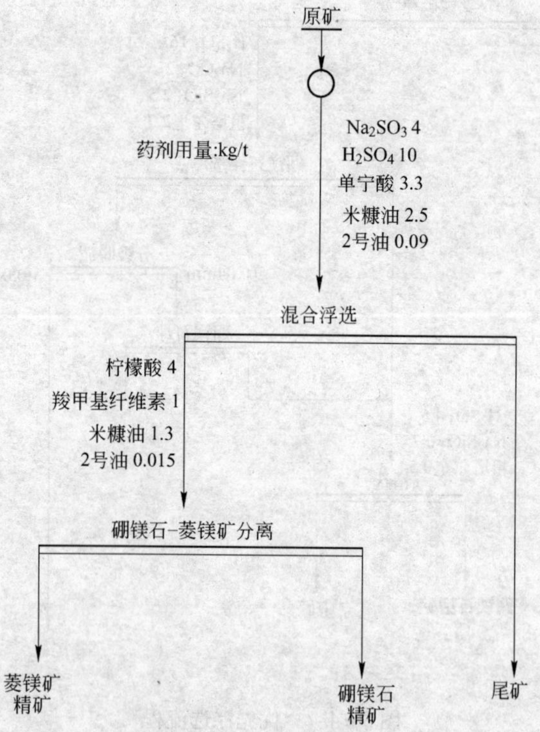

图 36.4.8　混合浮选流程

产生分解还原反应，使矿物发生相变的过程中，铁被金属化，而硼在氯化钠或氯化钙添加剂的作用下得到重新组合，转变为偏硼酸镁或含钙铁硼酸盐，经弱磁选处理，使硼铁分离。分解—还原过程中，焙烧温度、焙烧时间、添加剂种类及其用量、还原气氛等，都是影响硼铁分离效果的主要因素。其工艺流程如图 36.4.9 所示。

表 36.4.24 全磁选流程结果

产品名称	产率（%）	品位（%）		回收率（%）	
		B_2O_3	TFe	B_2O_3	TFe
铁精矿	32.99	6.40	53.99	18.32	52.31
硼镁铁精矿	29.11	13.54	37.22	34.18	31.91
硼精矿	37.90	14.45	14.17	47.50	15.78
原矿	100.00	11.53	34.05	100.00	100.00

E 含铀硼镁铁矿化硼镁石—磁铁矿型：翁泉沟硼矿试验室选矿试验

辽宁省翁泉沟含铀铁硼矿床，是一个新类型的接触交代镁质矽卡岩矿床。主要有用元素为铁、铀、硼、镁，其储量均达大型规模。广东省地质局第九试验室曾对该矿的综合利用，进行过试验室研究。

该矿物质成分比较复杂，已发现的矿物有 56 种。其中主要有用矿物为：磁铁矿、硼镁石、晶质铀矿、硼镁铁矿；金属矿物有：磁黄铁矿、黄铁矿、变铜铀云母、黄铜矿；脉石矿物主要是蛇纹石，其次是云母、白云石、方解石、斜硅镁石、角闪石、长石、石英等。有用矿物嵌布粒度细，属细微粒不均匀嵌布。只是晶质铀矿粒度大小悬殊。其矿石矿物组成，详见表 36.4.25。矿石主要成分的化学分析，详见表 36.4.26。

试验室试验采用了“磁选—重选—分级”的联合流程，选别铁、铀、硼。即：以湿式弱磁选回收磁铁矿；以重选回收晶质铀矿，并得到硼镁铁精矿；以水力旋流器分级获得硼精矿。其总的

表 36.4.25　矿石矿物组成

矿物名称	磁铁矿	硼镁石	硼镁铁矿	晶质铀矿	蛇纹石	云母	磁黄铁矿	黄铁矿	碳酸盐	石英
含量（%）	42.26	17.65	2.40	0.0098	29.97	2.55	1.54	1.65	3.48	0.18

表 36.4.26　矿石主要成分的化学分析

成　分	TFe	SFe	FeO	B_2O_3	U	Th	Al_2O_3
含量（%）	32.15	32.10	16.45	6.22	0.0057	0.001	0.84
成　分	CaO	SiO_2	MgO	P_2O_5	S	MnO	CO_2
含量（%）	0.42	15.62	23.98	0.11	1.22	0.10	0.10

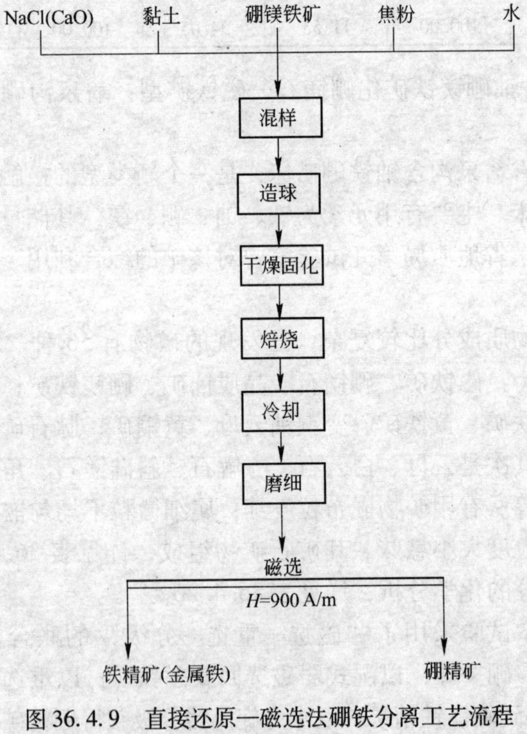

图 36.4.9　直接还原—磁选法硼铁分离工艺流程

选别工艺流程，示于图36.4.10。

磁选回收铁

磨矿细度试验表明：当磨矿细度达到小于320目粒级95%时，磁铁矿的单体解离度才能达到90%，所以，提高磁铁精矿的品位，关键在于细磨。

磁选粒度试验表明：随着磁选粒度的减小，铁精矿品位随之升高，但回收率则随之下降；同时，铁精矿中B_2O_3的含量和铀的含量也随之降低。因此，若要求铁精矿品位在60%以上，其中B_2O_3含量降至3%左右、铀的含量降至0.003%左右，则磁选粒度必须控制在-320目占95%左右。

为此，试验采用三段磨矿、三段磁选。试验结果见表36.4.27。

表36.4.27 磁选回收铁试验结果（磨矿细度-320目占95%）

产品名称	产率（%）	品位（%）			回收率（%）		
		TFe	B_2O_3	U	TFe	B_2O_3	U
铁精矿	44.91	61.21	2.76	0.0034	84.51	19.90	27.04
磁尾Ⅰ	18.63	9.78	4.73	0.0062	5.60	14.13	20.46
磁尾Ⅱ	23.93	7.16	9.99	0.0071	5.27	38.36	30.09
磁尾Ⅲ	12.53	11.99	13.73	0.0101	4.62	27.61	22.41
原　矿	100.00	32.53	6.23	0.00565	100.00	100.00	100.00

根据铁精矿中Ca、Mg、As、Si、B的含量，计算其碱度等于1，属于自熔性矿石，故铁精矿品位控制在61%TFe为宜。

重选回收铀

对磁选尾矿，进行了回收铀的试验。鉴于晶质铀矿的粒度较细，采用了螺旋溜槽和离心选矿机（规格为$\phi 300\times 310$毫米）作为粗选设备；而以刻槽弹簧摇床作为精选设备。磁选尾矿Ⅰ、Ⅱ、Ⅲ，分别重选后，可获得含铀为0.197%的铀精矿，重选作业回收率为63.45%，对原矿计的回收率为46.29%。所获得的铀精矿中，主要矿物为硼镁铁矿，其次是磁铁矿、黄铁矿。铀精

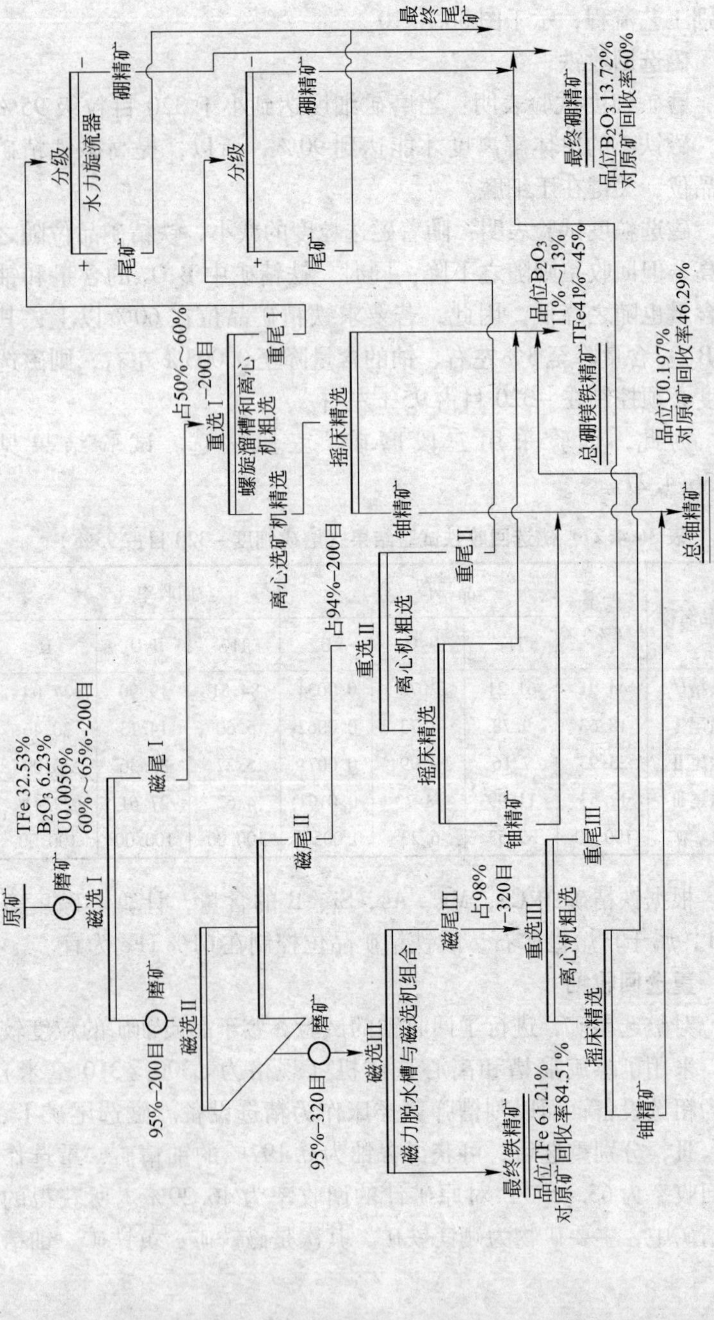

图 36. 4. 10 “磁选—重选—分级” 联合流程分选铀、铁、硼

矿粒度为 -200 目占 95%。

重选回收铀的试验结果，列于表 36.4.28。

表 36.4.28　重选回收铀的试验结果

产品名称		产率（%）	品位（%）			回收率（%）[②]		
			TFe	B_2O_3	U	TFe	B_2O_3	U
铀精矿		2.67	54.93	4.07	0.1970	16.05	1.20	63.45
铀中矿		9.37	19.18	6.21	0.0128	19.67	6.39	14.47
尾矿	尾矿Ⅰ	29.55	7.00	4.94	0.0019	22.64	16.04	6.77
	尾矿Ⅱ	38.17	5.69	10.41	0.0020	23.77	43.66	9.21
	尾矿Ⅲ	20.24	8.07	14.71	0.0025	17.87	32.71	6.10
	尾矿合计	87.96	6.88	9.56	0.00208	64.28	92.41	22.08
给矿[①]		100.00	9.14	9.10	0.00829	100.00	100.00	100.00

① 本表中“给矿”，系表 36.4.27 所列磁选尾矿Ⅰ、Ⅱ、Ⅲ，三个产品的加权平均计算结果；

② 回收率一栏，是指重选流程的“作业回收率”。

旋流器分级回收硼

重选尾矿中，主要含硼矿物为硼镁石，其矿物含量为 13%～30%；主要脉石矿物为蛇纹石，其矿物含量为 60%～70%；尚有少量云母。

由于硼镁石的嵌布粒度细，且性脆、易碎，因此在铁、铀的分选过程中，硼在细粒级有富集现象。根据重选尾矿不同粒级 B_2O_3 的含量变化可知，在粗粒级中，B_2O_3 含量低；而在细粒级中，特别在 -320 目粒级中，硼有显著富集，这就表明，按粒度进行分选以富集硼镁石是可能的。

根据目前国家对硼精矿品级的要求（B_2O_3 含量大于 10%），重选尾矿Ⅲ中，B_2O_3 含量为 14.71%（见表 36.4.28），可作为最终硼精矿。而仅对重选尾矿Ⅰ、Ⅱ，进行硼的回收试验。

试验表明：采用水力旋流器分级，在选择适宜的工艺参数的条件下（溢流管 ϕ18 毫米、沉砂口 ϕ5 毫米、给矿浓度 5%、给矿压力 0.9 ~ 1.2 公斤/厘米^2），可获得含 $B_2O_3$13.5% 以上、作业回收率为 78.55% 的硼精矿。连同未经分级的重选尾矿Ⅲ，混合后的最终硼精矿的 B_2O_3 含量为 13.72%，对原矿计的回收率为 60%。

硼镁铁矿的回收

硼镁铁矿的嵌布粒度，主要为 0.3 ~ 0.04 毫米，因此当最终磨矿粒度控制在 -320 目占 95%（进入磁选）时，硼镁铁矿已基本上达到单体解离。当采用重选流程回收铀时，硼镁铁矿在螺旋溜槽和离心选矿机的精矿中，也同时得到回收和富集，再采用摇床精选富集铀时，硼镁铁矿则主要分布于摇床中矿中，因此，摇床中矿即为硼镁铁精矿（详见图 36.4.10）。这时的硼镁铁矿矿物纯度一般在 85% ~ 90%，其中含 $B_2O_3$11% ~ 13%、TFe41% ~ 45%、MgO12% ~ 14%。

综上所述，对辽宁省翁泉沟含铀铁硼矿，采用“磁选—重选—分级”联合流程，可以获得磁铁矿精矿、铀精矿、硼精矿和硼镁铁精矿四种产品，有效地实现了矿石中有益组分的综合利用。

F　锰方硼石型：蓟县硼矿试验室选矿试验

锰方硼石（Chambersite）最早在 1962 年发现于美国得克萨斯州的钱柏斯（Chambers）县的盐丘中，与石盐、硬石膏及石膏伴生，以产地命名为“钱柏斯石”。1971 年在中国首次发现于河北蓟县—平谷一带震旦系下统长城群高于庄组中下部的黑色显微层状含粉砂微晶白云岩中。中国改名为“锰方硼石”，并将该矿床定名为“古海相沉积硼矿床”。

1974 年河北省地质局实验室，曾对该矿进行了“选矿—化工—冶金”联合工艺流程的试验研究，解决了硼锰分离问题，并获得合格的硼酸、硫酸锰、电解锰等多种化工、冶金产品。

锰方硼石是一种无水氯硼酸盐矿物。根据中国锰方硼石原矿物的化学全分析数据，计算其化学式为：$Mn_3B_7O_{13}Cl$。理论成分为：$B_2O_3$50.36%、MnO43.97%、Cl7.32%。这种矿石目前由于尚未发现有工业利用规模的矿床，因此在世界上未见工业利用实例。此种矿石经研究可以作为提取硼和锰的原料。

该矿石中主要有用矿物为锰方硼石和菱锰矿；脉石矿物为铁白云石。其中锰方硼石的矿物含量为13.5%、菱锰矿为18.6%、铁白云石60%以上，其他矿物约占5%~10%。

矿石的结构、构造可分为三类：

变鲕、变豆状结构、块状构造：主要由锰方硼石组成，这是一种高品位矿石；

变鲕、变豆状结构、斑点状似层状构造：主要由锰方硼石、菱锰矿以及铁白云石等组成，这是一种贫矿石；

粉砂微晶结构、显微层状构造：主要由铁白云石、石英等组成，同时含有少量菱锰矿和锰方硼石，这实际上是一种含矿岩石。

矿石化学组成分析，见表36.4.29。

表36.4.29 矿石化学组成（贵金属含量：g/t、其余为%）

项目	B_2O_3	Mn	Cl	S	P	SiO_2	Al_2O_3	CaO
含量	6.70	13.51	0.95	0.44	0.005	23.52	1.36	14.99
项目	MgO	FeO	TFe	TiO_2	K_2O	Na_2O	烧失量	Ag
含量	7.90	1.24	2.23	0.10	1.83	0.12	23.68	2.20

项目	Pt（铂）	Pd（钯）	Os（锇）	Ru（钌）	Ir（铱）
含量	0.007	0.007	0.003	0.0015	0.0009

锰方硼石（原矿物）、矿石（原矿石）及脉石（含矿岩石）的密度测定和成分分析，见表36.4.30。

锰方硼石矿石、菱锰矿矿石和混合矿石以及脉石的比磁化系数的测定结果，列于表36.4.31。

原矿筛分分析结果，见表36.4.32。

对含 $B_2O_3$6.7%、Mn13.51%（折成 MnO 为 16.35%）左右的原矿石，分别进行了浮选法、重选法和磁选法的选矿探索试验，

表 36.4.30 密度及成分测定结果

种类	密度（g/cm^3）	成分（%）	
		B_2O_3	MnO
锰方硼石（原矿物）	3.49	49.20	41.92
矿石（原矿石）	3.01	6.70	17.45
脉石（含矿岩石）	2.87	0.68	9.23

表 36.4.31 比磁化系数测定结果（cm^3/g）

矿石名称	矿物含量（%）		比磁化系数（$\times10^{-6}$ CGSM cm^3/g①）		化学分析（%）	
	锰方硼石	菱锰矿	变化范围	平均值	B_2O_3	MnO
锰方硼石矿石	91.29 82.12	4.55 9.63	317.17～136.71 125.18～102.65	188.20 113.06	45.19 40.65	41.03 40.32
菱锰矿矿石	0.28 0.28	88.53 85.98	120.01～105.69 189.73～130.89	110.77 150.59	0.14 0.14	54.74 53.17
混合矿石	61.64 71.82	32.32 17.84	124.93～100.30 174.81～113.77	107.96 136.03	30.51 35.55	45.75 41.11
脉石	0.10 0.46	14.49 15.88	96.87～52.03 65.76～41.41	68.04 50.38	0.05 0.23	8.98 9.80

① CGSM：厘米-克-秒电磁制。

结果表明：以采用干式中强磁场磁选工艺流程较为适宜。原因是锰方硼石属于弱磁性矿物，同时又常以块状集合体的形式出现，磁选效果较好。

干式中强磁场磁选的流程为：2～0 毫米的原矿，经分级为 2～1、1～0.5、0.5～0.1、0.1～0 毫米四个级别，分别进行干式中强磁场磁选。磁场强度为 5900 安/每米，其原则流程及最终选别结果，示于图 36.4.11。所得产品的化学多项分析，列于表 36.4.33。

表 36.4.32 原矿筛分分析结果

级别（mm）	产率（%）		品位（%）		分布率（%）			
					B_2O_3		Mn	
	部分	累积	B_2O_3	Mn	部分	累积	部分	累积
1.50	8.67	8.67	2.70	9.85	3.44	3.44	6.34	6.34
1.00	21.58	30.25	3.18	10.45	10.09	13.53	16.74	23.08
0.75	8.86	39.11	3.77	11.02	4.91	18.44	7.25	30.33
0.50	15.42	54.53	4.19	11.87	9.50	27.94	13.59	43.92
0.25	12.29	66.82	4.14	11.90	7.48	35.42	10.85	54.77
0.10	9.51	76.33	7.35	14.15	10.28	45.70	9.99	64.76
0.075	4.08	80.41	17.09	19.51	10.24	55.94	5.90	70.66
0.040	7.75	88.16	21.73	22.47	24.76	80.70	12.93	83.59
0.030	4.84	93.00	19.43	22.87	13.75	94.45	8.21	91.80
0.020	1.55	94.55	10.07	18.91	2.30	96.75	2.18	93.98
0.010	3.25	97.80	4.91	15.87	2.35	99.10	3.84	97.82
-0.010	2.20	100.00	2.77	13.34	0.90	100.00	2.18	100.00
合 计	100.00		6.80	13.47	100.00		100.00	

表 36.4.33 产品化学多项分析

产 品	含 量 （%）						
	B_2O_3	Mn	SiO_2	Al_2O_3	CaO	MgO	TFe
精 矿	14.62	21.56	16.48	1.71	7.80	3.21	2.07
尾 矿	0.77	7.05	28.60	2.03	16.54	6.45	2.35

产 品	含 量 （%）						
	FeO	TiO_2	K_2O	Na_2O	烧失量	P	S
精 矿	0.60	0.09	1.18	0.13	22.87	0.06	0.45
尾 矿	1.59	0.13	2.01	0.21	27.65	0.06	0.60

由图 36.4.11 可以看出：采用干式中强磁场磁选流程选别锰

方硼石矿，可由含 B_2O_3 6.96%、Mn 13.80% 的原矿，获得含 B_2O_3 14.357%、Mn 21.64% 的精矿，回收率分别为 94.72% B_2O_3 和 72.00% Mn。所得精矿符合化工和水冶的用料要求。这里需要指出的是，锰的回收率较低，是由于有部分菱锰矿呈粉砂微晶结构、显微层状构造所造成的。

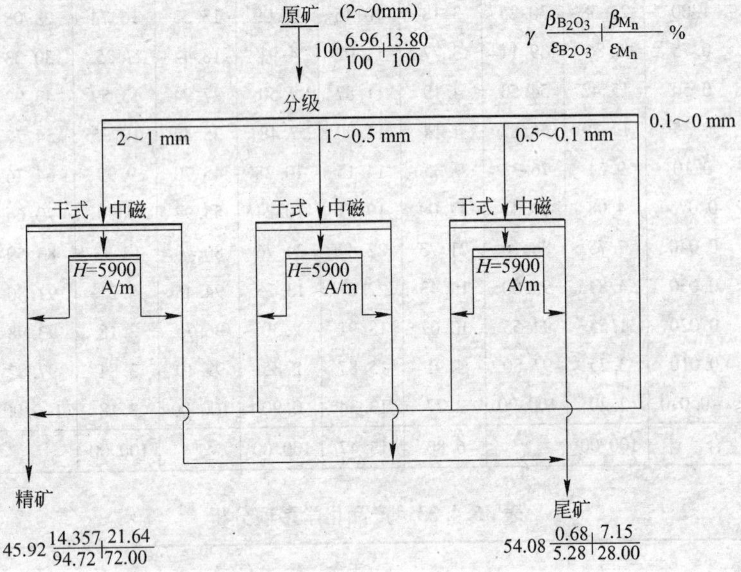

图 36.4.11 锰方硼石矿选别流程及结果

硼、锰元素是以化合物形式赋存于锰方硼石矿物中，因此，选矿所得到的产品，只能是硼、锰混合精矿，进一步的工业利用，将有赖于硼、锰分离工艺。中国北京朝阳化工厂和北京铁合金厂，分别进行过“硼酸-硫酸锰”化工生产工艺、“硼酸-电解锰”化工冶金联合工艺的试验研究，以选矿后的精矿为原料，可得到硼酸（国家标准Ⅱ级品）、硫酸锰（企业标准二级品）和硼酸、电解锰（牌号 JMnO）等产品。形成了一条“选矿—化工—冶金”联合工艺流程，为开发中国的锰方硼石矿，提供了途径。

G　外生硼矿床型：某盐湖湖边1号矿区硼矿试验室选矿试验

某盐湖湖边1号矿区所含硼矿物主要为钠硼解石和水方硼石。但经多年开采，绝大部分高品位钠硼解石团块已被采出，故在残留的矿堆与矿层中，水方硼石成了该矿区的主要硼矿物，而钠硼解石变为次要矿物。此外尚含有少量库水硼镁石。伴生的脉石矿物主要是石膏和由石英、长石、黑云母、角闪石和绿泥石等组成的碎屑矿物。

1967年，兰州中心试验室曾对该硼矿进行浮选法研究，以确定其浮选的可能性。

根据地质调查结果，将矿石分为三种类型：中等品位水方硼石（简称B型）、低品位水方硼石（简称C型）。这两种类型的主要硼矿物为水方硼石，其次为纤维状钠硼解石。第三种类型为水方硼石—库水硼镁石（简称A型），其主要硼矿物为水方硼石，其次为纤维状和结核状钠硼解石、库水硼镁石。这三种类型矿石的化学组成，见表36.4.34。

对这三种类型矿石进行筛分分析发现，硼矿物在水中有着极大的分散性。*B*矿石和*C*矿石，硼矿物有80%左右进入-0.074毫米粒级，B_2O_3品位达7%～10%；*A*矿石由于有粒状库水硼镁石，而使B_2O_3在-0.074毫米粒级的分布率降至60%、品位为11%。酸不溶物与硼矿物有着同一趋向，而石膏则主要集中于粗粒级别中。

根据矿石性质，首先采用水力旋流器分级，其溢流直接作为精矿，沉砂进行浮选。浮选时充分利用矿石在水中散碎的自然特性，采用机械搅拌使团块碎散，不必磨矿。用于*B*矿石和*C*矿石的浮选药剂为：水玻璃、兰州605厂生产的烷基磺酸钠（简称“兰烷”）和松节油。用于*A*矿石的浮选药剂为：硫酸铜、水玻璃、环烷酸皂和松节油。三种类型矿石的选别流程及结果，分别见图36.4.12、图36.4.13和图36.4.14。

这里要指出的是：浮选过程中，精选作业要严格控制光气

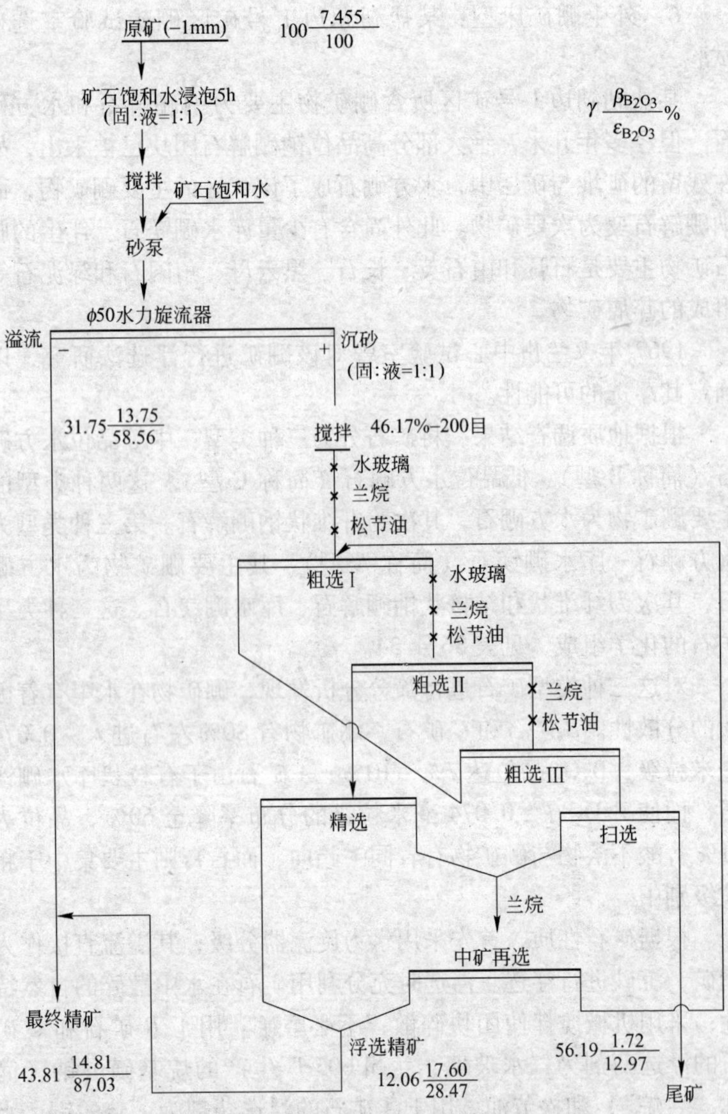

图 36.4.12　*B* 矿石闭路试验流程

量，浓度亦不宜太高，当浮选温度低于 8～13℃时，浮选虽能正常进行，但尾矿 B_2O_3 品位增高，因此要注意工艺条件的控制。

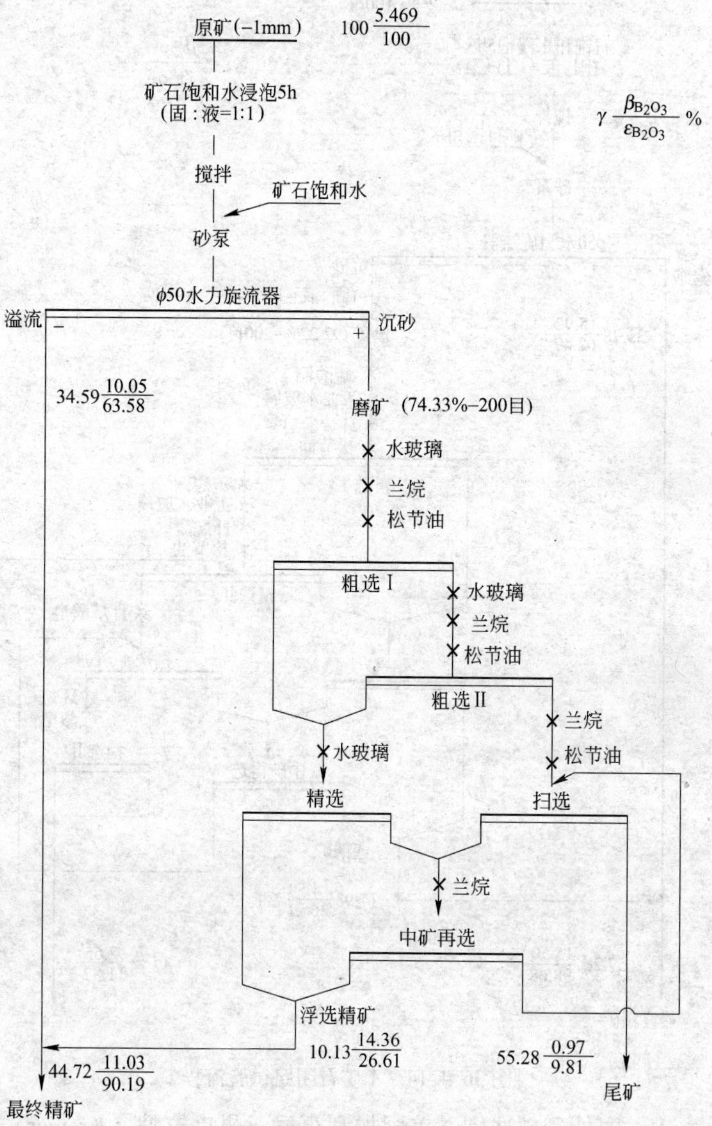

图 36.4.13　*C* 矿石闭路试验流程

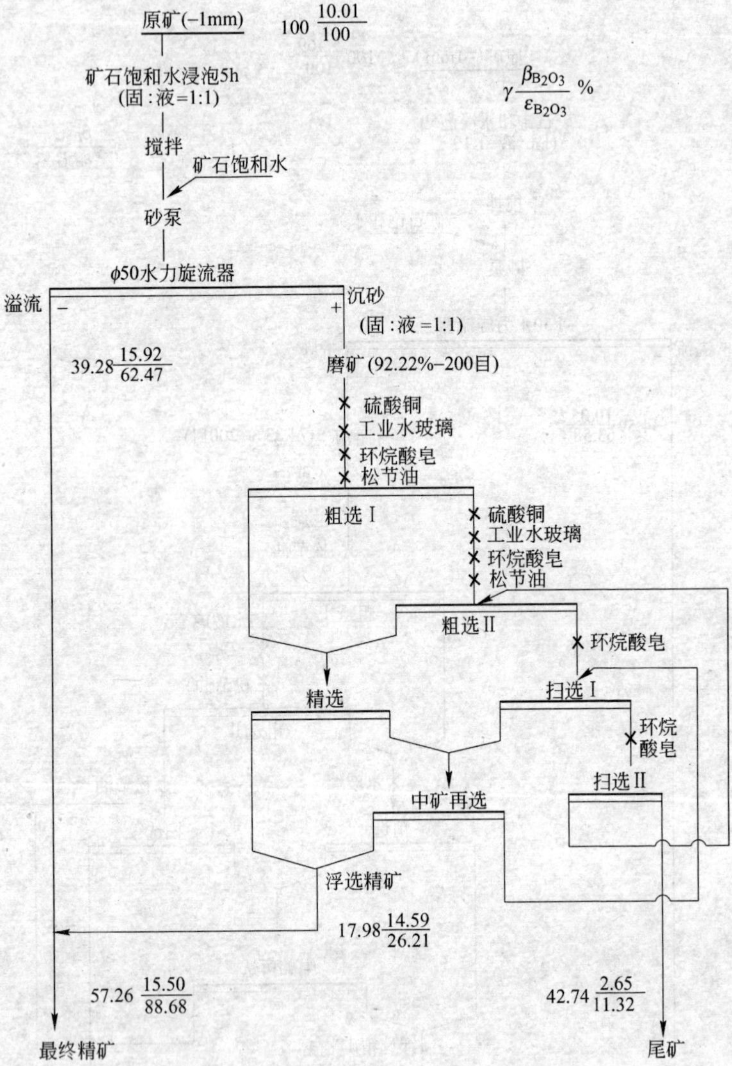

图 36.4.14　A矿石闭路试验流程

H　国外硼矿选别：美国加利福尼亚州克拉默（Kramer）天然硼酸钠盐矿床和内华达州硬硼钙石矿床

世界上真正拥有丰富的硼资源的国家不多，除中国外，美国、土耳其、苏联、阿根廷、意大利、秘鲁和智利等七个国家是主要的产硼国家。据估计，全世界硼的埋藏量大约有1亿吨。大致分布情况，列于表36.4.35。

表36.4.34 三种类型矿石的化学组成（%）

项 目	SiO_2	Al_2O_3	Fe_2O_3	FeO	CaO	MgO
*B*矿石	19.48	4.76	1.75	0.71	13.31	5.72
*C*矿石	19.96	5.01	1.84	0.79	9.93	5.36
*A*矿石	18.28	4.62	1.63	0.72	12.57	6.37
项 目	B_2O_3	CO_2	SO_4^{2-}	Na^+	K^+	Cl^-
*B*矿石	6.23	0.80	21.20	3.66	0.12	3.53
*C*矿石	4.73	0.42	16.20	7.79	0.14	6.02
*A*矿石	8.28	0.50	21.84	2.95	0.12	4.54

表36.4.35 世界硼的埋藏量

国家（或地区）	埋藏矿量（百万吨）
土耳其	36
美国	18
苏联	18
中国	9
南美	9
合计	90

1984年世界硼酸盐的总需求量，达到246万吨。其中大约85%（折合B_2O_3为93%）来自美国和土耳其；苏联和阿根廷约占13%（折合B_2O_3为6%）；中国、智利和秘鲁等只有少量生产。

由于每一个国家的硼资源，都有它自己的独特的性质，因此富集和加工的方法和技术也各不相同。现以美国加利福尼亚州克拉默矿床和内华达州矿床为例，介绍一下国外硼矿选别概况。

美国加利福尼亚州克拉默天然硼酸钠盐矿床，位于该州刻尔恩郡克拉默附近。在洛杉矶东北大约160公里。含硼矿体埋藏在地面下 107～274 米处，矿体大约长 457 米、宽 366 米，厚度为 26～34.7 米。

这个矿床的特点在于：它的主要含硼矿物是天然硼砂和斜方硼砂，而且规模巨大。自 1927 年发现和开始开采以来，为美国提供了更为经济和更为丰富的硼矿资源，而使其成为当今世界硼矿的主要供应基地之一。现属美国硼砂及化学公司（U. S. Borate and Chemical Corp.）经营。

该矿床原为地下开采，1957 年以后改为露天开采，生产能力为日产矿石 1 万吨。开采过程中，是同时开采天然硼砂和斜方硼砂，然后一并进行磨碎。在磨碎时，粒状的天然硼砂微粒会促使针状的斜方硼砂粉碎。磨碎后的混合硼酸盐矿石随即进行煅烧，以除去水分。再用筛分和风选的办法去掉其中的大部分黏土。经过这样初步的选别之后，运往加州的惠明吞（Wilmington）加工厂进行化学处理，以得到硼酸盐精制品。选矿厂设在矿区附近。

美国硼酸盐公司（American Borate Corp.）所属的邻近内华达州 Lathrop Wells 的硬硼钙石矿，主要由三种含硼矿物组成：硬硼钙石（$Ca_2B_6O_{11}\cdot 5H_2O$）、基性硼钠钙石（$NaCaB_5O_9\cdot 5H_2O$）和硼酸钠方解石（或称硼钠钙石，$NaCaB_5O_9\cdot 8H_2O$）。其中所占比例分别为 50%、40% 和 10%。脉石矿物主要是方解石和包括膨润土在内的黏土，其次尚有微量的砷。该地区的硬硼钙石矿，仅仅生产无钠硼酸盐，作为玻璃纤维的原料。

当把硬硼钙石加热到它的分解温度时，硬硼钙石就爆裂成细粉末而与黏土分离。这就是硬硼钙石富集过程的基础。

试验室试验表明：通过焙烧（温度 400～455℃、时间 40 分钟、矿石粒度不小于 19 毫米）和风力摇床选别（除去大于 28 目的物料），可由含 B_2O_3 20% 的原矿，获得含 B_2O_3 50% 左右、Fe_2O_3 低于 0.3% 的硼精矿，回收率为 90%。这一结果又经过中间试验的验证，并将其引入工厂设计。

工厂设计流程的主要组成部分，示于图 36.4.15。

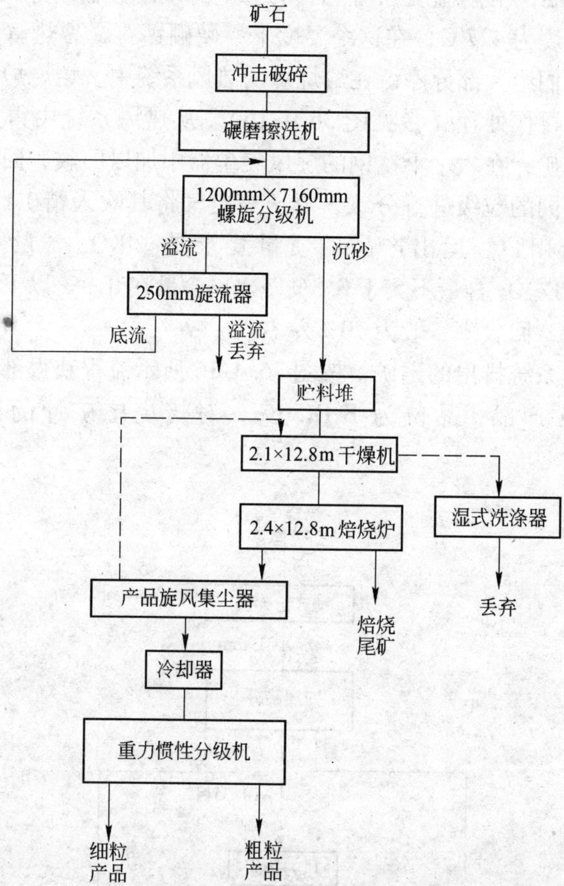

图 36.4.15　工厂设计流程的主要部分图

在矿山经过粗碎、粒度小于150毫米的矿石，送到工厂，经冲击式破碎至粒度小于25毫米，然后进入碾磨擦洗机。再经分级去除小于150目的物料，得含水量为15%～18%的沉砂。其品位较原矿提高3%～5% B_2O_3。这部分物料（沉砂）在贮料堆自然脱水后，含水量大约9%，品位以干基计 B_2O_3 含量22%左右，送入回转干燥炉。物料在干燥炉中被加热到大约177℃（低于硬硼钙石的分解温度），然后再送入不锈钢逆流焙烧炉，焙烧炉出口温度为427℃，在这个温度下，硬硼钙石爆裂热解为细粉末状，它们绝大部分停留在焙烧炉的热风系统中。焙烧炉排出的尾矿单独再作处理（参见图 36.4.16）。从热风系统中得到的硬硼钙石精矿，在六个不锈钢的旋风集尘器中加以回收，回收的精矿再以不同的粒级进行分级，靠压缩空气将其吹入精矿贮料斗，然后运给用户。运出产品的质量要求是：B_2O_3 含量不小于 47.5%、Fe_2O_3 含量不大于 0.3%、SO_3 含量在 0.9% 以下。在焙烧系统中，回收率一般为 70% 左右。

焙烧系统排出的尾矿，按图 36.4.16 所示流程获得部分筛分级的精矿产品，品位为 $B_2O_3$30%，对焙烧尾矿计的回收率为 70%。

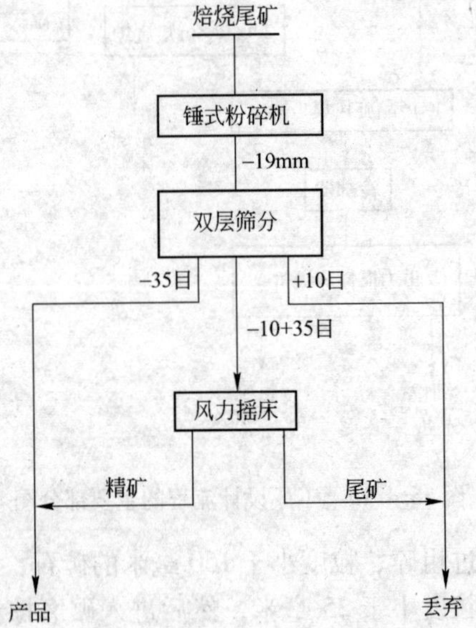

图 36.4.16　焙烧尾矿回收流程

将高品位精矿和低品位精矿掺和，在达到“规格产品”的要求下，Lathrop Wells 工厂硼酸盐精矿的总回收率接近 75%。

36.4.2 明矾石矿选矿

36.4.2.1 明矾石矿的一般性质和用途

明矾石矿是一种含水的钾铝硫酸盐类矿物，化学分子式：$KAl_3(OH)_6(SO_4)_2$，通常也可写作：$K_2O \cdot 3Al_2O_3 \cdot 4SO_3 \cdot 6H_2O$ 或 $K_2SO_4 \cdot Al_2(SO_4)_3 \cdot 4Al(OH)_3$。纯明矾石矿物含氧化钾($K_2O$)11.4%、三氧化二铝($Al_2O_3$)37%、硫酐($SO_3$)38.6%、结合水($H_2O$)13%。明矾石中的钾常部分地被钠所置换，成为钠明矾石。

纯明矾石性脆，解理面呈珍珠状，断口呈贝壳状、多片状或土状。玻璃光泽。硬度3.5~4，密度2.6~2.9克/厘米^3。通常为致密块状、纤维状、土状或结核状。有时呈六方晶系菱形体，透明至半透明，外观颜色为白色，但随着所含杂质不同而常呈浅灰、浅红、浅黄或红褐色。条痕为白色，不溶于水，难溶于酸。加热脱水以后，明矾石不稳定，在碱性溶液中则易于溶解。

在自然界，纯粹的明矾石矿物是很少的。常在火成岩中与高岭土、黄铁矿、石英等相伴生。明矾石矿石除了含有纯明矾石组分外，还含有氧化铁(Fe_2O_3)、氧化钛(TiO_2)、氧化硅(SiO_2)以及微量的铀(U)和镓(Ga)等杂质。由于杂质和结构的不同，不同产地的矿石硬度、颜色等，均有差异。曾对浙江平阳、安徽庐江两地的明矾石试样，测定过某些物理性能，数据列于表36.4.36。

表36.4.36 明矾石物理性能

物理性能	平阳明矾石	庐江明矾石
硬度	7~9	6~8
抗压强度(kg/cm^2)	757~1790	500~1078
冲击强度(kg/cm^2)	15~47	17~33
密度(g/cm^3)	2.76~2.80	2.61~2.64
热容(J/(g·℃))	—	4.18×0.20(19~20℃)
吸水率(%)	0.04	0.59

明矾石矿是生产明矾的原料。也可以综合利用制取钾肥、氧化铝、硫酸、硫酸铝等。

明矾石用途非常广泛，可用于印刷、造纸、制革、油漆等工业，也可用作染布用的媒染剂、鞣料及胶片的硬化剂、合成氨的催化剂、制糖及水的澄清剂、选矿用的沉淀剂。还可用来制发酵粉，同时在医药、防火、防水等方面也有应用。

36.4.2.2　中国的明矾石矿资源

中国明矾石矿资源丰富。有十八个省、市108个县发现明矾石矿点。但在已探明的矿石储量中，中低品位（含明矾石纯度40%～50%的Ⅱ级品和含明矾石纯度30%～40%的Ⅲ级品）的矿石，占绝大多数。主要分布地区为中国东南沿海和长江下游的安徽、浙江、福建三省。规模最著名的是安徽庐江矾矿和浙江平阳矾矿，素有“矾都”之称，驰名中外。据统计，安徽庐江矾矿目前开采的大矾山矿区矿石，平均品位含明矾石为38.03%；浙江平阳矾矿目前开采的鸡笼山矿段矿石，平均品位含明矾石为46.45%。所以，从总体来看，中国明矾石矿是资源不少，但富矿（含明矾石纯度50%以上的Ⅰ级品）不多。

明矾石矿的主要工业要求，列于表36.4.37。

表36.4.37　明矾石矿主要工业要求

项　目	边界品位	工业品位	矿石品级划分		
			Ⅰ	Ⅱ	Ⅲ
矿石品位（纯明矾石含量）%≥	20	30	50	40～50	30～40
相当于硫酐（SO_3），含量%≥	7.72	11.58	19.30	15.44～19.30	11.58～15.44
可采厚度	2米				
夹石剔除厚度	1米				

注：在用于生产钾肥时，应分析K_2O、Na_2O含量。

36.4.2.3 明矾石矿的加工对矿石质量的要求

目前中国对明矾石矿的加工利用，主要有水浸法制明矾（安徽庐江矾矿和浙江平阳矾矿）；简易氨浸法制钾氮混肥（浙江瑞安钾氮肥厂）；酸氨法制钾氮混肥同时副产铵明矾（上海矿产原料厂）；还原热解法制硫酸钾、氧化铝和硫酸（温州化工厂）以及氨酸法生产钾氮混肥同时副产硫酸铝或铵明矾（原南京化肥厂钾肥车间）等。这些加工方法对于矿石质量的要求，国家尚无统一的规定，因厂而异，大致要求如下：

水浸法：要求矿石粒度为3～12厘米；矿石品位含明矾石大于45%；适于焙烧的矿石类型。

氨浸法：要求矿石品位含明矾石45%～50%的块矿；矿石中不应含有较多的钠明矾石，按氧化物计，钾钠重量比（K_2O/Na_2O）一般要求大于4～5。因为钠明矾石的存在，会导致成品钾氮肥中含有硫酸钠，硫酸钠过多，易使土壤碱化。

酸氨法：要求矿石品位高，但含铁量要低，否则影响氢氧化铝的质量。含铁量一般应在1%以下。

还原热解法：采用此法加工明矾石的浙江温州化工厂，曾于1977年8月至1978年2月进行过“还原热解法中间试验”，其原料明矾石矿的质量为：矿石品位含明矾石47.93%～51.81%；矿石粒度小于14目（其中－200目占45%～55%、+60目占5%）、矿石化学组分为：Al_2O_3 18%～20%、Fe_2O_3 3.5%～4.5%、K_2O 4.5%～5.5%、SiO_2 41%～43%、SO_3 18.5%～20%、Na_2O 0.25%～0.5%。

36.4.2.4 明矾石矿选矿试验

A 平阳明矾石矿试验室选矿试验

浙江平阳矾山街明矾石矿床，是由岩浆分异的硫酸热水溶液与富含钾、铝的火山喷发岩发生交代作用而成，属沉积岩中的火山热液（低温交代）型。全区表内矿石平均品位为$SO_3$17.88%（折含纯明矾石46.31%），目前开采的鸡笼山矿段表内矿石平均品位为$SO_3$17.94%（折含纯明矾石为46.78%）。

该矿矿石，依据碎屑物的大小与砾石的多少，并综合外观特征，可分为砾状明矾石矿、粗粒明矾石矿和细粒明矾石矿三种自然类型。矿石中的主要有用矿物为明矾石，按其颗粒大小分为粒径0.02~0.06毫米、0.01毫米左右和0.005毫米左右三种。分别见于粗粒型、砾状型和细粒型矿石中。脉石矿物主要为石英、玉髓和某些含铁矿物（如赤铁矿、镜铁矿等）。尚有少量高岭土、绢云母、白钛石等。三种自然类型矿石的矿物组成大致相近，现以粗粒型为例，将其明矾石矿矿物组成列于表36.4.38。

1977~1978年，化工部化工矿山设计研究院对该矿床三种自然类型的明矾石矿，进行了试验室选矿试验，表明采用浮选法选别明矾石矿，在技术上是可行的。

试验矿石的原矿化学组成，列于表36.4.39。

试验所采用的原则工艺流程，示于图36.4.17。

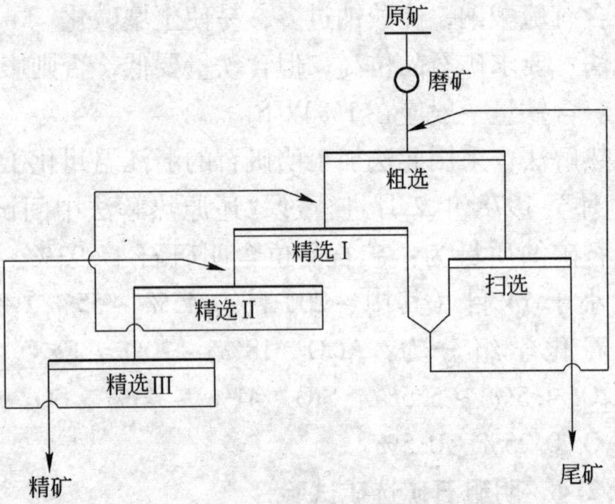

图36.4.17　平阳明矾石矿三种自然类型矿石浮选工艺原则流程

试验采用的工艺条件、药剂制度以及最终的选别结果，综合列于表36.4.40。

表36.4.40所列结果表明，对于浙江平阳矾矿三种自然类型矿石，以碳酸钠作为介质调整剂，以水玻璃作为脉石矿物抑制

剂，以粗塔尔皂作为明矾石捕收剂，采用一次粗选、一次扫选、三次精选的浮选流程，可以获得较好的选别指标。

表 36.4.38 粗粒型明矾石矿物组成

矿物名称	明矾石	石英玉髓	金属矿物（主要为铁矿物）	高岭石绢云母	白钛石	长石	其他矿物
含量（%）	45	35	10	5	2	1	2

表 36.4.39 原矿化学组成分析

类型	组分					
	SO_3	K_2O	Al_2O_3	SiO_2	Fe_2O_3	FeO
	含量（%）					
粗粒型	16.43	4.51	17.27	46.85	7.39	0.72
砾状型	15.86	4.32	15.13	51.90	5.19	0.50
细粒型	16.19	4.18	15.07	52.83	4.36	0.59
类型	组分					
	CaO	MgO	烧失量	H_2O^+	Na_2O	TiO_2
	含量（%）					
粗粒型	0.26	0.085	18.32	6.46	0.45	0.94
砾状型	0.43	0.023	17.84	5.72	0.31	0.72
细粒型	0.57	0.02	17.68	6.06	0.60	0.66

在完成上述碱性介质中一段细磨浮选流程之后，化工矿山设计研究院和浙江省明矾石综合利用研究所，又先后对粗粒型矿石和三种类型的混合矿石进行了中性介质选别的探索试验。选别的结果，分别见图 36.4.18 和图 36.4.19。粗粒型矿石的化学组成和矿物组成，参见表 36.4.39 和表 36.4.38。混合矿石的化学组成和矿物组成，列于表 36.4.41 和表 36.4.42。

由图 36.4.18 可以看出，对于平阳矾矿粗粒型矿石，在中性

表 36.4.40　平阳矾矿三种自然类型矿石一段细磨浮选流程选别条件及结果

项目			粗粒型明矾石矿	砾状型明矾石矿	细粒型明矾石矿
			选别指标		
磨矿细度			−200 目占 98%	−200 目占 96%	−200 目占 97%
流程结构			一粗、一扫、三精	一粗、一扫、三精	一粗、一扫、三精
药剂种类及用量	碳酸钠(kg/t)		3	3	3
	水玻璃(kg/t)		1.8	1.0	1.6
	粗塔尔皂(kg/t)		0.7	0.6	0.33
浮选总时间(min)			34	36	42
浮选温度(℃)			35	35	35
最终闭路指标(%)	原矿	SO_3 含量	16.39	16.34	15.86
		折纯明矾石	42.46	42.33	41.09
	精矿	SO_3 含量	30.84	30.03	29.53
		折纯明矾石	79.90	77.80	76.50
		SO_3 回收率	81.88	87.52	78.44
	尾矿	SO_3 含量	5.25	3.89	5.91
		折纯明矾石	13.60	10.08	15.31

(表头：矿石类型)

表 36.4.41　平阳矾矿混合矿石化学组成分析

项　目	SO_3	K_2O	Na_2O	Al_2O_3	SiO_2	Fe_2O_3	MgO	TiO_2	烧失量
含量(%)	15.38	4.04	0.35	15.00	51.34	6.15	微	1.67	16.72

表 36.4.42　平阳矾矿混合矿石矿物组成

矿物名称	明矾石	石　英	含铁矿物	绢云母高岭土及其　他
含量（%）	40.00	52.00	6.00	2.00

介质中浮选，其结果与细磨碱性介质中浮选，选别指标相当（表36.4.40）。再由图36.4.19可以看出，虽然精矿品位稍低，

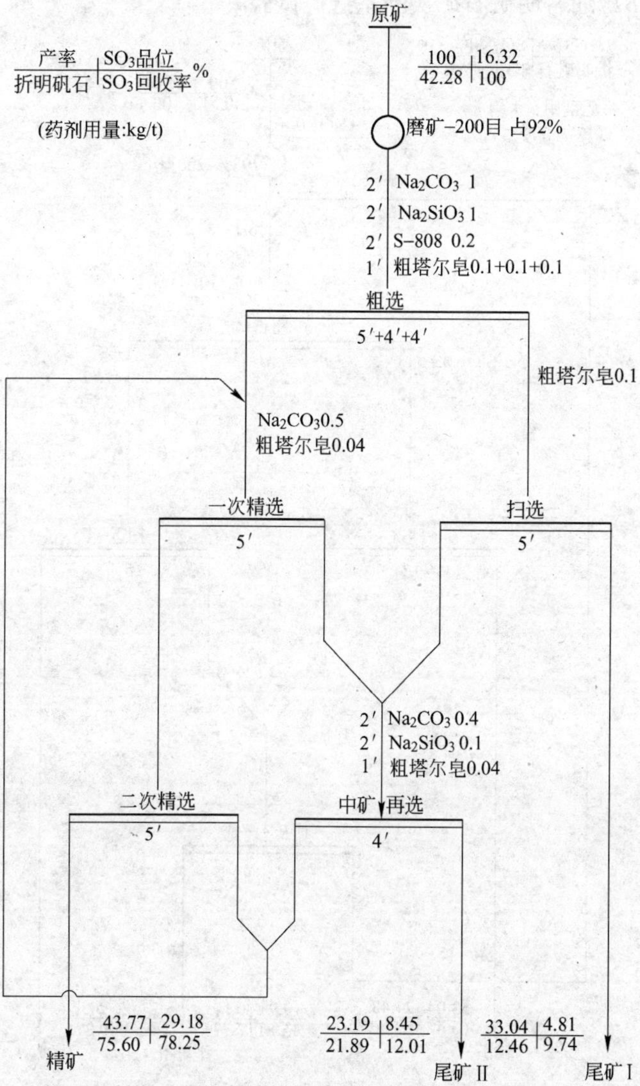

图36.4.18 平阳矾矿粗粒型矿石中性介质细磨浮选流程

但仅添加石灰于磨矿过程，不需耗碱，在矿浆自然 pH 值条件下即可选别，进一步说明在中性介质中浮选明矾石的可行性。

B　仙岩明矾石矿实验室选矿试验

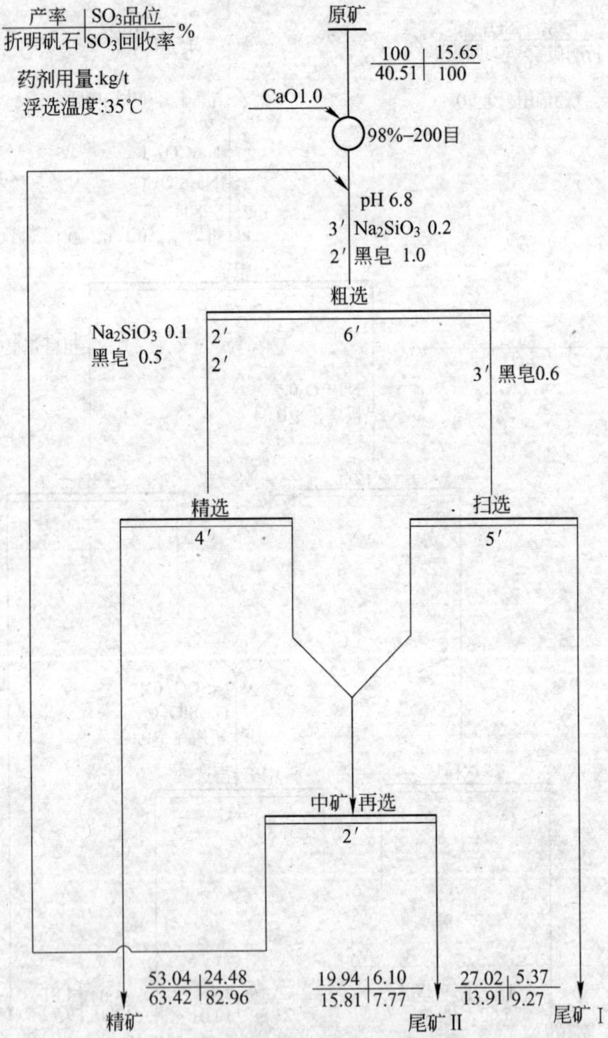

图 36.4.19　平阳矾矿混合矿石中性介质细磨浮选流程

（注：“黑皂”为含有低级脂肪酸的工业下脚料—黑脂酸皂）

浙江仙岩明矾石矿，为大陆喷发火山热液蚀变多元素多期性型矿床。根据含矿围岩的特征，它与属于沉积岩中明矾石矿床的浙江平阳矾矿不同，为酸性火成岩中的明矾石矿床。全区大部分以中、贫矿为主，SO_3 平均品位仅为 12.70%（折含纯明矾石 32%～33%）。

该矿矿石自然类型分为明矾石矿型和黄铁矿—明矾石矿型两种，矿石中有用矿物主要是明矾石和黄铁矿；脉石矿物主要是石英，其次为绢云母、白钛石和水铝石。其矿石矿物组成，列于表 36.4.43，矿石化学组成见表 36.4.44。

表 36.4.43　仙岩明矾石矿矿物组成

矿物名称	明矾石	石　英	黄铁矿	绢云母	水铝石	白钛石	其　他
含量（%）	32	48	5	7	2	4	2

表 36.4.44　仙岩明矾石矿化学组成分析

项　目	$SO_3$①	K_2O	Na_2O	Al_2O_3	SiO_2	Fe_2O_3	FeO
含量（%）	13.85	2.99	0.87	15.39	56.53	3.60	0.53

项　目	CaO	MgO	烧失量	硫化物 S	TiO_2	H_2O^+
含量（%）	0.26	0.066	16.57	1.63	0.48	5.20

①以表中 SO_3 计，原矿含纯明矾石为 35.88%。

1977 年化工部化工矿山设计研究院曾对该矿进行过浮选法的试验室试验，所得结果及相应的工艺条件，见图 36.4.20 所示。

由图 36.4.20 可知，对于嵌布特性为细粒或微细粒嵌布的浙江仙岩明矾石矿，在磨矿细度小于 200 目占 98% 的条件下，采用碱性介质流程浮选，获得了较为满意的选别指标，从含 $SO_3$13.33%（折含纯明矾石 34.53%）的原矿，可得含

$SO_3$31.43%（折含纯明矾石81.43%）的精矿，回收率85.45%。

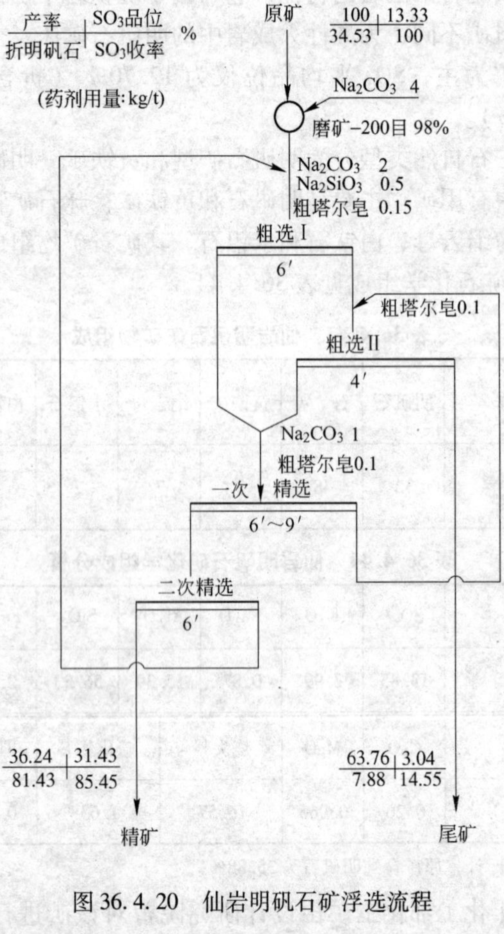

图 36.4.20 仙岩明矾石矿浮选流程

C 庐江明矾石矿试验室选矿试验

原地质部矿物原料研究所，曾于1958年对安徽庐江明矾石矿进行过试验室选矿试验。

试验样品采自该矿天光山矿区和小矾山矿区。

天光山矿区是属于含黄铁矿极少的致密块状型明矾石矿，肉眼观察为浅粉白、紫红、紫灰或白色。明矾石呈隐晶质；石英为粒状分布，具半透明体；赤铁矿较多，成细粒状或脉状充填，分布不均匀。

小矾山矿区是属于含黄铁矿较多的致密块状型明矾石矿，肉眼观察呈灰白色。明矾石呈隐晶质，石英呈粒状充填；黄铁矿晶体较明显。此外尚含有高岭石等。

这两个矿区的试验样品的原矿化学组成，列于表 36.4.45。矿物体积百分数，列于表 36.4.46。

天光山矿区试样的选别流程及工艺条件，如图 36.4.21 所示。选别结果及产品化学多项分析，分别见表 36.4.47 和表 36.4.48。

小矾山矿区试样的选别流程及工艺条件，如图 36.4.22 所示。根据开路试验结果而计算的最终产品指标，列于表 36.4.49。

从试验结果来看，这两个矿区的矿石，以分别处理为宜。

表 36.4.45 试验原矿化学组成分析

项 目	试验原矿	
	小矾山矿区	天光山矿区
	含量 (%)	
SiO_2	50.77	53.96
Fe_2O_3	3.55	3.22
Al_2O_3	16.13	16.49
CaO	0.23	0.71
MgO	0.18	0.02
MnO	0.15	0.07
TiO_2	0.48	0.83
K_2O	3.52	1.98
Na_2O	0.42	0.89
P	0.091	0.387
SO_3	12.45	14.64
CO_2	0.06	0.05
H_2O^+	5.65	6.10
H_2O^-	0.32	0.18
烧失量	22.41	20.31
FeS_2	6.52	

表 36.4.46　矿物体积百分数

矿物名称	明矾石	石　英	赤铁矿	黄铁矿①	水铝石	高岭石
体积百分数	35～45	20～25	8～12	3	2	少量

① 小矾山矿样有黄铁矿，天光山矿样极微量。

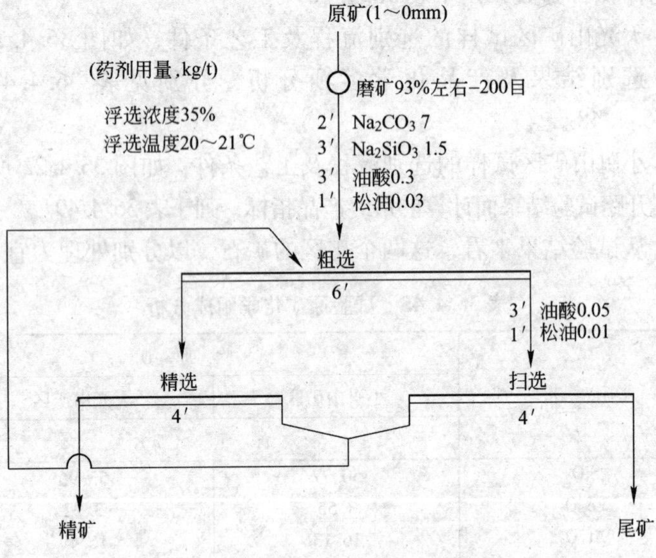

图 36.4.21　天光山矿区矿石浮选流程

表 36.4.47　天光山矿区矿石最终选别指标

产品名称	产率（%）	品位（SO_3%）	回收率（%）
精　矿	51.59	22.13	78.97
尾　矿	48.41	6.28	21.03
原　矿	100.00	14.457	100.00

表 36.4.48 天光山矿区矿石选别产品化学多项分析

产　品	SiO_2	K_2O	Na_2O	SO_3
明矾石精矿	32.01	3.14	1.34	22.13
尾　矿	68.39	0.98	0.27	6.28

表 36.4.49 小矾山矿区矿石最终选别计算指标

产　品	产率（%）	品　位（%）		回收率（%）	
		SO_3	S	SO_3	S
明矾石精矿	42.98	19.60	1.15	66.11	15.34
黄铁矿精矿	12.32	12.60	16.88	12.18	64.54
尾　矿	44.70	6.19	1.45	21.71	20.12
原　矿	100.00	12.743	3.222	100.00	100.00

D 贝加斯克明矾石矿选矿半工业性试验（苏联）

苏联外喀尔巴阡省贝加斯克明矾石矿床，属于含蛋白石（$SiO_2 \cdot nH_2O$）的明矾石矿。原矿含明矾石 32.4%、蛋白石 14%、石英 38.2%、多水高岭土 12.5%、氢氧化铁 1.5%。明矾石矿物多与石英和多水高岭土共生，磨矿至小于 0.01 毫米后，始单体解离。

1964 ~ 1969 年间，苏联矿物原料研究所对该矿进行了试验室浮选研究以及规模为日处理原矿 5 ~ 6 吨的半工业性试验，最后推荐出三个浮选流程。

小试验的工艺条件、工艺流程及所得的主要技术指标如下：磨矿细度 -0.074 毫米占 90% ~ 95%，浮选矿浆 pH 值为 9.6 ~ 9.8，采用合成鞣料（No.5）作为抑制剂、氧化循环油（OP-100）作为捕收剂。

流程Ⅰ：如图 36.4.23 所示。该流程的特点是中矿全部合并，返回粗选作业。获得精矿品位为含明矾石 65% ~ 68%、回收率 86% ~ 88%。

流程Ⅱ：如图 36.4.24 所示。该流程的特点是将全部中矿合并，单独再选。获得精矿含明矾石 62% ~ 66%、回收率 88% ~90%。

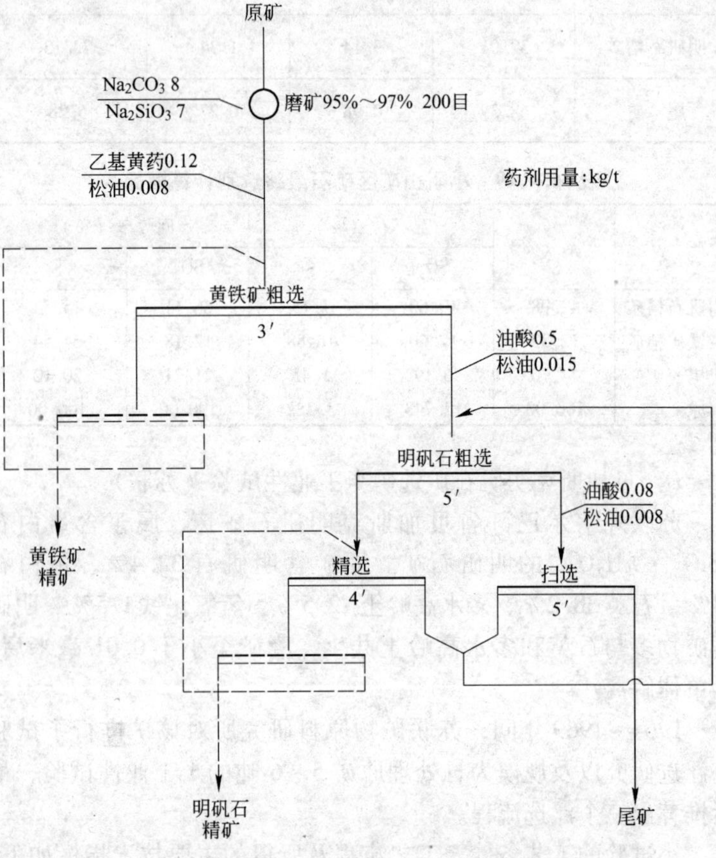

图 36.4.22　小矾山矿区矿石浮选流程

（注：实线表示原则流程；虚线表示可以考虑增加的作业地点）

流程Ⅲ：如图 36.4.25 所示。该流程的特点是中矿再选所得的精矿（含明矾石大约 50%）返回粗选作业，中矿再选的尾矿作为第二个最终尾矿。该流程所得总精矿含明矾石 76%、回收率 86%。

半工业性试验的流程设备连接，见图 36.4.26。其工艺过程为：

破碎到 10 毫米的矿石，经装料机送入矿石矿仓 1（0.5

米^3)，再由圆盘给料机19送至格子型球磨机18（$\phi900\times900$毫米)，磨矿机与螺旋分级机2（$\phi300$毫米）组成闭路循环，分级机溢流用砂泵3（НП-1）泵往水力旋流器4（$\phi75$毫米)，沉砂

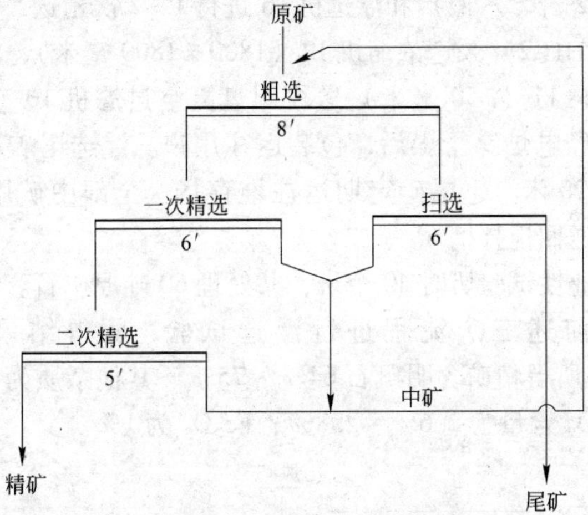

图36.4.23 贝加斯克矾矿小试验流程Ⅰ

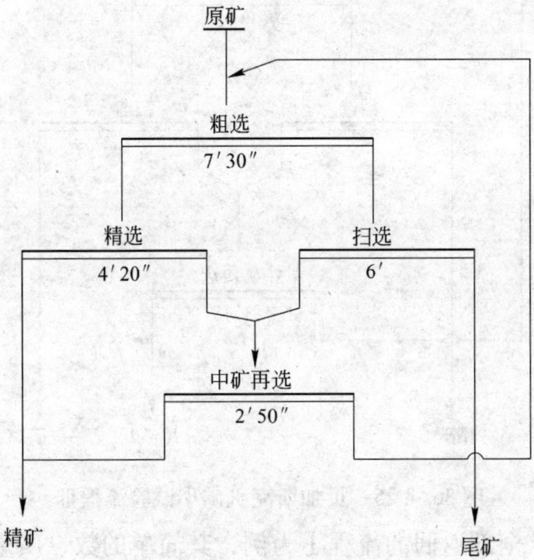

图36.4.24 贝加斯克矾矿小试验流程Ⅱ

自动流入磨矿机，溢流进入搅拌槽 5（0.3 米^3），在搅拌的同时，加入抑制剂 No.5 号，再进入有捕收剂 OP-100 的搅拌槽 6（0.3 米^3），调和后的矿浆流入浮选机 7（30 升、六槽），粗精矿用浮选机 8（12 升、六槽）和浮选机 16 进行 1～2 次精选，总精矿用砂泵 13（НП-2）泵送浓缩机 12（1800×1800 毫米），浓缩后精矿用隔膜泵 11（ϕ50 毫米）送往圆盘真空过滤机 10（ДУ-1.8/2），滤饼经电炉 9 干燥后，包装运往用户。浮选尾矿自流入沉淀池 14（20 米^3），尾矿定期运往堆存场。全部中矿用砂泵 15（НП-1）送回搅拌槽 6。

半工业性试验历时 40 个班，共处理 60 吨原矿石。

依据前述三个流程进行浮选试验，所得结果列于表 36.4.50。所得精矿含明矾石 64%～75%、其他杂质为：可溶于碱液的 SiO_2 含量为 2.6%～2.8%；Fe_2O_3 为 1%。

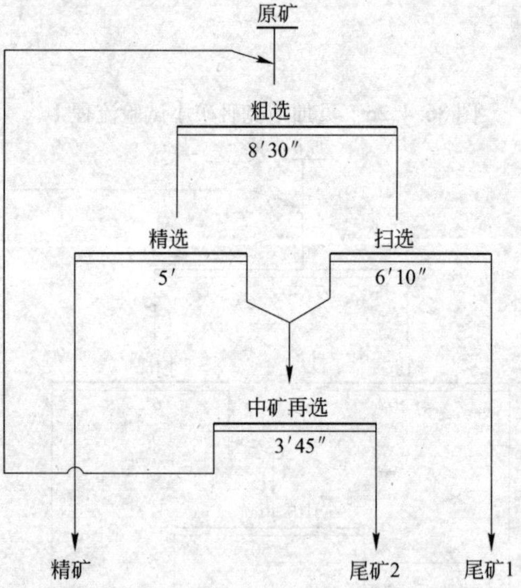

图 36.4.25　贝加斯克矾矿小试验流程Ⅲ

以中矿全部返回的流程Ⅰ为例，其简单的数、质量流程，绘于图 36.4.27。

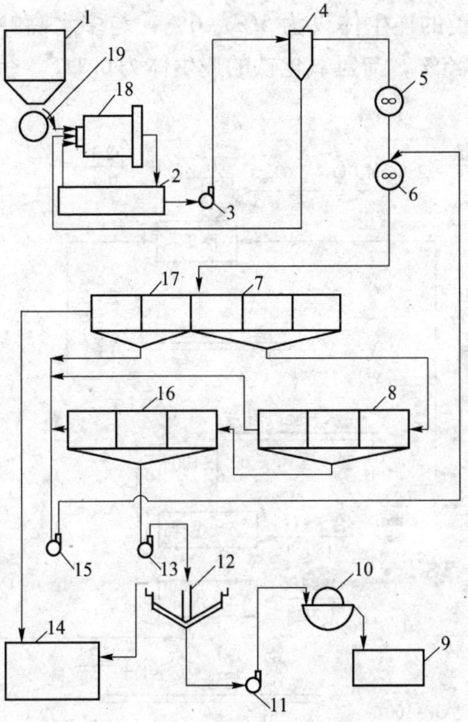

图 36.4.26 贝加斯克矾矿半工业性试验设备联系图

1—矿仓；2—分级机；3—砂泵；4—水力旋流器；5——搅拌槽；6—二搅拌槽；7—浮选机；8—浮选机；9—精矿仓；10—圆盘真空过滤机；11—隔膜泵；12—浓缩机；13—砂泵；14—沉淀池；15—砂泵；16、17—浮选机；18—球磨机；19—圆盘给料机

表 36.4.50 半工业性试验选别结果

流 程	项 目					
	试验结果（%）			药剂用量（克/吨）		
	产 率	明矾石含量	回收率	碳酸钠	№.5 号	OP-100
Ⅰ	36.8	74.1	84.2	3600	180	600
Ⅱ	45.3	64.3	89.5	3600	190	500
Ⅲ	36.0	75.0	86.5	2400	240	500

所得精矿的矿物分析表明：明矾石在精矿中处于完全解离状态，其与石英的连生体仅为5%～6%，与多水高岭土的连生体为0.3%～0.5%，与氢氧化铁的连生体为0.1%。蛋白石大多被

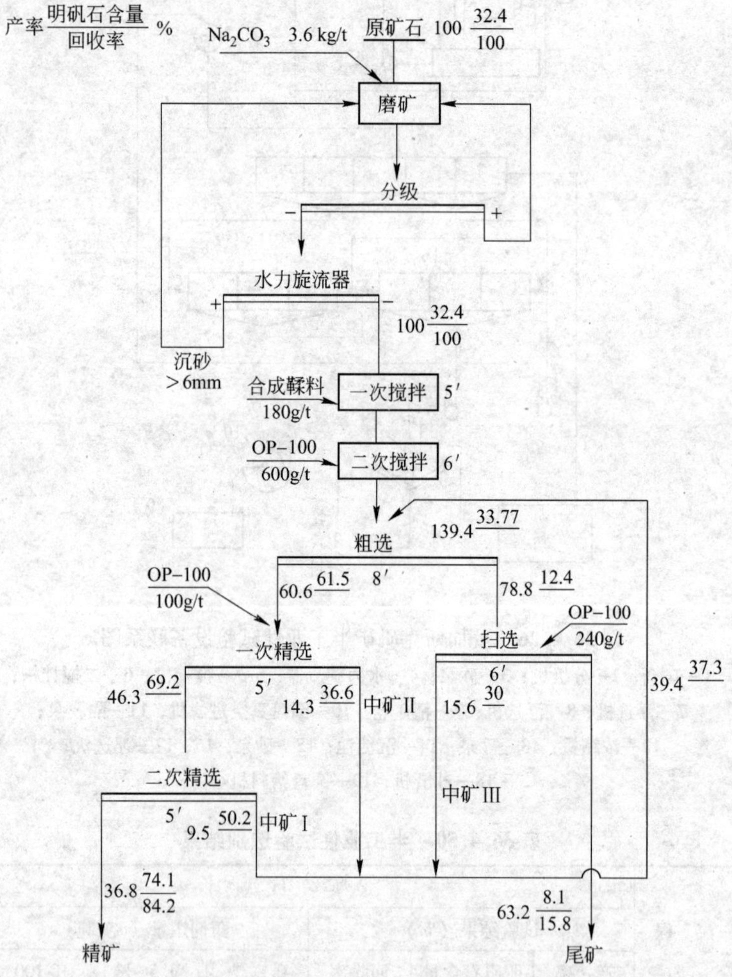

图36.4.27　贝加斯克矾矿半工业性试验流程Ⅰ
（中矿全部返回流程）

合成鞣料（№.5 号）所抑制，精矿中蛋白石含量很低，约为 2%，说明分选效果良好。

36.4.3 天青石矿选矿

36.4.3.1 天青石矿的一般性质和用途

天青石矿是最主要、最常见的含锶矿物，其化学分子式为 $SrSO_4$，属斜方晶系，密度 3.9～3.97 克/厘米^3，硬度 3.35～3.5，性脆，玻璃光泽。标准天青石矿物的化学组成是：$SrSO_4$ 96.58%、$SrCO_3$ 0.17%、$BaSO_4$ 0.25%、$CaSO_4$ 0.54%、$MgCO_3$ 0.15%、$Fe_2O_3 + Al_2O_3$ 0.90%、SiO_2 1.38%。纯天青石呈天蓝色和乳白色，常因含杂质而出现各种不同颜色，如受铁质污染即为微黄色。自然界中独立矿物少见，常为钙、钡以类质同象混入，富含钡的称钡天青石，富含钙的称钙天青石。天青石矿物的构造形态，与重晶石极为相似，常呈厚板状或粗粒状集合体或粒状、纤维状、结核状等。天青石多以外生沉积成因为主，产于白云岩、石灰岩以及含石膏的黏土、泥灰岩中，与石膏、石盐和自然硫等共生。

天青石矿是目前生产锶盐的唯一工业矿物，主要用途是制造碳酸锶和硝酸锶。其中 90% 以上的天青石矿是用来生产碳酸锶。

碳酸锶是一种较重要的无机盐产品，它最早用于精制蔗糖，后来在制造烟火、金属精制、陶瓷、医药等行业应用，目前，随着科学技术的发展，碳酸锶主要用于电子工业，作为彩色电视机显像管屏玻璃的原料以及锶磁性材料的原料，需求量日益增高。

36.4.3.2 中国的天青石矿资源

中国天青石矿发现的矿点和探明的蕴藏量不多，矿石品位（以 $SrSO_4$ 计）不高，生产矿山更少。仅四川省合川县盐井沟、江苏省溧水县爱景山、青海省柴达木盆地、云南省思茅地区以及内蒙古自治区乌兰察布盟四子王旗等地埋藏有天青石矿。在这几个矿点中，青海、云南的天青石矿难以开采，内蒙的天青石矿有小量开采，但由于原矿品位较低（含 $SrSO_4$ 40%）、运输困难、价格昂贵，无法继续生产，已于1977年停产。只有四川合川和江苏溧水两天青石矿，开采前景广阔。

四川合川盐井沟天青石矿，1962年开采，原矿含 $SrSO_4$ 60%。所采矿石大部分为自用，少量供给上海和天津的化工厂，以生产碳酸锶。

江苏溧水爱景山天青石矿，1972年开采，原矿含 $SrSO_4$ 54.46%，有害杂质BaO平均为1.7%、CaO平均为0.34%，是一大型锶矿床。所采矿石就地销售给溧水化工厂，亦用于生产碳酸锶。

36.4.3.3　天青石矿的加工对矿石质量的要求

中国目前多以天青石矿为原料生产碳酸锶产品，各厂家对矿石的质量尚无统一要求，仅以矿石品位高低计价。对于直接出口的天青石矿，中国五金矿产进出口公司曾对其质量作过如下的暂行规定：硫酸锶含量不低于92%；要求破碎至粉状、粒度通过200目筛、余量不超过6.5%，倘不能达到时，粒度通过80目筛亦可考虑；其他参考规格是：钡盐4%以下、钙盐4%以下、其他杂质2%以下。

美国对天青石矿的规格要求为：$SrSO_4$ 不少于96%、$CaSO_4$ 不大于0.5%、$BaSO_4$ 不大于2%。一般范围为 $SrSO_4$ 含量在94%～97%。

36.4.3.4　天青石矿选矿实践

A　盐井沟天青石矿试验室选矿试验

四川省合川县盐井沟天青石矿，为一大型沉积矿床。四川省地质局中心试验室，曾对该矿床的物质组成和矿石可选性进行了研究。

该矿床矿石类型及其特征，详见表36.4.51。试验所用矿石的原矿化学多项分析结果，列于表36.4.52。主要组成矿物的嵌布粒度，列于表36.4.53。

试验采用的样品为表内混合样，由于其中有用矿物天青石和脉石矿物白云石、方解石、石英等有一定的密度差，同时天青石的嵌布粒度比较粗，因此采用重选法选别，是适宜的。试验结果如下：

表 36.4.51 矿石类型及其特征

矿石类型		矿物含量(%)					结构、构造
		天青石	白云石方解石	石英	黄铁矿	炭质、泥质等	
表内	(1) 致密块状天青石矿石	大于95	少量	0	微量	微量	天青石呈粗粒板状结构、其受力部位发生压碎而成细粒晶体。碳酸盐等分布于天青石粒间或充填于压碎所形成的裂隙中
表内	(2) 致密块状含碳酸盐（或石英）天青石矿石	75~90	5~20	0~10	微量	微量~5	天青石呈不等粒板条状结构。白云石、方解石或石英不均匀分布于天青石粒间
表内	(3) 碳酸盐质天青石矿石	40~60	25~55	0~10	微量	微量~20	天青石呈细、中粒板条状结构。碳酸盐矿物、石英分布其间
表内	(4) 碳酸盐质黏土角砾状天青石矿石	75~80	15~20	少量	微量	小于5	天青石受力破碎，被碳酸盐、水云母、泥质等充填胶结，形成网状、角砾状构造，角砾中，天青石具有不等粒状结构
表外	天青石矿化白云岩	20~25	55~75	0~5	微量	微量~5	天青石呈板条状、粒状结构，网状、脉状构造
表外	含天青石脉白云岩	20~25	55~75	0~5	微量	微量~5	原岩为白云石结晶粒状集合体，白云石充填于受力部位所产生的裂隙之中

原矿破碎至小于2.5毫米后进行筛分分级，-0.4毫米级用水力分级，-0.05毫米级进入水力旋流器脱除-0.02毫米的矿

泥；2.5毫米~1毫米以及1毫米~0.4毫米两级用跳汰粗选、摇床精选其余各级均用摇床选别。第Ⅰ段选别试验流程，见图36.4.28；选别指标见表36.4.54。

表36.4.52　试验原矿化学多项分析

项　目	矿石类型				
	表内矿石				表外矿石
	(1)类	(2)类	(3)类	(4)类	
	含　量　(%)				
SrO	43.70	41.22	37.57	39.19	12.27
BaO①	6.05	3.60	2.61	4.48	1.06
CaO	6.71	8.22	10.16	8.76	31.91
SO_3	36.40	32.26	29.40	31.11	
CO_2	5.81	9.53	10.03	8.77	
MgO	0.33	2.17	1.86	1.22	5.74
SiO_2	1.11	3.10	6.87	4.37	
Fe_2O_3	0.10	0.10	0.21	0.32	
Al_2O_3	0.47	0.49	0.83	0.92	
TiO_2	0.01	0.01	0.04	0.01	
K_2O	0.10	0.16	0.40		
Na_2O	0.02	0.03	0.02		
H_2O	0.16	0.08	0.26	0.10	
合　计	100.973	100.971	100.26	99.25	

①BaO含量偏高。

表36.4.53　主要组成矿物的一般嵌布粒度

矿石类型	矿物名称			
	天青石	碳酸盐	石　英	黄铁矿
	嵌布粒度(mm)			
表内矿石	0.5~5.4	0.02~0.3	0.04~0.2	0.06~0.03
表外矿石	1.8~5.1	0.02~0.18	0.06~0.16	0.01~0.03

第Ⅰ段重选所得中矿，品位为$SrSO_4$ 78.00%，经镜下观察，

其大部分为连生体，故再磨至 -0.4 毫米，经水力分级后，用摇床进行 Ⅱ 段选别。试验流程见图 36.4.29，选别指标列于表 36.4.55。

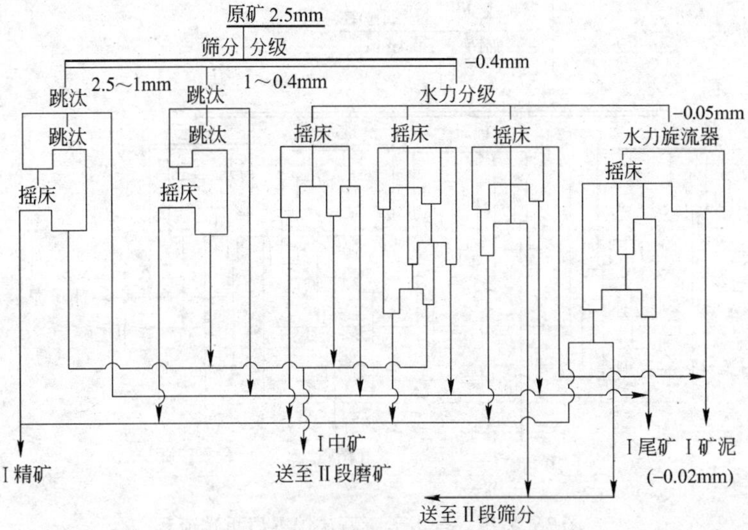

图 36.4.28 合川天青石矿第Ⅰ段重选流程

表 36.4.54 第Ⅰ段选别指标

产品名称	产率（%）	品位（$SrSO_4$%）	回收率（$SrSO_4$%）
Ⅰ精矿	44.90	92.20	58.81
Ⅰ中矿	31.58	78.00	34.99
Ⅰ矿泥	5.90	27.65	2.32
Ⅰ尾矿	17.62	15.50	3.88
合　计	100.00	70.39	100.00

经两段重选，所得最终综合指标，汇列于表 36.4.56。

由表 36.4.56 可知，表内矿经重选后，可由含 $SrSO_4$ 70.41% 的原矿，获得含 $SrSO_4$ 92.12%、回收率 83.56% 的高品位精矿和含 $SrSO_4$ 85.17%、回收率 4.27% 的低品位精矿，说明用重选法选别该矿是合理的。

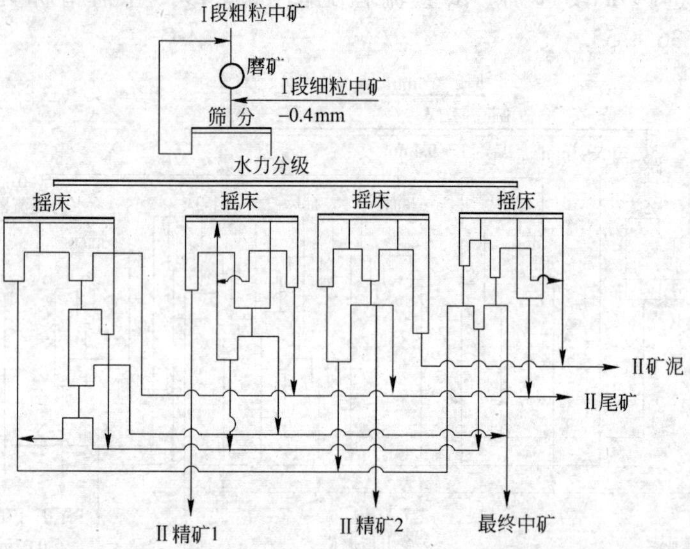

图 36.4.29　合川天青石矿第Ⅱ段重选流程

表 36.4.55　第Ⅱ段选别指标

产品名称	产率（%）	品位（$SrSO_4$%）	回收率（$SrSO_4$%）
Ⅱ精矿1	18.97	91.9	24.76
Ⅱ精矿2	3.53	85.2	4.27
Ⅱ中矿	4.13	66.3	3.89
Ⅱ矿泥	0.27	64.8	0.25
Ⅱ尾矿	4.68	27.4	1.82

注：本表产率和回收率均对原矿计。

重选最终精矿1和精矿2的化学多项分析结果，见表36.4.57。

此外，试验还表明：采用化学处理（酸浸）的方法来除掉重选精矿中残留的碳酸盐矿物，可以得到优质精矿。

表 36.4.56 重选最终综合指标

产品名称	产率（%）	品位（%）			回收率（%）		
		$SrSO_4$	BaO	CaO	$SrSO_4$	BaO	CaO
精矿 1	63.87	92.12	4.06	0.96	83.56	87.31	6.59
精矿 2	3.53	85.17	3.10	3.67	4.27	3.68	1.39
最终中矿	4.13	66.32	2.02	11.65	3.89	2.81	5.17
尾矿	22.30	18.03	0.59	33.59	5.71	4.43	80.45
矿泥	6.17	29.28	0.85	9.66	2.57	1.77	6.40
原矿	100.00	70.41	2.97	9.31	100.00	100.00	100.00

表 36.4.57 最终精矿化学多项分析

产品	项目				
	SrO（$SrSO_4$）	BaO	CaO	MgO	SO_3
	含量（%）				
精矿 1	52.20（92.53）	3.84	0.47	0.09	42.35
精矿 2	48.10（85.25）	2.92	3.57	0.09	38.76

B 爱景山天青石矿试验室选矿试验

江苏省溧水县爱景山天青石矿，为一以高岭土为主要脉石矿物的大型矿床。化工部化工矿山设计研究院和江苏省冶金研究所，曾先后对该矿进行了试验室可选性试验。

该矿床矿石类型及其特征，详见表 36.4.58。矿石中有用矿物为天青石；脉石矿物主要为石英、玉髓、高岭石、褐铁矿；其次为黄铁矿、碳酸盐、绢云母、水云母、锆石和绿泥石等。

化工矿山设计研究院试验所用样品的矿物组成和化学组成，列于表 36.4.59。依据有用矿物天青石和主要脉石矿物高岭石、褐铁矿之间的密度差别，采用了简单的重选流程加以选别。其原则流程，如图 36.4.30 所示。

选别过程为：将粒级为 3～0 毫米的原矿，按 3、2、1、0.5、0.25、0.15、0.076、0.044 和 0.038 毫米，进行湿式筛分，所得各粒级产品，按图 36.4.30 所示的原则流程选别。即：粗粒级（-3+2 毫米）为跳汰—中矿再磨—摇床选别；其他粒级（-2 毫米等）为单一摇床选别。

表 36.4.58　矿石类型及其特征

矿石类型	主要特征
天青石矿石	为最富的矿石类型。它由板状、柱状、迭板状和糖粒状天青石组合而成。色白、质纯、性脆，局部有被铁质、硅质等充填的溶洞或裂隙。 组成矿物主要是天青石、石英、玉髓、褐铁矿和少量碳酸盐
褐铁矿—天青石矿石	较"天青石矿石"类型的天青石含量为低。矿石由于含铁，一般是褐红色、褐黄色
高岭石—天青石矿石	该类矿石较贫，有用矿物大多是粒状，不规则残晶，星散分布在密集的高岭石集合体中，色灰白，受铁质污染显灰黄色。 组成矿物主要为高岭石、石英、玉髓、褐铁矿、锆石、天青石、云母等

表 36.4.59　试验样品的矿物组成和化学组成

项　目		样品编号 I	Ⅱ	Ⅲ
		含量（%）		
矿物组成	有用矿物	49	37	20
	脉石矿物	51	63	80
SrO		29.47	19.37	10.22
$SrSO_4$		52.25	34.34	18.12
BaO		1.47	0.89	0.32
CaO		0.33	0.33	0.29
Fe_2O_3		9.88	8.59	7.10
MgO		0.10	0.11	0.14
Al_2O_3		5.31	7.18	11.20
SO_3		24.80	16.30	8.91
SiO_2		25.72	40.66	52.41
TiO_2		0.42	0.69	0.85
Na_2O		0.03	0.04	0.05
K_2O		0.16	0.24	0.37
CO_2		0.19	0.19	0.15

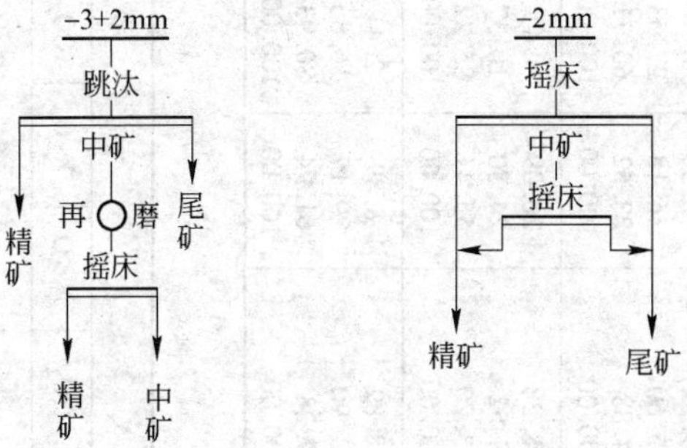

图 36.4.30　溧水天青石矿重选试验原则流程

各样品最终选别指标，综合列于表 36.4.60。所得精矿产品的化学多项分析，见表 36.4.61。

由表 36.4.60 和表 36.4.61 可以看出，对溧水天青石矿采用重选法富集，对三个不同品级的样品均取得了较好的结果。

1985 年 5 月，江苏省冶金研究所又对该矿床品位为 SrO 26.85%（折含 $SrSO_4$ 47.59%）的矿石，进行了单一重选流程和重选—浮选联合流程的探索性试验。试验流程如图 36.4.31 所示，试验结果列于表 36.4.62。

C　凯瑟（Kaiser）天青石矿选矿厂（加拿大）

世界上优质的天青石矿石，主要来自英国。其次是加拿大、苏联和美国。

加拿大凯瑟天青石矿开采公司（Kaiser Celestite Mining Ltd.）Enon 天青石矿，位于诺法斯科细亚（Nova Scotia）布里敦角岛（Cape Breton County）Lomond 海湾地区（Loch Lomond）。北距锡德尼（Sydney）约 50 公里。地理位置十分有利。

Enon 天青石矿床，是 1962 年发现的，1963 年就已进行地质工作，但当时未开采。直到 20 世纪 60 年代末，由于市场对锶磁铁材料的需要，才引起人们对天青石矿的兴趣。经过两年多的发展，在 1971 年 5 月，开始生产天青石精矿。

Enon 天青石矿是一个露天开采的矿山。生产规模大致为年

表 36.4.60 三个样品的最终选别指标

样品号	名称	产率(%)	品位(%)				回收率(%)		
			SrO	$SrSO_4$	Fe_2O_3	Al_2O_3	SrO($SrSO_4$)	Fe_2O_3	Al_2O_3
Ⅰ	精矿	50.75	47.683	84.54	6.96	0.94	79.52	40.30	8.76
	中矿	24.68	19.23	34.10	12.86	6.10	15.60	36.18	27.53
	尾矿	24.57	6.05	10.73	8.39	14.18	4.88	23.52	63.71
	原矿	100.00	30.433	53.96	8.769	5.467	100.00	100.00	100.00
Ⅱ	精矿	35.26	47.21	83.71	5.67	0.90	78.28	20.09	4.41
	中矿	14.34	12.63	22.39	17.01	5.20	8.52	24.50	10.37
	尾矿	50.40	5.57	9.88	10.94	12.17	13.20	55.41	85.22
	原矿	100.00	21.264	37.70	9.952	7.197	100.00	100.00	100.00
Ⅲ	精矿	16.19	45.95	81.47	3.97	1.77	68.82	8.89	2.41
	中矿	20.80	11.38	20.18	10.13	2.368	21.90	29.17	16.66
	尾矿	63.01	1.59	2.82	7.10	15.26	9.28	61.94	80.93
	原矿	100.00	10.811	19.17	7.222	11.88	100.00	100.00	100.00

表 36.4.61 重选精矿化学多项分析

样号	项目												
	SrO	$SrSO_4$	BaO	CaO	Fe_2O_3	MgO	Al_2O_3	SO_3	SiO_2	TiO_2	Na_2O	K_2O	CO_2
	含量(%)												
Ⅰ	46.21	81.93	3.08	0.24	6.89	0.13	0.62	37.32	3.90	0.17	0.04	0.03	0.04
Ⅱ	46.26	82.02	3.21	0.30	5.63	0.24	0.70	37.50	4.58	0.16	0.03	0.03	0.08
Ⅲ	45.14	80.04	2.57	0.24	3.91	0.18	1.55	36.35	7.22	0.19	0.02	0.04	0.08

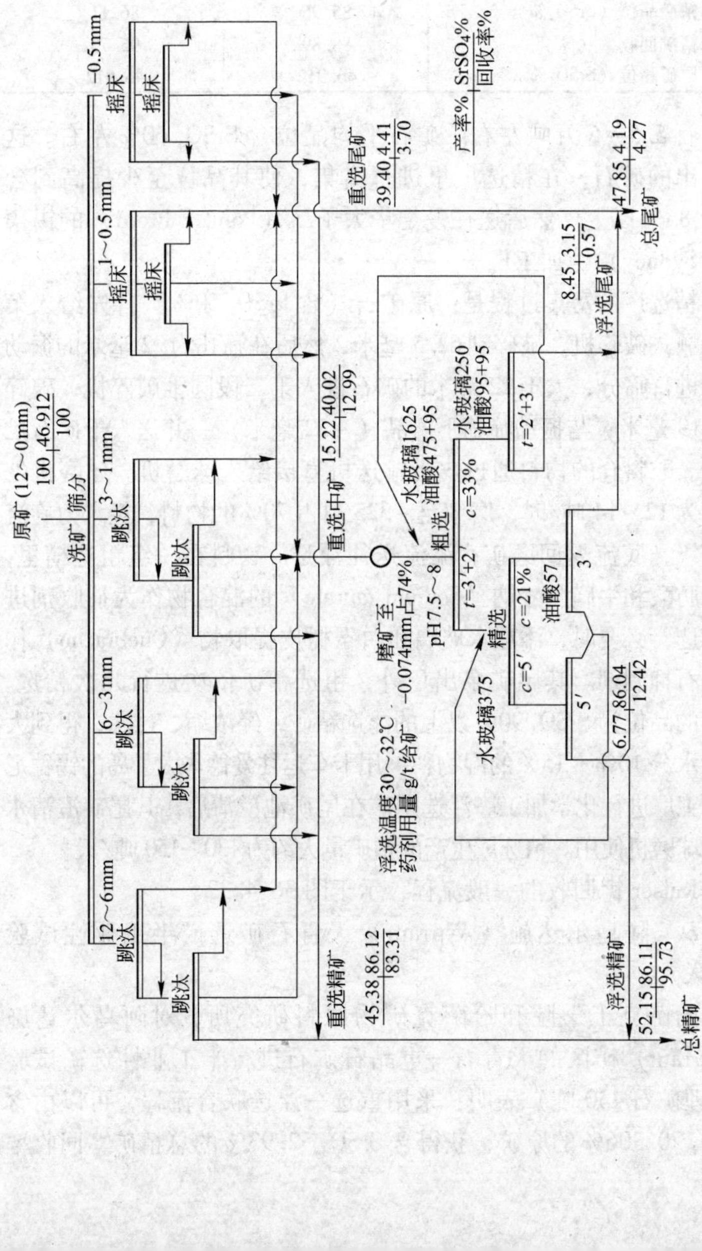

图 36.4.31 溧水天青石矿重选—浮选联合流程图

表 36.4.62 江苏冶金研究所试验结果

项 目	单一重选流程	重—浮联合流程
精矿品位（$SrSO_4$%）	85.96	86.11
精矿回收率（%）	88.89	95.73
原矿品位（$SrSO_4$%）	46.912	46.912

产矿石5.5~6万吨左右。矿石平均品位含 $SrSO_4$ 60%左右。这里采出的矿石，在精选厂里进行富集，使其品位至少提高到含 $SrSO_4$85%以上，然后送往爱德华太子岛（Point Edword）的锡德尼（Sydney）锶加工厂。

精选厂的富集过程是：原矿石（含 $SrSO_4$ 50%）首先给入第一段颚式破碎机，破碎到62.5毫米，然后在筛孔为22毫米的振动筛上进行筛分，大于22毫米的矿石进入第二段圆锥破碎机，破碎至-19毫米，与振动筛筛下产品（-22毫米）一并送入干矿石贮料仓。贮料仓的物料通过皮带输送机直接给入球磨机。球磨机处理量为12~14吨/时，磨细至-325目占70%的物料，经水力旋流器分级，底流返回磨矿；溢流送往浮选。物料在一组粗选槽里，以脂肪酸和牛磺胆酸钠（Sodium taurate）的混合物作为捕收剂进行分选，必要时，添加水玻璃和白雀树皮提取物（Quebracho）作为脉石抑制剂。其尾矿泵出厂外，粗选精矿依次进行几次精选。获得的品位为 $SrSO_4$ 90%以上的浮选精矿，经浓缩、过滤，得到大约含水分10%~15%的湿物料，用卡车运往爱德华太子岛的锡德尼锶加工厂进行化学加工。浮选尾矿在尾矿池澄清后，其尾矿澄清水返回球磨机使用。精选厂生产的精矿量大约为130~150吨/天。

Kaiser锶回收的一般流程，示于图36.4.32。

D 阿乌尔达施（Ауртащ）天青石矿选矿半工业性试验（苏联）。

哈萨克工学院和哈萨克矿物原料研究所，对阿乌尔达施（Ауртащ）矿区的天青石—重晶石矿石进行半工业性选矿试验（处理矿石430吨）表明：采用重选—浮选联合流程，可以由含 $SrSO_4$ 20.306%的原矿，获得含 $SrSO_4$ 52.93%的总精矿，回收率为85.24%。

选别过程简单的数、质量流程，见图36.4.33。

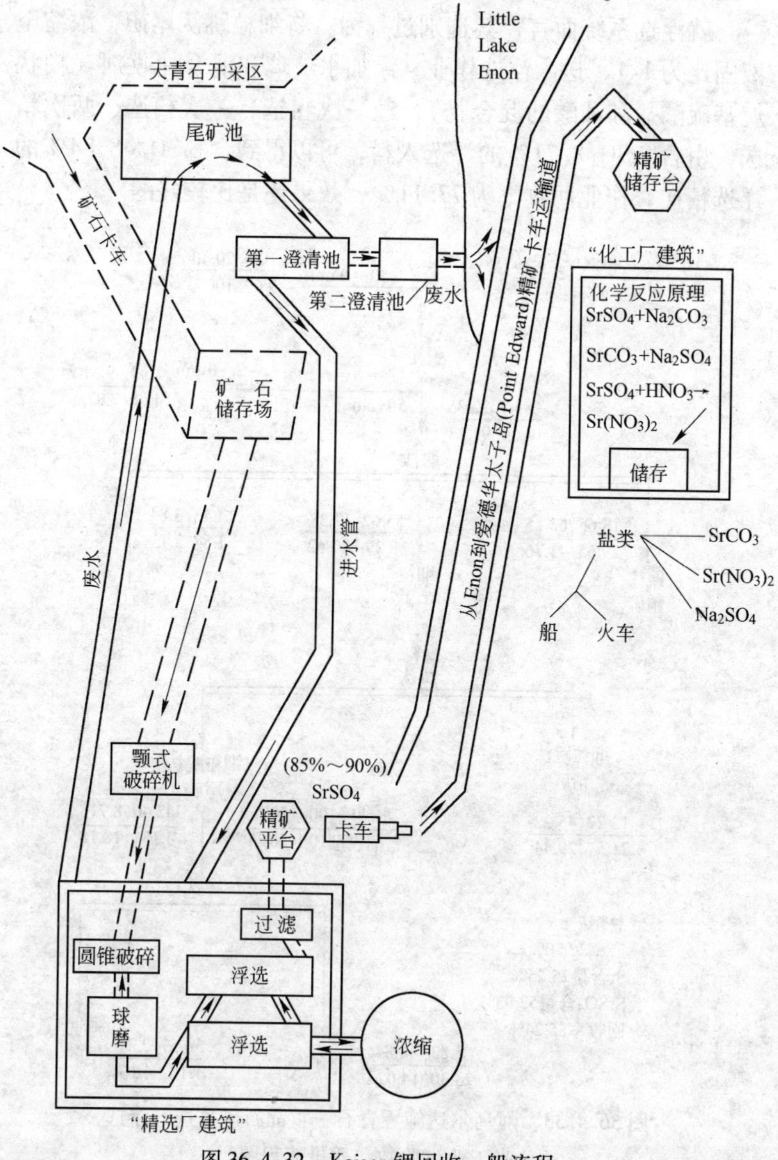

图36.4.32　Kaiser锶回收一般流程

由于该矿床位于缺乏淡水的曼哥施拉克半岛，重选是在盐水中进行的，这是其重选系统的一个特点。

就浮选系统而言，其选别过程为：将细粒跳汰尾矿，浓缩至液固比为1∶1，送入浮选作业，添加水玻璃和混合捕收剂（糊状烷基硫酸盐和油酸的混合物），经一次粗选、一次扫选、两次精选，由含 $SrSO_4$ 8.71%的浮选入料，可以得到含 $SrSO_4$ 48.84%的浮选精矿，作业回收率为77.11%，效果还是比较好的。

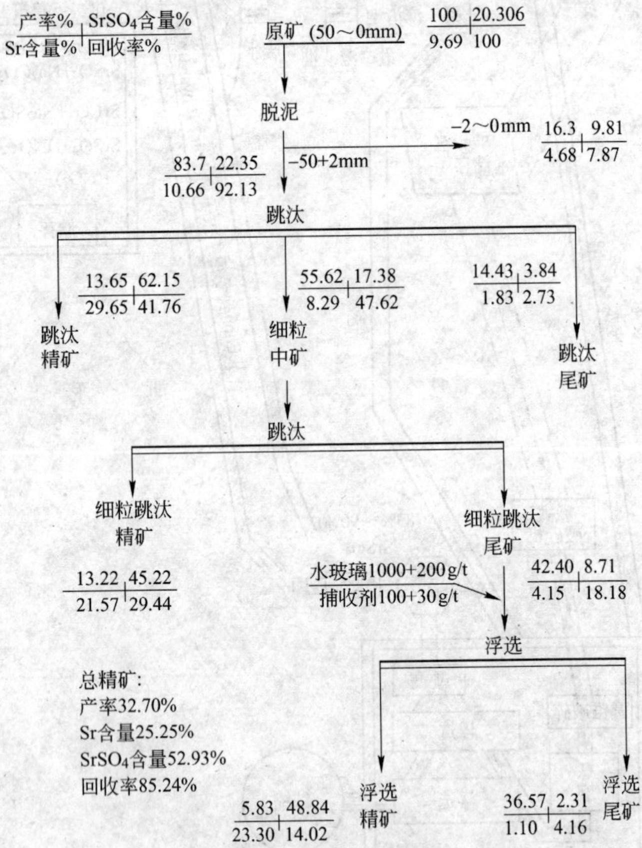

图36.4.33　阿乌尔达施天青石—重晶石矿重选—浮选半工业试验数、质量流程图

参 考 文 献

1 Mining Annual Review, 1984, p. 97~99

2 Phosphorus and potassium, 1984, №132

3 [苏] Г. И. 布申斯基著，磷灰石、磷灰岩、蓝铁矿，地质出版社，1956

4 中国科学院地质研究所三室，土壤学报，1966，№1

5 陈其英等编著，磷矿地质与找矿，科学出版社，1978

6 东北地质科学研究所情报组，东北地质科技情报，1975，№2

7 张树立，选矿年评(第三届选矿年评报告文集)，1985. 2

8 В. Ф. Кармышов, М. ,《Химия》, 1983. с. 23~26

9 United Nations Industrial Development Organization, Development and Trausfer of Technology Series, №13, Fertilizer manual, 1980. p. 165

10 英国硫股份有限公司编，世界磷酸盐矿床调查(第四版)，1984

11 [苏]В. И. 克拉辛著，化学原料矿选矿，化学工业出版社，1984

12 刘树汉，化工矿山技术，1984. 2

13 化工部化工矿山设计研究院编印，全国磷矿选矿试验资料汇编，1980

14 Phosphorous and potassium, 1971, №51

15 杨庆福，化工矿山技术，1984. 4

16 Л. Д. Ратобильская 等，Обьгащения Фосфатных РУД, М. ,《Недра》, 1979

17 Baumann A. N. 等，Processing Techniques for Separating Mgo Impurities from Phosphate Products, 2nd Inter. Congress on phosphorus. Compounds proceeding, 1980. Apr. Boston. USA. pp. 269~280

18 东北地质科学研究所，东北地质科技情报，1974，增刊

19 化工矿山通讯，1983. 4

20 化工矿山技术，1983. 3

21 王维德，化工矿山技术，1984. 3

22 顾词译，化工矿山译丛，1979. 2

23 М. Н. Треущенко, Хим. Пром. 1984. №11. р. 28~29

24 郑若灿，化工矿山技术，1982. 1

25 A. R. Rule 等，Min, Engin. 1978, V. 30. №1

26 J. H. Fourie, Inst. Min and metall. , 1981, V81. №4

27 化工部情报研究所译，化工矿山技术，1983，5

28 李东好等摘译，化工矿山技术，1983. 1

29 K、Klukkola 等，XⅣ Inter. Mineral processing Congress, Oct. 17~23, 1982

Toronto Cananda, V7

30 B. H. 雷加奇等著，化工矿山译丛，1985.2

31 Phosphorus and Potassium, 1972, №61

32 Phosphorus and Potassium, 1972, №62

33 H. C. Ульянов，等，Хим. Пром.，1968，№7

34 Phosphorus and Potassium, 1985, №137

35 M. E. Позин，等，《ЖПХ》，1985，T58，Вып. 3，p. 468 ~469

36 连云港化工矿山设计研究院，化工矿物原料知识，燃料化学工业出版社，1973

37 中华人民共和国地质部、中华人民共和国化学工业部，硫铁矿地质勘探规范（试行），地质出版社，1980

38 Sulphur, 1983, №167

39 Mining Annual Review, 1985

40 刘英杰等，化工矿山技术，1984.3

41 化工部化工矿山设计研究院六连情报组，化工矿山技术，1972.3

42 化工矿山通讯，1980，7

43 硫酸工业，1984.2

44 化工部硫酸工业科技情报中心站，硫酸工业，1985.3

45 化工部化工矿山设计研究院四连柏山硫铁矿选矿试验组，化工矿山技术，1972.3

46 伍永年，化工矿山通讯，1983.9

47 向山硫铁矿，化工矿山通讯，1981.20

48 高鹏义，矿产综合利用，1980，第四辑

49 左性荣，化工矿山技术，1982. 3

50 衢州化工厂龙游黄铁矿，化工矿山技术，1972. 5

51 化工矿山通讯，1983.39

52 化工矿山通讯，1983.44

53 戴旭东，化工矿山通讯，1983.7

54 化工矿山技术，1983.5

55 顾词译，化工矿山译丛，1979. 6

56 化工矿山通讯，1984.1

57 杨乃纯，化工矿山技术，1979.2

58 杨乃纯，化工矿山技术，1979.3

59 恽华，化工矿山通讯，1983. 12

60 袁见齐，钾肥与钾盐矿床，石油化学工业出版社，1977

61 Mining Annual Review, 1985

62 Phosphorus & Potassium, №141, 1968

63 燃料化学工业部科学技术情报研究所，燃化科技资料(化工)，№18，国外部分，1972

64 云盐，某钾盐矿床地质特征，地质科技，№4，1973

65 (Canada) Department of Mineral Resources, Potash in Saskatchewan, 1973

66 化工矿山译丛，1979，№3

67 皮克特等，加拿大选矿实践，冶金工业出版社，1983，481~493

68 G. G. Strathdee 等，The processing of Potash ore by PCS，XⅣ Internationai Minerai Processing Congress, Toronto, 1982

69 D. G. Foot 等，Direct Fiotation of potash from Carnaliite, Bureau of Mines Repost of Invest gations, 1982(8678)

70 化工矿山通讯，1980. №6

71 赵士骧，化工矿山通讯，1982. №4

72 熊执中，化工矿山技术，1980. №6

73 中国科学院盐湖研究所、上海化工研究院，钾肥工业，化学工业出版社，1979

74 Phosphorus & potassium, №102, 1979

75 国家标准总局，中华人民共和国国家标准(氯化钾)，1986

76 化工部无机盐科技情报中心站，无机盐工业，1980. 1

77 苏]N. M. 库尔曼等，硼矿的普查与勘探，中国工业出版社，1962

78 曾邦任，化工矿山技术，1982. 4

79 杨克勤等，矿产综合利用，1985. 2

80 席曙光，化工矿山通讯，1981. 18

81 罗贵达等，第一届矿产资源综合利用学术会议论文集，1982

82 河北省地质局实验室，河北地质实验，1974

83 张晓钟，无机盐工业，1981. 6. 1~5

84 P. R. Smith 等，Mining Engineering, 1980, February. Vol. 32. №2. 199~204

85 上海化工研究院，钾长石及明矾石土法生产钾肥，石油化学工业出版社，1977

86 温州化工厂，化肥与催化，1980. 1

87 张自勤，杨忠威，化工矿山技术，1979. 5

88 杨柏森，化工矿山技术，1984. 2

89 Lyushnya, L. M. 等，C. A. 1973. Vol. 78. №8. 45753 Z

90 陈庆东，化工矿山技术，1984. 4

91 李复东，化工矿山技术，1984. 3

92　马维信，化工矿山通讯，1984.6

93　崔善根，刘汉钊，矿产综合利用，1980.8

94　吴文锦、乐美之，化工矿山通讯，1983.11

95　G. D. Crowell, The Canadian Mining and Metallurgical Bulletin, Oct. 1971. Vol. 64

96　№714. 48 ~ 52

97　И. Д. Райвин 等, Цветные Металлы, 1984. №3. 92 ~ 93

98　王毓娥，无机盐工业，1980.3

37 建材非金属矿选矿

37.1 石棉选矿

37.1.1 绪论

37.1.1.1 矿物性质和用途

石棉是一组具有纤维结构，可劈裂成纤细而柔韧纤维状矿物的总称。它按生成母岩不同而分类，见表 37.1.1。

在这几类石棉中，产量最大、用途最广的是蛇纹石石棉(俗称温石棉)。该类石棉按产状又分为两类，见表 37.1.2。中国主要石棉矿山石棉矿物化学成分见表 37.1.3。

石棉矿物由于具有耐热、保温、吸附、绝缘、耐碱侵蚀、可纺纱织布，以及有较高机械强度等优良性能（见表 37.1.4 和表 37.1.5)，所以它在工农业及国防尖端技术等方面有广泛用途。目前、各种规格的石棉制品三千余种、八大类别，见表 37.1.6。

37.1.1.2 资源、生产和消费

中国石棉资源见表 37.1.7。中国石棉生产和消费见表 37.1.8 和表 37.1.9。世界各国石棉资源，生产和消费见表 37.1.10 和表 37.1.11。

37.1.1.3 产品质量标准和检验方法

石棉产品的使用价值，取决于它的纤维结构、长度、抗张强度以及其他物理化学性能。

中国现在执行的石棉产品质量标准（建标 54—61）是 1961 年制定的部标准。它分手选和机选两种，分别见表 37.1.12 和 37.1.13。按标准规定：只检验纤维长度、砂粒和粉尘含量等指标。标准中虽有纤维结构的要求，但是并不进行检验。

表 37.1.1　石棉矿物类型

矿物名称		生成母岩	化学组成	物理性质	世界产量分布（%）	世界最主要矿床或矿山
蛇纹石石棉		蛇纹石	$Mg_6[(OH)_4Si_2O_3]_2$ 或 $3MgO \cdot 2SiO_2 \cdot 2H_2O$ 其中： MgO 占 38.35% SiO_2 占 39.62% H_2O 占 12.02%	颜色：白色、灰白、浅黄、浅绿 光泽：丝绢光泽 硬度：2.0～2.5 密度：2.49～2.53g/cm³ 轴向抗张强度：>300kg/mm²	90	加拿大杰弗雷矿和苏联乌拉尔巴热诺夫矿
角闪石石棉	蓝石棉（又称青石棉或斜闪石石棉）	角闪石	$Na_2Fe_5[(OH)Si_4O_{11}]_2$	颜色：浅紫蓝色 密度：3.2～3.3g/cm³ 轴向抗张强度：330kg/mm² 耐酸性：强，在王水中煮沸一昼夜，损失率仅 2%～3% 吸附性：很强，具有防化学毒物及净化原子污染性能	6	南非开普省德兰士瓦省的蓝石棉矿床
	直闪石石棉		$(Mg, Fe)_7[(OH)Si_4O_{11}]_2$	耐酸性最强，吸附性中等，常做高温耐酸性制品	很少	芬兰
	透闪石、阳起石石棉		$Ca_2(Mg_2Fe)_5[(OH)Si_4O_{11}]_2$	耐酸性很强，吸附性弱，可做滤酸制品	极少	
	铁石棉		$MgFe_6[(OH)Si_4O_{11}]_2$	轴向抗张强度：300kg/mm²	3	南非德兰士瓦省

表 37.1.2　蛇纹石石棉分类

分　类	产状特征	选矿产品特征	典型选矿厂举例
横纤维石棉	纤维与脉壁垂直	棉短，通常只几毫米长，可生产Ⅲ～Ⅵ级石棉产品	中国金州、茫崖石棉矿选矿厂
纵纤维石棉	纤维与脉壁平行	棉长，最长 2 米以上，可生产Ⅰ～Ⅱ级石棉产品	中国四川、新康石棉矿选矿厂

表 37.1.3 中国主要石棉矿山石棉矿物化学成分

矿山名称	化学成分(%)									
	SiO_2	MgO	Al_2O_3	Fe_2O_3	FeO	CaO	Na_2O	K_2O	H_2O^+	H_2O^-
四川石棉矿	42.42	38.48	0.46	2.48	0.08	0.11			11.12	2.51
新康石棉矿	41.62	38.85	1.14	1.92	0.45	0.52			10.89	1.86
茫崖石棉矿	38.87	38.84	1.31	2.73	2.11	1.04	0.33	0.24	12.58	1.19
金州石棉矿	41.02	38.60	0.35	0.44	0.11	3.41	0.28		12.46	
朝阳石棉矿	36.44	34.71	0.76	0.48		8.81	1.03	0.02	7.43	2.80
涞源石棉矿	45.09	37.46	0.21	0.02	3.22	1.71	0.10	0.06	13.41	3.69
吕梁石棉矿	41.66	39.91	0.34	0.61	0.15	2.44	0.02		13.44	2.09
陕南石棉矿:										
黄棉	37.48	33.74	1.64	1.04	0.73	0.26			12.78	0.81
白棉	35.75	31.69	2.52	0.93	6.37	5.44			16.78	3.23

表 37.1.4 中国主要石棉矿山石棉矿物物理性能

矿山名称	颜色	密度 (g/cm^3)	导热率 (W/(m·K))	抗张强度 (kg/cm^2)	电阻率 (Ω·cm)
四川石棉矿	白、浅灰绿、浅灰黄	2.42~2.87	0.00042~0.00085	100~200	$P_s=6.44\times10^8$ $P_v=2.75\times10^8$
新康石棉矿	白、灰、黄	2.54~2.77	0.00084	>100	
茫崖石棉矿	蓝绿、金黄、白	2.5	0.00055~0.00101	200~300	$3.92\times10^8\sim2.70\times10^8$
金州石棉矿	银白	2.44	0.00067	283~362	$4.9\times10^7\sim1.1\times10^8$
朝阳石棉矿	白、黄褐、淡绿	2.40			
涞源石棉矿	白、褐、棕	2.53	0.00188	121.68	2.34×10^8
陕南石棉矿:					
温石棉	黄(俗称黄棉)	2.50			
水镁石石棉	白(俗称白棉)	2.50			

石棉产品检验，是通过专用的石棉标准检验筛（图 37.1.1）进行的。检验筛有两套筛箱、一个筛盖和一个筛底（称满底）。每套筛箱分为三层。其规格分别见表 37.1.14 和表 37.1.15。检验筛转速为 300 转/分，偏心距为 19.8 毫米。

第一套筛箱用于确定石棉产品纤维长度分布。测定方法：取石棉 500 克，筛分两分钟，称各层筛余量，算出百分含量。第二套

表 37.1.5　中国主要石棉矿山石棉矿物烧失量、碱失量和酸失量

矿山名称	烧失量（%）①								碱失量（%）	酸失量（%）
	200℃	300℃	400℃	500℃	600℃	700℃	800℃	900℃		
四川石棉矿	1.65	2.86	11.42	12.56	16.38	22.64	23.08	23.55	2.76 ~ 17.75	53.48 ~ 92.10
新康石棉矿		0.56	0.91	1.97	11.19	13.90	14.22	14.36	1.4 ~ 5.84	54.85 ~ 57.49
茫崖石棉矿		1.34	3.00	11.44	13.01	13.31	13.55		2.63 ~ 5.63	53.96 ~ 59.22
金州石棉矿		0.58	0.96	2.19	8.57	16.45	17.52	17.65	6.55 ~ 12.02	58.04 ~ 58.56
涞源石棉矿		3.12	4.42	12.46	23.50	24.34	24.40		2.63	53 ~ 37
吕梁石棉矿	0.30	0.40	0.60	1.20	6.00	10.00	13.00	14.00	1.00	56.27
陕南石棉矿：										
黄棉		1.1	1.58	5.27	12.78	13.00	13.11	14.36	2.03	40.15
白棉		0.11		8.84	16.10	20.90	21.26		2.03	40.15
巴州22团石棉矿		0.59	0.87	1.46	3.61	11.51			2.14 ~ 5.15	54.56 ~ 56.02

① 石棉矿物368℃时吸附水全部析出，纤维抗张强度降低20%；400℃时结构水开始析出，纤维机械强度显著降低；700℃时，结构水全部析出，纤维变脆；其中吸附水的析出是可逆的，结构水的析出是不可逆的。

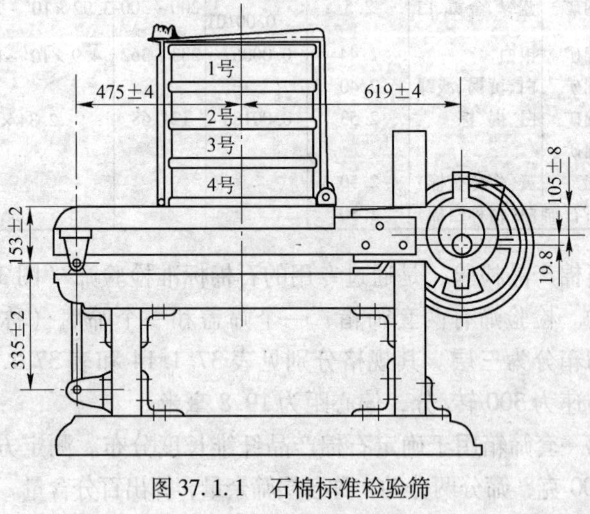

图 37.1.1　石棉标准检验筛

表 37.1.6 石棉用途

序号	类别	品名	所用石棉种类	所用石棉等级	主要用途
1	石棉水泥制品	石棉水泥瓦	温石棉	Ⅲ、Ⅳ、Ⅴ、Ⅵ	建筑材料
		石棉水泥板	温石棉	Ⅲ、Ⅳ、Ⅴ	建筑材料、电工材料
		石棉水泥脊瓦	温石棉	Ⅲ、Ⅳ、Ⅴ	建筑材料
		石棉水泥管	温石棉	Ⅲ、Ⅳ、Ⅴ	建筑材料
2	石棉纺织品	石棉纱	温石棉	块棉，Ⅰ、Ⅱ、Ⅲ	保温绝热材料，纺织品的半成品
		石棉线	温石棉	Ⅰ、Ⅱ、Ⅲ	保温绝热材料，气灯罩扎线
		石棉铜丝线	温石棉	Ⅰ、Ⅱ、Ⅲ	保温绝热材料，纺织品的半成品
		石棉铜丝布	温石棉	Ⅰ、Ⅱ、Ⅲ	制动衬带及离合器片材料，高压盘根材料
		电解槽布	温石棉	Ⅰ、Ⅱ、Ⅲ	电解槽用
		石棉布	温石棉	块棉，Ⅰ、Ⅱ、Ⅲ	防火幕，复制品的材料
		石棉手套	温石棉	块棉，Ⅰ、Ⅱ、Ⅲ	熔炼车间工作用
		石棉鞋罩	温石棉	块棉，Ⅰ、Ⅱ、Ⅲ	熔炼车间工作用
		石棉帽罩	温石棉	块棉，Ⅰ、Ⅱ、Ⅲ	熔炼车间工作用
		石棉衣	温石棉	块棉，Ⅰ、Ⅱ、Ⅲ	熔炼车间工作用
		青石棉布	青石棉	长纤维	化工材料
3	石棉保温绝热制品	石棉方绳、圆绳	温石棉	Ⅱ、Ⅲ	保温绝缘材料，热塞材料
		黑石棉绳	温石棉	Ⅱ、Ⅲ	蒸汽发动机热塞、防泄材料
		石棉被	温石棉	Ⅱ、Ⅲ、Ⅳ	保温材料
		石棉纸	温石棉，角闪石石棉	Ⅳ、Ⅴ	保温绝热材料，过滤材料
		石棉纸板	温石棉	Ⅳ、Ⅴ	保温绝热材料，车间降温材料，隔音绝缘材料
		碳酸镁石棉泥	温石棉	Ⅴ、Ⅵ、Ⅶ	保温绝热材料
		碳酸镁石棉管	温石棉	Ⅴ、Ⅵ、Ⅶ	保温绝热材料
		硅藻土石棉泥	温石棉	Ⅴ、Ⅵ、Ⅶ	保温绝热材料
		重质石棉泥	温石棉	Ⅴ、Ⅵ、Ⅶ	保温绝热材料
		石棉松绳	铁石棉	Ⅳ、Ⅴ	保温绝热材料
4	石棉密封垫塞制品	炉门圆盘根	铁石棉	Ⅳ、Ⅴ	密封衬垫材料
		平盘盘根	铁石棉	Ⅱ、Ⅲ	蒸汽发动机热塞、防泄材料
		弹簧盘根	铁石棉	Ⅱ、Ⅲ	蒸汽发动机热塞、防泄材料

续表 37.1.6

序号	类别	品　　名	所用石棉种类	所用石棉等级	主要用途
4	石棉密封垫塞制品	橡芯盘根	铁石棉	Ⅱ、Ⅲ	蒸汽发动机热塞、防泄材料
		铅芯盘根	铁石棉	Ⅱ、Ⅲ	蒸汽发动机热塞、防泄材料
		铜丝芯盘根	铁石棉	Ⅱ、Ⅲ	蒸汽发动机热塞、防泄材料
		各种石棉垫圈			
5	石棉传动制动制品	橡胶石棉制动带	温石棉	块棉，Ⅰ、Ⅱ、Ⅲ	汽车、飞机、吊车等制动材料
		塑料石棉制动带	温石棉	块棉，Ⅰ、Ⅱ、Ⅲ	汽车、飞机、吊车等制动材料
		塑料离合器面片	温石棉	块棉，Ⅰ、Ⅱ、Ⅲ	汽车等传动材料
6	石棉电工材料	绝缘石棉纸	温石棉	Ⅲ、Ⅳ、Ⅴ	电工材料
		绝缘石棉橡胶纸	温石棉	Ⅲ、Ⅳ、Ⅴ	电工材料
		石棉酚醛塑料	温石棉		
7	石棉沥青制品	石棉沥青	温石棉	Ⅴ、Ⅵ、Ⅶ	建筑材料，公路材料
		石棉漆	温石棉	Ⅴ、Ⅵ、Ⅶ	建筑材料，防潮材料
8	石棉的新用途	石棉陶瓷纤维复合材料	温石棉	块棉，Ⅰ、Ⅱ	火箭燃烧室
		石棉石墨复合材料	温石棉	块棉，Ⅰ、Ⅱ	导弹密封绝缘
		石棉金属复合材料	温石棉	块棉，Ⅰ、Ⅱ	火箭发动机高温防护
		石棉尼龙复合材料	温石棉	块棉，Ⅰ、Ⅱ	火箭、导弹工业

表 37.1.7　中国石棉资源类型及分布

矿床类型	分布地区	主要矿山	矿山位置
超基性岩型纤蛇纹石石棉矿床(包括水镁石石棉)	西北、西南	四川石棉矿	四川省石棉县
		新康石棉矿	四川省石棉县
		茫崖石棉矿	青海省茫崖镇
		陕南石棉矿	陕西省宁强县大安镇
白云岩型纤蛇纹石石棉矿床	华东、东北	金州石棉矿	辽宁省金县
		朝阳石棉矿	辽宁省朝阳县
		涞源石棉矿	河北省涞源县
		吕梁石棉矿	山西省方山县
角闪石(蓝石棉等)石棉矿床	四川、湖北、河南、云南等省	牟定石棉矿	云南省牟定县
		郧县石棉矿	湖北省郧县

筛箱用于确定石棉产品粉尘含量。测定方法：将第一套筛箱满底剩余物倒入第二套筛箱，筛分五分钟，称其满底剩余物重量，用500克除之，再换算成百分含量，即为粉尘含量。之后再用手挑出第一、二套筛箱各层筛余物中砂粒合并称重，并用500克除之，换算成百分数即为砂粒含量。

表 37.1.8 中国各类石棉产品产量

类别	产品名称	1979年		1980年	
		产量（t）	产率（%）	产量（t）	产率（%）
蛇纹石石棉类	温石棉	101902	100.0	98198	100.0
	其中：超基性岩型	80740	79.0	78579	80.0
	白云岩型	19700	19.3	17994	18.3
	水镁石石棉	1462	1.5	1625	1.7
角闪石	角闪石石棉	1653.8	100.0	1754.7	100.0
石棉类	透闪石石棉	195	11.8	195	11.1
	其他石棉	1445	87.3	1554	88.5

表 37.1.9 中国石棉产品消费（按计划分配部分）

序号	项　目	1979年		1980年	
		消费量(t)	消费率(%)	消费量(t)	消费率(%)
1	总分配量	86394	100	88760	100
	其中Ⅴ级和Ⅴ级以下短棉	62189	72	69492	78.3
2	计划分配量合计	77087	89.2	86556	97.5
	其中:石棉制品业	26261	30.4	30279.5	34.1
	石棉水泥制品业	35538	41.1	38220	43.1
	化工制碱业	550	0.6	500	0.6
	保温隔热用棉	10000	11.6	12276	13.8
	出口	4500	5.2	5050	5.6
3	待分配量	9307	10.8	2204	2.5

表 37.1.10　世界石棉纤维储量和产量

序号	国家或地区	储量（万 t）（1976 年）	产量（1979 年）万吨	产量（1979 年）%
1	苏　联	3100（东方世界包括南斯拉夫）	261.5	47
2	加拿大	4100	150	29
3	南非（阿扎尼亚）	600	24.7	5
4	津巴布韦		26	5
5	意大利		13.5	3
6	中　国		10.4	3
7	美　国	400	9	2
8	其　他	1400（除加拿大、美国、南非以外的西方世界）	32.1	6
	合　计	9600	527.2	100

表 37.1.11　世界石棉纤维消费量

序　号	国家或地区	消费量（%）（1975 年）
1	苏　联	42.5
2	美　国	11.3
3	欧洲经济共同体国家	16.1
4	日　本	5.2
5	加拿大	1.2
6	其　他	23.7
	合　计	100.0

表 37.1.12　手选石棉质量标准（建标 54—61）

等　级	牌　号	纤维长度（mm）（不小于）	主体纤维含量（%）	含石量（%）
特	特-1	100	60	2
特	特-2	50	60	2.5
Ⅰ	手-1	18	—	7
Ⅱ	手-2	12	—	10
Ⅲ	手-3	6	—	20

表 37.1.13 机选石棉质量标准（建标 54—61）

纤维结构①	等级	牌号	筛余量(%) 第一层 12.7mm	第二层 4.8mm	第三层 1.35mm	第四层(满底)(%)	砂粒粉尘含量(%) 总计	其中砂粒
			不小于				不大于	
硬结构	特	硬-特-80	80	10	8.4	1.6		
	特	硬-特-55	55	30	13	2		
	Ⅰ	硬-1-50	50	26	21	3		
	Ⅰ	硬-1-38	38	34	24	4		
	Ⅱ	硬-2-20	20	47	28	5		
	Ⅲ	硬-3-40		40	48	12	2	0.5
	Ⅳ	硬-4-20		20	50	30	5	0.5
半硬结构	Ⅱ	(半)-2-30	30	50	15	5		
	Ⅱ	(半)-2-15	15	60	19	6		
	Ⅱ	半-2-30	30	53	13	4		
	Ⅱ	半-2-15	15	65	15	5		
	Ⅲ	半-3-70		70	20	10	3	0.5
	Ⅲ	半-3-60		60	30	10	3	0.5
	Ⅲ	半-3-50		50	35	15	3	0.5
	Ⅳ	半-4-35		35	45	20	4.5	0.5
	Ⅳ	半-4-20		20	58	22	5	0.5
	Ⅳ	半-4-5		5	70	25	5.5	0.5
	Ⅴ	半-5-65			65	35	13	1.5
	Ⅴ	半-5-50			50	50	14	1.5
	Ⅵ	半-6-40			40	60	21	2.0
软结构	Ⅲ	软-3-55		55	33	12	3	0.5
	Ⅳ	软-4-10		10	65	25	5	0.5
	Ⅳ	软-4-5		5	70	25	5.5	0.5
	Ⅴ	软-5-60			60	40	12	1.5
	Ⅵ	软-6-40			40	60	19.5	2.0
	Ⅵ	软-6-30			30	70	21	2.0
	Ⅵ	(软)-6-30			30	70	24	2.0
	Ⅵ	(软)-6-20			20	80	27	2.0

① 硬结构指纤维没受损伤，成为针状；
半硬结构指纤维稍受损伤；
软结构指纤维已受较多损伤，已揉成绒团状。

表 37.1.14　石棉标准检验筛第一套筛箱规格

筛箱序号	筛箱规格（mm）	筛网规格	
		孔径（mm）	筛丝直径（mm）
1 层	620×375×90	12.7	2.5~2.6
2 层		4.8	1.6
3 层		1.35	1.19
4 层		满底	

表 37.1.15　石棉标准检验筛第二套筛箱规格

筛箱序号	筛箱规格（mm）	筛网规格	
		孔径（mm）	筛丝直径（mm）
1 层	620×375×90	0.70	0.358
2 层		0.40	0.235
3 层		0.25	0.175
4 层		满底	

37.1.1.4　石棉选矿专用名词术语

石棉选矿很特殊，有许多专用名词术语。其中主要有：

（1）硬结构棉和软结构棉　硬结构棉一般就是针状棉。它代表矿石经机械选矿后，基本上能保持天然结构，因而其抗张强度大，产品使用价值高。软结构棉一般就是绒状棉。它代表纤维的天然结构已受多次折叠损伤，因而其抗张强度小，同时又挟带粉尘，产品使用价值低。而介乎软硬结构间者称半硬结构棉。

（2）自由棉和分解棉　已处于游离状态的石棉纤维，称为自由棉，仍处于嵌布状态或结合状态的石棉纤维，称为分解棉。

（3）揭棉　矿石通过破碎使分解棉转化为自由棉的过程。

（4）揭棉程度（揭棉率）矿石破碎后，被解离出来的石棉纤维占破碎前分解棉含量百分率。它可用下式表示：

$$C=\frac{\beta_{1分}-\beta_{2分}}{\beta_{1分}}\times 100\%$$

式中　　C——揭棉程度,%；

$\beta_{1分}$，$\beta_{2分}$——破碎揭棉前后矿石中分解棉含量,%。

(5) 增棉系数　矿石破碎前后含棉率之比，即

$$K=\frac{\beta_2}{\beta_1}$$

式中　　K——增棉系数，其值一般大于1；

β_1，β_2——破碎前后矿石含棉率，%。

石棉矿石破碎后，含棉率增加原因有二：其一，生产中所用破碎机揭棉能力强，而试验室分析用破碎机揭棉能力弱，因此经过生产破碎揭棉以及破碎后再送试验室分析所测总含棉率比破碎揭棉前试验室所测结果增加了；其二，生产中所用破碎机破碎强度高，使石棉纤维成为绒状，易夹杂砂尘，也使矿石破碎后含棉率增加了。其中前者是因生产中破碎机揭出了试验室所不能揭出的短纤维而使之增棉，后者是因生产破碎后混入砂尘而增棉。

石棉选矿由于破碎存在增棉现象，所以流程中数质量指标在流程计算中是不平衡的，参见图37.1.2。

37.1.1.5　主要选矿方法和副产品回收

石棉选矿的主要方法见表37.1.16，其副产品回收见表37.1.17。

表37.1.16　石棉选矿主要方法

选矿方法名称			工作原理	主要用途	选矿厂举例	
					中国	世界
干选法	风力选矿法	吸选法	根据石棉纤维与脉石颗粒悬浮速度的不同，利用负压吸出那些在筛上已被解离和松散的石棉纤维	分选Ⅰ~Ⅲ级长纤维	四川、新康、吕梁、陕南等石棉矿选矿厂	苏联乌拉尔巴热诺夫、加拿大杰弗雷矿选矿厂
		空气分选法	矿石受气流作用向上扬起，其中已解离和松散的纤维被吸出而获得分离	分选Ⅳ~Ⅵ级短纤维	金州、新康等石棉矿选矿厂	苏联乌拉尔巴热诺夫、加拿大杰弗雷矿选矿厂
	摩擦分选法	摩擦分选法	原矿顺斜面下滑，由于石棉纤维摩擦阻力比脉石颗粒大，抛出距离较近而获得分离	Ⅰ-Ⅲ级长纤维		

续表 37.1.16

选矿方法名称			工作原理	主要用途	选矿厂举例	
					中国	世界
干选法	摩擦分选法	摩擦-弹跳分选法	利用石棉纤维和脉石颗粒摩擦阻力和弹跳能力的不同而获得分离	Ⅰ-Ⅲ级长纤维	金州、新康石棉矿选矿厂	
水选法			利用重力分选原理，使用摇床、水力旋流器之类常规重力分选设备分选	Ⅳ-Ⅵ级短纤维	红河、宝兴石棉矿选矿厂	

表 37.1.17　石棉选矿副产品回收

原　料	综合回收利用内容	选矿厂举例
石棉尾矿	从尾矿中再回收短纤维	苏联巴热诺夫矿选矿厂 中国金州石棉矿选矿厂
超基性型蛇纹岩	将蛇纹岩与磷块岩或磷灰石煅烧制钙镁磷肥	四川石棉矿选矿厂
	提炼金属镁、镁化合物、泻盐	
	生产冶金用上等耐火砖	
	提炼伴生元素铬、镍、钴及铂族元素	意大利巴兰盖罗石棉选矿厂回收镍，加拿大魁北克石棉矿选矿厂也回收镍，中国陕南石棉矿选矿厂回收铂
	制造耐化学腐蚀的陶瓷	
	色彩鲜艳半透明的蛇纹石作宝石和装饰石材	
	碎蛇纹石块作建筑材料	四川、新康等石棉矿选矿厂
白云岩型蛇纹岩	作碳化砖	金州石棉矿选矿厂
	碎蛇纹石块作建筑材料	金州石棉矿选矿厂

37.1.2　选矿厂实例

37.1.2.1　中国纵纤维温石棉干法选矿厂

A　四川石棉矿

四川石棉矿位于中国四川省石棉县。该矿区有五个含棉矿体。基本属纵纤维蛇纹石石棉，但有水镁石伴生。纤维柔软，以白色为主，少量为灰绿色或灰黄色。石棉纤维长度一般为0.5～10厘米，最长达2180厘米，超过世界上任何地方石棉纤维长度。原矿品位1.74%～2.32%。现有一座粗选站和三座选矿厂。

地下开采矿石，经粗选站预先富集后，供第一、二两座选矿厂。露天开采矿石，直接供第三选矿厂。

a 粗选站

地下开采的矿石最大粒度400毫米，水分4%～6%，品位1.0%～2.5%。表37.1.18列出该矿不同类型矿石粒度组成和

表37.1.18 四川石棉矿原矿粒度和品位

矿石类型	粒级(mm)	各粒级矿石量			含棉率（品位）				
		单级		累计	自由棉		分解棉		总计(%)
		重量(kg)	产率(%)	产率(%)	重量(kg)	(%)	重量(kg)	(%)	
脉状矿石	+200	188.8	9.84	9.84			0.236	0.13	0.13
	-200+100	378.4	19.73	29.57			0.7	0.19	0.19
	-100+50	397.4	20.72	50.29			1.895	0.48	0.48
	-50+25	286.0	14.91	65.20			1.86	0.65	0.65
	-25+12	185.6	9.67	74.87			1.54	0.83	0.83
	-12+7	174.0	9.07	83.94	0.668	0.38	2.148	1.23	1.61
	-7	308.0	16.06	100.00	0.875	0.28	5.8	1.88	2.16
	合计	1918.2	100.00		1.543	0.08	14.179	0.74	0.82
叶理状矿石	+200	94.2	2.43	2.43			0.476	0.51	0.51
	-200+100	334.2	8.61	11.04			3.010	0.90	0.90
	-100+50	634.6	16.35	27.39			2.455	0.39	0.39
	-50+25	704.0	18.14	45.53	0.373	0.05	4.25	0.60	0.65
	-25+12	559.4	14.41	59.94	1.195	0.21	3.83	0.69	0.90
	-12+7	470.4	12.12	72.06	2.255	0.48	6.88	1.46	1.94
	-7	1084.2	27.94	100.00	8.9	0.82	24.1	2.22	3.04
	合计	3881.0	100.00		12.723	0.33	45.001	1.16	1.49
包状矿石	+200	111.6	4.25	4.25			1.21	1.08	1.08
	-200+100	241.5	9.19	13.44			0.915	0.38	0.38
	-100+50	471.4	17.95	31.39			1.78	0.38	0.38
	-50+25	481.2	18.32	49.71			2.275	0.47	0.47
	-25+12	363.7	13.84	63.55			2.68	0.74	0.74
	-12+7	313.1	11.92	75.47	1.03	0.33	3.35	1.07	1.40
	-7	644.4	24.53	100.00	1.195	0.19	13.65	2.12	2.31
	合计	2626.9	100.00		2.225	0.08	25.86	0.98	1.06

各粒级含棉率（品位）数据。粗选站数质量流程见图 37. 1. 2。

b 选矿厂

各选矿厂流程和设备基本相同。今以一选厂二车间为例说明。

经粗选站富集后的矿石进入一选厂二车间，其粒度组成及各粒级含棉率见表 37. 1. 19，石棉纤维检验筛分析结果见表 37. 1. 20。

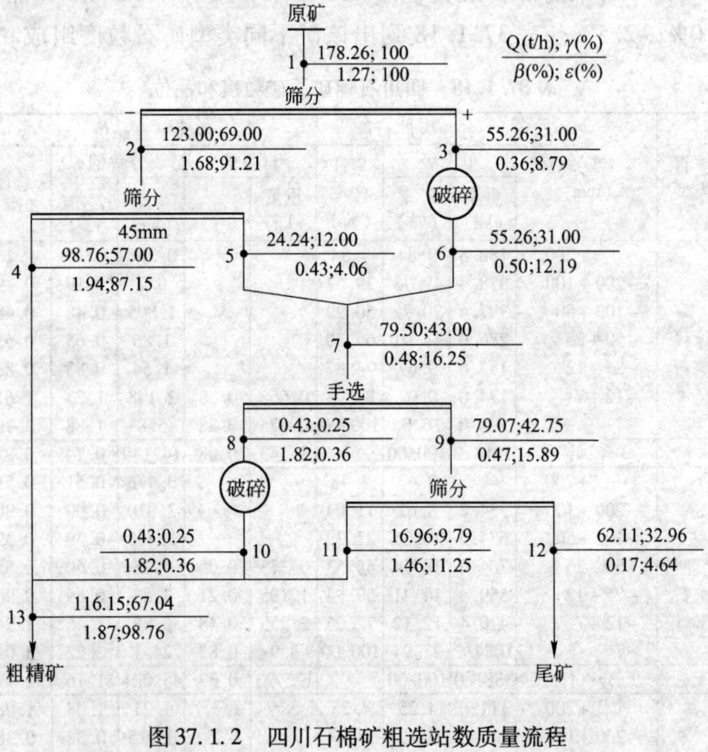

图 37. 1. 2 四川石棉矿粗选站数质量流程

该车间工艺流程见图 37. 1. 3。

该流程的特点，除了采用多磨多选结构，使石棉纤维被破碎磨矿设备解离后，能尽快分离，以免遭受进一步折损外，还采取了以下措施：

（1）增设冷却作业　它设在干燥作业之后，使石棉纤维能恢复因干燥失去的吸附水，回复石棉纤维固有抗张强度；

表 37.1.19　一选厂二车间入选原料粒度组成及各粒级含棉率

粒度组成			含棉率（品位）（%）		
粒级（mm）	产率（%）	累计产率（%）	自由棉	分解棉	合　计
+50	3.79	3.79		0.10362	0.10362
-50 +30	19.80	23.59	0.01487	0.31730	0.33217
-30 +12.7	24.50	48.09	0.02004	0.51302	0.53306
-12.7 +8	15.84	63.93	0.17979	0.63360	0.81214
-8 +6.3	6.03	69.96	0.27664	1.67615	1.95279
-6.3 +4	7.33	77.29	0.87014	2.47657	3.34671
-4 +2.8	5.73	83.02	1.33676	3.06769	4.40445
-2.8 +1.6	6.55	89.57	2.80359	6.55172	9.35531
-1.6 +0.5	5.93	95.50	3.41342	4.20078	7.61420
-0.5	4.50	100.00			
合　计	100.00		0.57931	1.42962	2.00892

表 37.1.20　一选厂二车间入选原料中石棉纤维检验筛分析

第一套检验筛筛余率（%）			第二套检验筛筛余率（%）			砂尘含率（%）	
12.7mm	4.8mm	1.35mm	0.7mm	0.40mm	0.25mm	总计	其中砂粒
0.2	2.4	64.0	17.4	12.6	2.0	1.0	0.3

（2）增设除尘、除砂作业　除砂又叫净化。通过这两作业，使石棉纤维产品含尘、含砂量减少；

（3）增设分级作业　选矿产品出厂前还需分级，以便供给用户不同规格产品。

该车间所用设备见表 37.1.21。其中大部分是专用设备。主要有：

（1）打击式破碎磨矿设备　如反击式破碎机、立轴锤式破碎机、鼠笼式破碎机等，目的是使矿石受打击作用，纤维易于解离和不易折损；

表 37.1.21　四川石棉矿一选厂二车间主要设备一览

设备名称	型号规格	用途
反击式破碎机	ϕ500×400mm，转速 960r/min	破碎
反击式破碎机	ϕ1000×700mm，转速 680r/min	破碎
立轴锤式破碎机	PCL1000-4 型，转速 538r/min	破碎
鼠笼式破碎机	ϕ850×250mm，转速 700r/min	破碎
旋回筛	1500×3500mm 转速 215r/min，偏心距 35mm	分选①
平摇筛	1000×4200mm，转速 300r/min，偏心距 20mm	分选①
小平筛	660×660mm，转速 240r/min	除尘
小平筛	660×660mm，转速 265r/min	除尘
六角筛	ϕ1200×6000mm，转速 30r/min	除尘
六角筛	ϕ1200×6000，转速 35r/min	除尘
圆筒干燥机	ϕ1200×12000	干燥

① 还兼分级、除砂用。

(2) 特殊风选设备　如平面摇动筛、平面旋回筛（筛子给料端作水平圆运动，排料端作纵向直线往复运动，筛面还设有橡皮球振打装置）等风选设备，从筛面下方穿过的上升气流，吸走在筛面已松散的石棉纤维，这些风选设备还兼作除砂（净化）、分级之用；

(3) 特殊除尘设备　如六角筛（将圆筒筛筛面换成六块平面筛网）、小平筛（即小型平面摇动筛）等。

四川石棉矿产品质量见表 37.1.22 和表 37.1.23。

B　新康石棉矿

新康石棉矿位于四川省石棉县，和四川石棉矿同一矿床。四川矿在北端，新康矿在南端，中隔断层，相距 8 公里。

新康矿区也有五个含棉矿体，纤维中长，柔软，白色或灰黄色。原矿品位 2.13%～2.57%。

该矿采用露天开采方法。有凉山和苏家山两个露天采矿场。其中以凉山采矿场为主。原矿粒度 0～650 毫米。选矿设有一座破

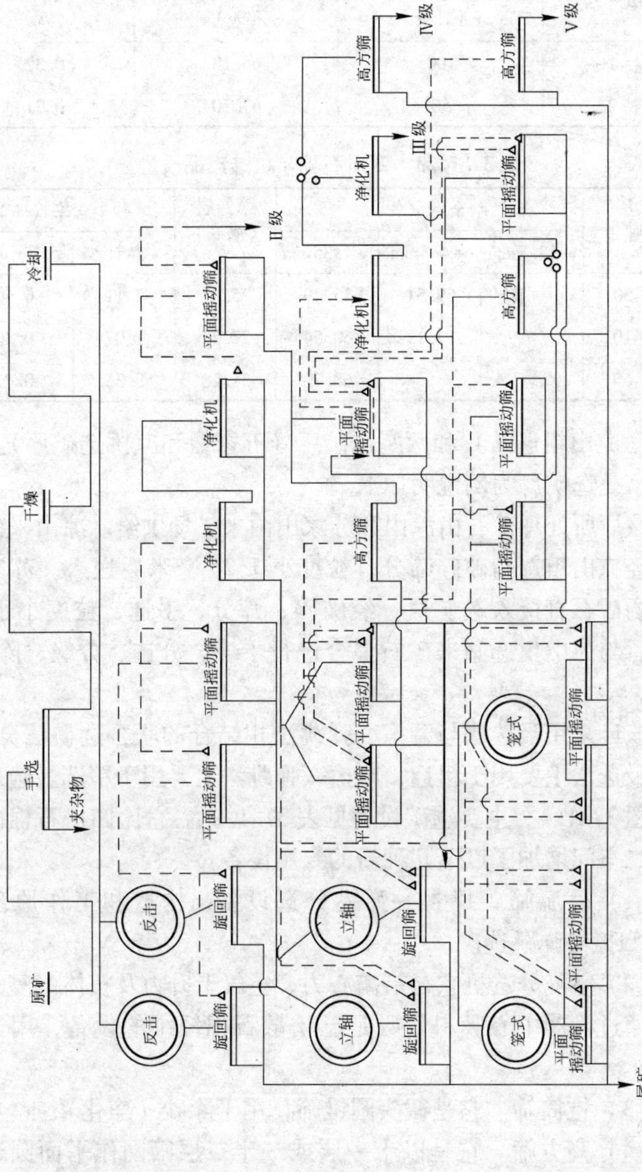

图 37.1.3 四川石棉矿一选厂二车间工艺流程

表 37.1.22　四川石棉矿手选产品质量

等级牌号	纤维长度（mm）（不小于）	主体纤维含率（%）	含砂率（%）
特 1	100	65.18	0.82
特 2	50	67.10	0.71

表 37.1.23　四川石棉矿机选产品质量

等级牌号	筛余率（%）			第四层（满底）（%）	砂尘含率（%）	
	+12.7mm	+4.8mm	+1.35mm		总计	其中砂
软-3-50		59.51	35.49	5.0	2.11	0.40
软-4-10		17.19	60.54	22.27	7.07	0.40
软-5-60			68.72	31.28	8.35	0.77

碎站（凉山粗选站）和两座选矿厂（五家曼和凉桥选矿厂）。今以五家曼选矿厂为例说明如下。

该厂所处理矿石由凉山和苏家山两采矿场供给。凉山采矿场矿石经凉山粗选站破碎筛分，粒度小于 25 毫米后送入。苏家山采矿场矿石直接入选矿厂，经破碎、筛分、手选，粒度小于 25 毫米后与凉山粗选站来矿石混合进行干燥、分选、分级、除砂、除尘。

该厂采用吸选法与摩擦—弹跳法相结合的联合选矿法分选。其中吸选法主要用于粗选，摩擦—弹跳法主要用于精选。选矿流程见图 37.1.4。主要选矿设备见表 37.1.24。它比四川石棉矿一选厂二车间增加了以下几种新的专用设备：

（1）反流筛　摩擦—弹跳分选设备，构造和工作原理见 16.3 摩擦与弹跳选矿；

（2）空气分选机它是借离心力、空气上升力及机体的复杂振动，通过机器中心吸料管吸走已松散石棉纤维的设备，用于分选；

（3）锥筒筛　它是截头圆锥筛，用于除砂（净化）、除尘；

（4）高方筛　它是以十一层或二十二层筛网作平面圆运动

的摇动筛，用于分级；

表 37.1.24 新康石棉矿五家曼选矿厂主要选矿设备一览

车 间	设备名称	设 备 型 号 规 格	台数
粗碎车间	格筛	1500×3000mm	2
	颚式破碎机	400×600mm	2
	手选皮带	B=1000mm，L=12000mm，倾角 $\alpha=0°$	1
	反击式破碎机	ϕ1250×1000mm	2
干燥车间	圆筒干燥机	ϕ2.40×18.35m（逆流式）	4
	圆筒干燥机	ϕ2.40×18.35m（顺流式）	4
	高方筛	4×11 层	6
	降棉筒	ϕ1500mm	24
精选车间	反击式破碎机	ϕ1250×1000mm	2
	旋回筛	1500×3200mm	20
	吸棉滚筒	ϕ 450×1500mm	20
	立轴锤式破碎机	PCL1000-4	6
	反流筛	1200×4000mm	6
	锥筒筛	ϕ 440/600×2050mm	4
	空气分选机	ϕ1200mm	2
	高方筛	4×22 层	2
	空气分选机	ϕ2800mm	2
	降棉筒	ϕ1500mm	16

（5）高速磨　它借高速旋转的气流带动矿石，产生摩擦碰击，打碎矿石，解离纤维；

（6）吸棉滚筒　它是安放在平面摇动筛或平面旋回筛排料端的一个滚筒，可将筛子排料摊平，便于上升气流从滚筒上吸走石棉纤维，是分选的辅助设备；

（7）降棉筒　借离心力收集从筛上分离出的石棉纤维，它也是分选的辅助设备。

新康石棉矿石棉产品质量见表 37.1.25 和表 37.1.26。

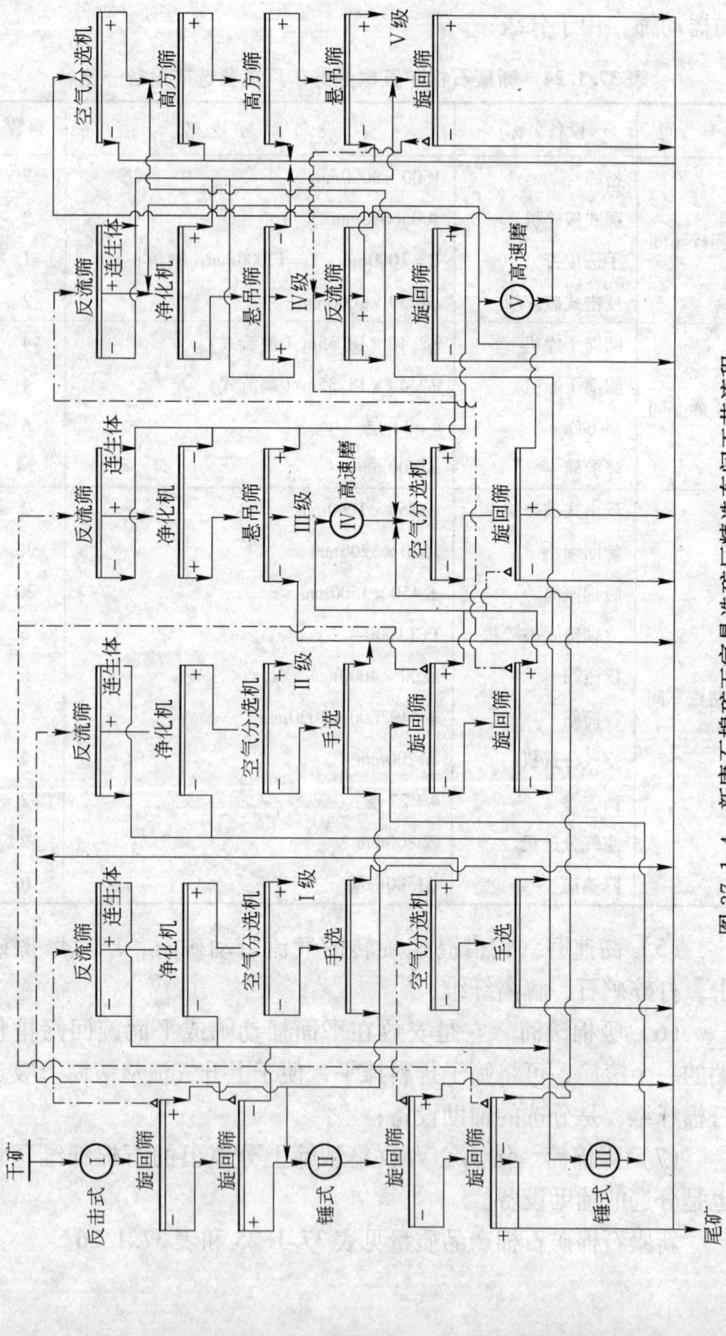

图 37.1.4　新康石棉矿五家曼选矿厂精选车间工艺流程

表 37.1.25 新康石棉矿手选产品质量

等级牌号	纤维长度（不小于）	主体纤维含率（%）	含砂率（%）
特1	100	68.19	0.6
特2	50	61.90	0.82

表 37.1.26 新康石棉矿机选产品质量

等级牌号	筛余率（%）			第四层（满底）（%）	砂尘含率（%）	
	+12.7mm	+4.8mm	+1.35mm		总计	其中砂
软-1-65	72.91	19.56	6.5		0.96	0.40
软-3-55	9.67	57.58	22.57	4.14	1.30	0.17
软-3-45	8.36	55.25	31.91	4.48	1.37	0.10
软-4-10		17.03	70.42	12.55	3.91	0.24
软-5-60			65.49	34.51	9.28	0.40

37.1.2.2 中国横纤维温石棉干法选矿厂

A 金州石棉矿

金州石棉矿位于中国辽东半岛大连市金县境内，属白云岩型石棉矿床。矿体较长，呈单一层状。石棉呈横纤维复式脉产出，纤维长度一般3~5毫米，最长达60毫米，色白，属硬结构，抗张强度高，耐酸性差，耐碱性强。

该矿为地下开采。进入选矿厂粗选的矿石最大粒度350毫米，含棉率（品位）一般3%~5%，水分4%~6%，最高达10%。石棉纤维易与脉石分离，属易选矿石。

矿石准备作业流程见图37.1.5。矿石离开该流程进入精选的粒度35~0毫米，水分小于2%，纤维已解离约70%，标准检验筛二层（筛孔4.8毫米）筛余率20%~25%。

精选车间有南北两个平行的流程。每个流程（见图37.1.6）设计能力为精棉5000吨/年。该流程的特点是：以平面摇动筛和反流筛结合进行粗选；平面摇动筛、反流筛和空气分选机结合进行精选和除砂、除尘；再用平面摇动筛进行分级；最后用螺旋装包机装包。

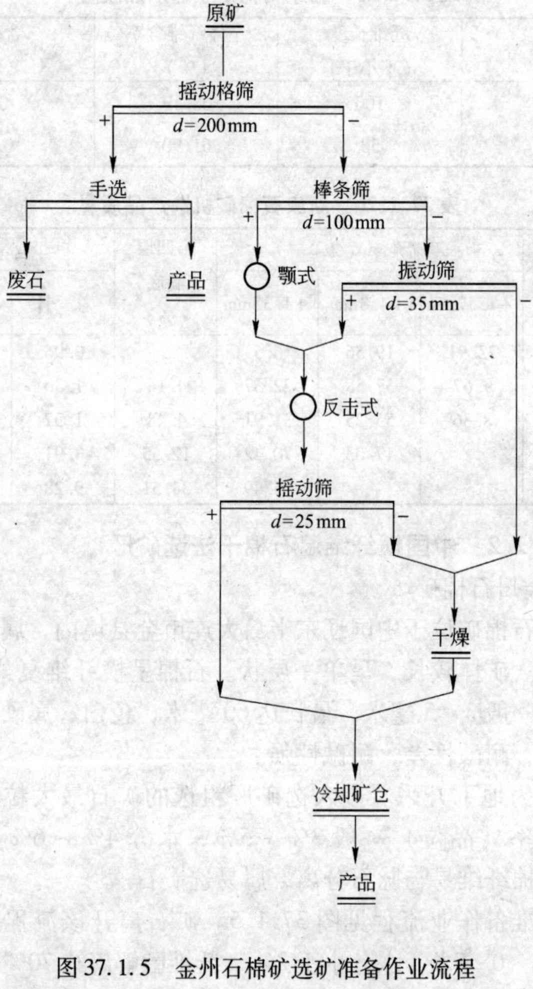

图 37.1.5　金州石棉矿选矿准备作业流程

该厂主要设备见表 37.1.27，选矿产品质量见表 37.1.28。

B　茫崖石棉矿

茫崖石棉矿位于青海省柴达木盆地西北茫崖镇附近。属超基性蛇纹石石棉矿床。埋藏稳定，覆盖层浅，适于露天开采。

矿脉为网状，横纤维。矿石含棉率（品位）5% ~8%，纤维

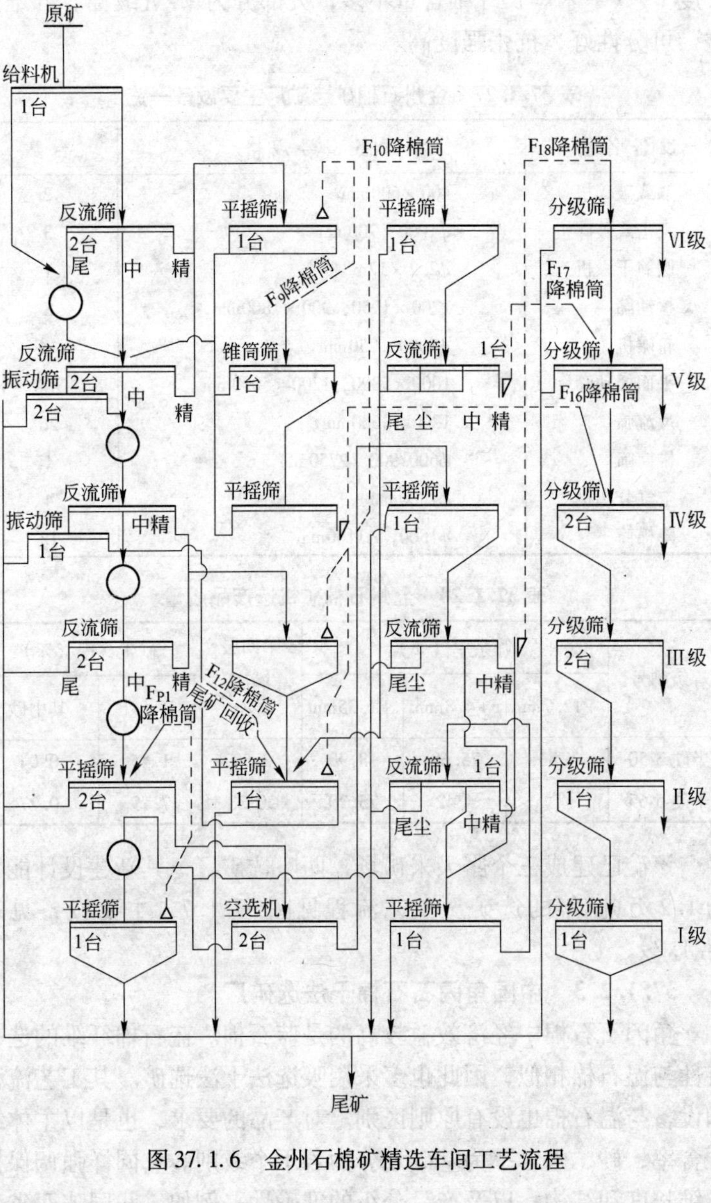

图 37.1.6 金州石棉矿精选车间工艺流程

长度1~5毫米。长纤维含量不多，大部分为Ⅴ-Ⅵ级棉。纤维柔软，可分性好，抗张强度高。

表 37.1.27　金州石棉矿选矿厂主要设备一览

设备名称	设备型号规格	台数
颚式破碎机	400×600mm	2
反击式破碎机	ϕ1000×700mm	3
圆筒干燥机	ϕ2.2×12m	1
振动筛	1200×1250，900×1800mm	8
轮碾机	ϕ1000×250mm	14
平面摇动筛	1000×5000，1200×5000mm	44
反流筛	1200×3600mm	26
锥筒筛	ϕ600/900×2750mm	1
空气分选机	ϕ1800mm	4
降棉筒	ϕ1500，ϕ1100mm	13

表 37.1.28　金州石棉矿机选产品质量

等级牌号	筛余率（%）			第四层（满底）（%）	砂尘含率（%）	
	+12.7mm	+4.8mm	+1.35mm		总　计	其中砂
半硬-3-50	1.83	75.68	18.90	3.59	1.45	0.04
半硬-5-65		4.42	75.20	20.38	7.79	0.27

该矿已建成三个露天采矿场，两座选矿厂，其新建设计能力为1.2万吨/年的选矿厂工艺流程见图37.1.7，主要设备见表37.1.29。

37.1.2.3　中国角闪石石棉干法选矿厂

角闪石石棉中经济效益较高的是蓝石棉。蓝石棉纤维的选矿特性与温石棉相似，因此也多采用吸选法干法选矿。其工艺流程和设备与温石棉也没有原则区别。对产品的要求，也是以主体纤维含率，砂、尘含率为基础划分为若干个级别。它同样强调保护纤维长度和结构，以及产品分级的准确性。例如，我国陕西省某

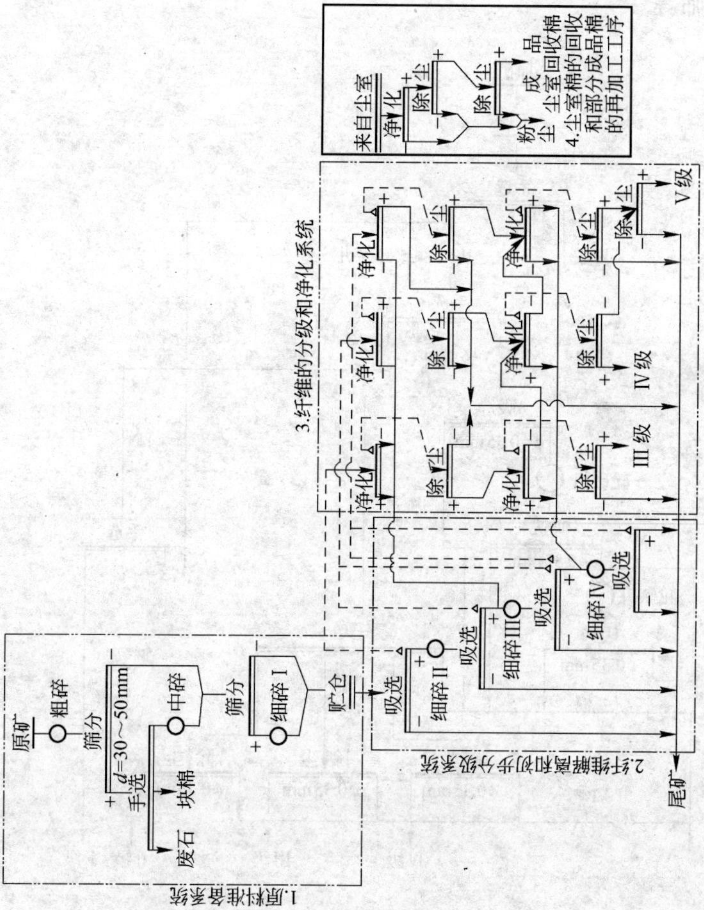

图 37.1.7 茫崖石棉矿 1.2 万吨/年石棉选矿厂工艺流程

石棉矿，属偏碱性变质基性火山岩中的热液蓝石棉矿床。其选矿工艺流程见图 37. 1. 8。主要设备为颚式破碎机、轮碾机、平面摇动筛等。

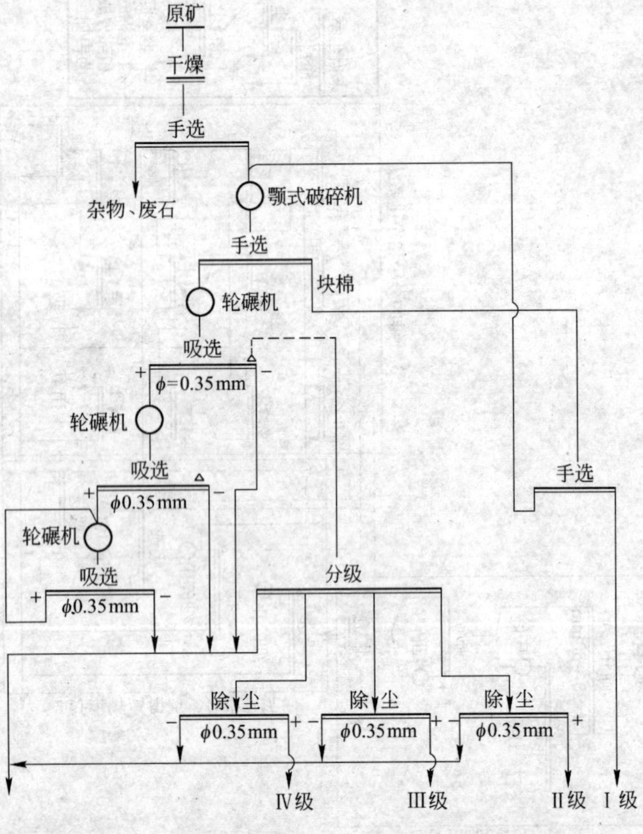

图 37. 1. 8　陕西省某石棉矿蓝石棉选矿厂工艺流程

37. 1. 2. 4　世界温石棉干法选矿厂

A　乌拉尔石棉联合企业（Комбинат《Урал Асбест》）（苏联）

乌拉尔石棉联合企业位于苏联西伯利亚乌拉尔地区。1975

年成品棉产量154万吨（包括Ⅶ级棉），占苏联石棉产量70%。

表37.1.29 茫崖石棉矿1.2万t/年选矿厂主要设备一览

设备名称	设备型号规格	台数
颚式破碎机	600×400mm	1
自定中心振动筛	1250×2500mm	2
反击式破碎机	ϕ1250×1000mm	1
反击式破碎机	ϕ1000×700mm	2
平面旋回筛	1500×3000mm	16
吸棉滚筒	ϕ500mm	16
立轴锤式破碎机	PCL1000-4型	6
锥筒筛	ϕ600/900×2750mm	9
高方筛	4×11层	2
降棉筒	ϕ1500mm	26
包装机	ϕ400mm	40

该企业所属巴热诺夫（Баженов）矿，位于乌拉尔山脉东坡，属蛇纹石化橄榄岩和辉岩，长达180公里，宽50米，深1000米。已探明储量3870万吨，矿石平均品位2%～4%。

该矿有5座选矿厂，即2、3、4、5和6号厂。它们都采用风力吸选法。其中6号厂年处理矿石650万吨，原矿品位1.59%，年生产石棉20万吨。该厂破碎筛分车间准备作业流程见图37.1.9。全流程共四段破碎。原矿粒度1000毫米，产品粒度30～15、15～0毫米两级。流程中也进行了石棉吸选作业，选出粗精矿并丢弃尾矿。产品特征见表37.1.30。

表37.1.30 6号厂破碎筛分车间准备作业产品特征

产品	粒级（mm）	产率（%）	品位（%）
粗精矿	—	1.3	24.35
粗粒矿石	35～15	29.3	1.69
细粒矿石	15～0	28.3	2.54
废石（丢弃）	30～3	37.1	0.65

选矿车间工艺流程见图 37.1.10。进入该车间矿石分两部分：一部分 15～0 毫米级，品位较高，为 2.54%；另一部分 30～15 毫米级，品位较低，为 1.69%，这部分矿石经过一段细碎，破碎到小于 15 毫米后进入选矿车间。

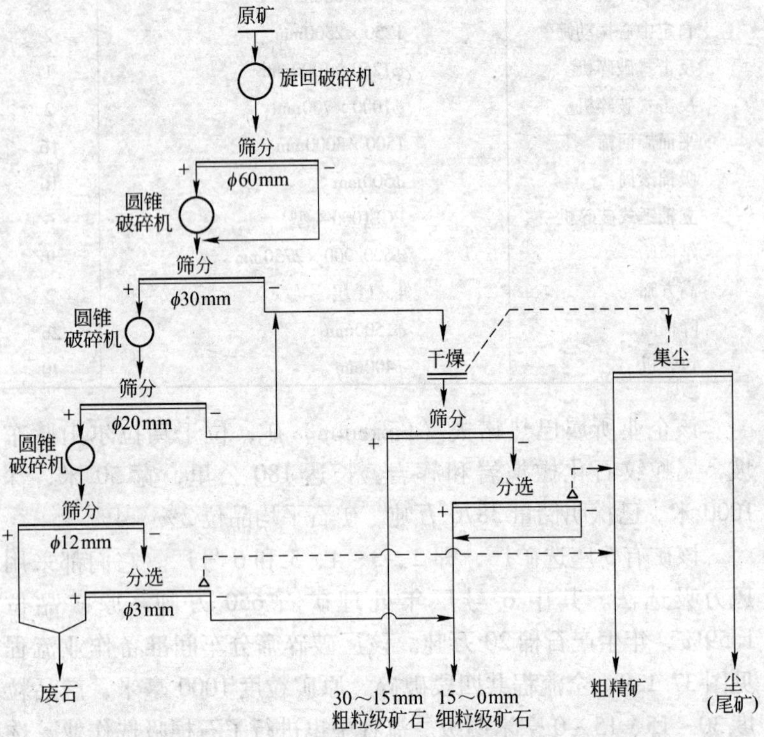

图 37.1.9　乌拉尔石棉联合企业 6 号厂准备作业流程

该流程粗选部分，共四段揭棉、五段分选。其特点是每段揭棉后都进行两次以上的分选：前三段揭棉后，每段进行三次分选；后两段揭棉后，每段进行两次分选。分选设备采用双层筛吸选。前次分选筛的中间粒级（即分选筛的一层筛下二层筛上物），进入下一分选作业，这实际上是对矿石按粒度分级入选，因此，每段分选可获得几种含纤维长度不同的粗精矿。

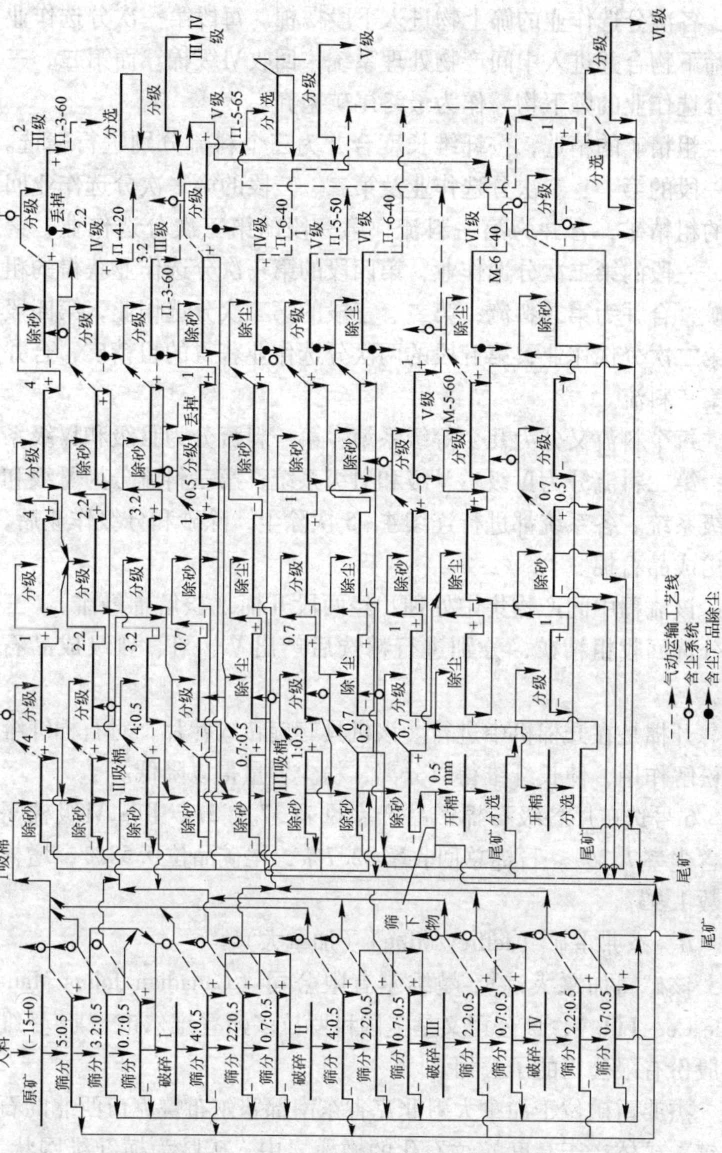

图 37.1.10 苏联乌拉尔石棉联合企业6号厂选矿车间工艺流程

各次分选作业的筛上物进入下段揭棉。每段第一次分选作业的筛下物合并进入中间产物处理系统，回收Ⅵ级棉。而第二、三次分选作业的筛下物，作为最终尾矿抛弃。

粗精矿的精选，按纤维长度合并为三个料流分别进行精选。第一段的第一、二次分选作业及第二、三段的第一次分选作业回收的粗精矿，合并为第一料流；第一段的第三次分选作业，第二、三段的第二次分选作业，第四段的第一次分选作业获得的粗精矿，合并为第二料流；第二、三段的第三次分选作业，第四段的第二次分选作业，第五段的两次分选作业获得的粗精矿，合并为第三料流。

每个料流又分为几个等级系统：第一料流分为Ⅲ级和Ⅳ级系统；第二料流分为Ⅳ级、Ⅴ级和Ⅵ级系统；第三料流分为Ⅴ级和Ⅵ级系统。各系统都进行连续4~5次除尘，除砂和分级作业后，产出成品石棉。

该流程中间产物集中处理：经两段开棉（松解棉纤维），三次分选回收粗精矿，分别进行精选后产出Ⅴ、Ⅵ、Ⅶ级成品石棉。

开棉是在开棉机中进行。该机具有旋转式叶片，对石棉纤维起松解作用，使长纤维得以分离，粉尘含量得以降低。

6号选矿厂各级石棉产品产率见表37.1.31。Ⅱ~Ⅵ级棉平均含尘率7.2%。石棉总回收率82.7%，尾矿品位0.53%，增棉系数1.93。

B 杰弗雷矿（Jeffrey Mine）（加拿大）

该矿属加拿大琼斯-曼维尔有限公司（Canadian Johns Manville Co. Ltd.），该公司又是美国科罗拉多州登维尔市琼斯-曼维尔股份有限公司的子公司。

杰弗雷矿位于加拿大魁北克省东南部塞尔布鲁克市西北的石棉镇。矿体产于高度蛇纹石化的橄榄岩中。矿脉为横纤维网状。主矿体分为五个不规则的矿带。矿石储量约40000万吨，石棉纤维3750万吨。

表 37.1.31　6 号厂各级成品棉产率

级　别	产　率（%）
Ⅱ	0.85
Ⅲ	6.85
Ⅳ	5.5
Ⅴ	38.5
Ⅵ	32.6
Ⅶ	15.7
合　计	100.0

选矿包括粗碎厂、5 号和 6 号选矿厂，年产石棉纤维 60 万吨。

粗碎厂安装有一台 ϕ1843 毫米的液压旋回破碎机，其处理能力 4000 吨/时，功率 520 千瓦，能接受两辆 100 吨卡车在其两侧同时卸料：矿石直接卸到锰钢衬里的受料口里，从 1828.8 毫米(72 英寸)破碎到 177.8 毫米(7 英寸)。破碎后的矿石卸到设有红外线加热器的 300 吨的缓冲漏斗，1828.8 毫米宽的板式给料机将矿石给到 2133.6 毫米(84 英寸)×36.57 米(120 英尺)的皮带运输机上。该机设有高频金属探测器，探测器在探到金属物时能使皮带运输机自动停车，以保护随后的破碎设备。2133.6 毫米宽 36.57 米皮带运输机再将矿石给到一条 1524 毫米(60 英寸宽、304.8 米(1000 英尺))长的钢丝绳式皮带运输机上，然后运到 6 号选矿厂的 3000 吨矿仓。

6 号选矿厂采用四段破碎揭棉作业，其作用是选出粗精矿供给 5 号选矿厂生产成品棉。日处理能力达 33000 吨原矿，流程见图 37.1.11。

5 号选矿厂负责精选，见图 37.1.12。它采用三段破碎揭棉作业。在 5、6 号选矿厂之间还设有一座容积为 3 万吨的冷却仓。

两选矿厂所有分选作业均采用平面旋回筛吸选，并用吸棉滚筒配合。吸选后的筛上物进入下段破碎揭棉，筛下物则直接进入下段分选作业。此外 6 号选矿厂还有一个磁选作业，除去矿石中非磁性废石（该矿石棉矿石略带磁性）。

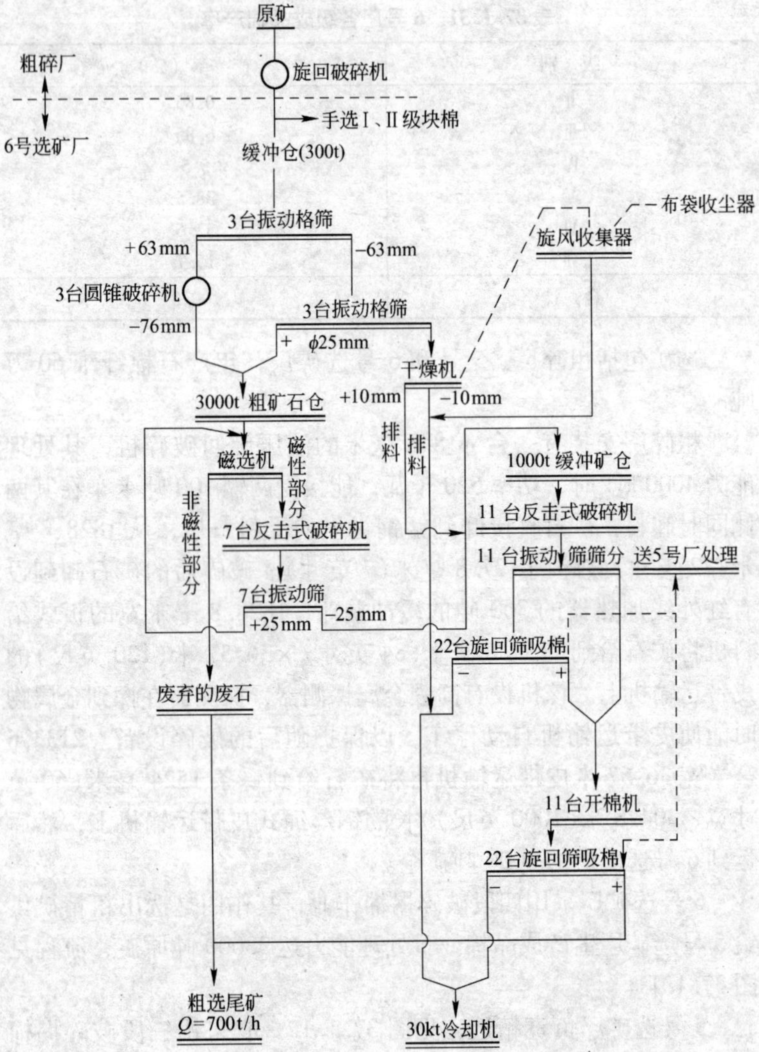

图 37.1.11　杰弗雷矿原矿准备作业流程
（包括粗碎厂和 6 号选矿厂）

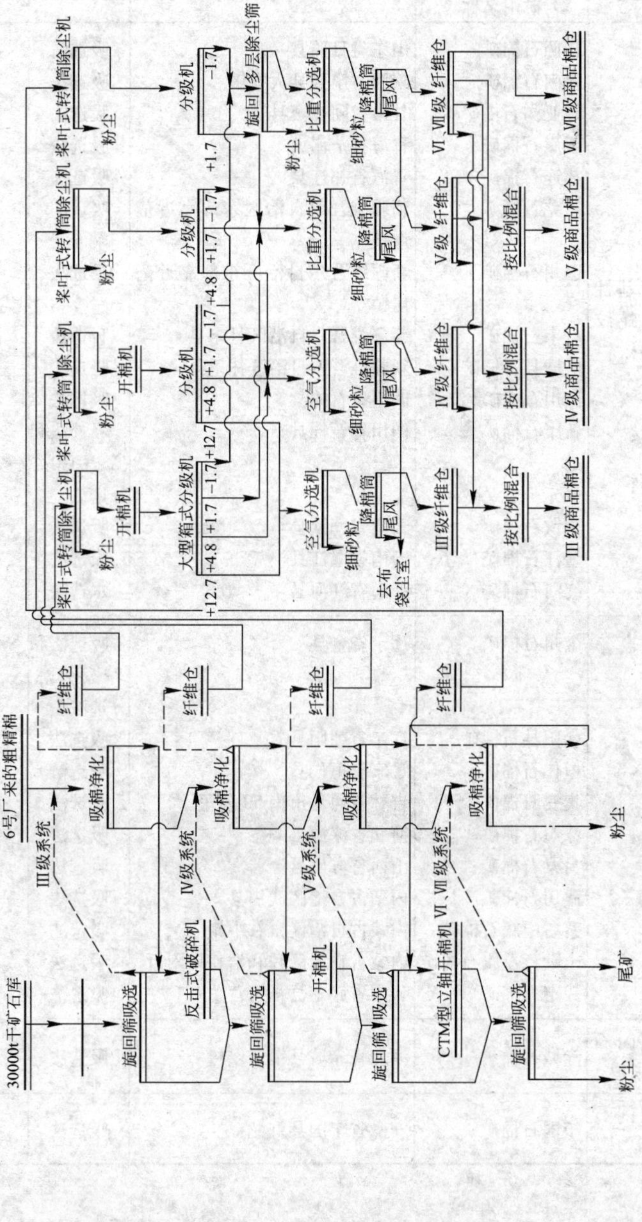

图 37.1.12 杰弗雷矿 5 号选矿厂工艺流程

表 37.1.32　中国主要石棉矿选矿厂

矿床类型	选矿厂所在矿山名称	矿山所在地	选矿方法	附注
超基性岩型蛇纹石矿床	日照石棉矿	山东省日照县	吸选法	含水镁石石棉
	陕南石棉矿	陕西省宁强县大安镇	吸选法	
	红亚沟石棉矿	甘肃省阿克塞县	吸选法	
	茫崖石棉矿	青海省茫崖镇	吸选法	
	祁连石棉矿	青海省祁连县	吸选法	
	若羌石棉矿	新疆维吾尔自治区东部靠近茫崖镇	吸选法	
	巴州石棉矿	新疆维吾尔自治区东部靠近茫崖镇	吸选法	
	且末石棉矿	新疆维吾尔自治区且末县	吸选法	
	塔城县石棉矿	新疆维吾尔自治区托里县	吸选法	
	四川石棉矿	四川省石棉县	吸选法	
	新康石棉矿	四川省石棉县	吸选法和摩擦-弹跳分选法	
	德钦石棉矿	云南省德钦县	吸选法	
	墨江石棉矿	云南省墨江县	吸选法	
	红河石棉矿	云南省红河县	水选法	
白云岩型蛇纹石矿床	金州石棉矿	辽宁省金县	吸选法和摩擦-弹跳分选法	
	朝阳县石棉矿	辽宁省朝阳县	吸选法	
	桓仁石棉矿	辽宁省桓仁县	吸选法	
	集安石棉矿	吉林省通化市南 50 公里	吸选法	
	涞源石棉矿	河北省涞源县	吸选法	
	吕梁石棉矿	山西省方山县	吸选法	
	武川石棉矿	内蒙古自治区武川县	吸选法	
	察右中旗石棉矿	内蒙古自治区察右中旗	吸选法	
	土默特左旗石棉矿	内蒙古自治区呼和浩特市附近	吸选法	
	武定石棉矿	云南省武定县马家营	吸选法	
直闪石石棉矿床	赤城石棉矿	河北省赤城县镇宁堡村	吸选法	
透闪石石棉矿床	宁国石棉矿	安徽省宁国县虹龙	吸选法	

表 37.1.33 中国主要石棉矿山选矿技术经济指标

项　目	四川石棉矿	新康石棉矿	金州石棉矿	茫崖石棉矿	陕南石棉矿	朝阳新生石棉矿	涞源石棉矿	巴州石棉矿
选矿厂设计能力(t/年)	15000	26000	10000	12000	2700	5000	3900	6000
矿石粒度(mm)								
矿山供给	400	600	350	450	1000	340	250	350
入精选车间	50	30	50	25~30	100	180	50	30
矿石品位(%):								
矿山供给	1.38	1.23~1.95	3~5	3~5	1.81	—	—	3
入精选车间	2.45	1.74~3.25	—	—	2.71	3.2~3.6	3.5~4	4~5
矿石水分(%):								
矿山供给	5.08	6.16~7.98	6~10	—	8.2	5~7	4~5	—
入精选车间	2.00	1.05~1.41	<1.5	—	1.89	1.57	1.5	—
尾矿品位(%):								
粗选车间	0.05	0.025	—	0.8	0.61	0.3	—	—
精选车间	0.3	0.32	<0.4	0.5~2.0	1.46	0.41	0.4~0.45	—
选矿比	粗选 1.78 精选 37.60	粗选 1.41~1.67 精选 35.5	19.5	31.7	64	36	25.5	19.2
选矿回收率(%)	91.27	81.65~89.5	93	60~85	62.29	94	85~88	60
产品执行标准	JB54-61	JB54-61	JB54-61	JB54-61	JB54-61	JB54-61	JB54-61	JB54-61
车间粉尘浓度:(mg/m^3)	12.59~53.56	8.88~15.26	5~8	3~2000	33.3	46.5	3.15	500 以上
产品中Ⅳ级棉以上所占比例(%)	15.19	36.55	—	38.89	74.86	17.56	—	—
矿床类型	超基性岩型	超基性岩型	白云岩型	超基性岩型	超基性岩型	白云岩型	白云岩型	超基性岩型
矿石类型	纵纤维	纵纤维	横纤维	横纤维	横、纵、斜纤维	横纤维	横纤维	横纤维
矿物类型	温石棉	温石棉	温石棉	温石棉	温石棉和水镁石石棉	温石棉	温石棉	温石棉

表 37.1.34 世界主要石棉生产公司、矿山汇总

国家	公司名称	矿山名称	矿山位置	成品棉产量（万 t/年）
加拿大	加拿大琼斯·曼维尔有限公司 Canadian Johns Manville Co. Ltd.	杰弗雷矿 Jeffrey Mine	魁北克，石棉镇 Asbestos, Que	64.5
	魁北克湖泊石棉有限公司 Lake Asbestos of Quebec Co. Ltd.	黑湖矿 Black Lake	魁北克，黑湖 Black Lake, Que	23.5
		国家矿分矿 National Mines Division	魁北克，塞特福德 Thetford, Que	
	石棉有限公司 Asbestos Co. Ltd.	石棉矿山 Asbestos Hill Mine	魁北克，普图涅克 Putunig Que	9
		不列颠加拿大矿 British Canadian Mine	魁北克，黑湖 Black Lake, Que	21
		金·皮弗矿 King-Beaver Mine	魁北克，塞特福德矿区 Thetford Mine, Que	
		诺曼第矿 Normandie Mine	魁北克，黑湖 Black Lack, Que	
	加雷-加拿大矿业有限公司 Carey-Canadian Mines Ltd.		魁北克，东勃鲁夫顿 East Broughton, Que	21
	卡西亚石棉有限公司 Cassiar Asbestos Co. Ltd.	卡西亚矿 Cassiar Mine	不列颠哥伦比亚，卡西亚 Cassiar, B. C.	10

续表 37.1.34

国家	公司名称	矿山名称	矿山位置	成品棉产量（万 t/年）
加拿大		克林顿矿 Clinton Mine	育空州克林顿，克列克 Clinton Creek, Yukon	10
加拿大	阿德伏开特矿业有限公司 Advocate Mines Ltd.		纽芬兰省，贝威特 Baie Verte Nfld	8
加拿大	贝尔石棉矿业有限公司 Bell Asbestos Mines Ltd.		魁北克，塞特福德矿区 Thetford Mines, Que	5.5
苏联	乌拉尔石棉联合企业 Комбинат 《Урал Асбест》	巴热诺夫矿 Баженов	乌拉尔，石棉镇 Урал Асбест	154
苏联	库斯坦奈石棉联合企业 Комбинат 《Кустанай Асбест》		哈萨克斯坦，哲提加拉 Джеыгара	65
苏联	图瓦石棉联合企业 Комбинат 《Тува Асбест》		阿克托伏拉克 Актоврак	20
苏联	基姆巴依石棉联合企业 Комбинат 《Киембай Асбест》		基姆巴也夫斯克 Киембаевск	50

续表 37.1.34

国家	公司名称	矿山名称	矿山位置	成品棉产量（万 t/年）
南非	开普石棉有限公司 The Cape Asbestos Co. Ltd.	彭弗莱特 Pomfret	开普省（青石棉）	10
		柯盖斯 Koegas		
		威士特堡 Westerberg		
		潘 琪 Penge	特兰斯瓦省（铁石棉）	
		威尔特弗莱登 Weltevreden		
		克鲁曼伦堡 Kromellenboog		
	通用矿业有限公司 General Mining Co. Ltd.	杰弗柯矿 Gefco		8.5
		墨索里矿 Msauli		4.5
罗德西亚	罗德西亚·通用石棉有限公司 Rhodesian and General Asbestos Co. Ltd.	国王矿 King Mine	马沙巴 Mashaba	26.4
		沙巴尼矿 Shabani Mine	沙巴尼 Shabani	
斯威士兰	同上，为该公司在斯威士兰的子公司	哈夫洛克矿 Havelock Mine	南非巴布顿 Barberton	4
美国	伍兹里夫矿业有限公司 Woodsreef Mining Co. Ltd.	伍兹里夫矿 Woodsreef Mine	新南威尔士州，巴勒巴 Barraba	7

续表 37.1.34

国家	公司名称	矿山名称	矿山位置	成品棉产量（万 t/年）
美国	鲁勃罗德公司 Ruberoid Co.		弗蒙特州 Vermont	4
	加拉弗莱斯石棉有限公司 Calaveras Asbestos Co.		亚利桑那州 Arizona	
			加利福尼亚州 California	
意大利	Amiantifera di Balangero	巴兰盖诺矿 Balangro	都灵市北 20 公里	7～10
巴西		卡那·布拉瓦矿 The Cana Brava	巴西利亚西北 257 公里	7.2

粗精矿的分级、除尘、除砂等作业，按纤维长度分成四个系统进行，即：Ⅲ级棉系统；Ⅳ级棉系统；Ⅴ级棉系统；Ⅵ、Ⅶ级棉系统。

各系统的除尘、除砂顺序和作业数目大体相同，即先经一次平面旋回筛吸选除砂，然后进入除尘机除尘，再经分级机按纤维长度分级。分级后的纤维，还要分别进入空气分选机除砂、装仓。纤维出厂时要按用户要求进行配料。

37.1.3 国内外石棉选矿厂、公司等汇总表

中国石棉矿选矿厂见表 37.1.32，中国主要石棉矿山选矿技术经济指标见表 37.1.33，世界主要石棉生产公司、矿山汇总见表 37.1.34。

37.2 石墨选矿

37.2.1 绪论

37.2.1.1 矿物性质和用途

石墨的矿物性质见表 37.2.1。工业上常利用石墨的如下特殊性质：

表 37.2.1 石墨的矿物性质

矿物名称	化学成分①	晶系	外观	颜色	光泽	密度 (g/cm^3)	硬度	
							垂直解理方向	平行解理方向
石 墨	碳（C）	六方	片状②	铅灰	金属	2	3～5	1～2

① 仅指固定碳，不包括矿石中的有机碳和游离碳，下同；

② 仅指晶质石墨（即鳞片石墨），至于煤系中的隐晶质石墨则呈土状。

(1) 耐高温　石墨的熔点 3850±50℃，沸点 4250℃，经超高温电弧的灼烧，在若干种耐高温的材料中，按灼烧后的重量损失计，以石墨为最小，且热膨胀系数很小，在高温时它不是趋于软化，而是强度增高；

(2) 热和电的良导体　它在常温下与金属相似，但在高温下却随着温度的升高，导电系数不仅不增加，反而减小，在极高温度下趋于绝热状态；

(3) 耐酸、耐碱和耐各种化学腐蚀；

(4) 润滑性好；

石墨在中国的用途见表 37.2.2，在美国的用途见表 37.2.3，在日本的用途见表 37.2.4。

表 37.2.2 石墨在中国的用途

序号	用 途	规 格	生产矿山	主要用户
1	铸造工业 用石墨作铸模涂料，增加铸件的光滑度、减少铸件的裂纹和孔隙	0.074mm 含碳 70%~80%	各石墨矿山	各铸造翻砂厂
2	冶金工业： （1）用石墨制作坩埚和高温电炉中的石墨砖，用以熔炼有色金属、合金等贵重金属材料 （2）用低碳石墨生产炼钢保护渣	含碳 85% 0.074mm 含碳 25%~30%	南墅、北墅、兴和、柳毛等矿山 柳毛、麻山、穆棱、盘石、南江等	北京坩埚厂、上海人民耐火材料厂、天津耐火材料厂 全国各大小钢厂
3	机械工业： （1）用石墨作固体润滑剂，或石墨与金属一起制作无油润滑轴承 （2）模锻用石墨乳	10~20μm 含碳 98%~99% <10μm 含碳量 98%~99%	南墅矿、上海胶体化工厂	北京广内合金厂、南京钨钼材料厂、宝鸡有色金属加工厂、长春一汽、湖北二汽、上海灯泡厂
4	电气工业 利用石墨制作电极、电刷、碳棒、碳管、阳极板、石墨垫圈等	43μm 含碳 94%~97%	南墅、北墅、兴和、柳毛矿	上海电碳厂、哈尔滨电碳厂、北京电碳厂、上海电池厂
5	化学工业 利用石墨制作石墨管道，可以保证化学反应正常进行，可以满足制造高纯化学物品的需要；用石墨纤维和塑料制成的器皿和设备，可以耐各种腐蚀性气体和液体	规格不一	南墅、北墅、柳毛矿	除各化工厂外，尚有湿法冶金厂、合成纤维厂、造纸厂、炼油厂等
6	铅笔工业 生产铅笔芯	0.074mm 含碳 89%~90%	各石墨矿山	北京、天津、沈阳、哈尔滨、大连、济南、长沙、广州铅笔厂、上海中国铅笔一厂、二厂

续表 37.2.2

序号	用途	规格	生产矿山	主要用户
7	碳素制品工业　用石墨作配料生产各种碳素制品			哈尔滨电碳厂、北京碳素制品厂
8	其他： (1) 原子工业　高纯度高密度的石墨，已成功应用作原子反应堆的中子减速剂和防原子辐射的外壳 (2) 宇航工业　用高强度的石墨作火箭发动机尾喷管喉衬，可耐绝对温度3200℃	不一		
	(3) 电视工业　显像管需用石墨制作的胶体石墨乳		南墅矿	咸阳彩色显像管总厂
	(4) 作密封材料用的膨胀石墨	鳞片状含碳量要求95%～99%以上，黏度30目	平度矿等	热电厂石油化工厂等

表 37.2.3　石墨在美国的用途

产地	种类	粒度	C(%)	主要用途
斯里兰卡	隐晶质石墨	0.7μmAPD	>98	导电、导热涂材，润滑剂
		-44μm 占 96%	>96	制动器衬里，电刷，润滑剂，铅笔
		-44μm 占 98%	>90	制动器衬里，电刷，润滑剂，铅笔
西德	鳞片石墨	-0.59 +0.177mm	94	填充剂，润滑剂
		-0.297 +0.074mm	93	填充剂，制动器衬里，润滑剂
		-0.25 +0.043mm	95	填充剂，制动器衬里，润滑剂
墨西哥	隐晶质石墨	平均 20μm	>80	润滑剂，铅笔，涂料
		-44μm 占 90%	>80	电池，润滑剂，涂料
		-44μm 占 83%	>65	涂料，锅炉清洁剂，铸造，掺碳剂
挪威	隐晶质石墨	-74μm 占 40%	>84	电池，制动器衬里，铸造，润滑剂
		-44μm 占 60%	>70	铸造，涂料
		-44μm 占 60%	>82	电池，铸造，润滑剂

续表 37.2.3

产地	种类	粒度	C(%)	主要用途
马达加斯加	鳞片石墨	-1.68 +0.177mm	86	坩埚，耐火材料
		-0.59 +0.149mm	80	坩埚，耐火材料
		-44μm 占 65%	99	润滑剂，填充料，涂料

表 37.2.4 石墨在日本的用途

C (%)	挥发分 (%)	灰分 (%)	粒度	主要用途	备注
97	<1	<2	38 ~ 44μm	拉丝润滑	
94 ~ 96.5	1 ~ 1.5	<5	38 ~ 44μm	铅笔	
97 ~ 98	<1	<3	0.074 ~ 0.125mm	电刷	
85 ~ 95	0.6 ~ 2.5	5 ~ 13	0.177 ~ 0.297mm	坩埚	含铁 <1%，含铅 <0.5%
95	<1	<5	0.125 ~ 0.149mm	填充物	
92 ~ 97	1 ~ 1.5	3 ~ 7	0.074mm	干电池	含铁 <1%，含铜 <0.05%
>90	<1.5	<9	+0.297	拔钢管	
>85	<2.5	<13	0.125 ~ 0.149	电极	
>85	<2.5	<13	0.105 ~ 0.125	耐火材料	含铁 <2%
75 ~ 80	<3	18 ~ 23	0.125 ~ 0.149	电极，耐火材料	
65 ~ 75	<4	18 ~ 41	-0.149	铸造	

表 37.2.5 中国石墨矿床类型

矿床类型			成因	产状	晶形	围岩名称	矿床举例
晶质石墨	区域变质类		古老高碳层区域变质（包括混合岩化作用）再结晶	浸染状层状和脉状矿体	鳞片状	片岩、片麻岩、透辉石大理岩	南墅、兴和、柳毛、峡山、三岔垭
	岩浆热液类	岩浆亚类	晚期残浆混染同化含碳围岩，碳重新富集和结晶	球状浸染状不规则矿体	鳞片状	花岗岩	苏吉泉、青谷、垣坑、西苇子沟
		热液亚类	岩浆期后含碳气水热液分解结晶和沿裂隙充填	浸染状脉状矿体	鳞片状		托克布拉克

续表 37.2.5

矿床类型		成　因	产　状	晶形	围岩名称	矿床举例
隐晶质石墨	接触变质类	煤层或碳质页岩与岩浆热源体接触变质而成	层状和透镜状矿体	隐晶细晶鳞片	煤系地层或岩浆岩	鲁塘、烟筒山、下蜀、神树、盘石

37.2.1.2　矿床类型

中国石墨矿床类型见表 37.2.5。

石墨矿床规模等级见表 37.2.6，矿石的工业要求见表 37.2.7。

表 37.2.6　石墨矿床规模等级

矿床规模等级	储量（万 t）（矿石量）
巨大型	>5000
大　型	1000～5000
中　型	100～1000
小　型	<100

表 37.2.7　石墨矿石的工业要求

矿石类型	品位（固定碳）			可采厚度		夹石剔除厚度（m）
	边界品位（%）	贫矿品位（%）	富矿品位（%）	倾角<45°	倾角>45°	
晶质石墨	2.5	3～5	≥5	1	1	1
隐晶质石墨	60	65～80	≥80	0.4～0.5	0.6	0.2～0.05

37.2.1.3　资源、生产和消费

世界石墨储量见表 37.2.8，生产量见表 37.2.9 ，消费量见表

表 37.2.8 世界石墨储量

国家地区名称	总储量（万 t）			国家地区名称	总储量（万 t）		
	总计	晶质	隐晶质		总计	晶质	隐晶质
欧洲：	3700	2600	1100	马达加斯加	2000	2000	—
奥地利	1050	50	1000	摩洛哥	200	200	—
意大利	100	—	100	莫三鼻给	10	10	—
挪　威	50	50	—	坦桑尼亚	50	50	—
德　国	500	500	—	阿扎尼亚	10	10	—
瑞　典	2000	2000	—	美洲：	3341	180	3161
苏　联				阿根廷	10	10	—
亚洲：	6239	4225	2014	巴　西	80	—	80
印　度	2000	2000	—	格陵兰	15	10	5
斯里兰卡	2000	2000	—	加拿大	100	100	—
韩　国	2160	160	2000	墨西哥	3000	—	3000
日　本	79	65	14	美　国	136	60	76
中　国				澳大利亚	100	100	
非洲：	2370	2270	100	合　计	15750	9375	6375
肯尼亚	100	—	100				

表 37.2.9 世界石墨生产量（t）

序号	国家地区名称	1979 年	1980 年	1981 年	1982 年	1983 年	1984 年
1	奥地利	40519	36699	23807	24451	25000	27000
2	巴　西	10867	21295	17499	15413	16498	20000
3	缅　甸	268	437				
4	中　国						
5	捷　克	45000	45000	45000	45000	45000	45000
6	西　德	4671	5688	8186	11653	11800	11500
7	印　度	52821	54786	52376	56249	35000	36000
8	意大利	4102	4957	3535	3210	3360	1300
9	朝　鲜	25400	25400	25400	25400	25400	25400
10	韩　国	26693	60586	34892	26965	30828	32000
11	马达加斯加	14242	12252	13334	15354	13548	13550
12	墨西哥	45982	44854	42294	36174	35174	35500
13	挪　威	11892	10406	8665	7440	8060	7600

续表 37.2.9

序号	国家地区名称	1979年	1980年	1981年	1982年	1983年	1984年
14	罗马尼亚	12400	12520	12520	12520	12520	12520
15	阿扎尼亚（南非）	994	—	—	—	—	—
16	斯里兰卡	9402	7794	7574	8803	8000	9000
17	泰　国	—	2074	1800	830	800	300
18	土耳其	1673	1820	3298	3360	4850	3500
19	美　国	1500	—	—	—	1500	1750
20	苏　联	100000	100000	105000	105000	110000	110000
21	津巴布韦	5737	7385	11218	8225	13000	14000

表 37.2.10　世界主要资本主义国家石墨消费量

国家名称	每年消费量（万t）
美　国	6~7
日　本	6~7
西　德	3
英　国	1
法　国	0.6

表 37.2.11　中国主要石墨矿山

类　别	省（自治区）名	矿　山　名　称
晶质石墨	山东省	南墅、北墅、文登、莱西县矿
	黑龙江省	柳毛、麻山、穆棱矿
	内蒙古自治区	兴和、武川县
	河南省	灵宝矿
	湖北省	三岔垭矿
	广东省	安定矿
	云南省	元阳矿
	四川省	南江坪河矿
隐晶质石墨	吉林省	盘石矿
	湖南省	鲁塘、冷水江矿
	福建省	漳平、怀安矿
	陕西省	眉县矿
	广东省	佛岗矿

37.2.10，中国石墨矿山分布见表37.2.11，生产量见表37.2.12。

37.2.1.4 产品质量标准

1983年3月10日，中国发布了石墨产品国家标准：鳞片石墨国家标准GB 3518—83和无定形（即隐晶质）石墨国家标准GB 3519—83。

A 鳞片石墨国家标准

a 产品分类 根据生产方法和固定碳含量不同，将鳞片石墨分为四类，见表37.2.13。

b 产品牌号 牌号的组成是按分类代号、粒度、固定碳依次排列，见表37.2.14。

c 产品技术要求 鳞片石墨产品的技术要求应符合表37.2.15～表37.2.18中规定的技术指标。

B 无定形石墨国家标准

a 产品分类 根据粒度不同分为两种：无定形石墨粉，包括粒级0.149、0.074、0.044毫米三种；无定形石墨粒，它分粗、中、细三种，均有上、下限要求。

b 牌号含义 举例如下：

W80—1 无定形石墨粉，固定碳80%，粒度0.149毫米，筛上物不大于10%；

W85—2*a* 无定形石墨粉，固定碳85%，粒度0.074毫米，筛上物不大于5%；

WT88—3 无定形石墨粉，含铁量有限制，固定碳88%，粒度0.044毫米，筛上物不大于10%；

W78—Z 无定形石墨粒，固定碳78%，粒度范围0.6～6.0毫米。

c 产品技术要求 无定形石墨产品技术指标见表37.2.19和表37.2.20。

37.2.1.5 主要选矿方法和副产品回收

石墨主要选矿方法见表37.2.21，石墨产品提纯见表37.2.22，副产品回收见表37.2.23。

表 37.2.12　中国石墨生产量

年　份	1977	1978	1979	1980	1981	1982
t	205617	195136	182967	160146	184401	187744

表 37.2.13　鳞片石墨产品分类

名　称	高纯石墨	高碳石墨	中碳石墨	低碳石墨
固定碳范围（%）	99.9～99.99	94.0～99.0	80.0～93.0	50.0～79.0
代　号	LC	LG	LZ	LD

注：产品代号 LC、LG、LZ、LD 均为汉语拼音字母。

其中：L 是汉语拼音鳞字的第一个字母；C 是汉语拼音纯字的第一个字母；G 是汉语拼音高字的第一个字母；Z 是汉语拼音中字的第一个字母；D 是汉语拼音低字的第一个字母。

表 37.2.14　鳞片石墨产品牌号

牌　号	意　　义
LC50-999	高纯石墨、粒度 50 目、固定碳 99.9%
LG80-95	高碳石墨、粒度 80 目、固定碳 95%
LZ（—）200-90	中碳石墨、粒度负 200 目、固定碳 90%
LD（—）100-70	低碳石墨、粒度负 100 目、固定碳 70%

表 37.2.15　高纯石墨技术指标

指标 牌号	固定碳含量（%）（不小于）	粒度 筛上物含量（%）（不小于）	粒度 筛下物含量（%）（不大于）	水分含量（%）（不大于）	主要用途
LC50-9999	99.99	80	—	0.2	膨胀石墨密封材料填料
LC（—）100-9999		—	85		
LC（—）200-9999		—	90		代替白金坩埚，用于化学试剂熔融
LC（—）325-9999		—	75 或 80		
LC25-999	99.9	80	—		膨胀石墨密封材料
LC35-999		75 或 80	—		
LC50-999		80	—		
LC80-999		80	—		
LC（—）100-999		—	85		润滑剂基料
LC（—）200-999		—	85		
LC（—）325-999		—	75 或 80		

表 37.2.16　高碳石墨技术指标

牌号＼指标	固定碳含量（%）（不小于）	粒度		水分含量（%）（不大于）	主要用途
		筛上物含量（%）（不小于）	筛下物含量（%）（不小于）		
LG18-99	99	75 或 80	—	0.5	填充料
LG25-99		75 或 80	—		
LG35-99		75 或 80	—		
LG40-99		75 或 80	—		
LG50-99		75 或 80	—		
LG80-99		75 或 80	—		
LG100-99		75 或 80	—		
LG（—）100-99		—	75 或 90		润滑剂基料涂料
LG（—）120-99		—	75 或 90		
LG（—）200-99		—	75 或 90		
LG（—）325-99		—	75 或 90		
LG18-98	98	75 或 80	—		
LG25-98		75 或 80	—		
LG35-98		75 或 80	—		
LG50-98		75 或 80	—		
LG80-98		75 或 80	—		
LG100-98		75 或 80	—		
LG（—）100-98		—	75 或 90		
LG（—）120-98		—	75 或 90		
LG（—）200-98		—	75 或 90		
LG（—）325-98		—	75 或 90		
LG25-97	97	75 或 80	—		
LG35-97		75 或 80	—		

续表 37.2.16

牌号＼指标	固定碳含量（%）（不小于）	粒度 筛上物含量（%）（不小于）	粒度 筛下物含量（%）（不小于）	水分含量（%）（不大于）	主要用途
LG50-97	97	75 或 80	—	0.5	润滑剂基料 电刷原料
LG80-97		75 或 80	—		
LG（—）100-97		—	75 或 90		
LG（—）200-97		—	75 或 90		
LG（—）325-97		—	75 或 90		
LG25-96	96	75 或 80	—		耐火材料 电碳制品 电池原料 铅笔原料
LG35-96		75 或 80	—		
LG50-96		75 或 80	—		
LG80-96		75 或 80	—		
LG（—）100-96		—	75 或 90		
LG（—）200-96		—	75 或 90		
LG（—）325-96		—	75 或 90		
LG25-95	95	75 或 80	—		电碳制品
LG35-95		75 或 80	—		
LG50-95		75 或 80	—		
LG80-95		75 或 80	—		
LG100-95		75 或 80	—		
LG（—）100-95		—	75 或 90		
LG（—）200-95		—	75 或 90		
LG（—）325-95		—	75 或 90		
LG50-94	94	75 或 80	—		
LG（—）100-94		—	75 或 90		
LG（—）200-94		—	75 或 90		
LG（—）325-94		—	75 或 90		

表 37.2.17 中碳石墨技术指标

指标 / 牌号	固定碳含量（%）（不小于）	粒度 筛上物含量（%）（不小于）	粒度 筛下物含量（%）（不大于）	水分含量（%）（不大于）	主要用途
LZ80-93	93	75 或 80	—	0.5	坩埚、耐火材料染料
LZ100-93		75 或 80	—		
LZ35-91	91	75 或 80	—		
LZ50-91		75 或 80	—		
LZ80-91		75 或 80	—		
LZ100-91		75 或 80	—		
LZ50-89	89	75 或 80	—		坩埚、耐火材料
LZ80-89		75 或 80	—		
LZ100-89		75 或 80	—		
LZ（—）100-89		—	75 或 90		铅笔原料 电池原料
LZ120-89		75 或 80	—		
LZ（—）120-89		—	75 或 90		
LZ（—）200-89		—	75 或 90		
LZ（—）325-89		—	75 或 90		
LZ35-87	87	75 或 80	—		坩埚、耐火材料
LZ50-87		75 或 80	—		
LZ80-87		75 或 80	—		
LZ100-87		75 或 80	—		
LZ（—）100-87		—	75 或 90		铸造涂料
LZ120-87		75 或 80	—		
LZ（—）120-87		—	75 或 90		
LZ（—）200-87		—	75 或 90		
LZ（—）325-87		—	75 或 90		

续表 37.2.17

指标 / 牌号	固定碳含量（%）（不小于）	粒度		水分含量（%）（不大于）	主要用途
		筛上物含量（%）（不小于）	筛下物含量（%）（不大于）		
LZ35-85	85	75 或 80	—	0.5	坩埚、耐火材料
LZ50-85	85	75 或 80	—	0.5	坩埚、耐火材料
LZ80-85		75 或 80	—		
LZ100-85		75 或 80	—		
LZ（—）100-85		—	75 或 90		铸造涂料
LZ（—）200-85		—	75 或 95		
LZ（—）325-85		—	75 或 95		
LZ35-80	80	75 或 80	—		耐火材料
LZ50-80		75 或 80	—		
LZ80-80		75 或 80	—		
LZ100-80		75 或 80	—		
LZ（—）100-80		—	75 或 90		铸造材料
LZ120-80		75 或 80	—		
LZ（—）200-80		—	75 或 90		
LZ（—）325-80		—	75 或 90		

表 37.2.18 低碳石墨技术指标

指标 / 牌号	固定碳含量（%）（不小于）	粒度		水分含量（%）（不大于）	主要用途
		筛上物含量（%）（不大于）	筛下物含量（%）（不小于）		
LD（—）100-75	75	—	75 或 90	2.2	铸造涂料
LD（—）200-75		—	75 或 90		
LD（—）100-70	70	—	75 或 90		
LD（—）200-70		—	75 或 90		
LD（—）100-65	65	—	75 或 90		
LD（—）200-65		—	75 或 90		
LD（—）100-60	60	—	75 或 90		
LD（—）200-60		—	75 或 90		
LD（—）100-50	50	—	75 或 90		
LD（—）200-50		—	75 或 90		

表 37.2.19 无定形石墨粉技术指标

牌号＼指标	固定碳	挥发分	水分	溶于盐酸中铁	粒度（mm）			主要用途
	所占比率（%）				0.149	0.074	0.044	
	不小于	不大于			筛上物（%不大于）			
WT92-3	92.0	2.8	2.0	0.7	—	—	10	铅笔、电池、电碳焊条及石墨轴承等配料
WT90-3	90.0	3.0			—	—	10	
WT88-2	88.0	3.2			—	10	—	
WT88-3					—	—	10	
WT85-2	85.0	3.4	2.0	0.8	—	10	—	
WT85-3					—	—	10	
WT83-2	83.0	3.0	2.0	1.0	—	10	—	电池炭棒用原料
WT83-3					—	—	10	
WT80-2	80.0				—	10	—	
WT80-3					—	—	10	
WT78-2	78.0	3.8			—	10	—	
WT78-3					—	—	10	
WT75-2	75.0	4.0			—	10	—	
WT75-3					—	—	10	
W90-2	90.0	3.0	2.0	不检测	—	10	—	铸造涂料、耐火材料、染料等
W90-3					—	—	10	
W88-2	88.0	3.2			—	10	—	
W88-2a					—	5	—	
W88-3					—	—	10	

续表 37.2.19

牌号＼指标	固定碳	挥发分	水分	溶于盐酸中铁	粒度（mm） 0.149	0.074	0.044	主要用途
	所占比率（%）							
	不小于	不大于			筛上物（%不大于）			
W85-2	85.0	3.4	2.0	不检测	—	10	—	铸造涂料、耐火材料、染料等
W85-2a					—	5	—	
W85-3					—	—	10	
W83-2	83.0	3.6			—	10	—	
W83-3					—	—	10	
W80-1	80.0	3.6	2.0	不检测	10	—	—	铸造涂料
W80-2					—	10	—	
W80-2a					—	5	—	
W80-3					—	—	10	
W78-2	78.0	4.0	2.0		—	10	—	
W78-3					—	—	10	
W75-1	75.0	4.2	2.0		10	—	—	
W75-2					—	10	—	
W75-2a					—	5	—	
W75-3					—	—	10	
W70-1	70.0				10	—	—	
W70-2					—	10	—	
W70-3					—	—	10	
W65-1	65.0				10	—	—	
W65-2					—	10	—	
W60-1	60.0	4.5	2.0		10	—	—	
W60-2					—	10	—	
W55-1	55.0	4.5			10	—	—	
W55-2					—	10	—	

表 37.2.20 无定形石墨粒技术指标

指标 / 牌号	固定碳	挥发分	水分	粒度（mm）						主要用途
	所占比率（%）			13.00	6.00	0.60	6.00	0.60	0.149	
	不小于	不大于		筛上物（%不大于）			筛下物（%不大于）			
W85-Z	85.0	3.4	1.5	—	5	—	—	20	—	炼钢增碳及耐火材料、碳砖电极糊原料
W85-X			2.0	—	—	5	—	—	25	
W80-Z	80.0	3.6	1.5	—	5	—	—	20	—	
W80-X			2.0	—	—	5	—	—	25	
W78-C	78.0	4.0	1.0	5	—	—	20	—	—	电极糊原料
W78-Z			1.5	—	5	—	—	20	—	
W78-X			2.0	—	—	5	—	—	25	
W75-C	75.0	4.2	1.0	5	—	—	20	—	—	
W75-Z			1.5	—	5	—	—	20	—	
W75-X			2.0	—	—	5	—	—	25	

注：C、X、Z 表示粒度范围：C 为 6～13mm 级别；X 为 0.149～0.6mm 级别；Z 为 0.6～6mm 级别。

表 37.2.21 石墨主要选矿方法

石墨种类	矿物组成	主要选矿方法及浮选药剂	工艺流程特征和指标	主要选矿厂	
				中国	外国
晶质石墨	石墨、斜长石、透闪石、透辉石、石英、云母、绿泥石、黄铁矿、方解石等	浮选，常用起泡剂为二号油、四号油、醚醇、丁醚油等，常用捕收剂为煤油、柴油、重油、磺酸脂、硫酸脂、酚类、羧酸类等 重选，主要用摇床除去黄铁矿和预先提取大鳞片石墨 湿筛，用以提取大鳞片	粗精矿多磨多选，中矿集中或顺序返回，精矿品位 90% 以上，回收率 80%	南墅、柳毛、兴和矿	苏联查瓦里耶矿

续表 37.2.21

石墨种类	矿物组成	主要选矿方法及浮选药剂	工艺流程特征和指标	主要选矿厂	
				中国	外国
隐晶质石墨	石墨、黏土	浮选，起泡剂为樟油、松油，捕收剂为煤焦油，调整剂为碳酸钠，抑制剂为水玻璃和氟硅酸钠 粉碎、常用雷蒙磨、高速磨或气流磨	浮选精尾矿同为产品，精矿品位 90%	鲁塘、盘石矿	奥地利凯塞斯堡矿

表 37.2.22　石墨产品提纯

原　料	提纯方法	提 纯 原 理	选矿厂举例
石墨浮选精矿中 −0.147mm 粒级	湿法化学提纯：加入 NaOH 和 HCl	NaOH 在 500℃以上时可使硅酸盐类矿物生成可溶性硅酸盐类，HCl 在常温下可使金属杂物生成可溶性金属离子	中国南墅矿、苏联查瓦里耶矿
	干法化学提纯：利用活性化学气体通过石墨	活性气体与石墨中的灰分杂质发生化学反应，使杂质转化为易挥发性物质从石墨中逸出	
	高温提纯	将石墨置于特制电炉中隔绝空气加热到 2500℃时，石墨中杂质被蒸发出去	

表 37.2.23　副产品回收

副产品名称	回收方法	选矿厂举例
黄　铁　矿	可用丁基黄药浮选用	南墅石墨矿
金　红　石	摇床—磁选—电选回收	

37.2.2 选矿厂实例

37.2.2.1 鳞片石墨选矿厂

A 南墅石墨矿

南墅石墨矿位于山东省莱西县。原矿经由露天开采，用汽车送入选矿厂。采矿能力为30万吨/年，选矿生产能力为1.5万吨精矿/年。原矿性质见表37.2.24，选矿工艺流程见图37.2.1。

表37.2.24 原矿性质

矿床类型	矿石类型		矿物组成	矿物嵌布特征	原矿品位（%）
沉积变质成因的晶质鳞片石墨矿床	结晶片麻岩	地表风化矿受铁质污染严重，易碎易选、片大；矿床深部矿石，较硬易选 部分已绿泥石化矿石，易泥化难选	主要矿物：石墨 脉石矿物：方解石、绿泥石、透闪石、斜长石、柘榴子石、高岭土、绢云母等 伴生矿物：黄铁矿、金红石、独居石等	矿物呈集合嵌布，石墨晶体粒度为0.1~1毫米	4~5

浮选精矿经脱水干燥后，筛分成+0.295、-0.295+0.175、-0.175+0.147、-0.147+0.124、-0.124毫米，它称为普通石墨（或中碳石墨），品位一般90%，回收率一般80%。其中一部分-0.147毫米级经化学提纯，产品品位99.9%，称高碳石墨；另一部分-0.147毫米级重新再磨再选，产品品位95%，称电碳石墨。浮选药剂制度见表37.2.25。

主要设备见表37.2.26。其中比较特殊的有卧式碾磨机、刮刀离心脱水机、沸腾干燥机和高方筛。

卧式碾磨机构造见图37.2.2。它由固定筒体1、转子和磨板3等主要部件组成。转子由中空轴2和装在轴上的数个圆盘4组成。中空轴通过两端的实心轴头支承在轴瓦支座上。磨板呈弧形，铰接在圆盘上。当转子旋转时，转子上的磨板在离心力作用下紧贴外筒内壁转动，与筒壁产生摩擦作用，在筒体内的石墨即受到磨碎。经试验，用卧式离心碾磨机代替球磨机，一次碾磨和两次精选，精矿品位可提高 7%，在同样条件下使用球磨机只能提高 1%。该机缺点是磨板和筒体内壁磨损严重。

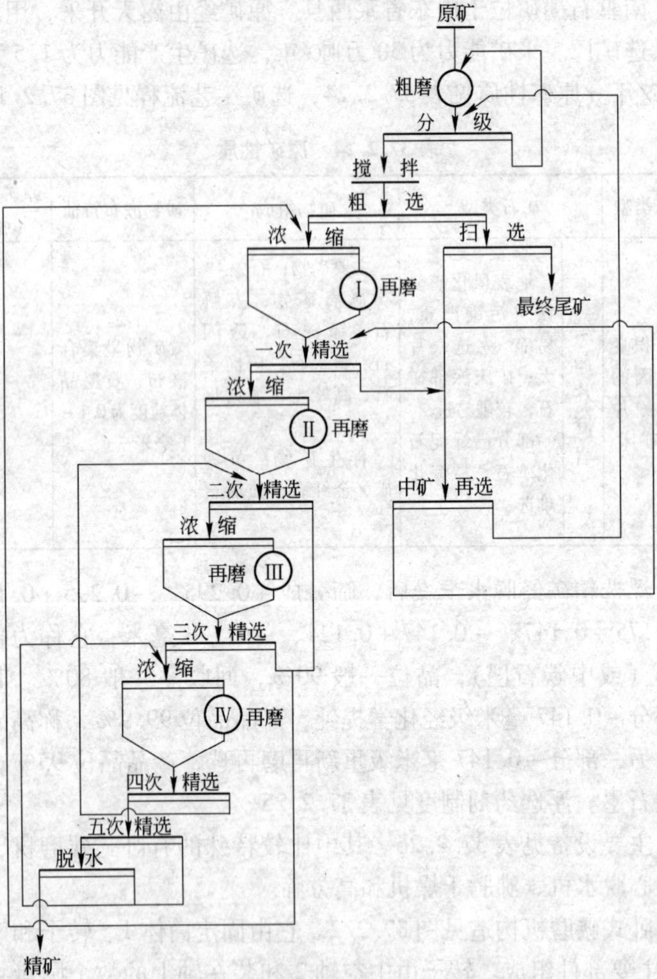

图 37.2.1　南墅石墨矿选矿工艺流程

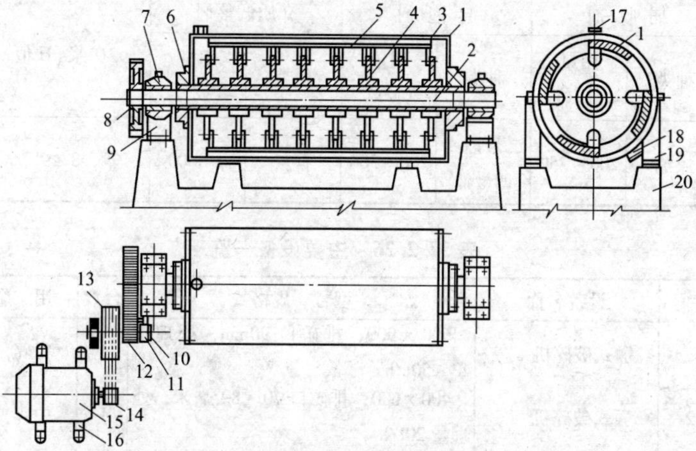

图 37.2.2 卧式碾磨机构造

1—固定筒体；2—中空轴；3—磨板（32 块）；4—圆盘（8 块）；5—磨板架（32 块）；6—密封端盖；7—大轴瓦；8—大齿轮；9—大瓦座；10—小轴；11—小轴瓦；12—小齿轮；13—大三角皮带轮；14—小三角皮带轮；15—电动机；16—电机导轨；17—给料口；18—排料口；19—筒体座；20—混凝土基础

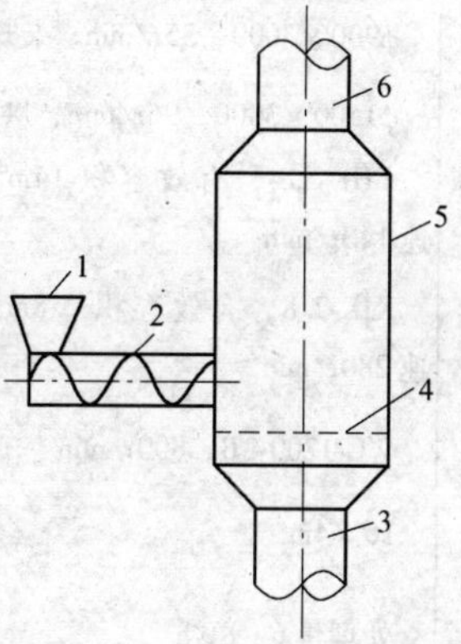

图 37.2.3 沸腾干燥机构造示意

1—加料漏斗；2—螺旋加料器；3—进气口；4—布气板；5—沸腾床；6—出气口

表 37.2.25　浮选药剂制度

捕收剂		起泡剂		介质调整剂		矿浆 pH 值
种类	用量 (g/t)	种类	用量 (g/t)	种类	用量 (g/t)	
煤油	200 ~ 250	二号油或四号油	200 ~ 300	石灰	~ 8000	8 ~ 9

表 37.2.26　主要设备一览

序号	设备名称	型号、规格	台数	用　途
1	颚式破碎机	600 × 900，排矿口 90mm，处理量 40 ~ 50t/h	1	粗碎
2	颚式破碎机	400 × 600，排矿口 70 ~ 80 毫米，处理量 20t/h	1	中碎
3	锤式破碎机	ϕ 800 × 800，筛条间隙 16 毫米，处理量 20t/h	2	细碎
4	格子型球磨机	ϕ1500 × 3000，32r/min，装球 8t，处理量 15 ~ 20t/h	3	磨原矿
5	带耙式分级机	6000 × 1200，带速 0.13m/s	3	
6	溢流型球磨机	ϕ1210 × 3000，33r/min，装球 5t	2	磨粗精矿
7	溢流型球磨机	ϕ900 × 3000，35r/min，装球 3.5t	1	磨粗精矿
8	卧式离心碾磨机	ϕ1500 × 3000，96r/min，磨板 40 块	1	磨粗精矿
9	充气机械搅拌式浮选机	CHF-X14，有效容积 14m^3/台、转速 140r/min	4	粗选
10	浮选机	XJK-2.8，有效容积 2.8m^3/台，转速 280r/min	34	精、扫选
11	离心脱水机	WG-1200-2B，800r/min	8	
12	刮板烘干机	16 × 4m	2	
13	沸腾干燥机	处理量 6 ~ 8t/h	1	
14	高压离心风机	9-27-7#，风量 6010m^3/h，风压 8870Pa	2	
15	高方筛	FSP-4，180r/min	2	

沸腾干燥机构造示意见图37.2.3。工艺参数见表37.2.27。

表37.2.27　沸腾干燥工艺参数

给风温度 ℃	排风温度 ℃	给料水分 (%)	排料水分 (%)	处理量 (t/h)	耗煤量 (kg/t)	耗电量 (kW·h/t)	热效率 (%)
500	60~100	25~28	~1	2	90	19.1	50

刮刀离心脱水机为化工定型产品，南墅石墨矿所使用的型号为WG-1200-2B。高方筛为粮食工业定型产品，南墅石墨矿所使用的型号为FSP-4，所使用的筛路流程见图37.2.4。

浮选主要指标见表37.2.28。

表37.2.28　浮选主要指标

原矿		精矿			尾矿
处理量 万t/年	品位 (%)	产量 (万t/年)	品位 (%)	回收率 (%)	品位 (%)
34~35	4	1~1.2	88~89	~80	0.6~0.8

南墅石墨矿采用湿式化学法（又称酸碱处理法）来提纯石墨精矿，它可使石墨品位由原来的85%，提高到98%以上。该法所用工艺流程见图37.2.5，主要设备见表37.2.29，主要指标见表37.2.30。

选矿产品的进一步粉碎（微粉碎），使用雷蒙磨、气流磨和高速磨（见本篇37.5.2和37.6.2）。

高纯石墨和微粉碎石墨产品，用于生产各种石墨制品。南墅石墨矿生产的石墨制品有：

(1) 石墨润滑剂　含碳99%，粒度-10微米。它分粉剂（干粉）和水剂（分散在水中）两种。水剂石墨润滑剂（包括模锻石墨乳和拉丝石墨乳两种）用于机械工业零件锻造上，可提高模具寿命一倍以上。目前该矿水剂石墨润滑剂已发展成系列产品，称MD型产品。

表 37.2.29　提纯主要设备

设备名称	熔融炉	洗涤槽	脱水机	烘干炉
规格、型号	ϕ500×6000mm	9800×1350×3900mm	WG-800 型	ϕ800×7000mm

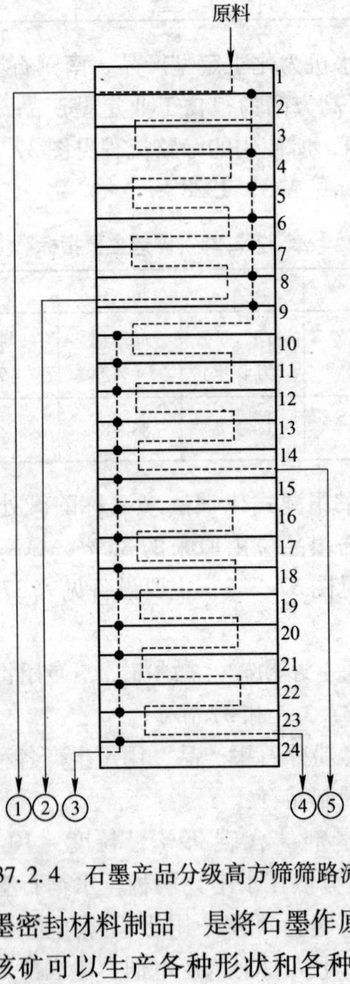

图 37.2.4　石墨产品分级高方筛筛路流程

（2）膨胀石墨密封材料制品　是将石墨作原料通过膨胀和机械加工制成的。该矿可以生产各种形状和各种内外径的密封器件，供机械和仪表密封用。

表 37.2.30 提纯主要指标

原料品位（%）	精矿品位（%）	精矿回收率（%）
87～89	98～99	～88

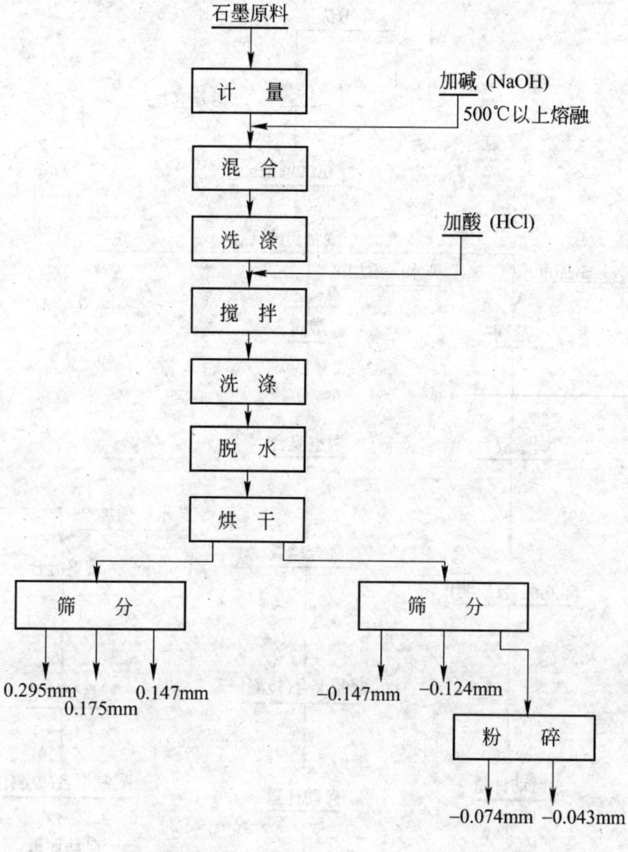

图 37.2.5 提纯工艺流程方框图

（3）石墨坩埚 它是大鳞片石墨和优质碳化硅为原料，以耐火黏土为黏合剂加工而成，外壁再涂以特殊防氧化物质，供冶金工业使用。

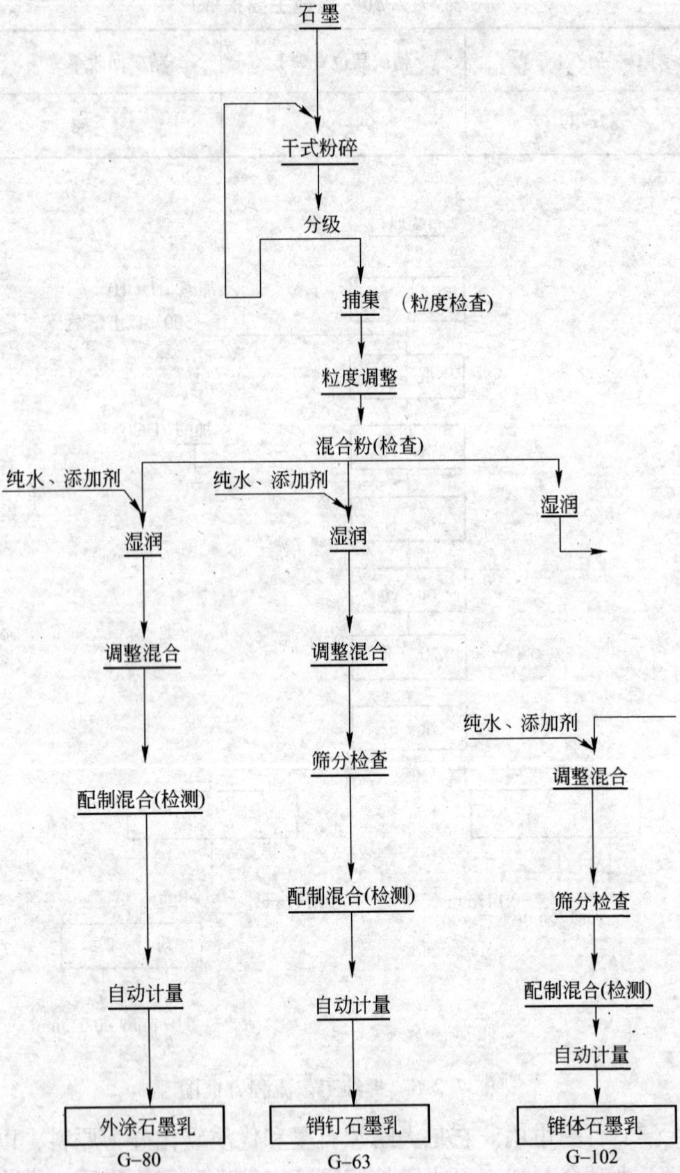

图 37.2.6 彩色显像管石墨

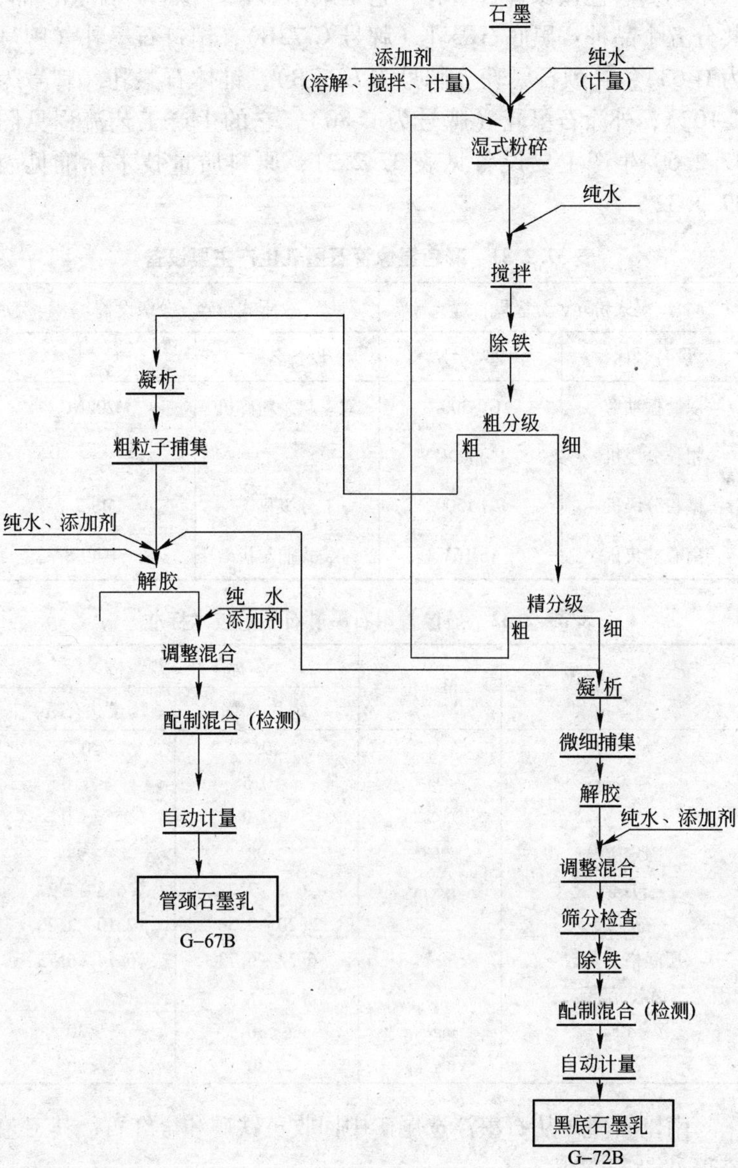
石墨
添加剂
(溶解、搅拌、计量)
纯水
(计量)
湿式粉碎
纯水
搅拌
除铁
粗分级
粗
细
凝析
粗粒子捕集
纯水、添加剂
解胶
纯　水
添加剂
调整混合
配制混合（检测）
自动计量
管颈石墨乳
G-67B
精分级
粗
细
凝析
微细捕集
解胶
纯水、添加剂
调整混合
筛分检查
除铁
配制混合（检测）
自动计量
黑底石墨乳
G-72B

乳生产工艺流程

(4) 彩色显像管石墨乳　它是咸阳彩色显像管厂配套产品，共分五个品种：黑底石墨乳（牌号 G-72B），销钉石墨乳（牌号为 G-63），管颈石墨乳（牌号为 G-67B），锥体石墨乳（牌号为 G-102），外涂石墨乳（牌号为 G-80），它的生产工艺流程见图 37.2.6，生产主要设备见表 37.2.31，原料质量技术标准见表 37.2.32。

表 37.2.31　彩色显像管石墨乳生产主要设备

湿式粉碎、分级设备		干式粉碎、分级设备	
设备名称	型　号	设备名称	型　号
双筒振动磨	CB-300	双室超微粉碎机	M202NC
粗粒分级机	P-3000C		
微粉分级机	PH-1500	分级机	MS-3
离心捕集机	AS-16V	袋式捕集机	SP-49-8

表 37.2.32　显像管用石墨乳石墨的技术标准

项　目	单　位	标准规格	
		鳞片石墨	土状石墨
水　分	%	≤0.2	≤0.2
挥发分	%	≤0.5	≤1.0
灰　分	%	≤0.9	≤5.0
固定碳分	%	≥98	≥94
pH 值	g/cm^3	6.8～7.2	6.8～7.2
密　度		2.20～2.30	2.10～2.20
层间格子定数	Å	6.72～6.73	6.74～6.75
卤族元素：			
Cl	mg/kg	<30	<30
F	mg/kg	<30	<30

南墅石墨矿从石墨浮选尾矿中回收黄铁矿和金红石，其工艺流程见图 37.2.7。

B　柳毛石墨矿

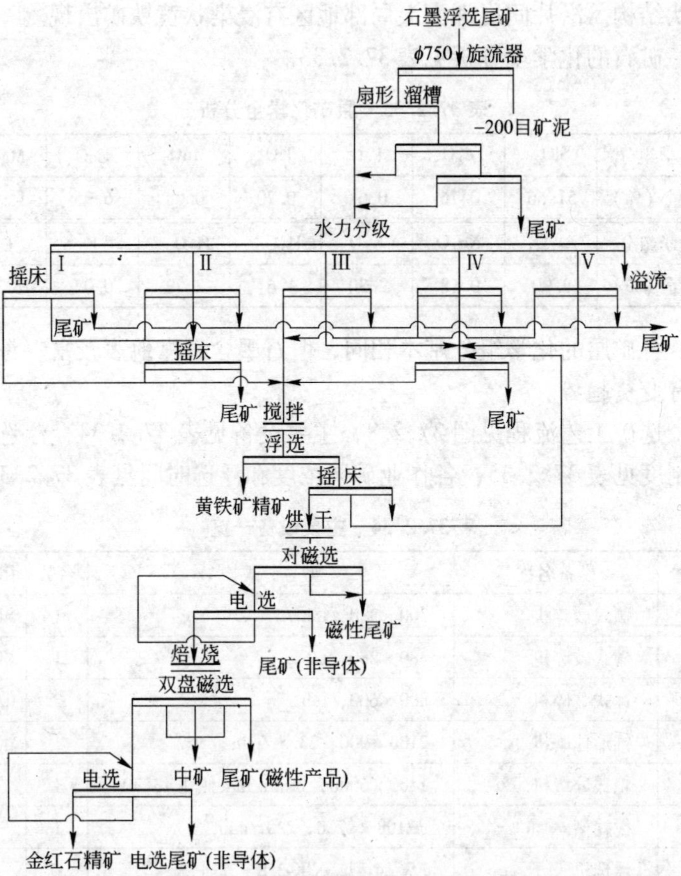

图 37.2.7 金红石、黄铁矿综合回收工艺流程

柳毛石墨矿位于黑龙江省鸡西市柳毛村，建有两座浮选厂，总生产能力 2.8 万吨精矿/年。矿石中主要矿物为石墨、石英、斜长石，其次为柘榴子石、透辉石、正长石、白云母、绿泥石、褐铁矿、斑铜矿、黄铁矿等。其中石墨占 10% ~20%，石英占 30% ~40%，斜长石占 15% ~20%。

石墨为中、细鳞片状。鳞片直径 1 ~1.5 毫米，最大达 7 毫米。鳞片在矿床中略具方向性排列，它与石英、长石构成明显的片状结构。沿片间层理面上局部地区有浸染状黄铁矿出现。

矿石的化学全分析见表 37. 2. 33。

表 37. 2. 33　原矿化学全分析

化学组分	SiO_2	Fe_2O_3	FeO	TiO_2	MnO_2	CaO	MgO
含量（%）	51. 66	0. 76	0. 61	0. 70	0. 08	6. 95	1. 99
化学组分	Al_2O_3	Na_2O	K_2O	H_2O^+	H_2O^-	F	C
含量（%）	8. 90	0. 18	2. 30	1. 61	2. 22	0. 07	18. 34

各矿层的化学组分基本相同，但石墨含量靠地表较富，深部略有变贫趋势。

选矿工艺流程见图 37. 2. 8，主要设备见表 37. 2. 34，浮选药剂制度见表 37. 2. 35，各作业矿浆浓度和浮选时间见表 37. 2. 36。

表 37. 2. 34　主要设备一览

序号	设备名称	型号、规格	台数	用途
1	颚式破碎机	300 ×380，t/h	1	粗碎
2	颚式破碎机	380 ×280，t/h	1	粗碎
3	锤式破碎机	800 ×600，t/h	2	中碎
4	锥形球磨机	2100 ×900，23. 5r/min	1	粗磨
5	耙式分级机	1400 ×6000，16. 5r/min 倾角 13°30′	1	
6	搅拌槽	ϕ2108 ×2200，220r/min	1	
7	浮选机	FW-24 型，XJK-2. 8	37	
8	球磨机	1000 ×3500，33. 5r/min，装钢段 3. 5t	1	再磨
9	球磨机	900 ×2200，38r/min，装钢段 2. 2t	2	再磨
10	球磨机	900 ×3000，40r/min，装钢段 3. 0t	1	再磨
11	折带式真空过滤机	10m^2	1	
12	烘干炕	4000 ×18000mm	1	
13	分级筛	2500 ×500mm	2	

柳毛石墨浮选尾矿作为炼钢保护渣生产原料，其生产工艺流程见图 37. 2. 9，产品技术特征见表 37. 2. 37。

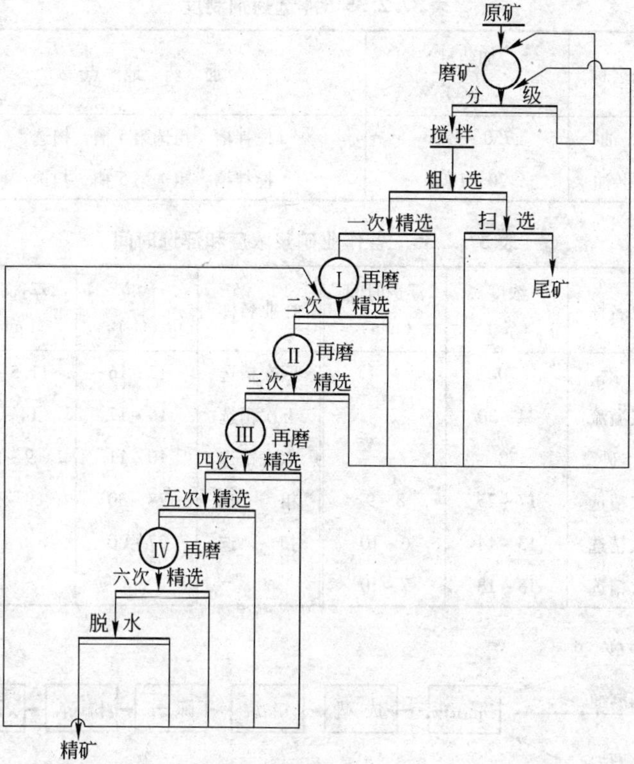

图 37.2.8　选矿工艺流程

C　兴和石墨矿

兴和石墨矿位于内蒙古乌盟兴和县。建有两座浮选厂，生产能力 6000 吨/年。矿山为露天开采。

矿石中主要矿物除石墨（含量 4% ~5%）外，还有斜长石（含量 40%）、石英（含量 15% ~20%）、黑云母（含量 10%）。矿石化学成分见表 37.2.38。

选矿工艺流程见图 37.2.10，浮选精矿品位 85% ~92%，经脱水、干燥后，筛分获 +0.701、+0.495、+0.295、+0.175、

表 37.2.35 浮选药剂制度

药剂名称	加药量(g/t)	加药地点
煤　油	750～1200	搅拌槽，粗选第5槽，扫选
二号油	70～1800	搅拌槽，粗选第5槽，扫选

表 37.2.36 各作业矿浆浓度和浮选时间

作业名称	浓度(%)	浮选时间(min)	作业名称	浓度(%)	浮选时间(min)
粗　磨	70		四次精选	12～16	11.5～12
分级溢流	24～30		五次精选	16～17	14～15
返　砂	73		六次精选	10～11	9～15
一次精选	17～25	8～9	粗　选	28～30	9～12
二次精选	13～14	6～10	扫　选	27～30	6～8
三次精选	15～18	7～10			

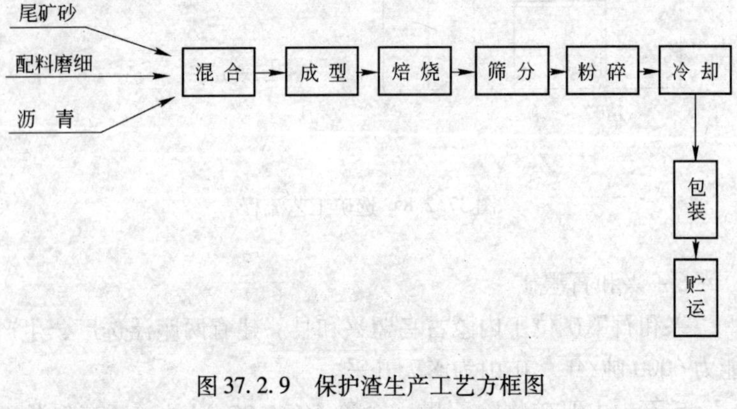

图 37.2.9 保护渣生产工艺方框图

表 37.2.37 保护渣技术特征

产品外形	化学成分(%)						熔点(℃)
	C	SiO_2	CaO	Al_2O_3	Fe_2O_3	MgO	
颗粒状	12～20	35～53	7～12	6～9	3～8	1.5～3.5	1100～1230

+0.147、-0.147、-0.074、-0.043毫米八种石墨产品。-0.147毫米产品经再磨再选和化学提纯，可得品位94%~99.5%的高碳石墨。石墨浮选药剂制度见表37.2.39，产品的粒度组成见表37.2.40。

表37.2.38 矿石化学成分

矿石种类	化学成分（%）						
	SiO_2	Al_2O_3	Fe_2O_3	CaO	MgO	S	C
黄矿石（地表矿）	61.59	14.26	6.98	2.12	1.88	0.41	3~6
青矿石（深部矿）	59.13	14.46	6.29	2.70	2.75	3.28	4~6

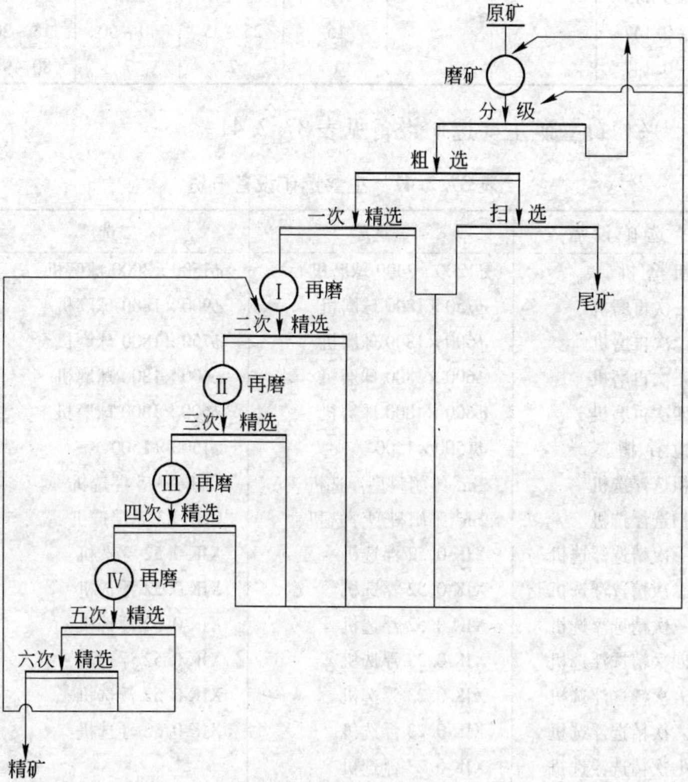

图37.2.10 选矿工艺流程

表 37.2.39　石墨浮选药剂制度

药剂名称	用量（g/t）	加药地点
煤　油	100	搅拌槽
二号油	80	搅拌槽

表 37.2.40　产品粒度组成（%）

产　品（mm）	+0.70 mm	+0.495 mm	+0.295 mm	+0.175 mm	+0.147 mm	-0.147 mm
+0.495	2	7.5~80	16	1~2	1~2	0.5
+0.295		5~7	75~80	15	1	4~5
+0.175		1	15	65~70	9	11~14
+0.147			15	25~35	40~50	15~20
-0.147			1	2	7	80~90

兴和石墨矿主要选矿设备见表 37.2.41。

表 37.2.41　主要选矿设备一览

选矿设备	一选厂	二选厂
粗磨机	ϕ1200×2400 球磨机	ϕ1500×3000 球磨机
一次再磨机	ϕ750×1800 球磨机	ϕ900×1800 球磨机
二次再磨机	ϕ600×1800 球磨机	ϕ750×1800 球磨机
三次再磨机	ϕ600×1800 球磨机	ϕ600×1800 球磨机
四次再磨机	ϕ600×1800 球磨机	ϕ600×1800 球磨机
搅拌槽	ϕ1500×1500	ϕ1500×1500
粗选浮选机	2m^3 维姆科型浮选机	CHF-X3.5 浮选机
扫选浮选机	2m^3 维姆科型浮选机	CHF-X3.5 浮选机
一次精选浮选机	XJK-0.52 浮选机	XJK-0.52 浮选机
二次精选浮选机	XJK-0.52 浮选机	XJK-0.52 浮选机
三次精选浮选机	XJK-0.52 浮选机	XJK-0.52 浮选机
四次精选浮选机	XJK-0.23 浮选机	XJK-0.52 浮选机
五次精选浮选机	XJK-0.23 浮选机	XJK-0.52 浮选机
六次精选浮选机	XJK-0.23 浮选机	XJK-0.52 浮选机
七次精选浮选机	XJK-0.23 浮选机	
分级机	FLG-1000 型	ϕ1200 单螺旋分级机
脱水机	WG-800 型离心脱水机	WG-800 型离心脱水机

该矿石墨制品有膨胀石墨、石墨坩埚、石墨密封环等。

D 查瓦里耶石墨联合企业（苏联）

查瓦里耶石墨联合企业位于苏联乌克兰，年产45千吨石墨精矿。矿山采用露天开采。

矿石风化严重，已明显绿泥石化、高岭土化。

选矿工艺流程见图37.2.11，浮选药剂制度见表37.2.42，各磨矿作业磨矿浓度和磨矿时间见表37.2.43，各浮选作业浮选时间见表37.2.44。

表37.2.42 浮选药剂制度

药剂类别	药剂名称	加药量（g/t）
捕收剂	煤油	530
起泡剂	T-66	150

表37.2.43 各磨矿作业磨矿浓度和磨矿时间

项 目	一次再磨	二次再磨	三次再磨	四次再磨	五次再磨	六次再磨	七次再磨
磨矿浓度（%）	53		48	45	45	45	47
磨矿时间（min）	30	30	13	4	8	6	13

表37.2.44 各浮选作业浮选时间

项 目	粗选	扫选	一次精选	二次精选	三次精选	四次精选
浮选时间（min）	4.5	4.9	7.5	12	8.7	7.1
项 目	五次精选	六次精选	七次精选	八次精选	九次精选	
浮选时间（min）	11.1	7.9	9.9	12.1	10.1	

选矿主要设备见表37.2.45。

选矿主要指标：原矿品位6%～7%，精矿品位90%～91%，精矿产量4.5万吨/年，选矿回收率约90%。产品牌号和质量标准见表37.2.46。

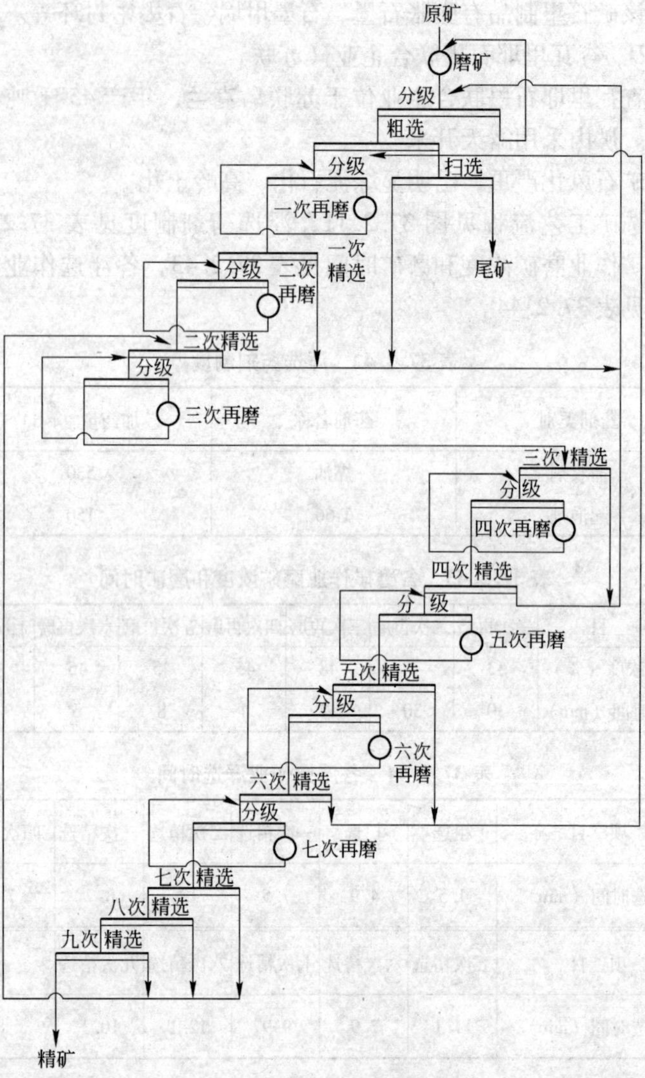

图 37.2.11 选矿工艺流程

石墨精矿产品提纯，采用湿式化学法，提纯工艺流程见图 37.2.12。药剂消耗量为烧碱 2.8 千克/吨、硫酸 3.5 千克/吨、盐酸 3.6 千克/吨。

普通石墨+焙烧苏打
↓
拌匀烘干，3:1(相对灰分残渣)
↓
烧熔，温度900℃
↓
冷却，温度50℃
↓
在水中煮沸，固:液＝1:3
↓
冲洗和过滤，pH=7～8，测定灰分
↓
5%的H_2SO_4处理，1:3, 30分钟
↓
冲洗和过滤，pH=7～8
↓
在5%的Na_2CO_3溶液中煮沸，1:3, 30分钟
↓
冲洗和过滤，pH=7～8,测定灰分
↓
在3%HC1溶液中煮沸
↓
冲洗和过滤
↓
干燥
↓
筛分
↓
电磁分选
↓
包装
↓
入库C=99%

图 37.2.12　苏联查瓦里耶石墨联合企业石墨提纯工艺流程图

表 37.2.45　选矿主要设备

设备名称	型号、规格	生产能力
颚式破碎机	600×900mm	160t/h
圆锥破碎机	西蒙斯-1600mm	160t/h
格子型球磨机	МШР-3000×3100	160t/h
浮选机	ФМР-63 型机械搅拌式	3.7～4.53m^3/min
离心脱水机	АТ1800-3У	

37.2.2.2　隐晶质石墨选矿厂

A　鲁塘石墨矿

鲁塘石墨矿位于湖南省郴县。矿床由煤炭变质而成。采用地

下开采。选矿采用简单磨矿、分级、生产能力 4.5 万吨/年。选矿工艺流程为：

原矿→粗碎→中碎→烘干→磨碎→分级→包装。

表 37.2.46　查瓦里耶石墨产品牌号和质量标准

牌号	固定碳（%）	水分（%）	粒度（μm）				用　途
			200	160	71	63	
КЛЗ	80~88	1.50		40%	>30%	>30%	铸造
ЭУЗ	94~95	1.00		20%		>80%	电器
ЭЗК	85~92	1.00		40%	>35%	<25%	电器、铸造
ЭЗМ	85~92	1.00		10%		>45%	电器、铸造
ТЗ	90~95	1.00	>70%		<50%		坩埚、润滑
КЗА	96~97	1.00			<0.5%	>99%	铅笔、润滑
КЗБ	94~96	1.00			<1.0%	99%	铅笔、润滑
П	92~94	1.00		<1.5%			电碳制品
ГМА	99~99.5	0.50	>70%		<5%	<5%	
ГМТ	99~99.5	0.50		5%	10.5%	10.5%	
ГМЕ	99~99.5	0.50		<50%			

主要工艺设备为：

粗碎　ϕ700×750 双齿辊破碎机

中碎　ϕ600×450 锤碎机

磨碎　4R-3216 型雷蒙磨

分级　80×120 毫米格筛、2200×1100 毫米振动筛

除尘　脉冲除尘器

B　盘石石墨矿

盘石石墨矿位于吉林省盘石，也是煤炭接触变质而成的矿床。采矿方法为地下开采。选矿方法为简单磨碎，选矿工艺流程为：

原矿→烘干→磨粉→包装

产品细度 -0.075 毫米占 90%。设备与鲁塘石墨矿同。

矿床中伴生瓷土，供大连瓷厂、吉林市陶瓷厂、水曲柳陶瓷厂制造陶瓷用。

该矿利用石墨产品生产炼钢保护渣，供吉林、辽宁几个钢厂使用。

C 凯塞斯堡石墨矿（奥地利）

凯塞斯堡石墨矿位于施蒂里亚州圣·米切尔附近，是煤系变质矿床，原矿含碳量 30% ~ 80%。选矿包括干法和湿法两种，工艺流程见图 37.2.13。浮选用煤油作捕收剂，松油和浮选油作起泡剂，矿浆 pH = 8。精矿含碳量 90% ~ 92%。精矿有四种产品，其技术规格为：

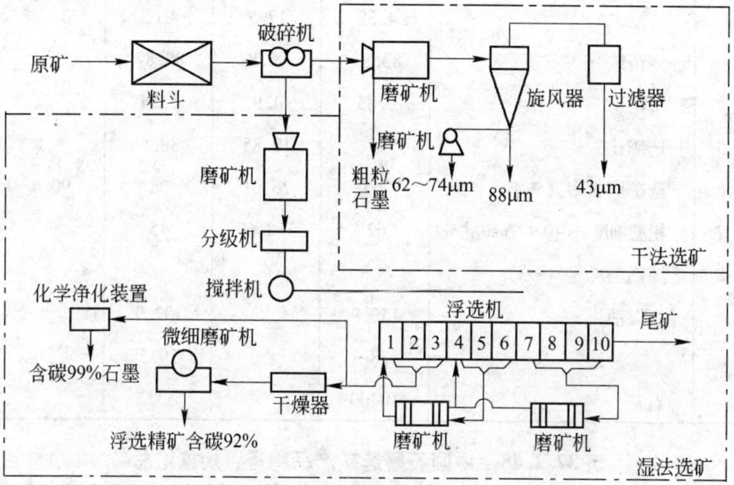

图 37.2.13 凯塞斯堡石墨矿选矿工艺流程

(1) P 型石墨产品 －10 微米占 60%，－2 微米占 10%，表面积 2500 厘米^2/克；

(2) MP 型石墨产品 －10 微米占 60%，－2 微米占 30%，表面积 50000 厘米^2/克；

(3) F 牌号石墨产品 碳 90.80%，灰分 8.4%，水分 0.45%，硫 0.032%；

(4) CG 牌号石墨产品 碳 66.22%，灰分 31.3%，水分 0.28%，硫 0.34%。

表 37.2.47 中国各主要石墨矿选矿技术经济指标

序号	项目	南墅石墨矿	柳毛石墨矿	兴和石墨矿	鲁塘石墨矿
1	矿石处理量（万 t/年）	29.89	17.5	23.28	54.536
2	石墨产量（t/年）				
3	矿石粒度（mm）：				
	采矿供给	<500	<500	<350	<250
	入浮选球磨机	-15mm 占 90%		<10	<40
4	矿石品位（%）：				
	原矿	4.38	17.5	4.02	70~88
	精矿	88.83	92.8	88.87	
	尾矿	0.85	4.9	1.34	
5	选矿比	27	10.85	38.5	1.1
6	选矿回收率（%）	77.19	76.01	68	90.4
7	粗磨细度，-0.147mm 占%	62	55~60	45	
8	药剂消耗量（g/t）				
	煤油	159.9		137.9	
	二号油	278.1		19.5	
	石灰	10400			

表 37.2.48 中国石墨选矿产品牌号、规格汇总

分类	产品名称		牌号、规格	主要用途
鳞片石墨	普通鳞片	高纯石墨	含碳 99.9%~99.99%	膨胀石墨密封材料，耐高温耐腐蚀润滑剂基料、填料，高温试剂熔融
		高碳石墨	含碳 94%~99%	碳素石墨制品，高级铅笔，石墨坩埚，原子及国防其他工业
		中碳石墨	含碳 80%~93%	电池、坩埚、铅笔、铸造、碳素制品、锅炉衬里、国防军工材料
		低碳石墨	含碳 50%~75%	锻造、铸造、冶炼涂敷、脱模材料

续表 37.2.48

分 类		产品名称	牌号、规格	主要用途
鳞片石墨	微粉和胶体石墨	彩色显像管石墨乳	G-72B、G-102、G-67B、G-63、G-80，G-103、G-81	彩色显像管黑底，锥体内涂、管颈、销钉外涂石墨涂料
		拉丝石墨乳	S-0、S-1、S-1B	难熔金属（钨、钼、铼、钍及其合金）拉伸加工中作润滑剂
		锻造石墨乳	MD-2 至 MD-12	机械零部件锻造涂料
		油基石墨乳	Y-2	高速运转机械润滑剂，机械加工制造涂膜剂
		硅剂石墨乳		用于示波器
		机油添加剂		机油中加入 5% 可节省能耗 5% ~10%
		微粉石墨	含碳 88% ~ 99.9%，38 微米	催化剂，粉末冶金，润滑剂
	石墨制品	碳素石墨制品	各种形状和规格	导电、导热固体润滑剂
		膨胀石墨密封材料	各种板材和垫圈	机械和仪表的高温密封、自润滑、防腐蚀材料
		石墨坩埚	3 号 ~750 号	熔炼特殊钢、有色金属、贵金属
		镁碳砖		耐火材料
	其他	炼钢保护渣		炼钢、铸造
		铸造用覆盖剂		铸造
无定型(隐晶质)石墨	石墨粉、石墨粒		含碳 70% ~90%	铅笔、碳素制品原料，铸造涂料，炼钢增碳剂，耐火材料

表 37.2.49　世界各国石墨选矿指标情况①

国别	矿山(公司)名称	矿山位置	石墨精矿产量(万 t/年)	选矿方法	选矿指标(%)	备注
中国	南墅石墨矿	山东省莱西县	1.5	浮选法，一粗一扫，精矿四磨五选	$\alpha=4\sim5$ $\beta=89\sim90$ $\varepsilon\cong80$	晶质石墨
	柳毛石墨矿	黑龙江省鸡西市	2.8	浮选法，一粗一扫，精矿四磨六选	$\alpha=17$ $\beta=92$ $\varepsilon=76$	晶质石墨
	兴和石墨矿	内蒙古乌盟兴和县	0.6	一粗一扫精矿四磨七选	$\alpha=4\sim5$ $\beta=85\sim90$ $\varepsilon\cong70$	晶质石墨
	鲁塘石墨矿	湖南省郴县	4.9	无浮选，按品级将矿石磨至用户所需之粒度	$\alpha=70\sim88$ <60 作为尾矿	隐晶质石墨
苏联	查瓦里耶石墨联合企业(Завалье)	沃罗伦茨查瓦里村	4.5	浮选法精矿七磨九选	$\alpha=6\sim7$ $\beta=90\sim91$ $\varepsilon\cong90$	晶质石墨
捷克	克鲁姆夫石墨矿(Cesky Krumloy)	斯特凯弗尔奇山南麓	0.3	浮选法精矿经三磨九选	$\alpha=18$ $\beta=86$ $\varepsilon=80\sim85$	粗晶质石墨
				浮选法精矿经一磨三选	$\alpha=28\sim40$ $\beta=83\sim85$ $\vartheta=5\sim6$	微晶石墨
奥地利	凯塞斯堡-莱姆斯矿(Kaisersbery-Leims)	施蒂里亚洲圣·米切尔附近	0.3~0.5	干法研磨(生产低碳石墨) 湿法(浮选)精矿经二磨三选	$\alpha=30\sim80$ $\vartheta<30$ $\alpha=60\sim70$ $\beta=90\sim92$ 化学处理后 $\beta=99\sim99.75$	隐晶质石墨
西德	克罗普夫米尔石墨公司矿山	巴伐利亚州帕骚地区	1.7	浮选法精矿三磨五选	$\alpha=20\sim25$ $\beta=93$ $\varepsilon=95$	晶质石墨

续表 37.2.49

国别	矿山(公司)名称	矿山位置	石墨精矿产量(万 t/年)	选矿方法	选矿指标(%)	备注
挪威	斯卡兰德石墨矿	塞尼亚岛巴格地区	1.0	浮选法	$\alpha=25\sim35$ $\beta=88\sim90$ $\varepsilon=91$ 电热选矿法后 $\beta\geqslant99$	粗晶质石墨
马达加斯加	伊朱阿尔公司石墨矿	塔马塔夫省木腊芒卡县	0.27	矿石完全风化，无需破碎，浮选法，精矿一磨二选	$\alpha=4\sim5$ $\beta=85\sim90$ $\varepsilon=70$	晶质石墨
朝鲜	东方石墨矿	慈江道	0.9	浮选法一粗选，四次扫选，精矿二磨七选	$\alpha=10$ $\beta=87\sim90$ $\varepsilon=68\sim70$	细晶质石墨
斯里兰卡	波格拉石墨矿(Bogala)	斯里兰卡西南部	0.55	浮选法	$\alpha=75$ $\beta=99$	晶质石墨

①1976 年数据

α—石墨原矿品位（固定碳含量）； β—石墨精矿品位；

ϑ—石墨尾矿品位； ε—回收率。

产品主要用于铸造工业、铅笔工业、涂料工业和机械工业。

37.2.3 国内外石墨选矿技术经济等汇总表

中国各主要石墨矿选矿技术经济指标见表 37.2.47。中国石墨选矿产品牌号、规格汇总见表 37.2.48。世界各国石墨选矿指标见表 37.2.49。

37.3 金刚石选矿

37.3.1 绪论

37.3.1.1 矿物性质和用途

金刚石的化学成分是碳（C），但它并不完全是纯碳的结晶体。已知它还含有56种杂质元素，影响着矿物的性质。其中影响最大的是氮。金刚石以含氮量的不同而分类，见表37.3.1和表37.3.2。值得注意的是Ⅰ型金刚石。其中$Ⅰ_a$具有超导热性和透远红外光性，是极好的散热、透光材料；$Ⅰ_b$具有热稳定性和高击穿强度，是极好的P型半导体材料。

表37.3.1 金刚石分类及其性质、用途

分类		性质	用途
Ⅰ型（普通型）	$Ⅰ_a$型	颜色：无色、浅黄色、褐色等 含N量：达4×10^{20}原子/cm^3 导电性：绝缘体，电阻率10^2～$10^{14}\Omega\cdot m$，即使在高温高压条件下其导电性也很差 导热性：良好，20℃时（典型导热率）3.3W/（m·K），－190℃时，（最大导热率）8.8W/（m·K），在常温常压下比无氧铜高一倍多	（1）装饰用； （2）工业用：拉丝模，刀具，车刀，刻线刀，硬度计压头，砂轮刀，玻璃刀，地质钻头，金刚石笔，磨料
	$Ⅰ_b$型	颜色：金黄-黄色，琥珀黄色 含N量：达1×10^{20}原子/cm^3 磁性：顺磁性 导热性、导电性同$Ⅰ_a$型	

续表 37.3.1

分类		性质	用途
Ⅱ型（特殊型）	$Ⅱ_a$型	颜色：无色、褐色等 含N量：$10^{15}\sim10^{18}$原子/cm^3 透光性：透远红外光 导电性：绝缘体，电阻率$>10^{14}\Omega\cdot m$ 导热性：极好，20℃时（典型导热率）9.5W/(m·K)，−190℃时（最大导热率）44W/(m·K)，常温常压下比Cu、Ag、Au的导热率大5~10倍，在液N温度下的导热率为Cu的25倍，具超导热性	（1）激光窗口散热片； （2）固体微波器件及固体激光器件散热片（可制激光二极管、连续硅雪崩二极管、高功率晶体管、集成电路二极管、调速电机二极管等）； （3）雷达微波通讯、卫星通讯、彩色电视传输、宇航导航和放射性治癌等器械的透远红外光片
	$Ⅱ_b$型	颜色：蓝色、浅蓝色、蓝绿色 含N量：几乎为零 导热性：同$Ⅱ_a$型 导电性：具P型半导体性 击穿电压：1兆eV/cm	（1）整流器； （2）晶体三极管，可在600℃下正常工作； （3）计数器； （4）温度计（测温范围在非氧化气氛中为−198~+650℃）
过渡型		含N量：介乎Ⅰ、Ⅱ型间	

表37.3.2 国内外原生矿中各类金刚石含量

矿体所在地	矿体名称	百分率（%）			
		Ⅰ型	过渡型		Ⅱ型
			偏向Ⅰ型	偏向Ⅱ型	
中国山东蒙阴金刚石矿	胜利1号岩管	78 84	6 84	7 16	9 16
南非（阿扎尼亚）	普雷米尔	13.5		86.5	
	德·毕尔斯	87.6		12.4	
	芬什	94.3		5.7	
—	一般矿体	97~98			2~3

37.3.1.2　资源、生产和消费

中国金刚石开发和利用主要矿区见表37.3.3。世界金刚石储量和产量见表37.3.4，中国金刚石消费见表37.3.5，世界金刚石消费见表37.3.6。

表37.3.3　中国金刚石主要矿区

	蒙阴金刚石矿	常德金刚石矿	郯城金刚石矿
矿区位置	山东省蒙阴县	湖南省常德	山东省郯城
矿床类型	原生矿床，其母岩为金伯利岩，形成岩管状和岩脉状	第四纪河床冲积细谷砂矿床	河成阶地残积砂矿床
矿床地质品位（mg/m^3）	300~680	4.0~5.1	4.5

表37.3.4　世界金刚石储量和产量

国家（地区）	储量（百万克拉/年）	产量（百万克拉/年）			矿床类型
		1981	1982	1983	
澳大利亚	680	—	—	0.96	原生钾镁煌斑岩
扎伊尔	1000	12.5	12.2	13.0	主要为原生金伯利岩管和沉积砂矿床
苏联	250	12.0	12.0	12.0	
阿扎尼亚	210	9.5	8.9	10.0	
博茨瓦纳	120	4.96	7.77	10.7	
纳米比亚	30	1.25	1.0	0.96	
加纳	30	1.0	1.0	0.8	
塞拉利昂	25	0.3	0.25	0.3	
安哥拉	30	1.4	1.3	1.0	
利比里亚	3	0.5	0.5	0.4	
坦桑尼亚	50	0.37	0.38	0.37	
南美洲	28	1.25	1.25	1.0	
中非共和国	5	0.3	0.3	0.3	
其他国家	1280	0.1	0.1	0.2	
合　计	3951	45.53	47.05	57.23	

表 37.3.5 中国金刚石消费

年度	消费量（千克拉/年）
1979 年	413
1980 年	273
1981 年	120

表 37.3.6 世界金刚石消费①

用途		消费量（%）
宝石和装饰品用		20.0
工业用	砂轮	29.6
	锯削	16.0
	工具及模具的磨料	10.4
	钻孔材料	9.6
	细砂及粉末	14.4

①金刚石作散热和半导体器械未统计。

37.3.1.3 产品质量标准和检验方法

中国天然金刚石产品质量标准（1970 年部标准）见表 37.3.7*a* 和表 37.3.7*b*，质量检验方法见表 37.3.8。

表 37.3.7*a* 中国金刚石质量标准（一）

用途	级别	规格（克拉/粒）	晶体特征
工艺品用金刚石	一级品	>6.00 6.00～3.01	晶体形状为十二面体、八面体、过渡型晶体和最小径长与最大径长之比为 1:2 的双晶，颜色为均匀无色、蓝色、浅绿色、红色；透明；无裂纹、气泡、包裹体、色斑等缺陷
	二级品	3.00～1.51 1.50～0.60	晶体形状不限，最小径长与最大径长之比为 1:2 的各种碎块、双晶；颜色为均匀无色、蓝色、浅绿色、红色、浅黄色；透明或半透明；无裂纹；允许有色斑和集中分布于小范围内的小气泡和包裹体（这些缺陷间的最大距离不超过晶体最小径长的 1/5）

续表 37.3.7a

用途	级别	规格 （克拉/粒）	晶体特征
拉丝模用金刚石	一级品	1.00～0.86 0.85～0.71 0.70～0.56	晶体形状为十二面体、八面体、过渡型晶体和外形为圆形、椭圆形的晶体；晶体最小径长不小于1.4毫米；颜色为无色、浅绿色、浅黄色；透明；不允许有裂纹、气泡和包裹体；晶体的异常干涉色不得为红色
	二级品	0.55～0.41 0.40～0.31 0.30～0.21 0.20～0.10	晶体形状为十二面体、八面体、过渡型晶体和外形为圆形、椭圆形及非双晶的扁状体；晶体最小径长不小于1.4毫米；颜色不得为黑色和深棕色；透明或不透明；允许有少量色斑；允许有气泡和包裹体，但其分布必须是在晶体最大径长方向的1/4以外处；允许有裂纹，但沿裂纹延伸方向分隔晶体后所得最大部分不小于原晶体体积的3/4，且此分布不得有气泡和包裹体
车刀用金刚石	一级品	>1.50 1.50～1.01 1.00～0.76 0.75～0.50	晶体外形为长方形、椭圆形和非双晶的扁平体，其最小径长不得小于3mm；颜色为无色、浅绿色、浅黄色；透明或半透明；无裂纹、气泡和包裹体；允许有少量色斑；晶体的异常干涉色不得为红紫色
刻刀用金刚石	一级品	20～5	晶体形状要求为长方形，其长径不小于2mm；颜色不限；透明或半透明；不允许有裂纹；但中心可有少量气泡和包裹体
硬度计压头用金刚石	一级品	0.30～0.20	晶体形状为十二面体、曲面状八面体和过渡型晶体；颜色为无色、浅绿色、浅黄色；透明；允许有少量色斑；无裂纹、气泡和包裹体；晶体的异常干涉色不得为红紫色
	二级品		晶体形状为十二面体、八面体和过渡型晶体；颜色不限；透明或半透明；允许有色斑；允许晶体边缘有气泡和包裹体；允许晶面有不影响使用的裂纹
砂轮刀用金刚石	一级品	>2.00 2.00～1.51 1.50～1.01 1.00～0.76 0.75～0.51 0.50～0.35	晶体形状为十二面体、八面体和有六个顶角的过渡晶体；颜色不限；透明或半透明；不允许有裂纹；允许晶体中心有极微小的气泡和包裹体
	二级品		晶体形状完整，并具有5个有用顶角；颜色不限；透明或半透明，晶体有用顶角处不得有裂纹；允许晶体中心有微小气泡和包裹体

续表 37.3.7*a*

用途	级别	规格（克拉/粒）	晶体特征
砂轮刀用金刚石	三级品	>2.00 2.00~1.51 1.50~1.01	晶体形状较完整，并应有 4 个有用顶角；颜色不限；透明度不限；晶体有用顶角处不得有裂纹、气泡和包裹体
	四级品	1.00~0.76 0.75~0.51 0.50~0.35	晶体形状不限，但应有 2~3 个有用顶角或外形为浑圆状的晶体；颜色不限；透明度不限；允许有裂纹、气泡和包裹体

表 37.3.7*b*　中国金刚石质量标准（二）

用途	级别	规格（克拉/粒）	晶体特征
玻璃刀用金刚石	一级品	7~20 21~40 41~60 61~80	晶体形状为十二面体、八面体和过渡型晶体；颜色不限；透明或半透明
地质钻头用金刚石	一级品	3~5 6~15 16~30 31~40 41~100	晶体完整，形状不限；颜色不限；透明度不限；允许有微小裂纹、气泡和包裹体
磨料用金刚石		不限	凡不能满足前述各种用途的金刚石，均可作为磨料用金刚石

表 37.3.8*a*　金刚石质量检验方法（一）

序号	检验内容	检验方法
1	晶体缺陷观察	采用放大镜进行，放大率不得大于 10 倍
2	晶体裂纹深度和晶体最大或最小径长测量	采用带有目镜微尺的显微镜进行，其放大倍率为 30，读数精度到 1/2 小格 裂纹深度测量：将具有裂纹的金刚石以任意方向置于显微镜下，将裂纹一端点与目镜微尺“0”点吻合，另一端所到达的目镜微尺刻度即得

续表 37. 3. 8a

序号	检验内容	检　验　方　法
2	晶体裂纹深度和晶体最大或最小径长测量	最大或最小径长测量：允许将金刚石任意放置在显微镜下，微尺与金刚石的交线至金刚石二端点距离相等，此时所观察到金刚石遮没的微尺刻度读数换算为毫米数即得，见图 37. 3. 1
3	对具有裂纹晶体，确定沿裂纹方向分裂后最大块体积是否为整个晶体的 3/4	采用放大倍率为 30 的带有目镜微尺显微镜进行。 测定方法：将晶体置于镜下，调整目镜微尺与裂纹面（裂纹延伸面）基本正交，并将其置于等分位置，测量裂纹二侧晶体长度，若其比大于 2 时，则该晶体在沿裂纹分裂后可得到占整个晶体体积 3/4 以上的部分，见图 37. 3. 2
4	晶体异常干涉色测量	采用偏光显微镜或金刚石内应力检验仪进行。 测量方法：在偏光镜与分析镜正交时，将金刚石任意方向置于镜下准焦观察
5	晶体称重	采用万分之一天平进行，按 200mg = 1 克拉换算，取小数点后二位数，第三位四舍五入

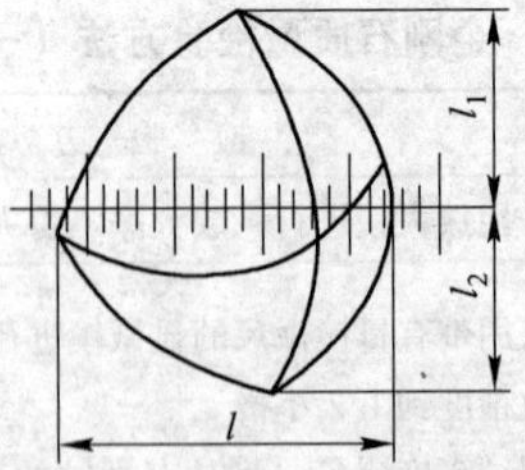

图 37. 3. 1　金刚石最大或最小径长的测量

l—最大径长

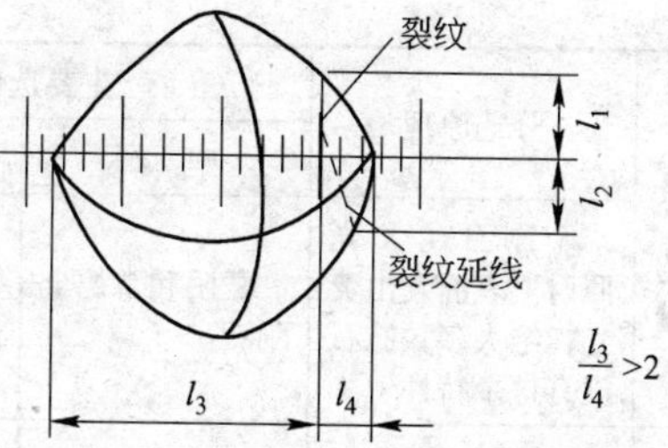

图 37.3.2 金刚石晶体裂纹延伸的测量

表 37.3.8b 金刚石质量检验方法（二）

性质	Ⅱ型	Ⅰ型
在红外线区域的吸收	在 3~6μm 范围内吸收 在 6~13μm 范围内不吸收	在 3~13 微米范围内吸收
在紫外线区域的吸收	在小于 2250Å 时吸收	在小于 3000Å 时全吸收
伦琴射线衍射	正常	显示附加的斑点和条纹
光导性	好	差
双折射	观察不到	能观察到

37.3.1.4 主要选矿方法和副产品回收

金刚石主要选矿方法见表 37.3.9，副产品回收见表 37.3.10。

表 37.3.9 金刚石主要选矿方法

序号	选矿方法	分选原理	主要选矿厂举例	
			中国	国外
1	油膏选矿	金刚石表面亲油疏水，脉石矿物表面一般疏油亲水	蒙阴、常德和郯城金刚石矿	坦桑尼亚威廉姆逊金刚石公司
2	表层浮选	同上	蒙阴金刚石矿	加纳联合金刚石公司
3	泡沫浮选	同上	蒙阴金刚石矿	

续表 37.3.9

序号	选矿方法	分选原理	主要选矿厂举例	
			中　国	国　外
4	X 光电选（手选或机械拣选）	金刚石在 X 光照射下表面发出荧光，绝大多数脉石没有这个特性	蒙阴和常德金刚石矿	南非（阿扎尼亚）芬什金刚石矿
5	重选（重介质、跳汰、淘洗盘、螺旋选矿、旋流器、溜槽等）	金刚石密度 $3.52g/cm^3$，脉石密度一般 $<3.0g/cm^3$	蒙阴、常德和郯城金刚石矿	坦桑尼亚威廉姆逊金刚石公司，阿扎尼亚芬什金刚石矿，苏联《和平》岩管
6	磁选	金刚石一般无磁性，脉石中的含铁、钛矿物有磁性	蒙阴金刚石矿	加纳联合金刚石公司
7	电选	金刚石导电性差，部分脉石矿物导电性好	—	坦桑尼亚威廉姆逊金刚石公司
8	化学选	金刚石化学稳定性好，而硅酸盐等脉石矿物能被苛性钠融化	蒙阴金刚石矿	加纳联合金刚石公司
9	磁流体选	利用磁流体加重介质密度以分离金刚石和脉石	蒙阴金刚石矿	
10	洗矿	除去细泥和净化金刚石矿物表面	常德和郯城金刚石矿	一切砂矿
11	选择性磨矿-筛分	金刚石耐磨，杂质不耐磨		加纳联合金刚石公司

表 37.3.10　金刚石选矿副产品回收

序　号	副产品名称	回收方法	选矿厂举例
1	黄　金	重选和混汞	常德金刚石矿
2	钙钛矿	浮选	蒙阴金刚石矿

37.3.2 选矿厂实例

37.3.2.1 金刚石原生矿选矿厂

A 蒙阴金刚石矿

中国蒙阴金刚石矿位于山东省蒙阴，共建有三座选矿厂：一选厂、二选厂和自磨试验厂。

(1) 一选厂

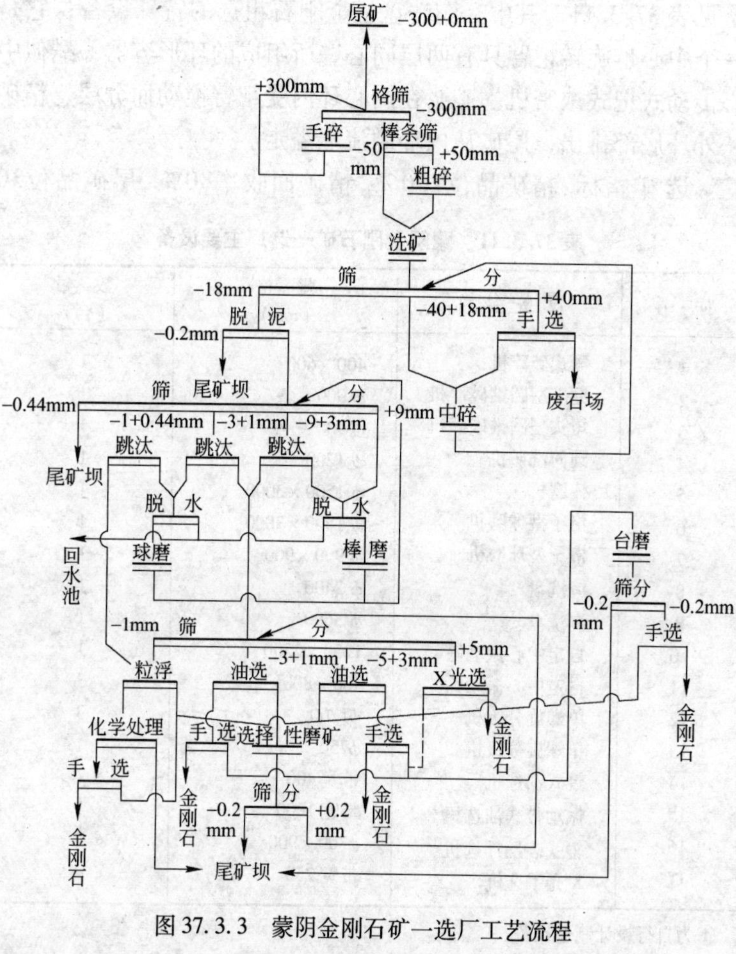

图 37.3.3 蒙阴金刚石矿一选厂工艺流程

该厂所处理矿石为斑状，镁铝榴石金云母金伯利岩和细粒金云母金伯利岩。矿石中主要矿物有：金刚石、橄榄石（已蚀变为蛇纹石）、金云母、镁铝榴石、铬镁铝榴石、铬尖晶石、钙钛矿、磷灰石等。矿物经后期热液蚀变呈蛇纹石化、碳酸盐化、滑石化、绿泥石化等。金刚石结晶粒度较小，小于2毫米的细粒级占57%。

原矿品位139毫克/米^3，选矿流程见图37.3.3，主要选矿设备见表37.3.11。其中、淘洗盘是金刚石粗选的特殊设备，它是一个中心带旋转耙臂具有两层同心壁所组成的环形容器，酷似中心传动式耙式浓密机。矿浆在同心环内受耙臂搅动而分层，精矿从外环底部排出，尾矿从内环溢流堰溢走。

选矿指标：精矿品位100%，精矿回收率80%，尾矿品位30

表37.3.11　蒙阴金刚石矿一选厂主要设备

序　号	设备名称	规　格 (mm)	数　量 (台)
1	颚式破碎机	400×600	1
2	标准型圆锥破碎机	ϕ900	1
3	短头型圆锥破碎机	ϕ900	1
4	圆筒洗矿机	ϕ1200	1
5	棒磨机	ϕ1500×3000	1
6	格子型球磨机	ϕ1500×3000	1
7	格子型球磨机	ϕ900×900	1
8	淘洗盘①	ϕ2400	1
9	淘洗盘①	ϕ3600	1
10	自定中心振动筛	1250×2500	1
11	自定中心振动筛	400×800	3
12	单螺旋分级机	ϕ1200	3
13	单螺旋分级机	ϕ750	1
14	带式油选机	带宽400	1
15	振动带式油选机①	带宽1000	1
16	辊式表层浮选机①	ϕ300×900	2
17	X光手选机	带宽250	2

①为自行设计制造设备。

毫克/吨。

(2) 二选厂

二选厂所处理矿石基本与一选厂相同。选矿工艺流程见图37.3.4，泡沫浮选药剂制度见表37.3.12，主要选矿设备见表37.3.13。

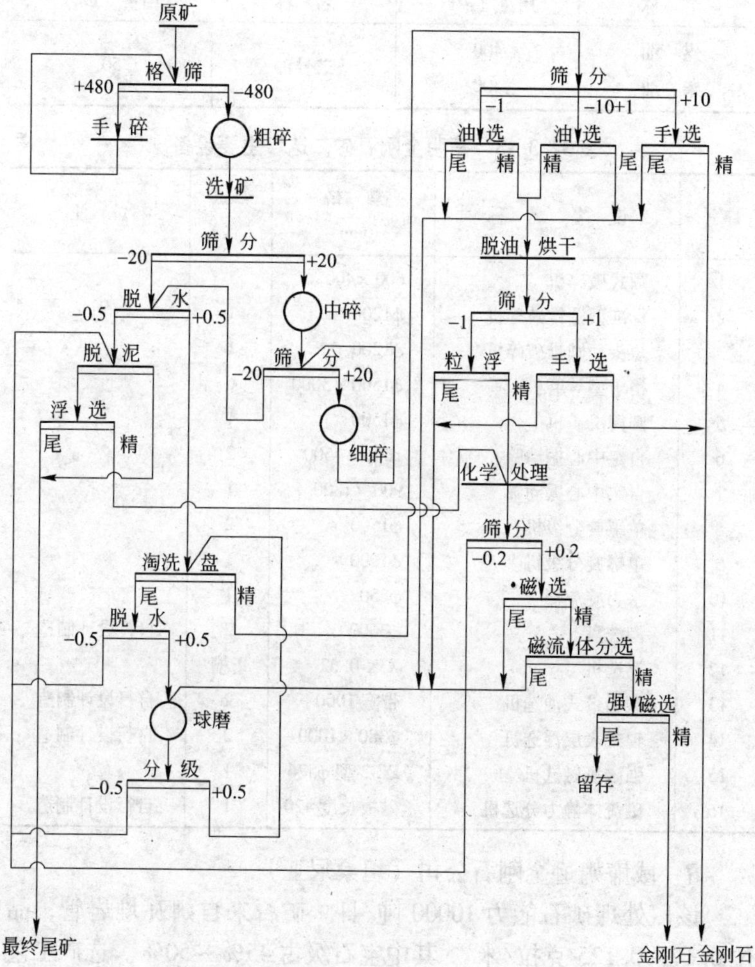

图37.3.4 蒙阴金刚石矿二选厂工艺流程

（3）自磨试验厂

该厂所处理矿石基本与一选厂相同。选矿工艺流程见图37.3.5，主要选矿设备见表37.3.14。

表37.3.12　蒙阴金刚石矿二选厂泡沫浮选药剂制度

捕收剂		起泡剂	
名　称	用量（g/t）	名　称	用量（g/t）
煤　油	400	二号油	50
柴　油	400		

表37.3.13　蒙阴金刚石矿二选厂主要设备

序号	设备名称	规格（mm）	数量（台）	备注
1	颚式破碎机	600×400	1	
2	标准型圆锥破碎机	ϕ1200	1	
3	短头型圆锥破碎机	ϕ1200	1	
4	格子型球磨机	ϕ1500×3000	6	
5	圆筒洗矿机	ϕ1500	1	
6	自定中心振动筛	1600×4500	2	
7	自定中心振动筛	900×1800	1	
8	单螺旋分级机	ϕ1500	2	
9	单螺旋分级机	ϕ1000	1	
10	水力旋流器	ϕ250	1	
11	淘洗盘	ϕ3600	2	自行设计制造
12	浮选机	XJK-0.62	2槽	
13	振动带式油选机	带宽1000	2	自行设计制造
14	辊式表层浮选机	ϕ380×1000	2	自行设计制造
15	强磁场磁选机	PC-2型ϕ576	1	
16	磁流体静力分选机	磁极长度420	1	自行设计制造

B　威廉姆逊金刚石公司（坦桑尼亚）

该厂处理矿石能力10000吨/日。矿石来自姆瓦堆岩管，品位0.67～0.125克拉/米^3。其中宝石级占45%～50%。选矿工艺流程见图37.3.6，主要选矿设备规格、操作条件和选别指标见

表 37.3.15。选矿总回收率 99%，总耗水量 1.82 米³/吨原矿石，总耗电量 6.5 千瓦/吨原矿石。

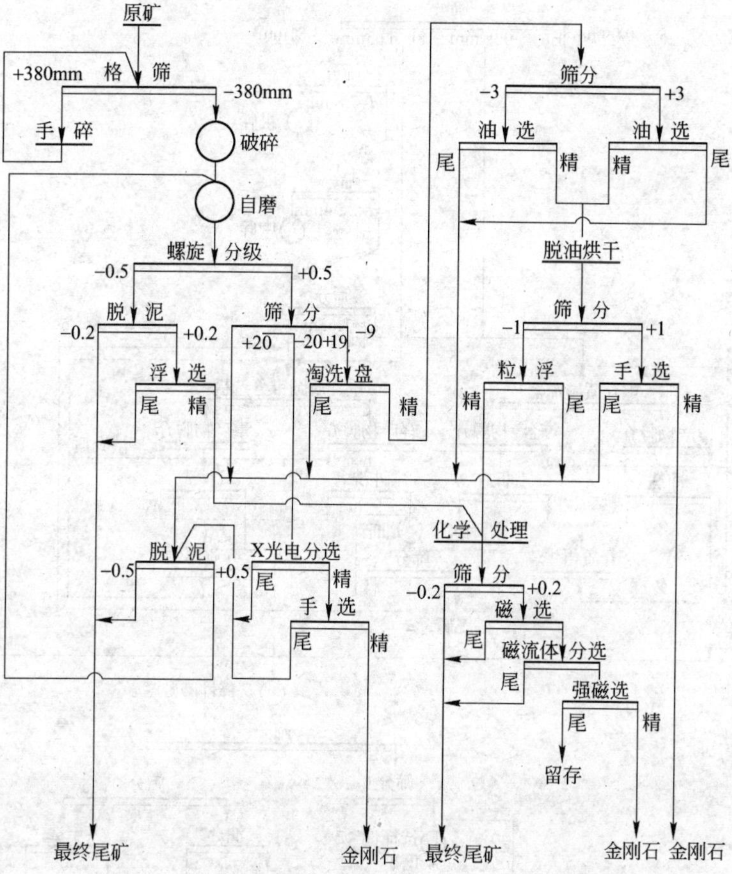

图 37.3.5 蒙阴金刚石矿自磨试验厂工艺流程

C 芬什选矿厂（阿扎尼亚）

芬什选矿厂位于阿扎尼亚，属德·毕尔斯矿业股份有限公司。该厂处理原矿石能力 11000 吨/日。原矿品位 1.28 克拉/米³。金刚石晶粒较小，－2.8 毫米占 2/3。选矿设备联系见图 37.3.7 和图 37.3.8，图中所标选矿设备见表 37.3.16 和表 37.3.17。

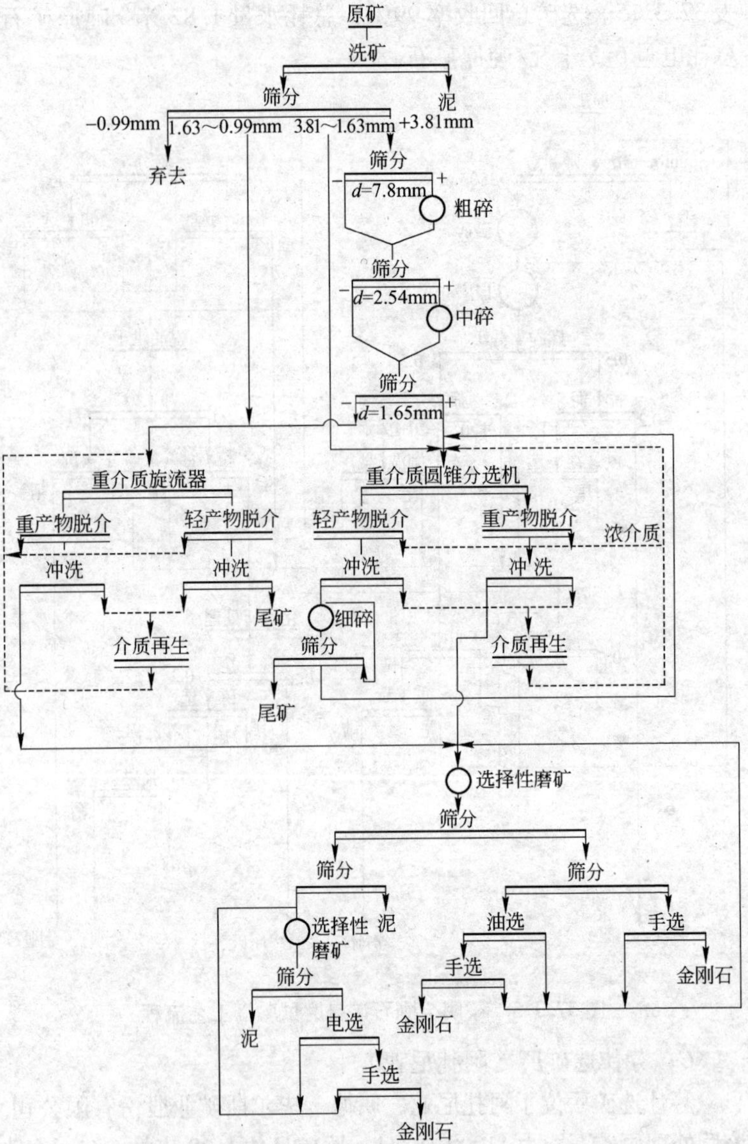

图 37.3.6　威廉姆逊金刚石公司选矿厂工艺流程

表 37.3.14　蒙阴金刚石矿自磨试验厂主要设备

序号	设备名称	规格 (mm)	数量 (台)	备注
1	颚式破碎机	600×900	1	
2	湿式自磨机	ϕ1400×4000	1	
3	单螺旋分级机	ϕ1200	2	
4	水力旋流器	ϕ250	1	
5	自定中心振动筛	900×1800	2	
6	淘洗盘	ϕ3600	1	自行设计制造
7	浮选机	XJK-0.35	2 槽	
8	X 光电选矿机	GXJ-Ⅱ型	1	自行设计制造
9	振动带式油选机	带宽 1000	2	自行设计制造
10	辊式表层浮选机	ϕ380×1000	2	自行设计制造
11	强磁场磁选机	PC-2 型 ϕ576	1	
12	磁流体静力分选机	磁极长度 420	1	自行设计制造

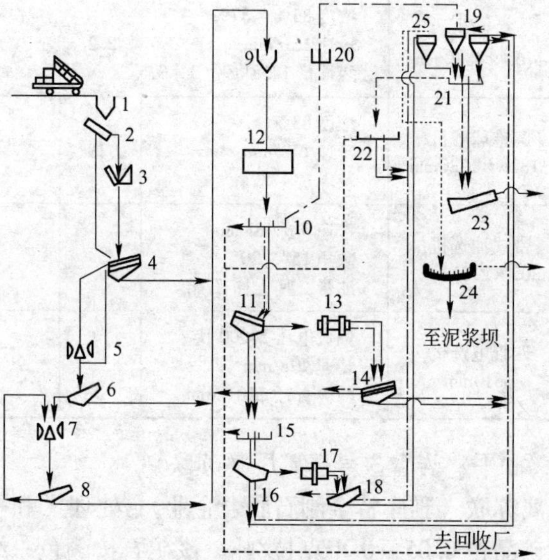

图 37.3.7　芬什选矿厂破碎洗矿车间设备联系图

表 37.3.15 威廉姆逊金刚石公司选矿厂主要设备

序号	设备名称及规格	操作条件	分选指标		
			生产率(t/h)	产率(‰)	回收率(%)
1	圆筒洗矿机 2135×4880mm	转数 20.5r/min 耗水量 $1m^3$/t 原矿			
2	旋回破碎机	排矿口 76mm			
3	标准型圆锥破碎机 ϕ915mm	排矿口 38.1mm			
4	重介质圆锥选矿机 ϕ3.6m	介质密度 $2.85g/cm^3$ 65D 硅铁 介质消耗量 0.75 ~ 0.85kg/t	81.6	4	96.6
5	重介质旋流器 ϕ300mm	介质密度 $2.2g/cm^3$ 压力 2.7Pa 磁铁矿介质 -0.045mm 占 45.4%	31	5	99.6
6	管磨机 ϕ762×4880mm	浓度 85% ~87% 转速 16r/min 装球量 1453kg	2.2		
7	圆锥球磨机 ϕ1829×1220mm	浓度 83% 转速 17r/min 装球量 4722kg	0.191		
8	带式油选机 305×2135mm	带速 3.12m/min 倾角 15°~20° 油膏：凡士林-石蜡			99
9	四辊电选机 ϕ610mm	偏极电压 24000 伏 转速 40r/min 两极直径 ϕ101.6mm			99

D 《和平》岩管 3 号选矿厂（苏联）

该厂属苏联《雅库特金刚石联合企业》，处理《和平》岩管矿石。原矿品位 0.05 ~ 0.4 克拉/吨。该矿石按颜色、结构和物理性质，分为 6 种类型见表 37.3.18。选矿工艺流程见图 37.3.9，主

表 37.3.16 芬什选矿厂破碎洗矿车间选矿设备

图中标号	设备名称	设备规格（mm）	图中标号	设备名称	设备规格（mm）
1	贮矿仓	350t	14	振动筛	1524×4290
2	给矿机	1520×4270	15	二段淘洗盘	ϕ4270
3	颚式破碎机	1067×1219	16	振动筛	1829×3660
4	振动筛	1524×4270	17	棒磨机	ϕ1981×3660
5	旋回破碎机		18	振动筛	1524×4270
6	振动筛	1524×3658	19	水力旋流器	ϕ1067
7	圆锥破碎机		20	泥浆桶	
8	振动筛	1524×3660	21	三段淘洗盘	ϕ4270
9	圆筒形矿仓	3000t	22	四段淘洗盘	ϕ4270
10	一段淘洗盘	ϕ4270	23	螺旋分级机	ϕ1372
11	振动筛	1524×3400	24	耙式浓密机	ϕ30500
12	给料分配矿仓		25	水力旋流器	ϕ610
13	圆筒擦洗机				

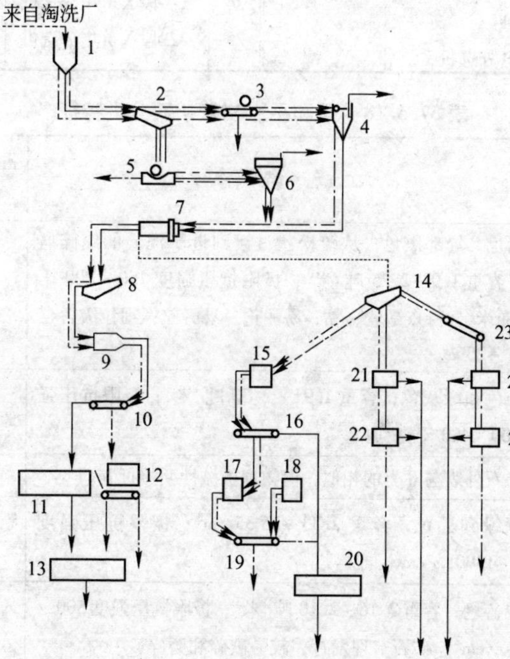

图 37.3.8 芬什选矿厂精选回收车间设备联系图

表 37.3.17　芬什选矿厂精选回收车间选矿设备

图中标号	设备名称	设备规格(mm)	图中标号	设备名称	设备规格(mm)
1	贮矿仓	300t	13	最终精矿处理	
2	振动筛	筛孔 4.8	14	分级筛	
3	干式带式磁选机		15	一段磨矿机	ϕ1830×1220
4	重介质圆锥选矿机	ϕ1800	16	振动带式油选机	
5	湿式鼓式磁选机		17	二段磨矿机	ϕ1830×1220
6	重介质旋流器	ϕ450	18	再磨机	ϕ1830×1220
7	研磨机	ϕ76×203	19	振动带式油选机	
8	分级筛	筛孔 12.7、6.35、2.8、0.59	20	脱油池	
9	调节器		21	X 光电分选机	
10	带式油选机		22	X 光电分选机	
11	脱油池		23	电气干燥箱	
12	X 光电分选机		24	一段 X 光电分选机	
			25	二段 X 光电分选机	

表 37.3.18　《和平》岩管矿石分类特征

分　类	矿　石　特　征	占岩管总面积(%)
Ⅰ	白色，局部黑色；从疏松状过渡到近于泥质的细碎屑状；容重 1.9～2.25 吨/米^3；极限抗压强度 150～200 千克/厘米^2，特点是软、黏、易泥化、易磨碎；细粒级含量 20%～25%	23
Ⅱ	灰色和绿灰色；容重 1.91～2.30 吨/米^3；极限抗压强度 300～480 千克/厘米^2	32
Ⅲ	矿石外表与Ⅱ类的相似，但物理机械性质接近Ⅴ类	5
Ⅳ	深绿到黑色，容重 2.33～2.35t/m^3；极限抗压强度 750～1300kg/cm^2，难磨	13
Ⅴ	浅蓝色，容重 2.16～2.18 吨/米^3；极限抗压强度 500～680kg/cm^2；矿石节理发育，较易破碎和磨碎	4
Ⅵ	矿石机械性质接近于Ⅴ类	23

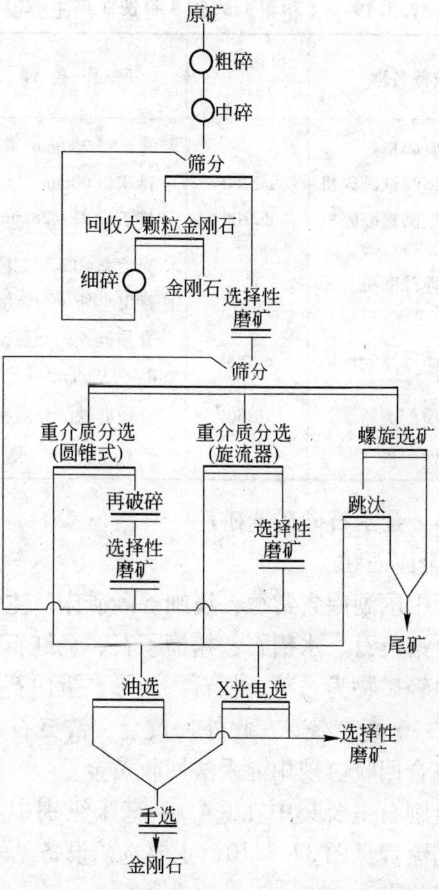

图 37.3.9 《和平》岩管 3 号选矿厂工艺流程

要设备见表 37.3.19。

该厂流程的特点，是在准备作业（包括粗选尾矿再破碎作业）中引入选择性磨矿。生产表明：它能将 40% ~70% 数量的矿石变成细泥（-0.5 毫米）排出，这对于充分解离细粒级金刚石、压缩给入选别作业矿石量，以及改善重介质选矿分选条件等都是有利的。

选矿产品回收率 88% ~94%。

表 37.3.19　《和平》岩管 3 号选矿厂主要设备

序号	设备名称	设备规格（mm）	操作条件	作业回收率（%）
1	颚式破碎机		排矿口 250mm	
2	标准型圆锥破碎机	ϕ2200	排矿口 60mm	
3	短头型圆锥破碎机	ϕ2200	排矿口 21～28mm	
4	选择性球磨机		充填率 40%，二段磨矿排出 40%～70% 细泥	
5	重介质圆锥分选机	ϕ3600	介质硅铁，介质密度 2.8～2.9g/cm^3	
6	重介质旋流器	ϕ350	介质硅铁，介质密度	95
7	螺旋选矿机		2.4g/cm^3	84～86

37.3.2.2　金刚石砂矿选矿厂

A　常德金刚石矿

该矿位于中国湖南省常德，属细谷砂矿床。主要重矿物为金刚石、黄金、锆英石、水铝石，柘榴子石、金红石、钛铁矿、赤铁矿等；主要轻矿物为石英、长石、云母、蛋白石等。原砂中金刚石品位为 1～6 毫克/米^3。此外，黄金、锆英石、钛铁矿含量较高，可以综合回收。现用混汞法回收黄金。

矿床中金刚石主要集中在 −4 +1 毫米级别中。晶体质量较好。选矿工艺流程见图 37.3.10，主要选矿设备见表 37.3.20。

金刚石回收率为 98%。

该厂生产初期，粗选曾采用分级跳汰。入选原料最大粒度为 16 毫米，按筛分比 2 分为 −16 +8、−8 +4、−4 +2、−2 +1、−1 +0.5 毫米五个级别分别进行跳汰选别。这种分级入选制度需要采用多层平面摇动筛，选成设备配置困难，并且在操作上耗水量很大。针对这些缺点，该厂进行了技术改革，将初期的分级跳汰改为不分级跳汰。

根据该厂试验：

（1）普遍的偏心连杆传动机构跳汰机，用于不分级跳汰效

表 37.3.20 常德金刚石矿选矿厂主要设备

序号	设备名称	规格(mm)	数量(台)	备注
1	圆筒洗矿机	$\phi1300\times5200$	2	筛孔 $\phi18$mm
2	单螺旋分级机	$\phi1200$	2	
3	下动锥底隔膜跳汰机	1000×1000	6	双室，用于粗选
4	侧动隔膜跳汰机	1000×1000	6	单室，用于扫选
5	旁动隔膜跳汰机	300×450	4	双室，用于精选
6	筛分机	900×1800	1	
7	振动台式油选机	600×1200	2	
8	双辊式表层浮选机	300×900	2	
9	X 光电选矿机		2	自行设计制造
10	X 光手选机	带宽 250	2	
11	混汞机	350×1000	2	

果不佳：金刚石回收率不稳定；精矿中粗级别过少。精矿粒度组成与原矿很不相称，说明粗粒金刚石有较多损失；

（2）采用不对称往复运动摇床头倒装于跳汰机上作为传动机构，进行不分级跳汰，能得到满意的效果：金刚石回收率高而稳定；精矿的粒度组成与原矿粒度组成相近，且细级别含量较高，说明细级别回收较多。但摇床头构造复杂，同时其运动特性不能调节，只能调节冲程冲次，因此不宜采用在跳汰机上；

（3）采用凸轮弹簧传动机构进行不分级跳汰，效果良好：金刚石回收率高且稳定；精矿粒度组成中粗级别较多，细级别较少。由于凸轮弹簧传动机构较简单，并且凸轮形状可以根据跳汰曲线的需要进行设计，故该厂不分级跳汰最终采用了凸轮弹簧传动。

该厂自行设计制造的不分级跳汰机，系利用原有 940×940 毫米和 1000×1000 毫米可动底锥隔膜跳汰机改造而成，见图 37.3.11。

这种跳汰机的跳汰曲线，为上升水流速度大而作用时间短，下降水流速度小而作用时间长的不对称曲线（类似选煤跳汰机）。曲线的形状决定于凸轮的外形。

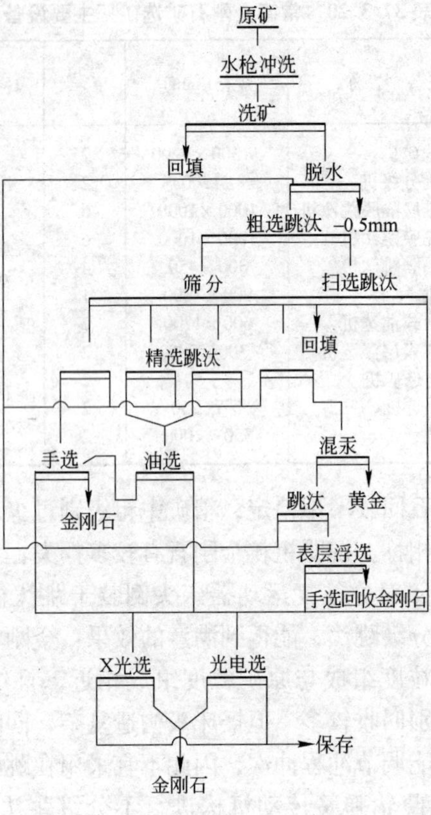

图 37.3.10 常德金刚石矿选矿厂工艺流程

这种跳汰机构造上的另一改进，是在一、二室的给料处，设置有预先富集筛板。它是一小块尼龙筛网，长度 200 毫米，宽度与跳汰室宽度相同，筛网孔径为 0.32 毫米，下面用孔径为 4 毫米的不锈筛板支托，木质框架。它倾斜放置于人工床石层上面。筛板首端与床石层距离 30 ~ 40 毫米，坡度 0° ~ 3°。

实践表明，采用预先富集筛板后，对提高不分级跳汰的选别指标，起了很好的作用。在保证回收率的前提下，在相同用水量时，精矿产率只为原来的 1/3；在得到同样精矿产率时，用水量可减少一半。此外，它还可以改善精矿的粒度组成，使之与原矿粒度组成相近。因此，预先富集筛板的使用，是金刚石跳汰选矿中，在保证回收率前提下，减少精矿产率，减少用水量的一个既简单又有效的好办法。其原因，是在跳汰机给料处，由于矿粒刚进入跳汰机，来不及分层，因此大量轻砂粒会漏入人工床层内，并排入筛下混入精矿。这种现象以细级别物料尤为明显。这样就使得精矿产率大增，给随后的精选阶段带来困难。加设了预先富集筛板后，原矿砂在此筛板上预先得到初步分层，然后进入分选层进一步完善分选。这样就保证了大量轻砂粒不会进入人工床层，混入精矿，从而大大降低了精矿产率。由于精矿产率大为减少，不仅随后的精选阶段容易进行，用水量也随之大量减少。但是，预先富集筛板不能过长，否则会延长重矿物进入人工床层的时间，影响金刚石的回收。一般，预先富集筛板的长度，大约为各该跳汰室长度的1/6～1/3。

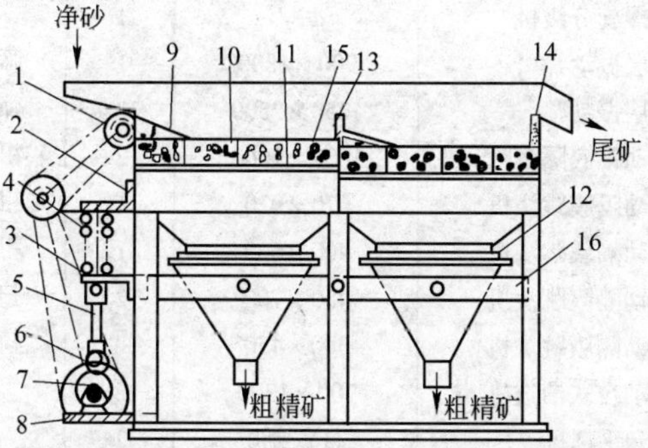

图 37.3.11 常德金刚石矿选矿厂不分级跳汰机

1—电动机；2—弹簧上支座；3—弹簧下支座；4—弹簧；5—滚轮臂；6—滚轮；7—凸轮；8—凸轮支座；9—预先富集筛板；10—跳汰室筛板；11—人工床石格框；12—隔膜；13—中堰板；14—尾堰板；15—人工床石；16—摆动框架

B 郯城金刚石矿

该矿位于中国山东省郯城县境内，属阶地矿床。主要矿物为金刚石、柘榴石、绿帘石、角闪石、水铝石、榍石、磁铁矿、锆英石、金红石等。

矿床中金刚石品位变化剧烈。最高品位为128.16毫克/米^3，平均品位为4.917毫克/米^3。金刚石平均重量69.4毫克/粒。金刚石晶体破碎较严重：完整晶体44.4%，较完整的20.4%，破碎的35.2%。含包裹体的金刚石占80.71%。

选矿工艺流程见图37.3.12，主要设备见表37.3.21。金刚石回收率为92%。

表37.3.21　郯城金刚石矿选矿厂主要设备

序号	设备名称	规格(mm)	数量(台)	备　注
1	圆筒洗矿机	ϕ1300×5200	1	筛孔 ϕ25mm
2	双螺旋槽式洗矿机	1070×4600	2	
3	单螺旋分级机	ϕ900	1	
4	单层振动筛	900×1800	1	筛孔 ϕ8mm
5	双层振动筛	1250×2500	2	筛孔 ϕ3、1mm
6	下动锥底隔膜跳汰机	1000×1000	2	粗选用
7	侧动隔膜跳汰机	670×920	1	粗选用
8	侧动隔膜跳汰机	400×600	1	粗选用
9	旁动隔膜跳汰机	450×700	2	扫选用
10	旁动隔膜跳汰机	300×450	2	精选用
11	振动台式油选机	700×1300	2	
12	X光手选机	带宽250	2	

C　加纳联合金刚石公司（加纳）

加纳联合金刚石公司设有粗选厂和精选厂。粗选厂靠近矿山，分散设置，现有8、9、10、11、12号等5座。精选厂则集中设置一个。下面重点介绍12号粗选厂和精选厂。

a　12号粗选厂

该厂处理河谷砂矿床矿砂，处理能力725030米^3/年。该矿床含矿层厚约0.2~2米，由石英碎片和砂质黏土形成，主要矿物有：金刚石、十字石、钛铁矿、褐铁矿、金红石、电气石、锆英石等。其中金刚石含量 1.8 克拉/米^3，平均重量 0.05 克拉，最大颗粒 4.5 克拉。

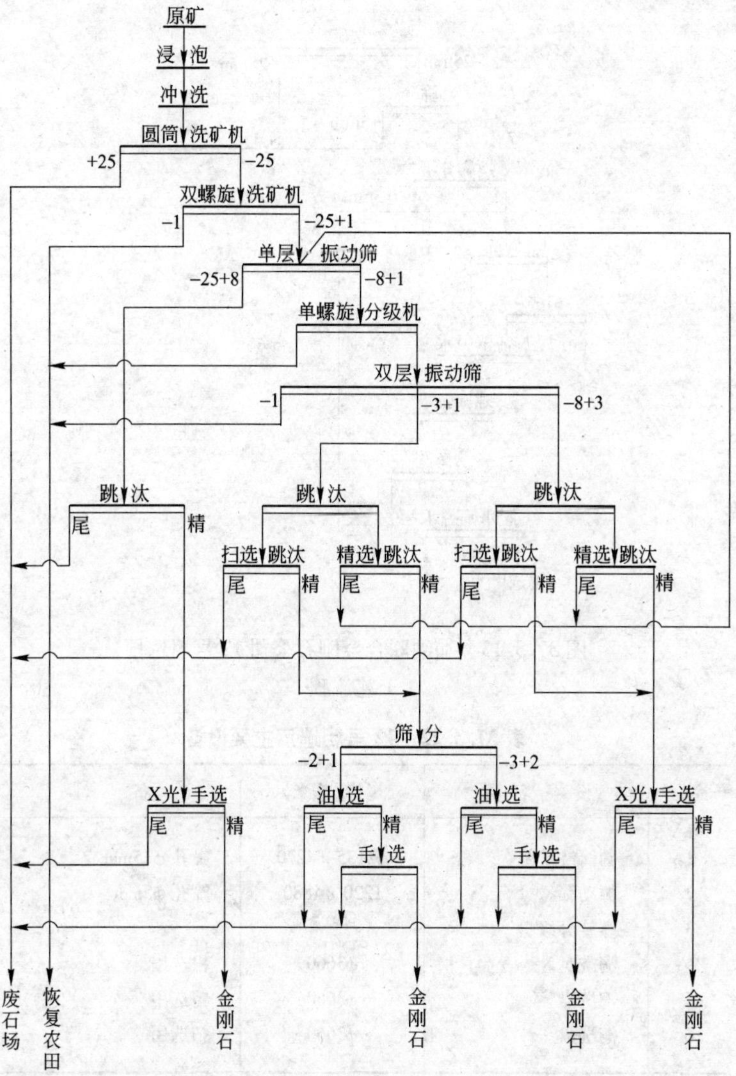

图 37.3.12 郯城金刚石矿选矿厂工艺流程

该厂选矿工艺流程见图 37.3.13，主要设备见表 37.3.22。选矿回收率不低于99%。

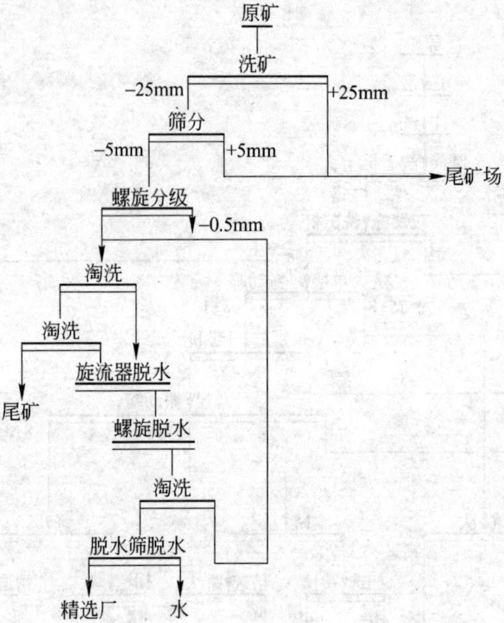

图 37.3.13 加纳联合金刚石公司 12 号粗选厂工艺流程

表 37.3.22 12 号粗选厂主要设备

序号	设备名称	规格(毫米)	备注
1	圆筒洗矿机	ϕ2135×4270	筛孔 ϕ25mm
2	振动筛	1220×4880	筛孔 ϕ5mm
3	螺旋分级机		
4	淘洗盘	ϕ3660	粗选用
5	淘洗盘	ϕ3660	精选用
6	淘洗盘	ϕ3660	扫选用

b 精选厂

精选厂处理由各粗选厂运来的粗选精矿。该厂工艺流程见图37.3.14，主要设备见表37.3.23。

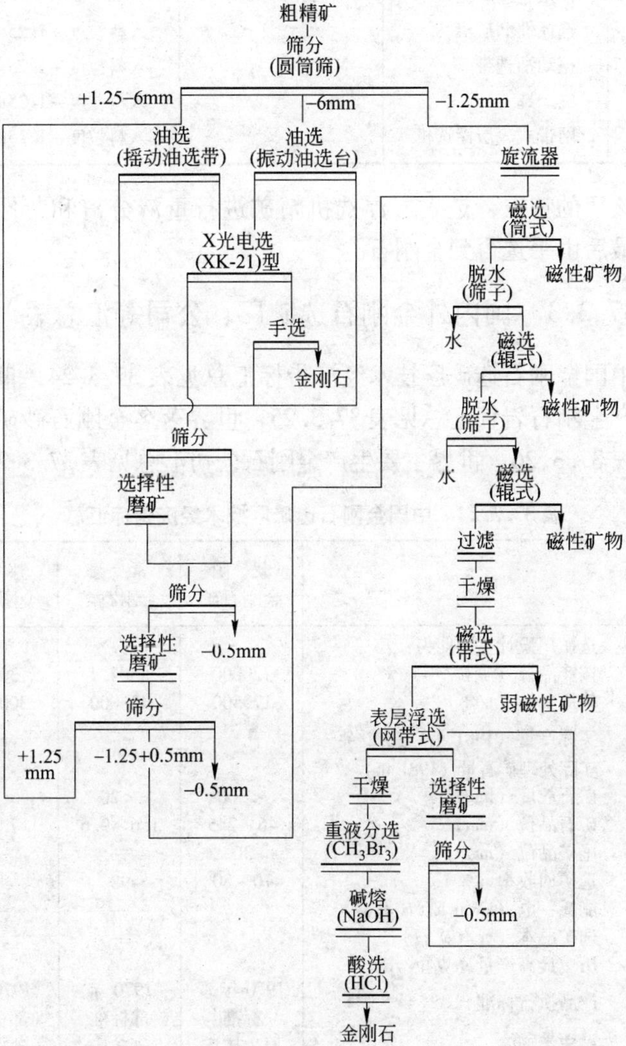

图 37.3.14 加纳联合金刚石公司精选厂工艺流程

表 37.3.23　精选厂主要设备

序号	设备名称	型号	备注
1	振动筛		筛孔 ϕ6、1.25mm
2	X 光电选矿机	XR-21 型	
3	选择性磨矿机		入料粒度 +1.25mm
4	振动油选带		入料粒度 +1.25mm
5	磁　选		入料粒度 -1.25mm
6	网带式表层浮选机		入料粒度 -1.25mm

该厂的特点，是表层浮选机精矿进行重液分离和苛性钠熔融，最后由手选得到金刚石。

37.3.3　国内外金刚石选矿厂、公司等汇总表

中国金刚石选矿厂技术经济指标汇总见表 37.3.24，世界著名生产金刚石岩管汇总见表 37.3.25，世界著名金刚石砂矿床汇总见表 37.3.26，世界主要生产金刚石公司汇总见表 37.3.27。

表 37.3.24　中国金刚石选矿厂技术经济指标汇总

序号	项目	蒙阴金刚石矿	常德金刚石矿	郯城金刚石矿
1	选矿厂设计生产能力：			
	按产品计（克拉/年）	120000	5504.4	3000
	按原矿计（t/年）	179500	428000	300000
2	实际产量（1981 年）克拉/年			
3	实际处理矿石量（1981 年）t/年			
4	矿石粒度（mm）	<500	<20	<30
5	矿石品位（mm）	46~245	1.6~9.6	7.84
6	尾矿品位（mg/t）	30	—	—
7	选矿回收率（%）	70~80	98	92
8	能耗：电（kW·h/t 矿石）		—	—
9	选矿成本（元/t 矿石）		—	
10	历史最高产量（克拉/年）			
11	产品执行标准	1970 年部标准	1970 年部标准	1970 年部标准
12	矿床类型	原生矿床	砂矿床	砂矿床
13	矿物类型	见表 37.3.2	—	—

表 37.3.25 世界著名生产金刚石岩管汇总

序号	岩管名称	所在国	尺寸(m)	面积(m^2)	目前开采品位(克拉/m^3)
1	姆瓦堆 Wuwa dwi	坦桑尼亚	1524×1067	1460000	0.40
2	欧拉帕 Orapa	博茨瓦纳	1500×950	1125000	1179
3	阿盖 AK-1	澳大利亚		450000	7.50
4	杰旺年 Jwaneng	博茨瓦纳		444000	
5	普雷米尔 Premier	阿扎尼亚	853×427	320000	0.725
6	闪光 Зарница	苏联西伯利亚	573×532	215000	
7	芬什 Finsch	阿扎尼亚	533×487	179000	1.66
8	列特森·拉·提腊依 Letseng-la-Terai	莱索托	600×400	169000	
9	莱特哈卡内 Letlhakane	博茨瓦纳		112000	0.40
10	成功 Удачная	苏联西伯利亚	750×300		
11	科菲丰坦 Koffiefontein	阿扎尼亚	ϕ365	111000	0.25
12	亚赫斯丰坦 Jagersfontein	阿扎尼亚		100000	0.159
13	卡木图艾 Camutue	安哥拉		93000	
14	列宁格勒 Ленинград	苏联西伯利亚	520×350	90000	
15	杜托伊斯潘 Dutoitspan	阿扎尼亚	670×260	88000	0.374
16	和平 Мир	苏联西伯利亚	490×320	69000	估计>1.00
17	韦塞尔敦 Wesselton	阿扎尼亚	420×450	65000	0.746
18	布尔特丰坦 Bultfontein	阿扎尼亚	ϕ340~350	64000	0.78

续表 37.3.25

序号	岩管名称	所在国	尺寸(m)	面积(m^2)	目前开采品位(克拉/m^3)
19	马治加旺 Majhgawan	印度	500×300	85000	0.272
20	远方 Дальная	苏联西伯利亚	300×340	54000	
21	德·毕尔斯 De Beers	阿扎尼亚	350×210	48000	0.395
22	金伯利 Kimberley	阿扎尼亚	300×150	36000	0.92
23	隐藏 Невидимк	苏联西伯利亚	250×150	25000	
24	盼望 Долгожданная	苏联西伯利亚	220×220	25000	
25	秋季 Осенная	苏联西伯利亚	180×180	16000	
26	青年 Молодость	苏联西伯利亚	160×180	15000	
27	布拉奥伯施 Blaauwbosch	阿扎尼亚		15000	
28	西端 West End	阿扎尼亚		14000	
29	地球物理 Геофизика	苏联西伯利亚		12000	
30	极地 Полярная	苏联西伯利亚	100×100	10000	
31	芳邻 Соседская	苏联西伯利亚	120×80	5000	
32	婴儿 Ребенок	苏联西伯利亚		4000	
33	罗伯特·维克多 Robert Victor	阿扎尼亚		4000	
34	光荣 Айхал	苏联西伯利亚			

表 37.3.26 世界著名金刚石砂矿床汇总

矿床类型		主要矿区
第四纪	残坡堆积砂矿床	金伯利、姆瓦堆、和平等岩管上部砂矿
	河流冲积砂矿床	刚果盆地开赛区的富砂矿
	河漫滩砂矿床和沙洲砂矿床	西伯利亚维柳依河流域的砂矿
	阶地砂矿床	阿扎尼亚德兰士瓦西南部列支敦堡和文捷尔斯多尔普砂矿
	混合成因的细谷砂矿床	苏联乌拉尔砂矿
	海滨砂矿床	非洲西南部奥兰治河口南北大西洋沿岸砂矿
前第四纪	前寒武纪砂矿床	加纳、圭亚那、巴西等地砂矿
	古生代砂矿床	印度北部的砂矿
	中生代砂矿床	扎伊尔、安哥拉、加里曼丹北部、澳大利亚新南威尔士的砂矿

表 37.3.27 世界主要生产金刚石公司汇总

序号	公司名称	所在国
1	德·毕尔斯联合矿山股份有限公司 De Beers Consolidated Mines Ltd.	阿扎尼亚
2	德·毕尔斯统一金刚石矿山公司 De Beers Consolidated Diamond Mines Ltd.	阿扎尼亚
3	西南非联合金刚石矿山公司（简称舍底门公司） Consolidated Diamond Mine of Southwest Africa（CDM）	纳米比亚
4	德·毕尔斯博茨瓦纳采矿公司（简称德毕斯瓦纳公司） De Beers Botswana Mining Co. （Debswana）	博茨瓦纳
5	威廉姆逊金刚石股份有限公司 Williamsom Diamonds Limited	坦桑尼亚
6	巴克旺嘎矿业公司（简称米巴公司） Société Minière de Bakwanga（MiBa）	扎伊尔

续表 37.3.27

序号	公 司 名 称	所在国
7	加纳联合金刚石公司（简称几舍底公司） Ghana Concolidat Diamond(G. C. D.)	加 纳
8	安哥拉金刚石公司（简称代阿莽及公司） Companhia de Diamantes de Angola (Diamang)	安哥拉
9	塞拉利昂国家金刚石开采股份有限公司(简称代明科公司) National Diamond Mining Company〔Sierra Leone〕Ltd. (Dim-inco)	塞拉利昂
10	利比里亚格罗拜克斯矿物公司 Globex Minerals (Liberia) Inc.	利比里亚
11	象牙海岸矿山勘探与开采股份有限公司（简称沙立门舍公司） Société Anongme de Recherches et d'Exploitation Minières en Côted'Ivoire (Saremci)	象牙海岸
12	西非选矿托拉斯公司（简称瓦什顿公司） Société West African Selection Trust et Harry (Waston)	象牙海岸
13	美洲委内瑞拉公司（简称科德沙公司） American Venezuelan Company (Codsa)	委内瑞拉
14	海洋金刚石股份有限公司（简称门底舍公司） Marine Diamond Corporation Ltd. (MDC)	纳米比亚
15	西南非太达尔金刚石股份有限公司 Tidal Diamonds S. W. A. (Pty) Ltd.	纳米比亚
16	雅库特金刚石联合企业 Кмобинама “Якуталмаэ”	苏 联
17	阿什顿联合冒险公司（简称阿接维公司） Aston Join Venture (AJV)	澳大利亚

37.4 高岭土选矿

37.4.1 绪论

37.4.1.1 矿物性质和用途

高岭土又称瓷土，是由多种次生水铝硅酸盐矿物组成的黏土状混合物。其基本组成为高岭石组或多水高岭石组，以及少量蒙脱石组等黏土质矿物；此外，还有石英、长石、云母、铁、锰、硫等杂质混合物。其基本组成见表 37.4.1，主要用途见表 37.4.2。

表 37.4.1 高岭土基本矿物组成和性质

组别	矿物名称	理论化学组成	密度 (g/cm^3)	硬度	晶系	颜色
高岭石组	高岭石	$Al_4[Si_4O_{10}](OH)_8$ 其中:$SiO_2$46.54% $Al_2O_3$39.50% H_2O13.96%	2.609	2~2.5	单斜或三斜	白、灰白、带黄、带红
	地开石	$Al_4[Si_4O_{10}](OH)_8$	2.589	2.5~3	单斜	白
	珍珠石	$Al_4[Si_4O_{10}](OH)_8$	2.581	2.5~3	单斜	带蓝白、带黄白
多水高岭石组	埃洛石	$Al_4[Si_4O_{10}](OH)_8 \cdot 2\sim4H_2O$	2.1~2.6	1~2	单斜	白、灰绿、黄、蓝、红
蒙脱石组	蒙脱石	$(Na,Ca)_{0.33}(Al,Mg)_2[Si_4O_{10}](OH)_2 \cdot nH_2O$	2~3	1~2	单斜	白、浅灰、粉红、浅绿

表 37.4.2　高岭土主要用途

序号	用　途	质　量　要　求	用量（%）	
			中国	世界
1	陶瓷工业原料	一般陶瓷：白度高，粒度细匀，Fe、Mn、Ti 等着色和导电元素含量低，S 等起泡杂质少，有一定耐火度，烧成后不变形；瓷釉原料：还要求造浆性能好，颗粒在水中分散均匀，釉浆稠度稳定	60 ~ 70	10
2	耐火材料工业原料	耐火度至少大于 1580℃，在高温状态下经受一定负荷不变形，并能抵抗各种化学试剂腐蚀	很少	14
3	橡胶工业填料	粒度细，分散性和吸附性良好，氧化亚铁、硫酸酐、石英颗粒、水分含量尽量低	很少	很少
4	造纸工业填料和涂料	填料：白度高，颗粒细而匀，粒径小于 20μm，能均匀充填于造纸纤维孔隙中以提高纸张密度和平滑度，并具有一定的吸色性能；涂料：呈片状，颗粒细，粒径小于 2 微米占 90% 左右，白度 80% ~85%，水溶性好，流变性稳定，遮盖率强，光泽度高	1.5	50 ~ 80
5	其他：塑料、搪瓷、电瓷、白水泥、化肥、农药、医药、炼油、玻璃纤维、吸水剂、添加剂、化妆品、颜料、油漆、分子筛、炼铝、原子反应堆等	根据工业部门要求制定	20	很少

37.4.1.2　资源、生产和消费

中国高岭土资源类型及分布见表 37.4.3，中国主要高岭土矿山产量见表 37.4.4，中国各行业高岭土消费量见表 37.4.5；世界高岭土资源见表 37.4.6，世界高岭土产量见表 37.4.7，西欧高岭土消费量见表 37.4.8。

表 37.4.3 中国高岭土资源类型及分布

矿床成因类型		基本矿物	伴生矿物	主要分布地区	典型矿床实例
风化型	风化残积型	高岭石、7Å多水高岭石、10Å多水高岭石、蒙脱石	水铝英石、伊利石、蛭石、褐铁矿、三水铝石等	长江以南，特别是江西、湖南、湖北、广东、福建、浙江等省	江西景德镇高岭村，湖南衡阳界牌，广东潮安飞天燕
	风化淋滤型	7Å多水高岭石、10Å多水高岭石、高岭石、蒙脱石	水铝英石、三水铝石、硬水铝石、明矾石、石膏、褐铁矿、针铁矿、菱铁矿、金属氧化物，磁石等	中国东部和西南部：江苏苏州，湖北均县，四川、云南交界处，山西阳泉，陕西白水江等地方	江苏苏州阳山，四川叙永，贵州习水，湖北均县，山西阳泉
沉积型	与煤系地层有关的原生沉积型	高岭石、多水高岭石	耐火黏土石、水铝英石、叶蜡石、三水铝石、一水铝石、黄铁矿、菱铁矿、赤铁矿、石膏、明矾石、磁石	山东、河南、山西、河北、内蒙古等煤区	山东博山，河南巩县，山西大同，河北唐山、邯郸、峰峰，内蒙古大青山等
	现代河、湖、海滨次生沉积型	高岭石、多水高岭石	伊利石、石英	广东、福建等地	广东清远，福建同安
热液型	热液蚀变型	高岭石、地开石、珍珠石	叶蜡石、绢云母、硬水铝石、明矾石、黄铁矿、石英	福建、浙江、河北、吉林	福建寿山，浙江青田、上虞、温州，河北宣化，吉林延吉
	含硫温泉水蚀变型	高岭石、多水高岭石		海南岛、西藏	

表 37.4.4 中国主要高岭土矿山产量（1980 年）

序号	矿山（企业）名称	产量（t/年）
1	苏州中国高岭土公司	150000
2	四川叙永瓷土公司	1876
3	江西省陶瓷公司：	
	1. 瓷石矿	18000
	2. 抚州高岭土矿	1600
	3. 大州高岭土矿	6600
4	湖南衡阳界牌高岭土矿	30000
5	湖南醴陵高岭土矿	5000
6	湖南黄茅园高岭土矿	3000
7	山西大同高岭土矿	50000
8	吉林盘石高岭土矿	1500
9	辽宁义县高岭土矿	15000
10	广东高升高岭土矿	12000
11	云南个旧市箐箕凹高岭土矿	3000
12	云南永胜大厂高岭土矿	5000
13	福建福州	20000
14	吉林水曲柳	35000
15	河北唐山紫木柿	20000
16	浙江萧山诸暨	20000
17	江苏吴县青山矿	25000
18	江苏吴县高岭土矿	5000
19	其他	295500
合计		723076

表 37.4.5 中国各行业高岭土消费量（1980 年）

序号	行业	消费量（t/年）
1	橡胶工业	30100
2	造纸工业	10400
3	搪瓷工业	3700
4	电陶瓷	244000
5	耐火材料工业	219000
6	坩埚	1450
7	玻璃工业	500

续表 37.4.5

序号	行业	消费量（t/年）
8	碾磨	9100
9	无线电工业	880
10	建材工业	3000
11	化工工业	1700
12	白水泥	11500
13	其他	309650
合计		845030

表 37.4.6 世界高岭土资源

矿床成因		典型矿床举例	矿床位置
风化型	风化残积型	英国康沃耳	英国西南部康沃耳半岛圣奥斯特尔（st. Auster）西部和中部
		西德维兆-特兴罗斯	西德拜恩州魏登（Weiden）以北
		捷克卡罗维发	捷克西部索科洛夫（Sokolov）盆地霍利格拉汉（Hory Grahan）西南
		苏联格卢霍维茨	苏联乌克兰日托米尔州（Жито-Мир）与文尼查（Винница）间格卢霍维茨村
		日本柿野	日本土岐市南
		土耳其伊斯坦布尔	土耳其伊斯坦布尔
		南非（阿扎尼亚）西开普区	南非皮什胡克（Pish Hoek）-科梅特杰（Kommetjie）-诺德霍克（Noord Hoek）三角地区内
		澳大利亚加宾	澳大利亚西部加宾（Gabbin）
	风化淋滤型	意大利皮德蒙特	意大利皮德蒙特（Piedmont）地区
热液型	热液蚀变型	日本平木、板谷、大村	平木（Hitaki）矿床位于兵库县中南，板谷（Itago）矿床在日本大海沟附近，大村（Qmuta）矿床位置不详
		墨西哥纳亚里特	从纳亚里特、圣地亚哥向东延伸100公里

续表 37.4.6

矿床成因		典型矿床举例	矿 床 位 置
热液型	热液蚀变型	牙买加爵补斯	爵补斯（Job′s）丘陵肯斯顿（Kingston）西北
		苏联别列戈夫 南澳大利亚威廉斯敦	阿德莱德东北40公里蒙特克劳福（Mountcrawford）附近
沉积型		美国佐治亚 苏联波洛加 日本濑户、多治见 日本岐阜县苗木	佐治亚-南卡罗来纳州一带 乌克兰第聂伯罗彼特罗夫

表 37.4.7 世界高岭土产量（t）

国家（地区）	1981年	1982年	1983年
欧洲：			
奥地利	90000	77000	83000
比利时		130000	50000
保加利亚	210000	248000	240000
捷克	520000	550000	600000
法国	310000	364000	345000
德意志民主共和国	400000	220000	500000
德意志联邦共和国	500000	370000	361000
希腊	50000	47000	67000
匈牙利	50000	55000	45000
意大利			50000
波兰	50000	52000	50000
葡萄牙	50000		86000
罗马尼亚	90000	90000	400000
西班牙	100000	100000	200000
英国	2620000	2421000	2500000
南斯拉夫			225000
美洲：			
阿根廷	100000	84000	73000
巴西	440000	418000	502000
智利	60000	60000	41000

续表 37.4.7

国家（地区）	1981 年	1982 年	1983 年
墨西哥	150000	205000	180000
巴拉圭	50000	61000	50000
美国	6950000	6362000	6534000
非洲、中东、苏联：			
安哥拉		17000	
埃及		32000	45000
埃塞俄比亚		22000	
伊朗	100000	89000	100000
南非（阿扎尼亚）	100000	128000	129000
土耳其	50000	38000	26000
苏联	2500000	2900000	2600000
东南亚、远东和澳大利亚：			
澳大利亚	150000	254000 （包括球土）	200000 （包括球土）
中国	900000		
印度		132000	110000
印度尼西亚	90000	89000	90000
日本	210000	218000	254000
韩国	230000	175000	232000
马来西亚	50000	441000	57000
新西兰	50000	55000	23000
巴基斯坦		44000	23000
中国台湾省		96000	102000
泰国		20000	36000

表 37.4.8 西欧高岭土消费量（万 t/年）

序号	项目	1979 年	1980 年	1981 年
1	造纸涂料	160	160	160
2	造纸填料	140	130	130
3	耐火材料，白水泥，玻璃	110	100	100
4	油漆，橡胶，聚合物	40	35	35
5	其他	20	20	20
合计		470	445	445

37.4.1.3 产品质量标准，白度和亮度定义

中国高岭土产品质量有部标准 JC 88—82、JC 318—82、JC 319—82、JC 320—82。其中 JC 88—82 号规定高岭土各级产品外观质量要求以及其化学成分和物理性能要求，分别见表 37.4.9 和表 37.4.10；JC 318—82 号规定造纸工业用高岭土各级产品外观质量要求以及其化学成分和物理性能要求，分别见表 37.4.11 和表 37.4.12；JC 319—82 号规定搪瓷工业用高岭土各级产品外观质量要求以及其化学成分和物理性能要求，分别见表 37.4.13 和表 37.4.14；JC 320—82 号规定橡胶工业用高岭土各级产品化学成分和物理性能要求，见表 37.4.15。

表 37.4.9 高岭土各级产品外观质量要求（JC 88—82）

产品代号	质量要求
H0	白色，有时带有少量淡绿和肉色之块状，无可见石英及其他杂质。1300℃煅烧为白色。块度 10～100 毫米
H1	白色，有少量其他浅色或水锈斑纹，无可见石英及其他杂质。1300℃煅烧为白色
H2	白色与其他浅色相间，无明显石英及其他杂质。1300℃煅烧为白色，允许带有少量其他浅色
H3	深蓝、灰黑、桃红等杂色。1300℃煅烧为白色，允许带有少量其他浅色，有少量斑点，无熔疤
H4	无石块、黄泥等明显杂质
HS1	白色，稍带其他浅色，无明显明矾石结核
HS2	白色与其他浅色相间。无明显明矾石结核
HS3	灰黑色与其他杂色相间。1300℃煅烧为白色稍带其他浅色，有少量黑点，无熔疤
M0	白色，无可见杂质。1300℃煅烧为白色。泥浆细度：0.06 毫米筛余不大于 0.5%
M1	白色，稍带米黄或淡灰色。1300℃煅烧为白色稍带其他浅色。泥浆细度：0.06 毫米筛余不大于 0.5%
M2	灰白、淡黄色。泥浆细度：0.06 毫米筛余不大于 1%

表 37.4.10　高岭土各级产品化学成分和物理性能要求（JC88—82）

产品代号①	化学成分（%）								物理性能		
	Al_2O_3	烧失量	SiO_2	Fe_2O_3	TiO_2	SO_3	$CaO+MgO$	K_2O+Na_2O	白度（%）105℃	白度（%）1300℃	耐火度（℃）
	不小于	不大于							不小于		不小于
H0	37.00	18.00	48.00	0.40	0.10	0.30	0.60	0.50	85.0	—	1770
H1	37.00	18.00	48.00	0.50	0.20	0.50	0.60	0.50	80.0	—	1770
H2	35.00	18.00	49.00	1.00	0.20	0.70	0.60	0.70	—	—	1750
H3	34.00	18.00	51.00	1.20	0.50	1.00	0.80	—	—	80.0	1710
H4	28.00	18.00	56.00	3.00	—	—	—	—	—	—	1650
HS1	37.00	18.00	48.00	0.60	0.20	3.00	0.60	—	—	—	—
HS2	35.00	18.00	49.00	1.00	0.20	4.00	0.80	—	—	—	—
HS3	33.00	18.00	49.00	1.50	0.50	4.00	1.00	—	—	80.0	—
M0	37.00	18.00	48.00	0.60	0.20	1.00	1.00	0.60	80.0	—	1770
M1	36.00	18.00	48.00	1.00	0.20	1.00	1.00	0.80	72.0	—	1770
M2	35.00	18.00	49.00	1.20	0.50	1.20	1.00	0.80	—	—	1750

① 产品代号：
H0—手选特号产品，供电子元件用；
H1—手选一号产品，供电子元件、光学玻璃坩埚、釉料用；
H2—手选二号产品，供光学玻璃坩埚、高压电瓷用；
H3—手选三号产品，供高压电瓷、日用陶瓷、建筑陶瓷、玻璃坩埚用；
H4—手选四号产品，供化工陶瓷、耐火材料用；
HS1—手选矾硫一号产品，供涂料、高级填料用；
HS2—手选矾硫二号产品，供玻璃坩埚、高级涂料用；
HS3—手选矾硫三号产品，供电瓷、日用陶瓷、建筑陶瓷、高级耐火材料用；
M0—机选特号产品，供电子元件、涂料、釉料用；
M1—机选一号产品，供电子元件、光学玻璃坩埚、釉料、电瓷、砂轮用；
M2—机选二号产品，供高压电瓷、日用陶瓷、建筑陶瓷、化工、砂轮用。

高岭土质量评价常用的两个术语：白度和亮度定义如下：

白度是测量高岭土对 3800～700Å 波长光的反射率。其方法是将待测试样与标准试样（如 $BaSO_4$ 或 MgO 等）放入白度计中，对其反射率进行比较，即得白度值。如白度 90%，即表示相当于标准样反射率 90%。

亮度是指相当于4570Å波长光照射下的白度，测法和白度相同，它是造纸、油漆工业的重要参考指标。

中国高岭土产品质量标准规定了白度要求，还没有规定亮度要求。

表 37.4.11　各级产品外观质量要求（JC318—82）

产品代号	质量要求
PM0	白色，无可见杂质。泥浆细度：0.06mm 筛余不大于 0.5%
PM1	白色，稍带淡黄色或淡灰色，无可见杂质。泥浆细度：0.06mm 筛余不大于 0.5%

表 37.4.12　各级产品化学成分和物理性能要求（JC318—82）

产品代号①	化学成分（%）					物理性能	
	烧失量	Al_2O_3	SiO_2	Fe_2O_3	SO_3	砂石量 %	白度 %
	不小于		不大于			（不大于）	（不小于）
PM0	14.00	36.00	48.00	0.70	2.00	1.0	78.0，80.0，83.0，85.0
PM1	14.00	35.00	49.00	1.00	2.00	1.0	75.0

① 产品代号：
PM0—造纸工业用机选特号；
PM1—造纸工业用机选一号。

表 37.4.13　各级产品外观质量要求（JC319—82）

产品代号	质量要求
EM0	白色，无可见杂质。1300℃煅烧为白色。泥浆细度：0.06mm 筛余不大于 0.5%
EM1	白色，稍带淡黄或淡灰色。1300℃煅烧为白色稍带其他浅色。泥浆细度：0.06mm 筛余不大于 0.5%

表 37.4.14 各级产品化学成分和物理性能要求（JC319—82）

产品代号①	化学成分（%）						物理性能	
	烧失量	Al_2O_3	SiO_2	Fe_2O_3	SO_3	CaO + MgO	白度（%）	悬浮度（mL）
	不小于		不大于				（不小于）	（不大于）
EM0	14.00	37.00	48.00	0.60	1.50	1.00	80.0	100
EM1	14.00	36.00	48.00	1.00	1.50	1.00	75.0	1.00

① 产品代号：
EM0—搪瓷工业用机选特号；
EM1—搪瓷工业用机选一号。

表 37.4.15 各级产品化学成分和物理性能要求（JC320—82）

产品代号①	物理性能							化学成分（%）			
	水分（%）不大于	*DPG* 吸着率（%）	pH	沉降体积（mm）不小于	白度（%）不小于	细度 0.15mm 筛余（%）不大于	细度 0.045mm 筛余（%）不大于	烧失量	Al_2O_3	SiO_2	Mn
								不小于		不大于	
Rf0	1.50	6.0 ~ 10.0	5.0 ~ 8.0	4.0	83.0	0	1.0	12.00	34.00	50.00	0.0045
Rf1	1.50	6.0 ~ 10.0	5.0 ~ 8.0	4.0	75.0	0	1.0	12.00	34.00	50.00	0.0045
Rf2	1.50	6.0 ~ 10.0	5.0 ~ 8.0	4.0	—	0	1.5	11.00	33.00	52.00	0.0070
Rf3	1.50	4.0 ~ 9.0	5.0 ~ 8.0	3.0	—	0	2.0	9.00	28.00	58.00	—
Rf4	1.50	—	—	—	—	0	2.5	—	18.00	70.00	—

① 产品代号：
Rf0—橡胶工业用特号瓷土粉；
Rf1—橡胶工业用一号瓷土粉；
Rf2—橡胶工业用二号瓷土粉；
Rf3—橡胶工业用三号瓷土粉；
Rf4—橡胶工业用四号瓷土粉。

37.4.1.4　主要选矿方法和副产品回收

高岭土主要选矿方法见表37.4.16，副产品回收见表37.4.17。

37.4.2　选矿厂实例

37.4.2.1　观山选矿厂

观山选矿厂位于中国苏州市徐家桥，隶属于苏州中国高岭土公司。它所处理的矿石类型和各类矿石的化学成分见表37.4.18。矿石中主要矿物为高岭石、多水高岭石，其次为蒙脱石；此外尚有少量石英、黄铁矿、明矾石、有机质等杂质。

表37.4.16　高岭土主要选矿方法

序号	选矿方法	原　理	选矿厂举例	
			中国	国　外
1	重力除砂分级	主要利用水力旋流器、耙式分级机或螺旋分级机除去石英、黄铁矿等杂质	苏州观山、浒墅关选矿厂	几乎所有高岭土选矿厂
2	载体浮选	使用已磨碎的石灰石、方解石等作载体，粒度极细的钛铁矿等杂质被吸附在有药剂的载体颗粒上被浮出	—	美国于1959年建成了选矿厂
3	泡沫浮选	用于除硫（明矾石、黄铁矿等）		
4	两液分选	利用锐钛矿、电气石等着色杂质亲油，能进入脂肪酸、苯、四氯化碳等有机液体内特点与分散在水中的高岭土悬浮液分离		英国ECC公司1957年建立了一座50kg/h试验厂
5	高梯度磁选	以钢毛为聚磁介质的湿式强磁场磁选，产生高梯度磁场强度，能有效地分离高岭土中铁、钛等杂质		英国ECC公司选矿厂
6	化学漂白除铁	用连二亚硫酸钠（$Na_2S_2O_4$）等强还原剂，可将高岭土中不溶性三价铁化合物还原成可溶性两价铁化合物，通过过滤洗涤除去		英国ECC公司选矿厂
7	选择性絮凝	利用水溶性多聚磷酸盐、硅酸盐作分散剂，pH = 8.5 ~ 10，加入絮凝剂，使高岭土或杂质絮凝分离		

表 37.4.17 高岭土选矿副产品回收

序号	副产品	选矿厂举例
1	云母	美国北卡罗来纳州哈里斯瓷土公司斯帕克选矿厂对粗云母用摇床回收，对细云母用泡沫浮选法回收。浮选中使用乙醇类、肥皂、松油、硅酸钠和碳酸钠等浮选药剂
2	黄铁矿	日本吉古来托化学矿业公司高畠和板谷两选矿厂对粗粒黄铁矿用摇床回收，对细粒黄铁矿用泡沫浮选法回收

表 37.4.18 矿石类型及其化学组成

序号	矿石类型	SiO_2（%）	Al_2O_3（%）	Fe_2O_3（%）
1	受蚀变次生沉积型	35～50	20～40	0.3～2
2	土状型	42～60	18～30	1.5～3.5
3	砂状型	66～76	16～24	0.1～0.2

该厂选矿方法采用手选-重选联合。选矿工艺流程见图 37.4.1，主要设备见表 37.4.19，主要技术经济指标见表 37.4.20。

表 37.4.19 观山选矿厂主要设备

序号	设备名称	型号	台数	备注
1	颚式破碎机	400×600mm	1	
2	高堰式螺旋分级机	FLG-1200	2	原设计设备，现已弃置不用
3	双轴捣浆机	ϕ630mm	4	
4	双轴捣浆机	ϕ750mm	15	
5	水力旋流器	ϕ250mm	6	粗选用
6	水力旋流器	ϕ150mm	16	精选用
7	水力旋流器	608 型	8	扫选用
8	微孔管式过滤机		15	浓缩用
9	压滤机		15	
10	挤泥机		5	成型用
11	链板式隧道窑干燥机		5	

该厂使用的特殊设备：

（1）捣浆机 它的构造类似浮选用的搅拌槽，由两大部件，即浆池和转子组成。浆池内壁用花岗岩砌成，上部有溢流口，口内装有 0.55 毫米筛网，阻挡飘浮在泥浆中的杂物混入细粒产品；下部设有排砂口，供间断工作，周期排砂用。通过转子叶片搅拌，将高岭土原矿碎解和制浆。细粒产品浓度 13% 左右。每台处理量 3000～4000 吨/年。

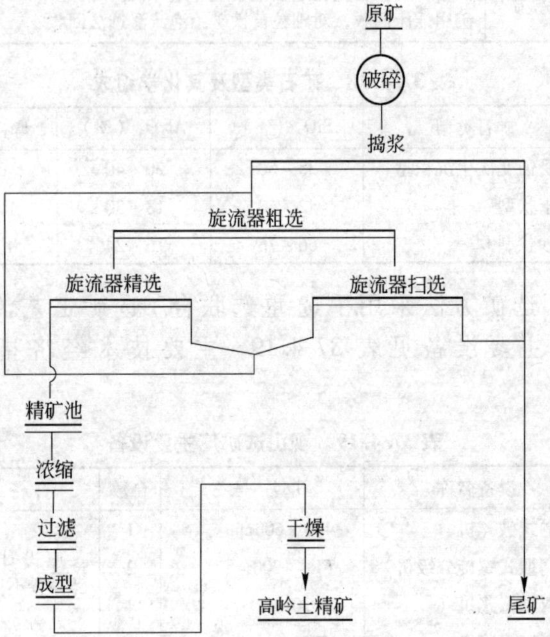

图 37.4.1　观山选矿厂工艺流程

(2) 微孔管式过滤机　它是一种多管组合式加压过滤机，过滤介质为烧结聚氯乙烯微孔塑料管。过滤压力 4 巴，矿浆浓度 7.5%～8%，滤渣浓度 40%～42%，过滤时间 18 分钟。

(3) 挤泥机　它的构造类似绞肉机，能将高岭土稠浆挤压成 12×15 毫米的泥条供干燥用。

(4) 链板式隧道窑干燥机　它是一种隔焰式连续干燥设备。主要设备是一个隧道窑，窑内安有一条链板运输机，高岭土泥条放在链板运输机上从隧道窑的一头进入，从另一头输出，泥条就被干燥，干燥时间35~40分钟，干燥后水分约15%，出窑温度50~60℃。

表 37.4.20 观山选矿厂主要技术经济指标

序号	项 目	指 标
1	原设计生产能力：	
	按产品计（t/年）	50000（两系统）
2	实际生产能力：	
	按产品计（t/年）	
3	原矿粒度（mm）	<300
4	原矿水分（%）	20~23
5	产品技术规格	刮刀涂布瓷土（PMOA） 气刀涂布瓷土（PMOB） 橡胶工业用陶土粉（Rf）系列 搪瓷工业用瓷土（EM）系列 石油催化剂用瓷土（MIB）系列 手选1、2、3号瓷土（H1、H2、H3） 机选1、2号瓷土（M1、M2）
6	精矿产率（%）	40~62.5
7	执行质量标准	JC 88—82 JC 318—82 JC 319—82 JC 320—82
8	能耗：	
	煤：（kg/t矿石）	100
	电：（kW·h/t矿石）	65~73
9	水耗：（t水/t矿石）	9

37.4.2.2 沃维林·波钦公司（英国）

沃维林·波钦公司（ECLP Ltd）是英国ECC公司中最大的子公司，主要矿区在英格兰岛西南端康沃尔（Cornwall）的圣奥斯特尔（St Austell）和德文（Devon）的里莫尔（Lee Moor）两处。

圣奥斯特尔是英国高岭土的集中产地。矿区东西长约30公里，南北宽约3公里，分西、中、东三个区。西区原矿质量一般，生产陶瓷级产品，中区原矿质量最好，生产特级产品，作纸张的涂料和填料。东区原矿质量较差，生产综合性填料级产品。

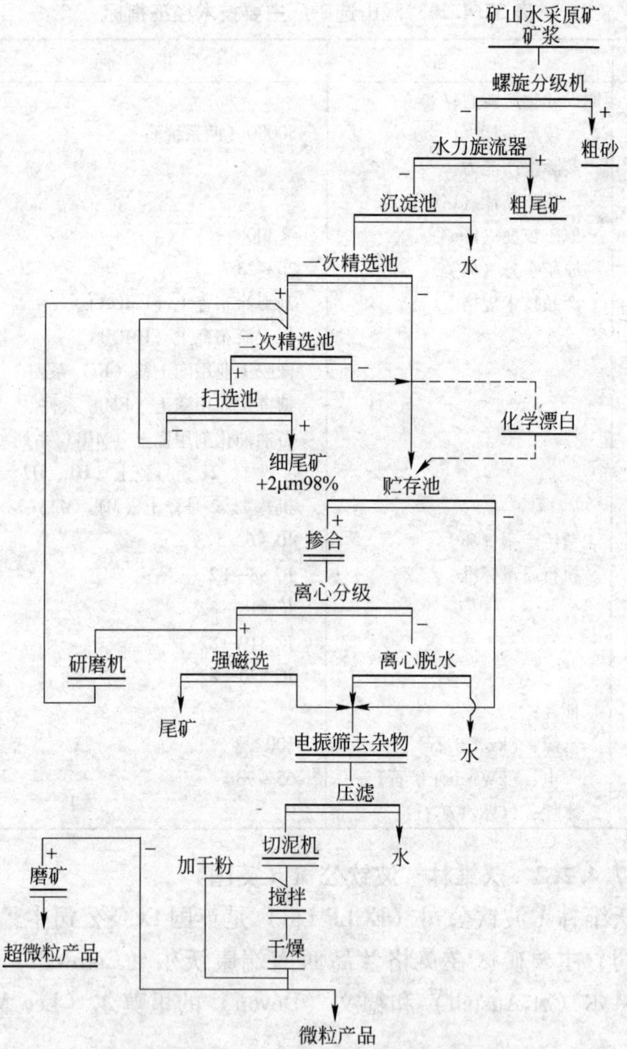

图37.4.2　选矿典型工艺流程

该矿区共有25个露天矿，每个矿的坑口都设有一座粗选站。分区集中设置精选厂和脱水干燥厂。其中精选厂东区有2座，西区有2座，中区有3座，脱水干燥厂主要有5座。

表 37.4.21 英国高岭土原矿矿物组成

矿 物	细粒高岭土	粗粒高岭土	岩石残屑	石英砂等
所占数（%）	7~9	8~11	10~15	70~75

德文矿区较小，生产一般填料级产品。

两矿区高岭土为热液蚀变型原生矿床。由于母岩花岗岩内几乎没有铁矿脉，因而脉石除石英、云母及微量未蚀变的长石等杂质外，少见铁矿物。这种特殊成矿条件使英国高岭土亮度高、粒度细、质量纯净而驰名于世。其原矿矿物组成见表37.4.21。选矿典型工艺流程见图37.4.2，选矿典型设备及其技术指标见表37.4.22，化学漂白技术条件见表37.4.23，典型厂技术指标及生产工艺见表37.4.24。

37.4.2.3 恩格尔哈德矿物及化学公司（美国）

该公司位于美国佐治亚州。原矿属次生沉积型矿床，其中高岭土含量85%~95%，脉石矿物有石英、白云母、黑云母、钛铁矿等，原矿化学组成及其白度见表37.4.25。

选矿厂分为粗选厂和精选厂两种。粗选厂建在采场附近，仅对原矿进行初步加工，除去石英砂、云母片等杂质，提高品位，并使矿浆得到充分分散。选矿结果 −2 微米达5%以上，产率70%左右，尾矿直接用于采矿回填，粗精矿再通过矿浆管道送到精选厂。精选厂设在德克舍和加舍弗两矿区，共两座，生产能力270万吨/年，生产30多种产品，其中造纸用涂料和填料占总产量80%。选矿工艺流程见图37.4.3。精选主要工艺技术条件及其效果见表37.4.26。

表 37.4.22　选矿典型设备及其技术指标

序号	设备名称	型号和规格	用途	产品特征
1	螺旋分级机	高堰式 ϕ1270 毫米(50″)	分级	
2	水力旋流器	ϕ355 毫米,压力 1.4～1.7 巴	分级	
3	精选池(即耙式浓缩机)	ϕ14～20 米,三级串联,尺寸逐级减小	精选 扫选	一、二次精选精矿: -53 微米 99.98% -10 微米 85% -2 微米 45% 矿浆浓度 ρ = 1.04%～1.06% 三次精选尾矿: +2 微米 98%
4	磨剥机	卧式八角形外壳,内装搅拌叶片和细粒研磨介质,ECC 公司造	分离叠片	
5	卧式螺旋离心分级机	DYNOCONE 型(国际燃料公司造)	分级	细粒级: -2 微米 75% -10 微米 99.5% 粗粒级: -53 微米 99.99%
6	碟式离心脱水机	ALFA-LAVAL 型(瑞典造)	脱水	
7	强磁选机	PEM-84 型高梯度磁选机(美国太平洋电机公司造)	磁选	Fe_2O_3 含量由 0.9% 降到 0.6% K_2O 含量由 1.4% 降到 1.2%
8	干燥机	Buell 式气流干燥机,D = 9 米,h = 9～10.5m	干燥	
9	干燥机	圆筒卧式	干燥	

表 37.4.23　化学漂白技术条件

pH 值	药　剂	设　备	反应时间 (min)
4.5～5	连二亚硫酸钠	漂白罐	15

表 37.4.24 典型厂技术指标及生产工艺

序号	技术指标及生产工艺	贡巴罗精选厂 Goonbarrow	特里保尔精选厂 Trebal	高夫塞斯精选厂 Goverseth	帕尔港干燥厂 Par	罗克干燥厂 Rocks	彭格罗脱水厂 Borngullow
1	位　置	圣奥斯特尔中区	圣奥斯特尔东区	圣奥斯特尔西区		圣奥斯特尔中区	圣奥斯特尔中区
2	生产能力（万 t/年）	15	50	40	45	25～26	10
3	产品用途	造纸涂料和填料		卫生陶瓷 20 万 t/年，坩埚 5 万 t/年，造纸 15 万 t/年			
4	生产工艺及设备特征	分 4 条流程线，分设 4 组沉淀池；精选为三级精选池；卧式螺旋离心分级机 10 台用于分级，研磨机 10 台用于研磨粗粒产品，碟式离心脱水机 12 台用于特级产品脱水	精选为三级精选池，采用化学漂白工艺，产品经 8 台卧式螺旋离心分级机分级，特级产品经 12 台碟式离心脱水机脱水	沉淀池 6 个，1、2 号池用于造纸，5、6 号池用于卫生陶瓷，3、4 号池为备用。精选池 7 个，三级分选，经电振筛、卧式螺旋离心分级机分级，陶瓷用粗粒级产品经强磁选机处理	使用电振筛 24 台，顶装式压滤机 8 台（滤饼直径 900mm），刀形切泥机 2 台，浆液搅拌机 2 台，Buell 式干燥机 1 台	使用侧装式自动压滤机 8 台，滤饼直径 900mm，压滤时间为 1 小时，产量 4.5t/台·h，经干燥、粉碎出厂	使用新型管式压滤机（ECC 专利），共有 4 个机组，矿浆可直接脱水至含水 17%～18%，不需干燥直接出厂

表 37.4.25 原矿化学组成及其白度

矿区名称	化学组成（%）				
	SiO_2	Fe_2O_3	Al_2O_3	SO_3	CaO
德克舍 Dixie	48.99	1.13	34.11	0.12	0.63
加舍弗 Caciff	46.72	1.14	35.22	0.08	0.83
矿区名称	化学组成（%）				白度（%）
	MgO	K_2O	Na_2O	TiO_2	
德克舍 Dixie	0.24	0.44	0.08	1.44	77.6
加舍弗 Caciff	微量	0.46	0.06	2.03	75.8

表 37.4.26 精选主要工艺技术条件及其效果

序号	精选工艺	技术条件	指标
1	超细粒浮选	使用石灰石作载体，矿浆 pH = 8.2 ~ 8.5，浮选捕收剂用 Organic Acids	TiO_2 从 1.8% ~ 2% 降低至 0.3% ~ 0.4%，使白度从 83% 提高至 87%
2	强磁选	使用 PEM-84 型高梯度湿式磁选机，矿浆浓度 33% ~ 34%，pH = 6 ~ 8，平均处理能力 8t 干料/h	TiO_2 从 1.8% ~ 2% 降低至 0.8%，使白度从 83% 提高至 85%
3	分离叠片	使用立式磨剥机，内装搅拌叶片和研磨介质，处理能力 3 ~ 4t/h	能使高岭土叠片充分解离、分散，产品中 -2 微米从 50% ~60% 上升至 80%
4	化学漂白	漂白剂为亚硫酸氢钠（Na_2HSO_3），用量 3.6kg/h 成品；聚凝剂为硫酸铝；pH 调整剂为硫酸，矿浆 pH 调至 4，矿浆浓度 30% 左右	使白度从 85% 提高至 87%（对于强磁选产品），或从 87% 提高至 90%（对于超细粒浮选产品）

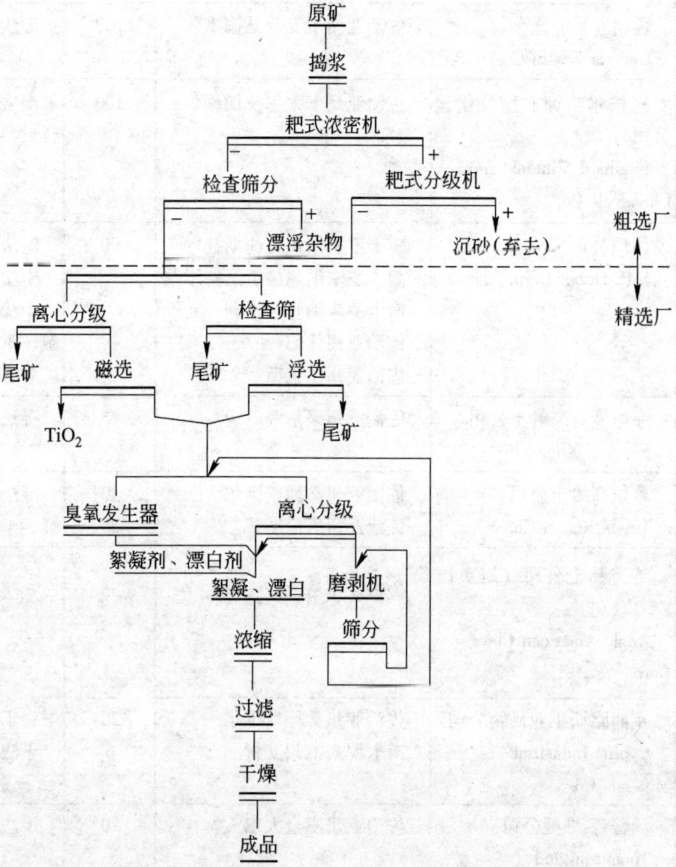

图 37.4.3 恩格尔哈德矿物及化学公司选矿工艺流程

37.4.3 世界主要高岭土公司汇总表

世界主要高岭土公司汇总见表 37.4.27。

表 37.4.27 世界主要高岭土公司汇总

国家	公司名称	选矿厂位置	生产能力(万 t/年)	生产方式
美国	佐治亚高岭土公司 Georgia Kaolin Co.	佐治亚州干支及桑德维尔	180	湿法
	恩格尔哈德矿物及化学公司 Englhard Minerals and Chemicals Co.	佐治亚州麦太尔及加德尔	100	湿法
	休伯公司 J. H. Huber Corp.	南卡罗来纳州艾迪斯托 南卡罗来纳州格兰尼特维尔 南卡罗来纳州兰格利 佐治亚州休伯 佐治亚州伍伦斯	90	湿法 干法 干法 湿、干法 湿法
	弗里波特高岭土公司 Freeport Kaolin Co.	佐治亚州果尔登	45	湿法
	希尔高岭土公司 Thiele Kaolin Co.	佐治亚州桑德斯维尔 佐治亚州伍伦斯	40 28	湿法 湿、干法
	英美黏土公司(属英国 ECC 公司) Anglo-American Clays Corp.	佐治亚州桑德斯维尔	35	湿法
	塞浦路斯工业矿物公司 Cyprus Industrial Minerals Co.	佐治亚州桑德斯维尔 南卡罗来纳州艾肯	20 6	湿、干法 干法
	汤普森-维曼公司 Thompson and Weinman Co.	佐治亚州麦金太尔	20	干法
	诺德高岭土公司 Nord Kaolin Co.	佐治亚州杰弗逊维尔	10	湿法
	凡德比尔公司 V. T. Randerbilt Co. Inc.	南卡罗来纳州巴斯	15	干法
	巴伯格-威尔考克斯公司 Babcock and Wilcox	佐治亚州海兹巴赫	20	干法

续表 37.4.27

国家	公司名称	选矿厂位置	生产能力(万 t/年)	生产方式
美国	东南黏土公司 Southeastern Clay Co.	南卡罗来纳州艾肯	5	干法
	伊万斯黏土公司 Evans Clay Co.	佐治亚州麦金太尔	3	干法
	CE 矿物公司 CE Minerals	佐治亚州		干法
	通用耐火材料公司 General Refractories	佐治亚州		干法
	美洲氰化氨公司 American Cyananid	佐治亚州		干法
	格林耐火材料公司 A. P. Green Refractories	亚拉巴马州		干法
	哈比森-瓦尔克耐火材料公司 Harbison-Walker Refractories	亚拉巴马州		干法
	托马斯·亚拉巴马高岭土公司 Thomas Alabama Kaolin Co.	亚拉巴拉州马里昂		干法
	因特佩斯公司 Interpace Corp.	加利福尼亚州约内	25	湿法
	埃德加塑料高岭土公司 Edgar Plastic Kaolin Co.	佛罗里达州埃德加	3.5	干法
	德莱赛矿物公司 Dresser Minerals	得克萨斯州科西		干法
	哈里斯矿业公司 Harris Mining Co.	北卡罗来纳州枞松	1.5	湿法
	辛普劳公司 J. R. Simplot Co.	爱达荷州拉塔		湿法

续表 37.4.27

国家	公 司 名 称	选矿厂位置	生产能力(万 t/年)	生产方式
阿根廷	阿根廷高岭土公司 Caolines Argentines	丘布特省	3	湿法
	英格马尔公司 Ingemar Srl	丘布特省	2	干法
	彼得拉·格兰特公司 Piedra Grande SA	丘布特省	2	湿法
巴西	亚马逊高岭土公司 Caulim de Amazonia	巴拉州多拉多山	22	湿法
	巴拉高岭土公司 Caulim de Para	巴拉州贝莱姆	28	湿法
	地质矿物公司 Empresa de Mineracao Geos	米纳斯吉拉斯州		
	安那斯梯夫矿物公司 Mineracao Anasteve	米纳斯吉拉斯州		
	普利托工业矿物公司 Mineracao Industrial Rio Preto	米纳斯吉拉斯州		
	高岭土公司 Empresa de Caulim	米纳斯吉拉斯州		
厄瓜多尔	地质矿业公司 Geominer	普约	2	干法
圭亚那	圭亚那高岭土公司 China Clay Guyana	玻里瓦尔	4	干法
墨西哥	布兰萨尼维斯公司 Blanca Nieves SA	瓜那华托州		湿、干法
	格雷罗高岭土公司 Caolines de Guerrero	格雷罗州		干法

续表 37.4.27

国家	公司名称	选矿厂位置	生产能力（万 t/年）	生产方式
墨西哥	矿物与金属公司 Minerals No Metallicos SA	奇瓦瓦州		干法
墨西哥	杜兰戈阿希拉斯工业公司 Aroillas Industriales de Durango	墨西哥城		干法
奥地利	奥地利高岭土及矿山工业公司 KAMIG-Osterr, Kaolin-u, Montanindustrie	施韦尔堡	5	湿法
奥地利	安斯潘高岭土及石矿公司 Aspanger Kaolin-u, Steinwerke	安斯潘-策本	3	湿法
丹麦	哈斯熟料及耐火土公司 Haslc Klinker-and Chamottestensfabrik	波恩霍姆州	2	湿法
法国	阿尔芙乐高岭土公司 Kaolins d'Arvor	普勒默	6	湿法
法国	莫尔比昂高岭土公司 SNEKDM-Kaolin du Morbiban	普勒默	7	湿法
法国	阿莫利卡尼高岭土公司 SOKA-Kaoliniere Armoricaine	奎索	7	湿法
法国	菲尼斯太尔高岭土公司 Kaolins du Finisterre	普利勃	4	湿法
法国	硅石与高岭土公司 SIKA-Silico et Kaolin SA	霍斯东	2.5	湿法
西德	安贝格高岭土公司 Amberger Kaolinwenke	巴伐利亚州	13.5	湿法

续表 37.4.27

国家	公司名称	选矿厂位置	生产能力(万 t/年)	生产方式
西德	道纳联合公司 Gebr Dorfner	巴伐利亚州	10	湿法
西德	爱德华齐克公司 Eduard Kick	巴伐利亚州	11	湿法
西德	艾普斯乐-盖森海姆高岭土公司 Erbslöh and Co., Geisonhoimor Kaolinwerke	洛尔海姆	8	湿法
西德	奥托·施米特高岭土公司 Otto Schmidt Kaolinwerke	上乃森		
希腊	银与重晶石矿石采矿公司 Silver and Barytes Ore Mining Co.	米洛斯	6	干法
希腊	泰坦水泥公司 Titan Cement Co.	米洛斯	4	干法
意大利	意大利矿物公司 Italmineraria	罗马附近	2.5	湿法
葡萄牙	英葡高岭土公司 Cia Anglo-Portugesa de Gaolinos	波尔图	2	湿法
西班牙	陶瓷制品矿物公司 Miprocesa-Minerales Y Productos Cermaicos	卢戈省	7	湿法
西班牙	圣科巴矿物公司 Cia Minera Santa Comba	拉科鲁尔亚省圣科巴	3	湿法
西班牙	诺特高岭土公司 Caolines del Norte	布尔戈斯省杭特利亚	2	湿法
西班牙	拉格高岭土公司 Gaolines de Lage	拉科鲁尼亚省拉格	2	湿法

续表 37.4.27

国家	公 司 名 称	选矿厂位置	生产能力(万t/年)	生产方式
西班牙	SL 高岭土重晶石公司 Caobar SL	瓜达拉哈拉省	2	湿法
西班牙	色索高岭土硅石公司 Caosil Serso	瓜达拉哈拉省	2	湿法
英国	英吉利瓷土公司：English Clays (ECC) (1)洛维林·波钦公司 Lovering Pochin and Co.	康沃尔及德文等地	350	湿法
英国	(2)康沃尔新联合矿山公司 New Consolidated Mines of Cornwall	康沃尔	7	湿法
英国	冈维尔·罗斯托拉高岭土公司 Gaonvear and Rostowrack China Clay	康沃尔	8	湿法
英国	斯迪特利公司 Steetley Co. Ltd.	康沃尔	8	湿法
英国	瓦茨·布雷克·贝尔尼公司 Watts, Blake, Bearne and Co.	南德文	15	湿法
保加利亚		索菲亚以北	15	湿、干法
捷克		卡罗维发利、比尔森、波杰布拉迪	60	湿法
东德		德累斯顿地区	30	湿、干法
匈牙利		特卡吉，萨里萨普	8	
波兰		弗罗茨瓦夫地区	9	

续表 37.4.27

国家	公司名称	选矿厂位置	生产能力(万 t/年)	生产方式
罗马尼亚			5	
苏联	格鲁霍维茨高岭土联合企业 Глуховец	乌克兰基辅附近	200	湿、干法
	普洛夏洛夫高岭土联合企业 Просянов	乌克兰第聂伯罗彼得罗夫斯克		
印度	帕特纳加尔矿物及工业公司 Patelnagar Minerals and Industries	西孟加拉邦比尔杜姆	5	湿法
	斯里莫迪磨粉高岭土公司 Shree Modi levigated Kaolin	拉贾斯坦邦斋普尔	2	湿法
	斯塔克公司 Starke and Co.	德里库苏姆普尔	1.2	湿法
印尼	巴克斯明特拉公司 PK Baksmintrace	邦加岛	5	湿法
	印尼苏拉维西桑托萨公司 USISS-Usaha Swasta Indonesia Sulawesi Sentosa	米纳哈森	1.2	干法
伊朗	伊朗采矿与冶金公司 Mining and Metallurgical Co. of Iran	东阿塞拜疆	5	干法
日本	Zeeklite 化学及采矿公司 Zeeklite Chemical and Mining	板屋	15	
	Hattori 采矿公司 Hattori Mining	Hiraki	6	
	Oooharu 制作公司 Oooharu Manufacturing Co.	伊那	2.5	

续表 37.4.27

国家	公司名称	选矿厂位置	生产能力（万 t/年）	生产方式
澳大利亚	澳大利亚高岭土公司 Kaolin Australia Pty.	维多利亚省	4	湿法
	斯迪特利工业公司（属英国斯迪特利公司） Steetley Industries	维多利亚省		
	考克斯高岭土公司 Cox's China Clay Pty.	新南威尔士		
	高尔网矿物公司 Gulgong Minerals Pty.	新南威尔士		
	澳大利亚工业耐火材料公司 Australian Industrial Refractories	新南威尔士		
	西澳大利亚高岭土公司 West Australian Kaolin Co.	佩斯		
新西兰	新西兰高岭土公司 New Zealand China Clay	北岛		
	黏土与矿物公司 Clay and Minerals	格林马赛		

37.5 滑石选矿

37.5.1 绪论

37.5.1.1 矿物性质和用途

滑石属疏水的层状构造硅酸盐矿物，其性质和用途见表37.5.1和表37.5.2。

表 37.5.1 滑石矿物性质

矿物名称	理论化学组成	密度（g/cm^3）	硬度	晶系	颜色	外观
滑石 Talc	$Mg_3[Si_4O_{10}](OH)_2$ 或 $3MgO \cdot 4SiO_2 \cdot H_2O$ 其中：MgO 31.7% SiO_2 63.5% H_2O 4.8%	2.58~2.83	1	单斜 三斜	白、奶白、淡红、浅蓝、浅灰和浅绿	质软光滑、色彩绚丽、性柔光亮

表 37.5.2 滑石用途

序号	用途	典型国家	占本国消费量（%）
1	造纸工业：作填料、涂料和树脂控制剂；作废纸脱墨剂	芬兰和法国 美国 加拿大 印度 日本	>80（历年统计） 7（1978年） 13（1976年） >50（历年统计） >80（1978年占进口量）
2	塑料工业：作填料		
3	油漆工业：滑石在油漆中吸油性和光洁度良好，色泽鲜明，化学惰性、分散性和黏性良好，能保持 TiO_2 颜料的分散性，并改善它的成膜性和色彩	美国	22（历年统计）
4	陶瓷和耐火材料	美国	陶瓷 33（1978年） 耐火材料 1.5（1977年）
5	化妆品和医药	美国	化妆品 8.5（历年统计）
6	农药、化肥、纺织、食品、油毡		

37.5.1.2 资源、生产和消费

中国滑石储量分布见表37.5.3，中国主要滑石矿区见表37.5.4，中国滑石消费见表37.5.5，世界主要国家滑石产量见表37.5.6*a*，主要资本主义国家滑石消费见表37.5.6*b*。

表37.5.3 中国滑石储量分布

储 量	辽宁	广西	山东	河北	广东	其他
所占比例（%）	44	35	12	3	2	4

表37.5.4 中国主要滑石矿区

矿床类型	矿区名称	矿区位置	原矿品位（%）	产品种类
碳酸盐类型	海城滑石矿	辽宁省海城县	50~70	一、三级滑石块；一至三级 -0.04mm 滑石粉；一至三级 -0.075mm 滑石粉
	海洋滑石矿	山东省海洋县	>50	一至三级和次级滑石块；一、二级滑石矿渣（低品位滑石块）
	本溪滑石矿	辽宁省本溪市	70	二、四级滑石块；一、二级 -0.04mm 滑石粉；一、二级 -0.075mm 滑石粉
	冕宁滑石矿	四川省冕宁县	>30	一至三级 -0.04mm 滑石粉，一至三级 -0.075mm 滑石粉
	浑江滑石矿	吉林省浑江县	>30	一级滑石块；一、二级 -0.04mm 滑石粉；一、二级 -0.075mm 滑石粉；三级滑石粉
	掖县滑石矿	山东省掖县	>30	一至三级 -0.04mm 滑石粉；一至三级 -0.075mm 滑石粉；滑石矿渣
	桂林滑石矿	广西壮族自治区龙胜县	>70	一、二级滑石块；一至三级 -0.04mm 和 -0.075mm 滑石粉
	平度滑石矿	山东省平度县	>30	同冕宁滑石矿
	营口滑石矿	辽宁省营口市	>50	同冕宁滑石矿
	水泉滑石矿	辽宁省海城县	>90	滑石块
超基性岩类型	库米什滑石矿	新疆维吾尔自治区区巴州库米什	>50	同平度滑石矿

表 37.5.5　中国滑石消费量（1980 年）

序号	用　途	消费量		
		t	占国内销售量①(%)	占全国总产量(%)
1	造纸	233920	61.0	44.2
2	陶瓷	8040	2.1	1.5
3	油毡	52300	13.6	9.9
4	纺织	1200	0.3	0.2
5	涂料、建筑	8500	2.2	1.6
6	橡胶、电缆	5100	1.3	1.0
7	日用化工	16904	4.4	3.2
8	制药	4880	1.3	0.9
9	农药	950	0.3	0.2
10	塑料	800	0.2	0.2
11	轻化工业	1024	0.3	0.2
12	其他	49650	13.0	9.4
	国内小计	383268	100.0	
13	外贸出口	145395		27.5
	合　计	528663		100.00

① 内销滑石：特级品 15%；一级品 18%；二级品 23%；三级品 37%；四级品 7%。

表 37.5.6*a*　世界主要国家滑石产量（万 t）

序号	国　家	1980 年	1981 年	1982 年	1983 年	1984 年	1985 年
1	美　国	102.2	112	95	89.5	90	85
2	中　国	90	85	79			
3	苏　联	49	50	51	45	45	50
4	巴　西	34	32.6	32	34	36	36
5	芬　兰	31	31	32	30	29	31
6	法　国	32	31	31	30	29	31
7	印　度	33	33	30	31	34	34
8	韩　国	20	18	15	20	15	16
9	意大利	16	16.4	16	16.3	14	15
10	奥地利	11.7	11.6	11.7	11.6	11.5	12
11	挪　威	8.7	8.6	8.5	8.5	9	9
12	澳大利亚	16	7.5	8.5	9	9	10
13	加拿大	8.7	8.9	7.2	9.2	11	11.5
14	西班牙	7.4	7.5	6.5	6.3	6.5	6.8
15	日　本	12.2	11.5	10	11	11.5	13
16	其　他	41	47	54.8	33.6	59.5	44
	合　计	513.1	511.6	498.7	483	545	542

表 37.5.6b 世界主要国家滑石消费

序号	用 途	消费比（%）			
		英国	西欧（除英国）	美国	加拿大
1	陶 瓷	3	2	35	22
2	油漆及塑料	30	30	18	19
3	造 纸	1	17	6	10
4	墙面纸	33	20	—	18
5	橡 胶	13	16	4	5
6	化妆品	15	15	14	2
7	耐火材料	—	—	4	—
8	建筑材料	—	—	4	—
9	肥料、农药	4	5	—	—

表 37.5.7 工业原料滑石标准（JC 160—82）

技术性能 \ 质量等级①			GL-特	GL-1	GL-2	GL-3	GL-4
化学成分	二氧化硅（%）	≥	61.00	58.00	53.00	41.50	35.00
	氧化镁（%）	≥	31.00	30.00	30.00	29.00	28.00
	三氧化二铁（%）	≤	0.50	1.00	1.50	2.50	—
	三氧化二铝（%）	≤	1.00	1.50	—	—	—
	氧化钙（%）	≤	0.50	1.20	2.50	3.50	—
	氧化钾和氧化钠（%）	≤	0.30	0.50	—	—	—
	二氧化钛（%）	≤	0.20	0.50	—	—	—
	烧失量（%）	≤	6.00	8.00	12.00	20.00	25.00
	酸不溶物（%）	≥	90.00	85.00	82.00	70.00	55.00
物理性质	白度（%）	≥	90.0	85.0	80.0	75.0	60.0
	块度（mm）	≥	30	20	由供需双方商定		

① 产品代号：
GL-特——工业原料特级滑石块；
GL-1——工业原料一级滑石块；
GL-2——工业原料二级滑石块；
GL-3——工业原料三级滑石块；
GL-4——工业原料四级滑石块。

37.5.1.3　产品质量标准

中国滑石产品质量标准，系部标准，见表 37.5.7 至表 37.5.14。

表 37.5.8　造纸用滑石粉标准（JC 161—82）

技术性能 \ 质量等级①	ZZ-特	ZZ-1	ZZ-2	ZZ-3
白度（%）　≥	90	85	80	75
尘埃（mm^2/g）　≤	0.40	0.60	0.80	1.00
水分（%）　≤	1.00			
pH（1∶20 浓度）	7.0～9.0			
沉降速度（清液毫升数/15 分钟）	50～80			
细度　目（μm）	325（45）		200（75）	
细度　筛余量（%）　≤	2		2	
酸溶性铁(以 Fe_2O_3 计)(%)　≤	0.50	1.00	1.50	2.00
碳酸钙（%）　≤	2.50	3.00	3.50	4.00
烧失量（800℃）（%）　≤	6.00	8.00	12.00	22.00

①　产品代号：
ZZ-特——造纸特级滑石粉；
ZZ-1——造纸一级滑石粉；
ZZ-2——造纸二级滑石粉；
ZZ-3——造纸三级滑石粉。

表 37.5.9　陶瓷用滑石粉标准（JC 294—82）

技术性能 \ 质量等级①	TC-1	TC-2	TC-3
二氧化硅（%）≥	61.00	60.00	58.00
氧化镁（%）≥	31.00	30.00	30.00
三氧化二铁（%）≤	0.30	0.50	1.00
氧化钙（%）≤	0.50	0.80	1.20
三氧化二铝（%）≤	1.00	1.20	1.50
氧化钾和氧化钠（%）≤	0.30	0.50	0.80
二氧化钛（%）≤	0.20	0.30	0.50
烧失量（%）≤	6.00	8.00	9.00
酸不溶物（%）≥	90.00	87.00	85.00
磁铁吸出物（%）≤	0.05	0.07	0.10
白度（%）≥	80～85		

续表 37.5.9

技术性能 \ 质量等级①		TC-1	TC-2	TC-3
细度	目（μm）		325（45）	
	筛余量（%）≤		2	

① 产品代号：

TC-1——陶瓷一级滑石粉；

TC-2——陶瓷二级滑石粉；

TC-3——陶瓷三级滑石粉。

表 37.5.10　电缆、橡胶、塑料用滑石粉标准（JC 295—82）

技术性能 \ 质量等级①		DL-1	DL-2	DL-3
酸不溶物（%）≥		90.00	87.00	85.00
酸溶性铁（以 Fe_2O_3 计）（%）≤		0.20	0.50	1.00
烧失量（%）≤		6.00	8.00	10.00
磁铁吸出物（%）≤		0.04	0.07	0.10
水分（%）≤		0.50	1.00	
细　度	目（μm）	325（45）	200（75）	100（149）
	筛余量（%）≤	2（全通过） 200 目	2	0

注：白度，可由供需双方商定。

① 产品代号：

DL-1——电缆一级滑石粉；

DL-2——电缆二级滑石粉；

DL-3——电缆三级滑石粉。

表 37.5.11　纺织用滑石粉标准（JC 296—82）

技术性能 \ 质量等级①		FZ-特	FZ-1	FZ-2
白度（%）≥		85	82	80
细度	目（μm）	325（45）	325（45）	
	筛余量（%）≤	0.5	2	

续表 37.5.11

质量等级① 技术性能	FZ-特	FZ-1	FZ-2
碳酸钙（%）≤	2.00	3.00	4.00
粉末沉淀量（%）≤	0.30	0.50	1.00
砂分（深粗条痕）	无	3 条以下	6 条以下
pH（1∶20 浓度）	7.0～9.0		
密度（g/cm^3）≤	2.90		

① 产品代号：
FZ-特——纺织特级滑石粉；
FZ-1——纺织一级滑石粉；
FZ-2——纺织二级滑石粉。

表 37.5.12　油毡用滑石粉标准（JC 297—82）

质量等级① 技术性能		YZ-1	YZ-2
比重≤		3.00	
细度	目（μm）	140（104）	120（125）
	筛余量（%）	<0.5	0
水分（%）≤		0.50	1.00
pH（1∶20 浓度）<		10.00	

① 产品代号：
YZ-1——油毡一级滑石粉；
YZ-2——油毡二级滑石粉。

表 37.5.13　医药、化妆、食品用滑石粉标准（JC 298—82）

质量等级① 技术性能	YY-1	YY-2
颜色	洁　白	白色或类白色
白度（%）≥	85	80
嗅、触感觉	无臭、无味，粉末细腻，有滑润性，易粘附皮肤，无砂性颗粒	

续表 37.5.13

技术性能 \ 质量等级①		YY-1	YY-2
细 度	目（μm）	325（45）	200（75）
	筛余量（%）≤	2	2
酸中可溶物（%）≤		1.5	2.0
水中可溶物（%）≤		0.12	0.20
酸碱度		石蕊试纸显中性反应	
水分（%）≤		0.50	
烧失量（600~700℃）（%）≤		5.00	6.00
铁盐		在煮沸过的滑石粉冷滤液中，加稀盐酸与亚铁氰化钾试液各1mL，不得即时显蓝色	
石棉		用X-射线衍射仪粉末法分析不得发现	

注：如需测定As、Cd、Hg、Pb、P等元素，由供需双方协商进行检查。

① 产品代号：

YY-1——医药一级滑石粉；

YY-2——医药二级滑石粉。

表 37.5.14 涂料用滑石粉标准（JC 299—82）

技术性能 \ 质量等级①		TL-1	TL-2	TL-3
白度（%）≥		80	75	70
吸油量（%）		20~40		41~50
细 度	目（μm）	325（45）	325（45）	200（75）
	筛余量（%）≤	0.5	2	2
水分（%）≤		0.50	1.00	
pH（1:20浓度）		7.0~9.0		
烧失量（500℃）（%）≤		5.00	6.00	7.00

① 产品代号：

TL-1——涂料一级滑石粉；

TL-2——涂料二级滑石粉；

TL-3——涂料三级滑石粉。

37.5.1.4 主要选矿方法和副产品回收

滑石主要选矿方法见表37.5.15，其副产品回收见表37.5.16。

表37.5.15 滑石主要选矿方法

序号	选矿方法	分选原理	选矿目的	矿山举例
1	手选		选出高级滑石块	中国海城、海洋、本溪、浑江、桂林、水泉等滑石矿
			挑出脉石	美国黄石（Yellowstone）、贝弗尔海德（Beaverhead）滑石矿挑出碳酸盐等脉石，澳大利亚西境（West Side）公司挑出游离石英
2	光选	滑石在紫外光照射下发白色荧光，脉石不发荧光	直接生产产品	意大利
			浮选前的预选用	美国塞浦路斯工业矿物公司（Cyprus Industrial Mineral Co.），将滑石品位从30%提高到69%
3	浮选	滑石亲油，脉石亲水	除去亲水杂质，提高产品品位	浮选在美国、英国、加拿大、芬兰等国广泛使用
4	磁选	铁质矿物带磁性，滑石不带磁性	浮选前预选用，除去铁质矿物，提高产品白度	加拿大贝克尔滑石公司（Baker Talc Inc.）的凡·立特矿（Van Reet）
5	干磨-空气分级		直接生产滑石粉	中国、意大利、西德、奥地利、澳大利亚等国广泛使用

表37.5.16 滑石选矿副产品回收

副产品名称	回收方法	选矿厂举例
菱镁矿及镍、钴等硫化矿物	浮选和重选联合	美国东方氧化镁滑石公司：滑石尾矿先用摇床回收镍、钴等硫化矿，再用浮选法回收菱镁矿，浮选药剂为磺化石油500g/t，碳酸钠1kg/t，pH值为8.0
菱镁矿	浮选	苏联沙巴罗夫斯克选矿厂：用脂肪酸从滑石尾矿中回收菱镁矿

37.5.2 选矿厂实例

37.5.2.1 海城滑石矿

海城滑石矿位于中国辽宁省海城县，是由富含硅酸的热液与菱镁岩或白云石大理岩直接交代的产物，属中低温浅成开放系统的热液交代矿床。其矿石特征见表37.5.17，矿石中矿物组成见表37.5.18。矿区中优质滑石其化学成分接近矿物理论值，见表37.5.19。

表37.5.17 矿石特征

颜色	结构	滑石含量（%）	选矿方法
白色、灰色、粉红色、蛋青色	块状和片状结构	70~80	手选或干磨
	中粗粒浸染状结构，浸染粒度： 粗粒：20~50mm 中粒：1~10mm 细粒：<1mm	30~50	浮选

表37.5.18 矿物组成

矿物分类	矿物名称	平均含量（%）	外观存在状态	产品类别
主要矿物	滑石	55	呈鳞片状集合体	主要产品
伴生矿物	菱镁矿	42	呈大小不等残留体	副产品
脉石矿物	石英	1.5		
	黄铁矿	0.5		
	磷灰石、绿泥石、蛇纹石、电气石、透闪石、金红石、石墨等	极少		

表37.5.19 优质滑石化学成分

化学成分	有益组分（%）			有害组分（%）			
	SiO_2	MgO	H_2O	Fe_2O_3	Al_2O_3	CaO	其他
滑石理论值	63.50	31.70	4.80	0	0	0	0
海城优质滑石	62.36	32.48	4.96	0.016	0.007	0.130	0.047

该矿干法选矿工艺流程见图37.5.1，技术经济指标见表37.5.20。

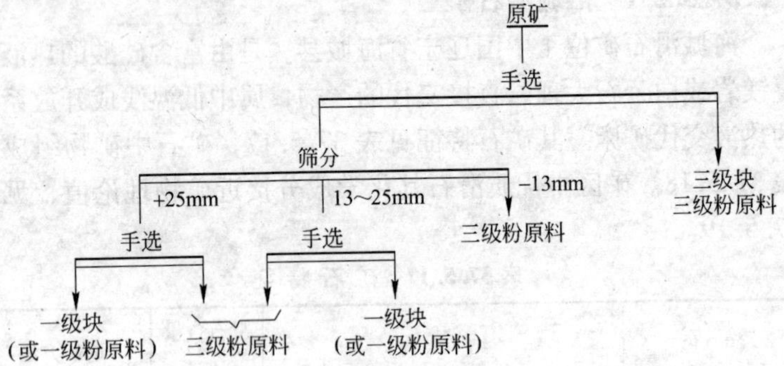

图37.5.1　海城滑石矿干法选矿工艺流程

表37.5.20　海城滑石矿干法选矿技术经济指标

项　目	指　标	项　目	指　标
原矿处理量（万t）	11.5	尾矿品位（%）	15
原矿粒度（mm）	350	精矿产率（%）	50
原矿品位（%）	50	选矿动力消耗：	
精矿品位（%）	94	电（kW·h/t原矿）	4.1
精矿回收率（%）	80	尾矿综合利用	做蒸汽砖

鉴于海城滑石矿贫矿（品位30%～50%）占79%，为利用贫矿生产高级滑石粉，1974年建成了浮选厂。原设计工艺流程见图37.5.2，主要选矿设备见表37.5.21，浮选药剂制度见表37.5.22，数质量指标见表37.5.23，1975年试生产实际所获得指标见表37.5.24。试生产指标比设计指标略低。经多年调试、研究和改进，流程仍不能畅通，以致长期不能正式投产。1984年曾派人去美国密执安大学矿物研究所进行中间试验，试验的工艺流程见图37.5.3，设备见表37.5.25，浮选药剂制度见表37.5.26，试验所得数质量指标见表37.5.27。准备进行技术改造。

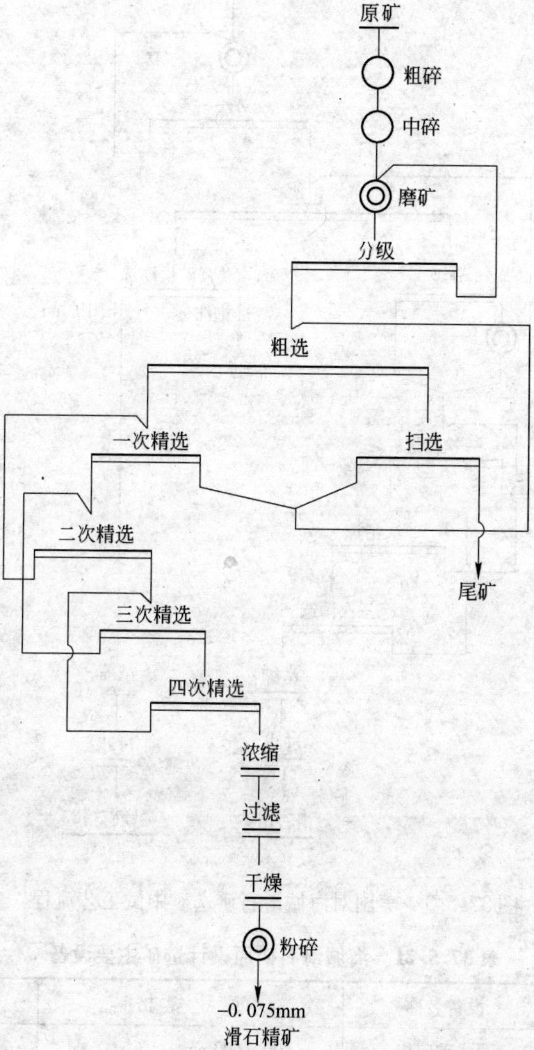

图 37.5.2 海城滑石矿原设计选矿厂工艺流程

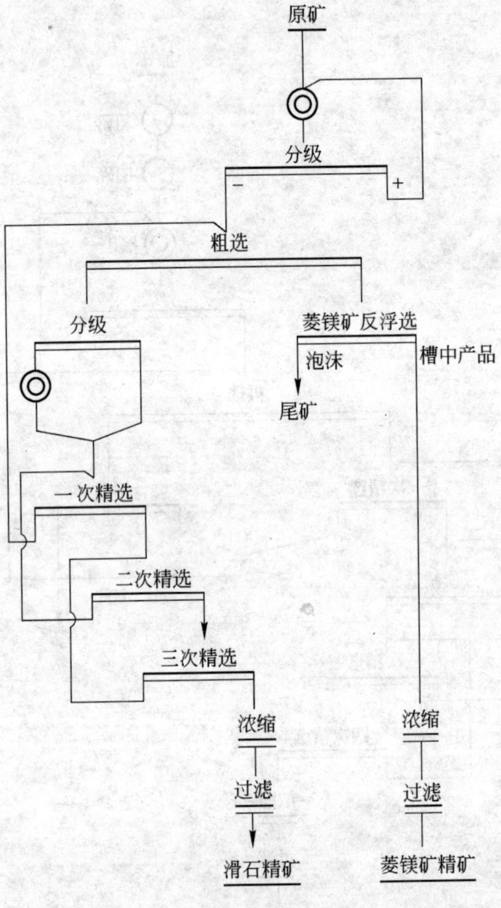

图 37.5.3 美国对海城滑石矿选矿中试工艺流程

表 37.5.21 海城滑石矿原设计选矿主要设备

序号	设备名称	型号规格	台数
1	颚式破碎机	400×600mm	1
2	锤式破碎机	ϕ1000×800mm	1
3	球磨机	ϕ2.7×2.1mm	1

续表 37.5.21

序号	设备名称	型号规格	台数
4	螺旋分级机	高堰式 ϕ1500mm	1
5	搅拌机	ϕ1500×1500mm	1
6	浮选柱		5
7	耙式浓缩机	ϕ18m	1
8	过滤机	185m^2	1
9	挤泥机	非标准设备，3~4t/h	1
10	旋流干燥机	非标准设备，3~4t/h	1
11	旋风除尘器	ϕ850，ϕ600mm	各1
12	雷蒙磨	5R4018	1

表 37.5.22　海城滑石矿原设计浮选药剂制度

介　质	煤油用量（g/t）	2号油用量（g/t）	加药地点
中　性	4800	300	粗选、一次精选

表 37.5.23　原设计数质量指标

序号	项　目	磨矿细度 -0.075mm%	处理量（万t/年）	精矿量（一级滑石粉）（万t/年）	品位（%）	回收率（%）	白度（%）
1	原　矿	—	11.12		53.54	—	—
2	浮选精矿	85~90	—	5	94.5	85	90

表 37.5.24　试生产数质量指标

项　目	品位（%）	回收率（%）	白度（%）
原　矿	48~52		
浮选精矿	91~93	81	90

表 37.5.25　中试主要选矿设备

序号	设备名称	型号规格	台数
1	球磨机	溢流式 ϕ0.9×1.5m	1
2	分级用水力旋流器	ϕ75mm	1
3	粗选浮选机	维姆科式 W20#	1
4	搅拌槽		1

续表 37.5.25

序号	设备名称	型号规格	台数
5	浮选菱镁矿反浮选机	维姆科式 W18#	4
6	粗精矿分级用水力旋流器	ϕ25mm	3
7	再磨球磨机	锥形	1
8	一精浮选机	维姆科式 W18#	4
9	二精浮选机	丹佛式 D7#	6
10	三精浮选机	丹佛式 D7#	4
11	浓缩机（滑石）	ϕ1.5×0.9m	1
12	过滤机（滑石）	圆筒真空外滤式 ϕ0.54×0.6m	1
13	浓缩机（菱镁矿）	ϕ1.5×0.9m	1
14	过滤机（菱镁矿）	圆筒真空外滤式 ϕ0.54×0.6m	1

表 37.5.26　中试浮选药剂制度

序号	加药地点	药剂用量（g/t）		
		MIBC 起泡剂①	水玻璃	十二烷基胺
1	球磨机		250	
2	滑石浮选粗选槽	105		
3	再磨机		125	
4	滑石一次精选	20		
5	滑石二次精选	20	125	
6	滑石三次精选	20	125	
7	菱镁矿搅拌槽		250	280
	合　计	165	875	280

① MIBC——甲基异丁基醇。

表 37.5.27　中试数质量指标

序号	作业名称	γ (%)	$\beta_{菱镁矿}$ (%)	$\varepsilon_{菱镁矿}$ (%)	$\beta_{滑石}$ (%)	$\varepsilon_{滑石}$ (%)	细度 (-0.075 mm%)
1	给　料	100	58.20	100	42.32	100	6.93
2	球磨机排料	634.54					22.50
3	水力旋流器溢流	100	58.20	100	42.32	100	72.80
4	水力旋流器底流	534.54					13.09
5	滑石粗选精矿	45.43			87.70		75.96
6	再磨水力旋流器底流	29.12					62.95

续表 37.5.27

序号	作业名称	γ（%）	$\beta_{菱镁矿}$（%）	$\varepsilon_{菱镁矿}$（%）	$\beta_{滑石}$（%）	$\varepsilon_{滑石}$（%）	细度（-0.075 mm%）
7	再磨水力旋流器溢流	16.31					99.19
8	再磨球磨机返料	29.12					92.87
9	一次精选滑石精矿	39.73			94.76		
10	一次精选滑石尾矿	8.25			45.90		
11	二次精选滑石精矿	37.76			95.40		
12	二次精选滑石尾矿	2.54			55.66		
13	三次精选滑石精矿	37.18			95.75	85.01	
14	三次精选滑石尾矿	0.58			73.92		
15	滑石粗选尾矿	62.82	89.97	97.11	10.10	14.99	
16	菱镁矿粗选精矿	53.25	96.93	88.68	3.08	3.87	
17	菱镁矿粗选尾矿	9.57	51.24	8.42	49.18	11.12	

37.5.2.2 约翰逊滑石矿（美国）

该矿位于佛蒙特州，隶属于美国恩格尔哈德矿物与化学公司。原矿含滑石55%，菱镁矿40%，以及少量氧化铁、硫化钴、磁黄铁矿、辉砷镍矿等。其中滑石作为主要矿物回收，菱镁矿和镍、钴矿作为伴生矿物回收。选矿采用干湿联合方法分选，湿法又有重选和浮选两种，其中重选回收镍、钴硫化矿，浮选回收滑石和菱镁矿。重选设备为威尔弗莱摇床，浮选设备为法兰瓦尔德浮选机。干选使用了风力分级机。选矿工艺流程见图 37.5.4。浮选药剂采用磺化石油 500 克/吨，碳酸钠 1 千克/吨，pH = 8。滑石被浮起成为滑石产品，浮选槽内矿物即为菱镁矿产品。滑石产品含滑石 91% ~92%。

37.5.2.3 沙布罗夫斯克滑石矿（苏联）

原矿矿物组成见表 37.5.28。选矿采用浮选-磁选联合分选。磁选除去带磁性金属矿物，浮选分离菱镁矿并除去脉石。选矿工艺流程见图 37.5.5。滑石浮选条件，粗磨细度为 -0.075 毫米占65%，细磨细度为 -0.075 毫米占 95.6%，使用浮选药剂为松油 95 克/吨，pH 值为 6.3；菱镁矿反浮选条件为加脂肪酸（用量不详）。浮选结果见表 37.5.29。

表 37.5.28　原矿矿物组成

矿　体	$\alpha_{滑石}$（%）	$\alpha_{菱镁矿}$（%）	$\alpha_{杂质}$（%）
老扁平矿体	63.5	31.5	5（氯化物、金属矿物和其他矿物）
新扁平矿体	55	42	3（氯化物、蛇纹石和其他矿物）
大扁平矿体	59.5	38	2.5（氯化物、金属矿物和其他矿物）

表 37.5.29　苏联沙布罗夫选矿厂浮选结果

项　目	γ（%）	$\beta_{滑石}$（%）	滑石分布率（%）
精　矿	50.63	89.24	83.7
尾　矿	49.37	17.82	16.3
原　矿	100.00	54.00	100.0

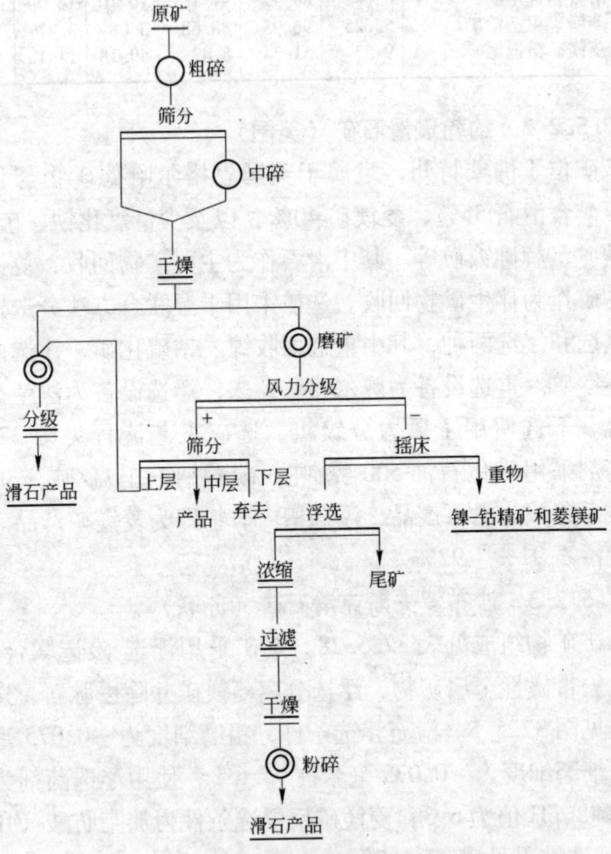

图 37.5.4　美国约翰逊滑石选矿厂工艺流程

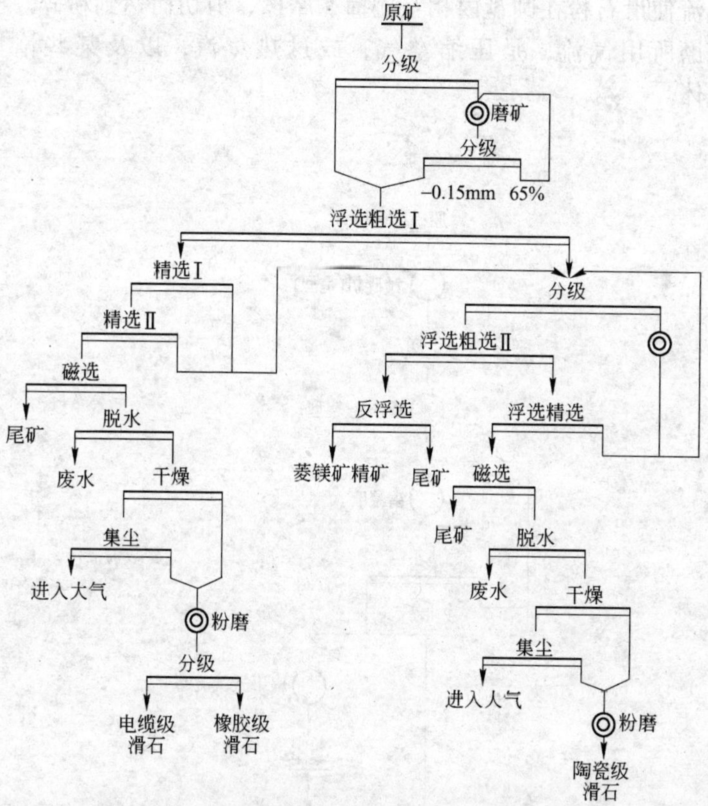

图 37.5.5 苏联沙布罗夫斯克滑石选矿厂工艺流程

37.5.2.4 古舍欧公司滑石微粉生产车间（意大利）

意大利古舍欧（Guseo）公司滑石微粉生产车间，年产 0~5 微米的滑石微粉 7200 吨，-0.045 毫米的滑石细粉 28000 吨。其工艺流程见图 37.5.6。

微粉生产的主要粉磨设备是气流磨，它是一个扁平状密封空心圆盘，盘的外沿四周安有若干切线喷嘴。高压气流携带矿物沿喷嘴高速射入，其速度为1000米/秒，压力为7～10巴。气流使滑石粉在圆盘内相互碰撞、摩擦、剪切而达到粉碎。气流磨所用气流，是压缩空气，或过热蒸汽，以及某些惰性气体。

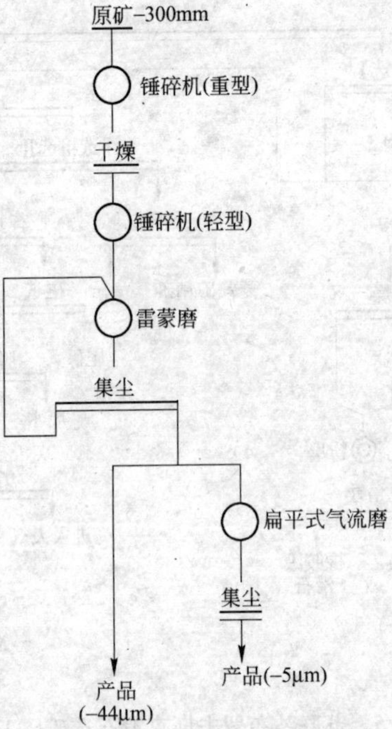

图37.5.6　意大利古舍欧公司滑石微粉车间工艺流程

37.5.3　世界主要滑石公司汇总表

世界主要滑石公司汇总见表37.5.30。

表 37.5.30 世界主要滑石公司汇总

国家	公司名称	选矿厂位置	产品特征	产量（t/年）
加拿大	加拿大滑石工业公司 Canada Talc Industries Ltd.	安大略省马道克 Madoc, Ont.	产品亮度94%，用于油漆、造纸、塑料、陶瓷、墙板等	25000
	斯梯特莱滑石公司 Steetley Talc Ltd.	安大略省提敏斯附近的彭霍伍德（Penhorwood）乡	产品"Jet Fil350"（平均粒径5.5微米）和"Jet Fil500"（平均粒径4微米）用作陶瓷和塑料填料及橡胶的分散剂；"Select-A-Sorb"（平均粒径2.2微米）用作造纸工业的树脂控制剂；"Aretie Mist"（平均粒径2.2微米）用于油漆工业	25000
	布鲁顿皂石与采石公司 Broughton Soapstone & Quarry Lrd.	魁北克省布鲁顿的圣皮尔 St. Pierre de Broughton, Que.	产品S40、T30(150目)、T40（0.075mm）、T50（0.045mm），作屋面材料占50%，水泥配料占20%，农药载体占10%，橡胶填料占20%	18000
	加拿大琼斯·曼维尔公司 Canadian Johns-Man-Ville Co. Ltd.	安大略省提敏斯 Timmins, Ont.	加工方式：破碎、磨矿	20000
	贝克尔滑石公司 Baker Talc Inc.	魁北克省高水 Highwater, Que.	加工方式：破碎、磨矿、浮选、磁选，生产各级滑石；用途：造纸油漆、塑料、屋面材料	
	芒吞矿物公司 Mountain Minerals Co. Ltd.			

续表 37.5.30

国家	公司名称	选矿厂位置	产品特征	产量（t/年）
加拿大	加拿大菱镁矿矿山公司 Canadian Magnesite Mines Ltd.			
墨西哥	工业矿物公司 Technica Mineral SA	Périferico Sur 2000，Jalisco		
	墨西哥塞拉滑石公司 Sierra Talc de Mexico	Xalostoc Edo		
美国	塞浦路斯工业矿物公司 Cyprus Industrial Mineral Co.	蒙大拿州三岔 Three Forks，Mont.	加工方式：破碎、磨矿、气流粉碎；产品：0.075 mm、0.045mm 的微粉；用途：造纸、油漆、塑料、橡胶、化妆品、医药等	
		内布拉斯加州格朗岛 Grand Island，Neb.	加工方式：破碎、磨矿、气流粉碎；产品：0.075 mm、0.045mm 的微粉；用途：造纸、油漆、塑料、橡胶、化妆品、医药等	
		加利福尼亚州洛杉矶 Los Angeles，Clif.	加工方式：破碎、磨矿、立式磨；产品和用途同蒙大拿州三岔地方选矿厂	200000
		加利福尼亚州基勒 Keeler，Calif.	加工方式：破碎、磨矿、立式磨；产品和用途同蒙大拿州三岔地方选矿厂	
		得克萨斯州伊格尔弗拉特 Eagle Flat，Tex.	加工方式：破碎、筛分；用途：陶瓷	

续表 37.5.30

国家	公司名称	选矿厂位置	产品特征	产量(t/年)
美国	温德索尔矿物公司 Windsor Minerals Inc.	佛蒙特州西温德索尔 West Windsor, Vt.		250000
	恩格尔哈德矿物与化学公司 Engelhard Minerals & Chemicals Corp.	佛蒙特州约翰逊 Johnson, Vt.	加工方式：破碎、干燥、磨矿、筛分、浮选、粉碎；产品商业名称：Emtal；用途：造纸、油漆、塑料、农药等	60000
	普罗斯-斯托弗工业公司 Pluess-Stuafer Industries Inc.	佛蒙特州切斯特 Chester, Vt.		60000
	创业滑石公司 Pioneer Talc Co. Inc.	得克萨斯州阿蓝莫 Allamore, Tex.	产品为灰色，用途：油漆、陶瓷、屋面材料、橡胶	50000
	琼斯-曼维尔公司 Johns-Manvi He Corp.	加利福尼亚州洛杉矶		50000
	南部滑石公司 Southern Talc Co. Inc.	佐治亚州洽兹俄斯 Chatsworth, Ga.	产品用途：屋面材料占30%，农药占20%，橡胶占30%	46000
	韦斯特克斯矿物公司 Westex Minerals Co.			30000
	南部黏土产品公司 Southern Clay Products, Inc.	得克萨斯州阿蓝莫 Allamore, Tex.	加工方式：破碎、干燥；用途：80%用于陶瓷，其余用于屋面材料、塑料、橡胶等	滑石(皂石)200000

续表 37.5.30

国家	公司名称	选矿厂位置	产品特征	产量 (t/年)
美国	菲泽公司矿物、颜料、金属分公司 Pfizer Inc. Minerals, Pigments and Metals Division	蒙大拿州贝菲尔海德县巴来茨 (Barretts)	商品名称:"Microtalc"(10～30μm);"Talcron"(38～75μm);"Cercron"(96%～99% −75μm),主要用于陶瓷	
	R.T. 范德比尔特公司 R. T. Vanderbilt Co. Inc.	纽约州高佛努尔 Gowverneur, Ny	加工方式:磨矿、气流粉碎;产品商品名称:Nytal, Ceramic, Fibertal, Mouldene;用途:油漆、陶瓷	
	得克萨斯滑石公司 Texas Talc Inc.	得克萨斯州范洪 Van Horn, Tex.		25000
	商业矿物公司 Commercial, Minerals Co.	加利福尼亚州纽瓦克	加工方式:粉碎、风选;产品粒度为0.075mm和0.075mm以下	
	佐治亚高岭土公司 Georgia Kaolin Co.	得克萨斯州贡萨利斯 Gonzales, Tex.	加工方式:破碎、磨矿、分级、干燥	
	佛蒙特滑石公司 Vermont Talc Inc.	佛蒙特州哈切斯特	加工方式:破碎、磨矿、风选;产品商品名称:Vertal;用途:塑料、造纸、橡胶、农药、耐火材料等	30000
	东方氧化镁滑石公司 Eastern Magnesca Talc Co. Inc.	佛蒙特州	磨矿至−0.075mm占72%～77%,经浮选,精矿浓度18%～21%,再脱水、干燥、粉碎、风选、外运	
	南俄勒冈块滑石公司 Steatite of Southern Oregon Inc.	南俄勒冈州格兰茨帕斯		500

续表 37.5.30

国家	公司名称	选矿厂位置	产品特征	产量(t/年)
阿根廷	Geberovich Hnos 公司	门多萨省 Mendoza Province		12000
巴西	哥斯达尔科矿业公司 Costalco Mineracao Industrial Comercio Ltda.	巴拉那的蓬塔格罗萨 Ponta Grossa, Parana		200000
	Mineracao Matheus Leme Ltda. 公司	圣保罗 Sao Paulo		100000
		米纳斯吉拉斯 Minas Gerais		
	菱镁矿公司 Magnesita SA	里约热内卢	微粉产品用于化妆品、医药、造纸、油漆、塑料、陶瓷、化工	18000
	乌龙·布朗库滑石公司 Talco Ouro Branco Ltda.	圣保罗 Sao Paulo		10000
		巴伊亚 Bahia		
		伯南布哥 Pernambuco		
		帕拉伊巴 Paraiba		
		戈西斯 Goias		
		巴拉那 Parana		
	Mineracao Lagoa Bonita-Socavao Ltda. 公司	巴拉那卡斯特罗 Castro, Parana	加工方式：分级、磨矿；产品：陶瓷级滑石	28000
			产品：非晶质白滑石；用途：橡胶、油漆、造纸占70%，其他占30%	6000

续表 37.5.30

国家	公司名称	选矿厂位置	产品特征	产量(t/年)
巴西	Mineracao Lagoa Bonita-Socavao Ltda. 公司	巴拉那卡斯特罗 Castro, Parana	产品：致密白滑石；用途：橡胶、油漆、造纸、化妆品占80%，其他占20%	4000
	乌龙布朗库矿业公司 Minerios Ouro Branco Ltda.	圣保罗 Sao Paulo		400
		戈亚斯 Goias		
		巴拉那 Parana		
	斯达得·巴伊亚那滑石公司 Sdade Bahiana de Talco Ltda.	巴伊亚州圣阿马罗的依塔白马 Itapema, Santa Amaro, BA		10000
秘鲁	Cia Minera Agregados Calcareos SA	利马 Lima		180000（包括其他产品）
奥地利	南茨滑石公司 Talkumwerke Naintsch GmBH	安格 Anger	产品粒度：颗粒状至15微米；用途：屋面材料、纸张、油漆、陶瓷	23000
		奥帕费斯特利茨 Oberfeistritz	产品粒度：标准粒级和颗粒状；用途：屋面材料、陶瓷等	26000
		施图本贝尔格 Stubenberg	产品粒度：颗粒状大于15微米；用途：屋面材料、纸张、油漆、陶瓷	30000
		拉森 Lassing	产品粒度：标准粉、微粉、超微粉；用途：油漆、纸张	14000
		韦斯基尔青 Weisskirchen	产品粒度：颗粒状至15微米；用途：油漆、塑料、纸张等	30000

续表 37.5.30

国家	公司名称	选矿厂位置	产品特征	产量（t/年）
奥地利	彼得·雷托弗滑石公司 Talksteinwerke Peter Reithofer	施图本贝尔格 Stubenburg		10000
保加利亚	延保尔（Dzebel）滑石企业	基尔贾利区延保尔		25000
芬兰	索曼滑石公司 Suomen Talkki Oy	索特卡莫 Sotkamo	加工方式：破碎、磨矿、浮选、分级；产品名称：Finntalc P40、P20、C10、C15、M15、M10；用途：纸张、油漆、塑料、橡胶、化肥、农药等	170000
芬兰	Oy Lohja Ab 公司	Vuonos	加工方式：破碎、磨矿、分级、浮选选镍、滑石精矿再脱水、过滤、干燥、细磨至 5 ~ 20μm；商品名称："Lohjtale PV"；用途：造纸	150000
芬兰	米里考斯基公司 Myllykoski Oy	Luikonlahti Koupio	加工方式：破碎、磨矿、浮选，精矿品位 97%，经脱水、过滤、干燥、细磨	50000
法国	卢森纳克滑石公司 SA Des Talcs De Luzenac	卢森纳克 Luzenac	加工方式：磨矿、分级，产品分 27 个等级	250000 ~ 300000
法国	Marty & Parazols 公司	Pont-de-Reynes	加工方式：破碎、磨矿	8000
西德	罗森塔尔工业公司 Rosenthal Technik AG	Göpfersgrün	加工方式：磨矿，浮选、过滤；用途：陶瓷；产品粒级：0.1mm、0.2mm、1mm、15 ~ 20mm	8000

续表 37.5.30

国家	公司名称	选矿厂位置	产品特征	产量（t/年）
西德	舍尔隆滑石开采公司 Scheruhn Talkum-Bergbau	施瓦岭巴赫 Schwarzenbach	加工方式：破碎、磨矿、分级；用途：油漆、耐火材料、屋面材料、纸张、化工	4000
意大利	基松内山谷滑石及石墨公司 Societa Talco e Grafite Val chisone	都灵的比内罗洛	加工方式：磨矿、选矿；产品：75 ~ 45μm，微粉和块；用途：化妆、陶瓷、塑料、油漆	50000
		里窝那 Leghorn	加工方式：磨矿；产品：滑石粉；用途：纸张、陶瓷	20000
	SRL 斯普路加山谷矿物公司 SRL Mineraria Valle Spluga	桑德里的洛瓦提·墨索拉 Novate Mezzola，sondrio	加工方式：磨矿、分级、粉碎；用途：油漆、塑料、纸张、橡胶；产品：微粉 M/8、微粉 M/15、Superventil SE/50、Superventil VBG/2	40000
	Soim-STA·工业矿物公司 Soim-STA·Industrial E Mineraria	努奥罗 Nuoro	加工方式：破碎、干燥、磨矿、分级；用途：纸张、油漆	35000
挪威	挪威滑石公司 A/S Norwegian Talc	卑尔根附近的 Knarrevlk	加工方式：磨矿、分级、粉碎；用途：油漆、纸张	
		Framfjord	加工方式：破碎、分级、粉碎；粒度：-0.075mm；用途：屋面材料	12000
	东部矿石出口公司 Osltandske Stenexport A/S	Lalm，Ottadalen	加工方式、磨矿、分级；产品商品名称：Talc “0000”，100% 通过 67 微米筛；用途：陶瓷、化肥、农药、造纸、橡胶	16000

续表 37.5.30

国家	公司名称	选矿厂位置	产品特征	产量（t/年）
挪威		Sel 附近	产品为粗粒滑石粉；用途：屋面材料	10000
	斯麦斯塔德与萨埃特公司 Smestad & Saetre A/S	克旺姆 Kvam	产品：0.075mm	8000
			产品：粗粒级	2000
西班牙	皮尔内科斯滑石公司 Talcos Pirenaicos SA	圣马丽亚 Santa Maria	产品：21.4% 用于造纸	25000
	阿雷圭矿业公司 Minera Arregui SA	马拉加的富恩希罗拉 Fuengirola，Malaga	产品用途：纸张和化肥	12000
苏联	格鲁吉亚滑石公司 Грузтальк	格鲁吉亚乔尔强		
瑞典	布利登公司 Boliden AB	加蓬贝尔格 Garpenberg	加工方式：浮选；用途：化肥	7000
	Handöls Töljstens AB 公司	Handöl	生产微粉及其他粒级滑石粉；用途：屋面材料、纸张、化肥	20000
英国	克拉保罗产品公司 Clarborough Products Ltd.	波利范特 Polyphant	产品：按用户要求生产；用途：屋面材料、纸张、油漆、橡胶、塑料等的填料	
	亚历山大·桑迪森父子公司 Alexander Sandison & Sons Ltd.		产品用途：屋面材料、橡胶等	19000
南斯拉夫	Rudnici za talk′ Dimce Mircev′	铁托韦莱斯 Titov Veles	加工方式：破碎、磨矿、化学处理；产品：$-40\mu m$、$-63\mu m$	15000

续表 37.5.30

国家	公司名称	选矿厂位置	产品特征	产量(t/年)
南斯拉夫	Sour Magnohrom-Vatrostalni Materijali	查查克 Cacak		
埃及	NASR 磷酸盐公司 NASR Phosphate Co.	Abbassiya	产品：0.04mm；用途：陶瓷、化工、医药、化妆	6000
肯尼亚	阿提河采矿公司 Athi River Mining Ltd.	基西 Kisii		10000
	奥克塔贡矿物公司 Octagon Minerals	西波科特地区韦保耶 Weboye，West Pokot region	产品用途：纸张、化妆品、胶黏剂和橡胶	7000
马达加斯加	Sé Miniére dela Grande lle 公司	塔那那利佛的陶利阿利 Toliary，Tananarive		500
南非（阿扎尼亚）	G & W 贱矿物与工业矿物公司 G & W Base and Industrial Minerals (Pty) Ltd.	德兰士瓦哲米斯顿的瓦德维尔 Wadeville，Germiston，TV		
	金属公司 Metallgesellschaft (SA) (Pty) Ltd.	德兰士瓦哲米斯顿 Germiston，TV		10000
	Zimro-Zinchem 与工业矿物公司 Zimro-Zinchem & Industrial Mineral Resources (Pty) Ltd.	德兰士瓦布菲尔斯普鲁特 Buffelspruit，TV		

续表 37.5.30

国家	公司名称	选矿厂位置	产品特征	产量（t/年）
赞比亚	碎石销售公司 Crushed Stone Sales Ltd.	Lilayi		10000
		Shantumbu		
津巴布韦	霍克谢德矿山公司 Hawkshead Mines (Pvt.) Ltd.	乌姆塔利 Umtali		6000
	G&W 工业矿物公司 G&W Industrial Minerals	威洛瓦尔 Willowvale		1200
		哈拉里 Harare		
印度	吉姆派克斯矿物公司 Gimpex Minerals Pvt. Ltd.	拉贾斯坦邦斋普尔 Jaipur, Rajasthan State	加工方式：破碎、磨矿、分级；产品亮度：> 90%；用途：医药、陶瓷、化妆品等	60000
	贾云母供应公司 Thc Jai Mica Supply Co. Pvo. Ltd.	拉贾斯坦邦乌代普尔 Udaipur, Rajasthan		15000
	联合皂石分配公司 Associated Soapstone Distributing Co. Ltd.	乌代普尔 Udaipur 德失普拉 Despura	产品：Paramhans 0.04 mm、Rajhans0.04mm，纸张级 0.04mm；用途：纸张、橡胶、纺织、肥皂等	25000 ~ 30000
		道萨 Dausa 达哥拖 Dagotn	产品：Besta0.04mm、Dubax300 目、Clixy250 目、纸张级 0.04mm；用途：化妆、造纸、橡胶、纺织、肥皂等	35000 ~ 40000
		比尔瓦拉 Bhilwara 钱普拿 Chainpura	产品：Finex0.04mm、Supra 0.04mm、B.Q.0.075 mm、造纸 0.04mm；用途：陶瓷、化妆品、医药、造纸、橡胶、纺织、肥皂等	30000 ~ 35000

续表 37.5.30

国家	公司名称	选矿厂位置	产品特征	产量(t/年)
印度	斯利·摩第·里·维加特德高岭土公司 Shree Modi Levigated Kaolin Pvt. Ltd.	拉贾斯坦邦乌代普尔 Udaipur, Rajasthan		7000
		拉贾斯坦邦班斯瓦拉 Banswara, Rajasthan	产品用途：纺织、橡胶、纸张、铸造	
	锡亚尔父子公司 Sial & Sons Pvt. Ltd.	卡特尼的巴特·莫哈利 Bhatta Mohali, Katni		10000
		乌代普尔的普罗莱普纳加 Pralapnagar, Udai pur		5000
	克坦实业公司 Khetan Business Corp. Pvt. Ltd.	拉贾斯坦邦乌代普尔地区纳特德瓦拉 Nathdware, Dist, Udaipur, Rajasthan	产品用途：化妆品、医药、纸张、橡胶、油漆、纺织、肥皂、型砂、农药等	10000
	比查莫斯公司 Beechamores Pvt. Ltd	乌代普尔	产品用途：医药、化妆品、工业颜料	5000
	斯达克公司 Starke & Co.	拉贾斯坦邦阿尔瓦尔 Alwar Dist. Rajasthan	产品用途：陶瓷和农药	5000
	索拉什特拉贸易公司 Saurashtra Traders	乌代普尔	产品用途：农药、造纸、油漆、陶瓷、玻璃器皿	3000

续表 37.5.30

国家	公司名称	选矿厂位置	产品特征	产量（t/年）
印度	斯利彭古玛菱镁矿矿山公司 Sri Ponkumar Magnesite Mines	Muthunaickanpatty Adaiyur		1000
	瓦苏德哈拉工业公司 Vasudhara Industries	阿尔瓦尔市布加 Bhugar，Alwar City		
	C. P. 塞斯父子公司 C. P. Seth & Sons	乌代普尔马德里 Madri，Udaijur		120
日本	库立明工业公司 Kunimine Industries	群马县太田 Ota	产品用途：95% 用于农药载体，5% 用作填料	40000
韩国	伊尔辛工业公司 IL Shin Industrial Co. Ltd.	Chung Ju，Choong-chong Bukdo	产品商品名称："White Snow"；用途：化妆品、纸张、化肥	200000
巴基斯坦	黑山矿物公司 Black Mountain Minerals	西北边境省 North-West Frontier Province		27000
泰国	泰矿物开发公司 Thai Minerals Development Co. Ltd.	佛统 Nakhonpathom		5000
菲律宾	博南萨矿山联合公司 Bonanza Consolidated Mines Inc.	马尼拉	产品用途：陶瓷占 85%、油漆占 10%、纸张占 5%	10000
土耳其	Durmas Yasar Ve Ogullari	伊兹密尔 Izmlr	产品粒度：20μm、5μm	7000

续表 37.5.30

国家	公司名称	选矿厂位置	产品特征	产量(t/年)
土耳其	Daltüreks AS Mining Export & Trade Co.			15000
土耳其	Bazik Ates Tugla Sanayiiveve Vc Ticatet Ltd. Sti			12000
土耳其	Dolsan Dolgu Maddelari AS	埃斯基谢希尔 Eskisehir		10000
澳大利亚	三春滑石公司 Three Springs Talc Ltd.	西澳大利亚三春 Three Springs, W. A.	产品：块滑石 +125mm 粒度	50000
澳大利亚	澳大利亚联合工业公司台南特贸易公司 Acl-Tennant Dty. Ltd.	南澳大利亚贝弗利 Beverley, S. A		
澳大利亚	西境矿山公司 Westside Mines NL	西澳大利亚米卡萨腊附近海溪山 Mt. Seabrook, near Meekatharra, W. A.	加工方式：破碎、筛分，产品粒度 +25mm	20000
澳大利亚		北弗利曼特尔 N. Fremantle	产品粒度：45～75μm，亮度 83%～90%；用途：化妆品、纸张、油漆、塑料等	3000
澳大利亚	司梯特莱大洋洲公司的矿物分公司 Minerals Division of Steetley Austratasia Ltd.	南澳大利亚阿德莱德 Adelaide, S. A.		
新西兰	石灰和大理石公司 Lime and Marble Ltd.	马普 Mapua		250

37.6 云母选矿

37.6.1 绪论

37.6.1.1 矿物性质和用途

云母属层状构造的硅酸盐矿物。云母族矿物包括白云母、黑云母和鳞云母三类。工业上常用的是白云母，其次是金云母。云母矿物性质见表37.6.1，用途见表37.6.2。

表37.6.1 云母矿物性质

分类	常见矿物	化学组成	颜色	光泽	密度（g/cm^3）	熔点（℃）	化学稳定性
白云母（铝云母、钾云母）	白云母	K｛Al_2〔$AlSi_3O_{10}$〕$(OH, F)_2$｝ 其中： SiO_2 占45.2% Al_2O_3 占38.5% K_2O 占11.8% H_2O 占4.5% MgO	薄片透明无色或微带浅色调	玻璃光泽，解理面呈珍珠光泽	2.7～3.1	1260～1290	较金云母高
黑云母（镁铁云母）	金云母	K｛Mg_3〔$AlSi_3O_{10}$〕$(F, OH)_2$｝其中： SiO_2 38.7% Al_2O_3 10.8%～17.0% K_2O 7.0%～10.3% H_2O 0.3%～4.5%	银灰、金黄、黄棕、红棕、红褐、琥珀	玻璃光泽，解理面呈珍珠至半金属光泽	2.7～2.9	1270～1330	不溶于盐酸，但在浓硫酸内加热煮沸，分解成乳浊液

续表 37.6.1

分类	常见矿物	化学组成	颜色	光泽	密度（g/cm^3）	熔点（℃）	化学稳定性
	金云母	MgO 21.4% ~29.4%	薄片透明				
黑云母（镁铁云母）	黑云母	K｛(Mg, Fe)$_3$〔$AlSi_3O_{10}$〕(OH, F)$_2$｝各种成分和含量变化很大，亦含有 Ti、Na、F 等元素	黑色、褐黑色，不透明	强金属光泽或半金属光泽，解理面略带珍珠晕彩	2.7 ~3.1	1145 ~1395	在盐酸中微分解，但在浓硫酸内加热则全部分解
鳞云母（锂云母）	鳞云母	$KLi_{1.5}Al_{1.5}$〔$AlSi_3O_{10}$〕$(F, OH)_2$	浅紫色、灰白色，半透明	玻璃光泽，解理面呈珍珠光泽	2.8 ~2.9		
	铁锂云母	KLiFeAl〔$AlSi_3O_{10}$〕$(F, OH)_2$	黄棕、黑和紫灰等，不透明或半透明	玻璃光泽，解理面呈珍珠光泽	2.9 ~3.2		粉末能溶于稀盐酸

表 37.6.2　云母用途

种类	来　源	用　　途	产品加工方法	代表国家
片云母	有效面积大于 $4cm^2$ 的片状云母	在电气、电子和光学工业中作绝缘和支撑元件	原矿粗碎后人工剥离	美国、苏联、中国、印度
碎云母	云母开采和加工过程中的碎料	磨云母粉	细磨和超细磨	
		制云母纸（作绝缘材料）		美国、苏联

续表 37.6.2

种类	来　源	用　途	产品加工方法	代表国家
碎云母	云母开采和加工过程中的碎料	制耐热云母板（作绝缘耐热材料，可耐热600℃）	用树脂和磷酸盐黏接	日本
		生产膨胀云母，体积可膨胀5倍以上（作轻质、隔音、隔热建筑材料）		美国
		生产绝缘砖、瓦等建筑材料	与胶凝材料如黏土、玻璃、米糠、木屑混和	法国、加拿大
云母粉	碎云母磨细产品	制云母玻璃（作电子工业绝缘和耐火材料）	用纯云母粉60%与无铅玻璃粉40%制成	英国、美国、苏联
		制云母陶瓷（作电子工业绝缘和耐火材料）	用优质白云母粉（80~200目）与磷酸盐混合加压焙烧	苏联
		在水泥、油漆、橡胶、陶瓷中作填料，可改善材料性质		美国

37.6.1.2　资源和生产

中国云母资源分布见表37.6.3，产量见表37.6.4。世界云母产量见表37.6.5。

表37.6.3　中国云母资源分布

类　别	地理分布	矿床实例
		矿床名称
白云母	华东：苏、闽、鲁 华北：冀、晋、蒙 东北：辽、吉、黑 西北：陕、青、新 中南：豫、鄂、粤 西南：川、云、黔、藏	四川丹巴云母矿，分布达千余平方公里，有数百条含云母伟晶岩脉
		阿勒太地区，分布范围：东西300公里，南北30~50公里，有数千条含云母伟晶岩脉
		内蒙古土贵乌拉云母矿，分布达125平方公里，有200余条含云母伟晶岩脉
金云母	豫、鲁、苏、晋、蒙、吉、黑	山西大同、吉林辑安、山东诸城、河南镇平、内蒙古卓资、江苏东海

表 37.6.4 中国云母产量

序号	矿（公司）名称	建矿时间（年）	占全国总产量（%）
1	新疆非金属矿公司	1959	52.3
2	新疆北屯云母矿	1975	
3	四川丹巴云母矿	1951	15.6
4	山东诸城云母矿	1966	
5	内蒙古土贵乌拉云母矿	1950	21.1
6	内蒙古卓资云母矿	1965	
7	湖北罗田云母矿	1958	
8	山西凡峙云母矿	1969	
9	河南西峡云母矿	1958	
10	河南南召云母矿	1968	
11	河南新县云母矿		
12	河南卢氏云母矿		
13	河南镇平云母矿		
14	山西沂县云母矿		
15	山西雁北云母矿		
16	四川丹巴县云母矿		
17	其　他		6
	合　计		100.0

表 37.6.5 世界云母产量

国家或地区	产　量　(t)		
	1979 年	1980 年	1981 年
法　国	7100	8838	9059
挪威（原矿）	6000（估）	4500（估）	4600（估）
苏　联	46000（估）	46000（估）	47000（估）
西班牙	5169	4831	5000（估）
南斯拉夫	338	300	280（估）
马达加斯加	1168	1642	1700（估）
摩洛哥	370	480	1805
莫桑比克	250	200（估）	200（估）
南非（阿扎尼亚）	1720	2528	2395
苏　丹	2000（估）	1500（估）	1000（估）
坦桑尼亚（片云母）	9	3	2

续表 37.6.5

国家或地区	产量（t）		
	1979 年	1980 年	1981 年
津巴布韦	1275	1022	1406
墨西哥	243	331	350（估）
美国（碎云母）	122000	105000	121000
阿根廷（片云母）	860	218	192
（碎云母）	1140	616	739
巴西（出口量）	4075	4818	1950
印度（原矿）	9073	7934	8375
（碎云母）	5107	4493	4310
斯里兰卡	369	145	182
中国台湾省	1150	338	85
世界总产量	215000	196000	212000

37.6.1.3　产品质量标准

中国云母产品目前尚无国家标准，只有两个部标准：

(1) 工业原料云母部标准 JC 49—82

该标准适用于加工电工、电讯用云母绝缘材料的原料，它按云母晶体任一面的有效面积最大一块内接矩形分为 5 类，见表 37.6.6。

表 37.6.6　工业原料云母标准（部标准 JC 49—82）

类别	任一面之最大一块有效面积（cm^2）	最大轮廓面积（cm^2）	各类中另一面有效面积（cm^2）
特类	≥65	≥420	≥4
一类	≥40	<420	≥4
二类	≥20	<240	≥4
三类	≥10	<120	≥4
四类	≥4	<60	≥4

(2) 电子管用云母片部标准 JC 52—82

该标准适用于优质天然白云母片。其有效面积内的直径尺寸分为十种规格：ϕ15、17、19、21、25、30、35、40、45、50 毫米。有效面积占全片面积的百分率应符合表 37.6.7 规定。厚度、公差及有效面积内任意两点的厚度差应符合表 37.6.8 规定。

表 37.6.7　电子管用云母片标准（部标准 JC 52—82）对云母直径规定

直径（mm）	有效面积占全片面积（%）	备　注
15、17、19	>30	云母片边缘最远两点间距不小于 40 毫米
21、25、30、35、40、45、50	>50	

表 37.6.8　电子管用云母片标准（部标准 JC 52—82）对云母厚度规定

厚度（mm）	公差（mm）	有效面积内任意两点厚度差（mm）
0.20 0.25 0.30 0.35 0.40	-0.05	≤0.02

此外，还有一些早年制定现在仍在继续使用的超细云母粉部参考标准，见表 37.6.9 ~ 表 37.6.12。

37.6.2　选矿厂实例

37.6.2.1　丹巴云母矿选矿厂

选矿厂建于四川省丹巴县丹巴云母矿坑口。原矿粒度组成见表 37.6.13。选矿机械联系图见图 37.6.1。

该厂入选原料品位 9.1 千克/米^3，其中片云母占 44%，尾矿品位 0.7 千克/米^3，精矿品位 100%，选矿回收率 92%。

表 37.6.9 涂料用超细云母粉标准

指 标	牌 号	
	I	Ⅱ
颜色	白色	白色
水分（%）	≤1.5	≤1.5
细度：0.15mm 筛余率（%）	≤0.1	≤0.1
0.075mm 筛余率（%）		≤5.0
0.045mm 筛余率（%）	≤5.0	
pH 值	7.5～8.0	7.5～8.0

表 37.6.10 特种制品用超细云母粉标准

指 标	牌 号
	I
颜色	白色
水分（%）	≤1.5
细度：0.08mm 筛余率（%）	≤0.1
0.045mm 筛余率（%）	≤5.0
密度（g/cm^3）	0.2～0.3
磁性物含量（g/kg）	≤0.02
砂石含量（%）	≤0.1
pH 值	7.0～8.0
HCl 可溶物含量（%）	≤10.0

表 37.6.11 塑料用超细云母粉标准

指 标	牌 号	
	I	Ⅱ
颜色	白色	白色
水分（%）	≤1.5	≤1.5
pH 值	7.5～8.0	7.0～8.0
细度：0.12mm 筛余率（%）		≤0.1
0.075mm 筛余率（%）	≤3.0	
0.045mm 筛余率（%）	≤5.0	
磁性物含量（%）	≤0.05	≤0.02

表 37.6.12　橡胶用超细云母粉标准

指　标	牌　号
	I
颜色	白色
水分（%）	≤1.5
砂石含量（%）	≤1.0
细度：0.15mm 筛余率（%）	≤1.0
0.045mm 筛余率（%）	≤5.0
磁性物含量（%）	≤0.05

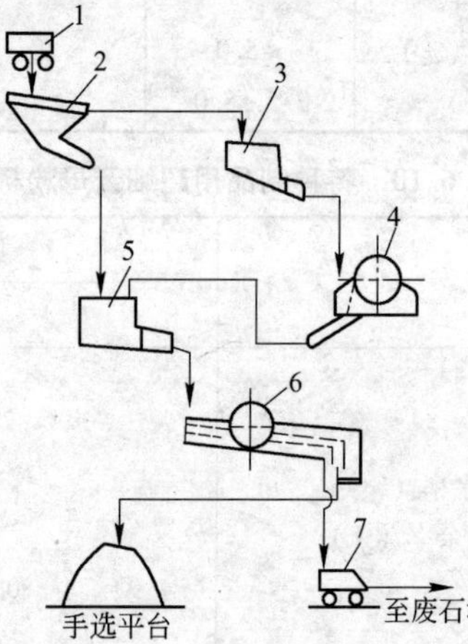

图 37.6.1　四川丹巴云母矿选矿厂机械联系图

1—矿车；2—固定棒条筛；3—矿仓；4—颚式破碎机；

5—矿仓；6—振动筛；7—矿车

表 37.6.13　原矿粒度特性

粒度 (mm)	重量 (kg)	产率（%）		云母含量					
				单体解离云母		云母连生体		总　计	
		个别	累计	重量 (kg)	品位 (kg/m^3)	重量 (kg)	品位 (kg/m^3)	重量 (kg)	品位 (kg/m^3)
+200	208.7	10.1	10.1	—	—	0.34	4.40	0.34	4.40
200～100	459.0	22.2	32.3	—	—	0.50	2.94	0.50	2.94
100～50	315.0	15.2	47.5	—	—	0.50	4.38	0.50	0.38
50～20	371.3	17.9	65.4	—	—	0.50	3.64	0.50	3.64
20～0	717.2	34.6	100.0	8.1	30.49	—	—	8.10	3.49
合　计	2071.2	100.0		8.1	10.56	1.84	2.4	9.94	12.96

37.6.2.2 风化云母伟晶岩选矿厂（美国）

美国采自阿拉巴马、哲吉尔和北卡罗来纳州的风化云母伟晶岩，含白云母 14%～16%，其他伴生矿物有石英、高岭土、长石，此外还有少量黑云母、褐铁矿、电气石、十字石、柘榴石、绿帘石和蓝晶石。

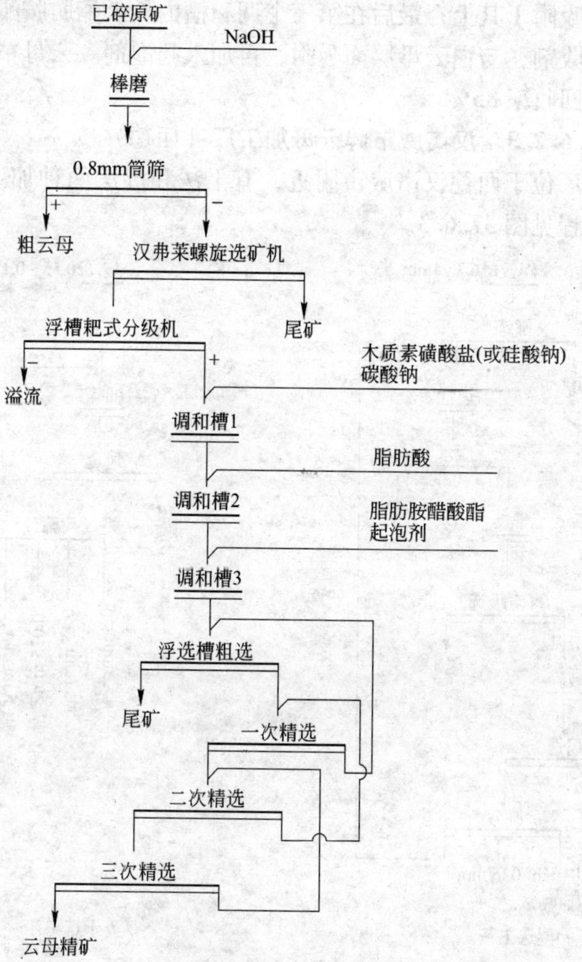

图 37.6.2 美国风化云母伟晶岩选矿厂工艺流程

选矿流程包括重选和浮选两部分，见图 37.6.2。重选主要设备是汉弗莱螺旋选矿机，除去粗粒尾矿之后送入浮选。在浮选工段，采用了三个调和槽：第一个调和槽加入木质素磺酸盐（或硅酸钠）分散矿泥，再加入碳酸钠调整矿浆 pH 在 10 左右；第二个调和槽内加入脂肪酸类阴离子捕收剂，使之与白云母侧面作用并吸附于其上；最后在第三个调和槽内加入酯肪胺醋酸酯阳离子捕收剂，与白云母层面吸附，再加入起泡剂。云母精矿品位 98%，回收率 85%。

37.6.2.3　汉诺威市碎云母加工厂（西德）

该厂位于西德汉诺威市附近，有干法和湿法两种加工工艺。工艺流程见图 37.6.3。

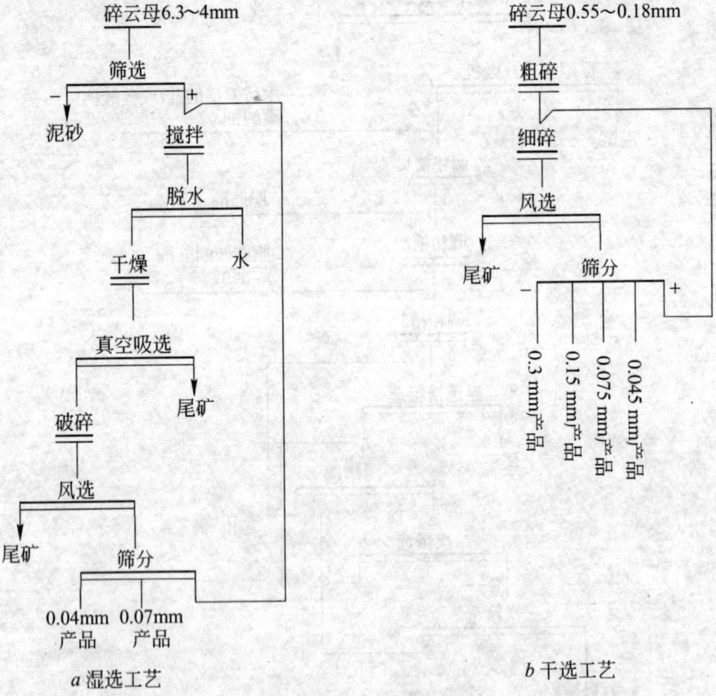

图 37.6.3　西德汉诺威市碎云母加工厂工艺流程

干法加工采用粗碎和细碎两段粉碎。粗碎用锤式破碎机，细碎用高速磨，粉碎机产品经高方筛分级。湿法加工主要是使用搅拌机进行破碎和碾磨，它使矿物既粉碎，又保持表面原有光泽。干燥后也用高速磨粉碎和高方筛分级。

高速磨是利用高速旋转的机械力切割云母片，见图 37.6.4。高速旋转的刀刃式锤片 1 和 2 以机械力切割云母，使之成为粉末，然后由风叶 3 鼓入沉降箱 4 和收尘袋 5，获得粗细两种产品。高方筛见 37.1 和 37.2 有关设备。

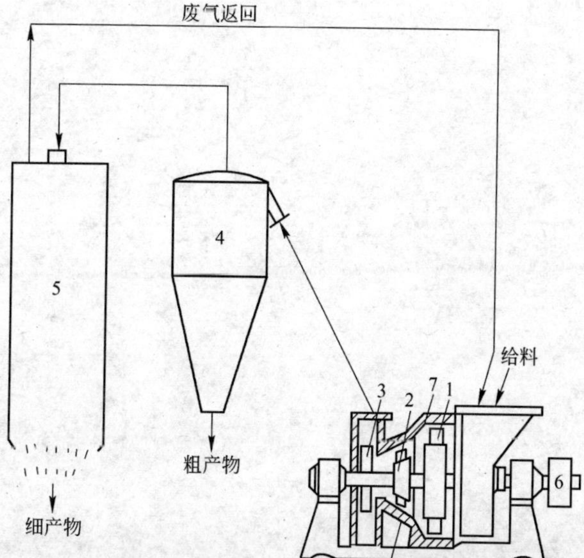

图 37.6.4　高速磨构造图

1—大锤片；2—小锤片；3—风叶；4—沉降箱；5—收尘袋；6—传动轴；7—衬板（波纹形）；8—锥形衬板

37.6.3　中国主要云母矿片云母生产技术经济指标

中国主要云母矿片云母生产技术经济指标如表 37.6.14 所示。

表 37.6.14 中国主要云母矿片云母生产技术经济指标

矿山名称	入选粒度（mm）	入选品位		尾矿品位（kg/m^3）	选矿回收率（%）	生产率（kg/(日·工)）
		kg/m^3	其中片云母占（%）			
丹 巴	<350	9.1	44	0.7	92	—
土贵乌拉	<350	12.5	7.5～11	—	—	155
新 疆	<350	12.0	41.3	7.2	84	41.9

37.7　硅石和硅砂选矿

37.7.1　绪论

37.7.1.1　矿物性质和用途

硅石矿物性质见表37.7.1，用途见表37.7.2。

表37.7.1　硅石矿物性质

矿物名称	理论化学组成	密度(g/cm^3)	硬度	光泽	颜　色
硅石(石英)	SiO_2 其中： Si　46.7% O　53.3%	2.65	7	珍珠	纯者为白色或乳白色

表37.7.2　硅石和硅砂用途

序号	工　业　名　称	用　量　(%)
1	玻璃工业	70%，纯度和粒度要求甚严
2	铸造工业	30%
3	陶瓷工业	
4	耐火材料工业	
5	水泥工业	
6	冶金熔炼	

37.7.1.2　资源

中国硅石和硅砂资源分布见表37.7.3。

表 37.7.3　中国硅石和硅砂资源分布

矿床分类		矿床举例	矿石特征
伟晶石英岩，致密状、块状石英岩，脉石英岩		新疆富蕴县伟晶石英岩矿床；湖北省圻春县脉石英矿床；新疆哈密县尾亚脉石英矿床	质地坚硬，一般都需要在破碎之前煅烧至800~900℃，水淬后破碎，提高了生产成本，目前很少开发利用
石英砂岩	海相沉积石英砂岩	辽宁本溪市小平顶山矿床； 河南洛阳市铁门矿床； 四川力马河矿床； 安徽凤阳县石门山矿床； 湖南湘潭县狮乡雷子排山矿床； 江苏省苏州清明山矿床； 贵州凯里县矿床	矿石较软，可以直接破碎
	陆相沉积含黏土长石石英砂岩	江苏宿迁县矿床； 湖北当阳县矿床； 四川永川县矿床； 新疆库车、乌市矿床	
第四纪沉积硅砂	海相沉积	广东、广西、福建等省（自治区）沿海一带矿床	不需破碎，经过简单分级即可使用
	陆相沉积	江西永修县松峰硅砂矿床；内蒙古哲盟科尔沁左翼后旗甘旗卡硅砂矿床	不需破碎，但一般存在高铝、低硅、多铁缺陷，需要选矿处理

37.7.1.3　产品质量标准

硅石和硅砂主要用于玻璃工业，它在玻璃工业被称为硅质原料。其质量标准见表 37.7.4，中国各主要玻璃厂对硅质原料质量要求见表 37.7.5。

37.7.1.4　主要选矿方法和副产品回收

硅石和硅砂的主要选矿方法见表 37.7.6。选矿副产品主要是

表 37.7.4 中国玻璃用硅质原料质量标准

品级	化学成分（%）					粒度（mm）
	SiO_2	Al_2O_3	Fe_2O_3	Cr_2O_3	TiO_2	
一级	>99	<0.5	<0.05	<0.001	<0.05	0.1~0.75
二级	>98	<1	<0.1	—	—	
三级	>96	<2	<0.2	—	—	

表 37.7.5 中国各主要玻璃厂对硅质原料质量要求

玻璃厂名称	所用硅质原料矿区名称	质量要求				
		品级	SiO_2（%）	Al_2O_3（%）	Fe_2O_3（%）	粒度（mm）
秦皇岛玻璃厂	河北省雷庄甲山石英砂岩矿		97	0.20	0.80	0.1~0.75
上海跃华玻璃厂	江苏省苏州市胥口清明山石英砂岩矿	一级	>98	<1	<0.1	0.1~0.75
		二级	>96	<2	<0.1	0.1~0.75
洛阳玻璃厂	河南省渑池县方山石英砂岩矿	特级	>98	<0.5	<0.5	0.1~0.75
		一级	>97	<1.0	<1.0	0.1~0.75
		二级	>96	<1.2	<1.5	0.1~0.75
杭州玻璃厂	浙江省长兴县菰湾石英砂岩矿		>96	<2	<0.2	0.1~0.75
昆明玻璃厂	云南省昆明市白眉村石英砂岩矿		99.10	0.33	0.08	0.1~0.75
内蒙古通辽玻璃厂	内蒙古自治区哲盟科尔沁左翼后旗甘旗卡硅砂矿		92	1.8~5.8	<0.35	<0.6
沈阳玻璃厂	内蒙古自治区衙门口营硅砂矿		89	<5.5	<0.4	0.1~0.75 占85%

重砂矿物以及长石等。回收方法：对重砂矿物为重选、磁选、电选；对长石矿物为浮选。

37.7.2　选矿厂实例和选矿研究

37.7.2.1　德尔蒙特产业公司选矿厂（美国）

表 37.7.6　硅石和硅砂选矿方法

序号	选矿方法		分离原理及分离杂质种类	设　备	应用
1	洗矿—分级		除去<0.1mm 的黏土杂质	常规洗矿分级设备	多
2	擦　洗		除去硅砂表面铁质	用擦洗机或带有超声波振荡的擦洗机	多
3	重　选		除去高密度重砂矿物	常用扇形溜槽或螺旋选矿机作粗选，溜槽或摇床作精选	多
4	强磁选		除去磁铁矿、钛铁矿、褐铁矿、赤铁矿、磁硫铁矿、黑云母等磁性矿物	一般湿式强磁选或弱磁选机	少
5	电　选		对石英长石混合物加 HF 进行反应，使长石表面产生氟化钾、氟化铝的导电薄膜，同时石英表面也生成四氟化硅薄膜，但四氟化硅加热被脱除而不导电，使长石与石英分离	一般电选机	因成本高，使用极少
6	化学处理		用硫酸溶解氧化铁、氧化铝提纯硅砂		使用极少
7	浮选	有氟	用 HF 作长石活化剂，在酸性介质中用阳离子胺类捕收剂浮出已活化的长石，使长石石英分离	一般浮选机	很多
		无氟	片柳方法：用不含氟药剂作长石活化剂，如用硫酸或盐酸（pH =2）、再用高级脂肪类胺盐和石油磺酸钠混合物作捕收剂，即分离石英、长石	一般浮选机	很多

续表 37.7.6

序号	选矿方法		分离原理及分离杂质种类	设备	应用
7	浮选	无氟	美国 S.G. Malghan 方法：加入硫酸（pH = 1.7 ~ 2.0），采用烷基丙撑二胺双油酸盐作捕收剂，水溶性聚乙二醇类作起泡剂，即分离石英、长石	一般浮选机	很多

该厂位于美国加利福尼亚州蒙特利半岛。原矿为风化花岗岩。原矿矿物组成见表 37.7.7，化学组成见表 37.7.8，粒度组成见表 37.7.9。

表 37.7.7 原矿矿物组成

矿物	所占数量（%）
长石	约 50
石英	约 50
钛铁矿、柘榴石、独居石、锆石组成的重矿物	0.2

表 37.7.8 原矿化学组成

项目	Fe_2O_3（%）	Al_2O_3（%）
原矿	0.12 ~ 0.18	11.5

表 37.7.9 原矿粒度组成

粒度（mm）	所占数量（%）
+0.84	微量
-0.84 +0.42	3.5
-0.42 +0.25	62.3
-0.25 +0.177	31.0

续表 37.7.9

粒度（mm）	所占数量（%）
-0.177 +0.149	2.2
-0.149	1.0
合　计	100.0

选矿方法采用强烈的擦洗脱泥与浮选联合，原矿经过擦洗脱泥，既净化了颗粒表面，又脱除了含铁细泥，同时还为浮选创造良好条件。选矿工艺流程见图 37.7.1，浮选药剂制度见表 37.7.10，选矿产品见表 37.7.11。

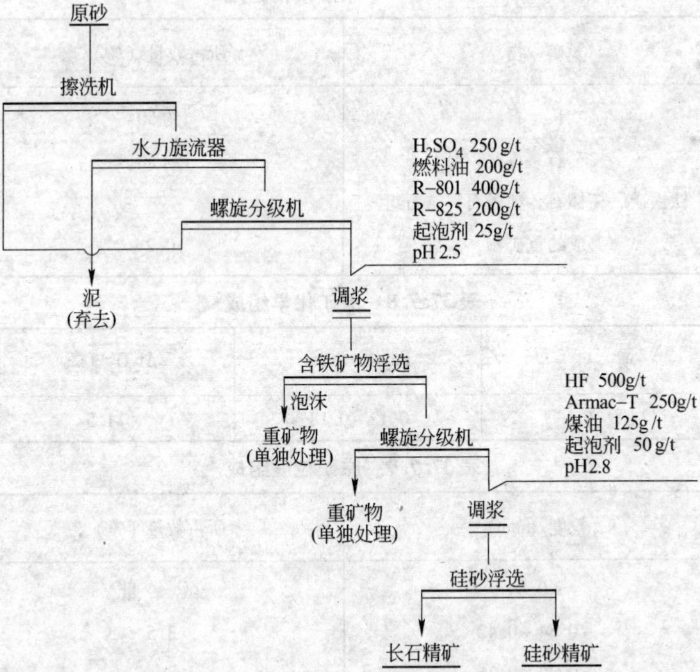

图 37.7.1　美国德尔蒙特产业公司选矿厂工艺流程

表 37.7.10 浮选药剂制度

浮选阶段名称	调整剂			捕收剂		起泡剂	
	名称	用量（g/t）	pH 值	名称	用量（g/t）	名称	用量（g/t）
含铁矿物浮选	硫酸	250	2.5	燃料油 R-801 R-825	200 400 200	艾罗起泡剂	65～25
硅砂浮选	HF	500	2.8	Armac-T 煤 油	250 125	艾罗起泡剂	65～50

表 37.7.11 选矿产品

产品名称	SiO_2（%）	Al_2O_3（%）	Fe_2O_3（%）
长石精矿	98～99	20	0.10
硅砂精矿		1.0	0.025

37.7.2.2 拉缅斯克选矿厂（苏联）

苏联拉缅斯克选矿厂位于莫斯科州，加工原料为叶干诺夫（Егановск）硅砂矿床。原料粒度组成见表 37.7.12，化学组成见表 37.7.13。

表 37.7.12 原料粒度组成

粒 级（mm）	含 量（%）
+0.5	<5.33
−0.5 +0.1	94～99.3
−0.1	0.35～5.4
黏 土	0.07～1.52

表 37.7.13 原料化学组成

化 学 成 分	含量（%）
SiO_2	97.19
Al_2O_3	0.88

续表 37.7.13

化学成分	含量（%）
$CaO+MgO$	0.82
K_2O+Na_2O	0.35
Fe_2O_3	0.30
TiO_2	0.11
MnO_2	0.06
烧失量	0.10

选矿厂生产能力（精矿）50 万吨/年，其中 44 万吨/年为特级砂（Fe_2O_3 含量小于 0.05%），6 万吨/年为 1 级砂（Fe_2O_3 含量 0.05% ~0.08%）。

选矿工艺包括碎解、擦洗、脱泥、浮选、浓缩、过滤、干燥等作业。其工艺流程见图 37.7.2，主要设备见表 37.7.14，浮选药剂制度见表 37.7.15，材料消耗见表 37.7.16

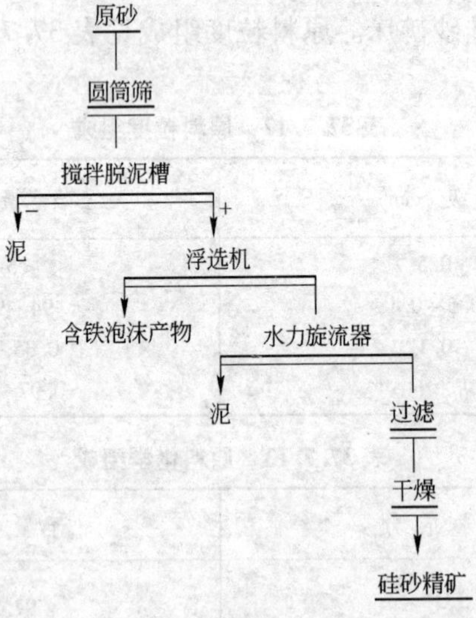

图 37.7.2 苏联拉缅斯克选矿厂工艺流程

表 37.7.14 主要设备

序号	设备名称	型号规格	用途
1	圆筒筛	ϕ1300×5200mm	碎解
2	浮选机	3.2 米^3 机械式6台	擦洗
3	浮选机	3.2 米^3 机械式6台	浮铁质
4	水力旋流器		浓缩
5	过滤机	旋转水平盘式	过滤
6	干燥机	高31m	干燥

表 37.7.15 浮选药剂（捕收剂）制度

种类	用量	介质
5%浓度的硫酸皂溶液	1（kg/t）	中性

表 37.7.16 材料消耗

材料名称	消耗量
电	23kW·h/t 砂
滤布（卡普隆）	0.0043m^2/t 砂
燃料（天然气）	13.1m^3/t 砂

37.7.2.3 山岗镇乳浊水处理中心选矿厂（日本）

该中心位于日本岐阜县。该县是黏土产地，有许多湿法选矿厂生产耐火黏土和硅砂。这些工厂用搅拌机捣浆，由六角筛除去粗粒硅砂后，由湿法选矿回收黏土。不属于粗粒硅砂和微粒黏土的中间粒级，主要是云母、长石屑和细粒硅砂。这些中间物过去被排入河流，因此成为河流污浊的主要原因。

岐阜县山岗镇乳浊水处理中心是将这些中间物当作一种资源和防止河流污染而建设的。它是第一个不用氢氟酸成功地进行石英长石云母分离的选矿厂。该厂工艺流程见图 37.7.3。

由于选矿原料中含有很多黏土及其他细粒矿物，所以首先进

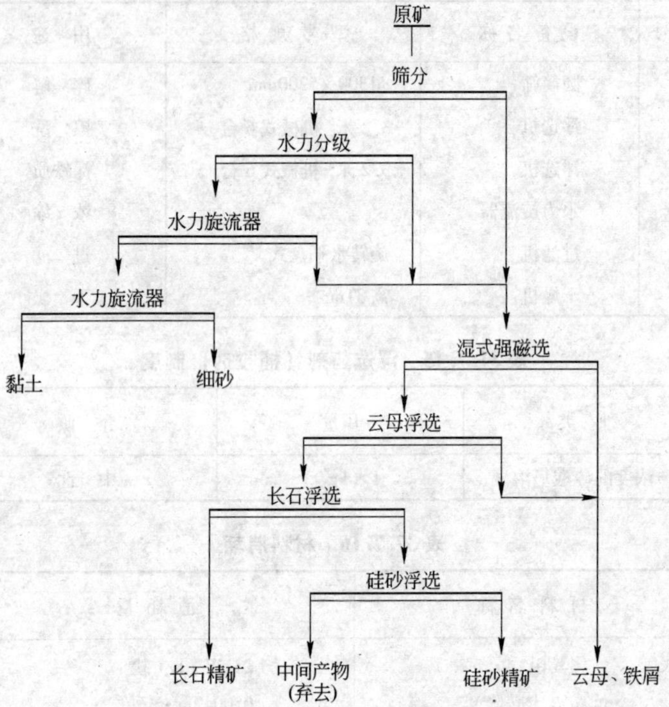

图 37.7.3　山岗镇乳浊水处理中心选矿厂工艺流程

行筛分和分级，除去这些泥质-细粒矿物。剩下的中等粒级用湿式强磁选除去云母和铁屑，然后送入浮选系统。浮选时，首先以胺基醋酸盐作捕收剂，在弱酸下浮选云母；然后在硫酸调浆的强酸条件下用二胺和石油磺酸作捕收剂浮选长石；再把矿浆调到中性，不加捕收剂，仅用浮选槽中残余的微量胺盐即浮出石英精矿。浮选产品化学组成见表 37.7.17，它们都符合优质产品质量要求。

37.7.2.4　中国选矿研究

中国硅砂选矿研究，开始于 20 世纪 70 年代。大体沿着两种技术方案进行：擦洗脱泥磁选分离；无氟浮选分离。

表 37.7.17 浮选产品化学组成

浮选产品	化学组成			
	SiO_2（%）	Al_2O_3（%）	K_2O（%）	Fe_2O_3（%）
长石精矿	65.78	18.52	12.65	0.15
石英精矿	98.91	0.58	—	0.02

兰州河湾硅砂采用了擦洗脱泥磁选分离方案进行研究。该砂属陆相湖泊沉积，颗粒多为滚圆，部分为次棱角状，颜色为红褐色和土黄色，属于未团结成砂岩的散砂，但也有部分成胶结团粒状。其主要矿物为石英，伴生矿物为铁质岩屑、长石、燧石、花岗岩屑、磁铁矿以及微量电气石、金红石等。原矿的化学组成见表 37.7.18，粒度组成见表 37.7.19。

表 37.7.18 原矿化学组成

试样编号	SiO_2（%）	Fe_2O_3（%）	Al_2O_3（%）
1	89.02	0.49	4.25
2	88.94	0.55	4.58
3	90.39	0.49	3.81
4	91.76	0.42	3.60

表 37.7.19 原矿粒度组成

粒 度（mm）	含 量（%）
+0.75	20
-0.75 -0.1	70
-0.1	10
合 计	100

选矿中间试验流程见图 37.7.4，试验结果见表 37.7.20

试验达到了甘肃省建材局下达的指标：Al_2O_3 4.0%，Fe_2O_3 0.25%。

吉林省双辽县七棵树硅砂采用了无氟无酸浮选分离方案进行研究。通过中间试验，达到了玻璃用二级硅砂质量要求。试验结果见表37.7.21。

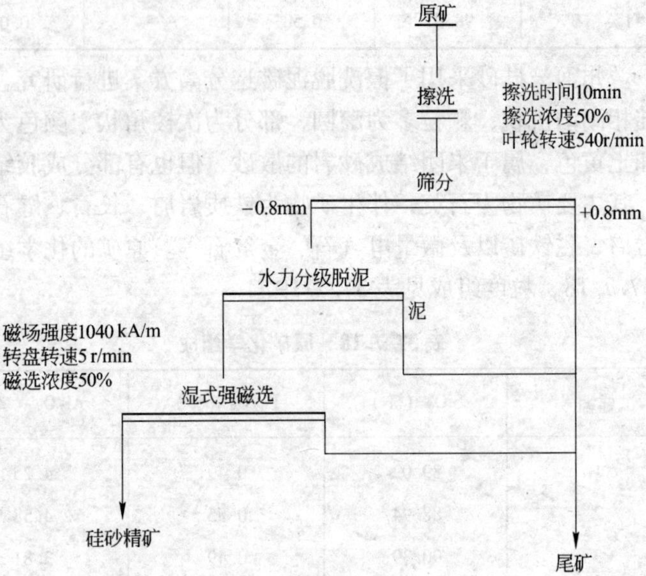

图37.7.4　兰州河湾硅砂中间试验工艺流程

表37.7.20　兰州河湾硅砂擦洗脱泥磁选中试结果

项　目	原　矿		擦洗脱泥精矿		磁 选 精 矿		精矿产率(%)
	Fe_2O_3(%)	Al_2O_3(%)	Fe_2O_3(%)	Al_2O_3(%)	Fe_2O_3(%)	Al_2O_3(%)	
河湾硅砂	0.47	3.68	0.29	2.40	0.21	2.32	61.26

表37.7.21　吉林双辽七棵树硅砂无氟无酸中试结果

产　品	SiO_2（%）	Al_2O_3（%）	Fe_2O_3（%）	回收率（%）
精　矿	97.33	1.15	0.14	77.54

37.8 硅灰石选矿

37.8.1 绪论

37.8.1.1 矿物性质和用途

硅灰石是一种新型助熔工业矿物，其矿物性质见表 37.8.1，用途见表 37.8.2。

37.8.1.2 资源、生产和消费

中国和世界硅灰石主要生产矿区见表 37.8.3 和表 37.8.4。

37.8.1.3 产品质量标准

硅灰石选矿产品，中国还没有正式质量标准，其暂行标准见表 37.8.5。

37.8.1.4 主要选矿方法及副产品回收

硅灰石主要选矿方法见表 37.8.6，副产品回收见表 37.8.7。

37.8.2 选矿厂实例和选矿研究

37.8.2.1 弗克斯·克诺尔矿（美国）

弗克斯·克诺尔（Fox Knoll）矿位于美国纽约州威尔斯鲍罗（Willsboro）附近，属 NRCO 公司所有。选矿厂建于 1953 年，离矿山 1.6 公里，年生产能力 9 万吨（1981 年），所处理原矿含硅灰石 55% ~60%，此外还含有铁质柘榴石和透辉石。这些含铁矿物略带磁性，所以主要采用磁选分离，得硅灰石和柘榴石两种产品。选矿工艺流程见图 37.8.1。所获得硅灰石精矿化学组成见表 37.8.8。

37.8.2.2 范立锡矿（芬兰）

芬兰拉彭兰塔的范立锡（Finnish）矿选矿厂，1967 年建立，

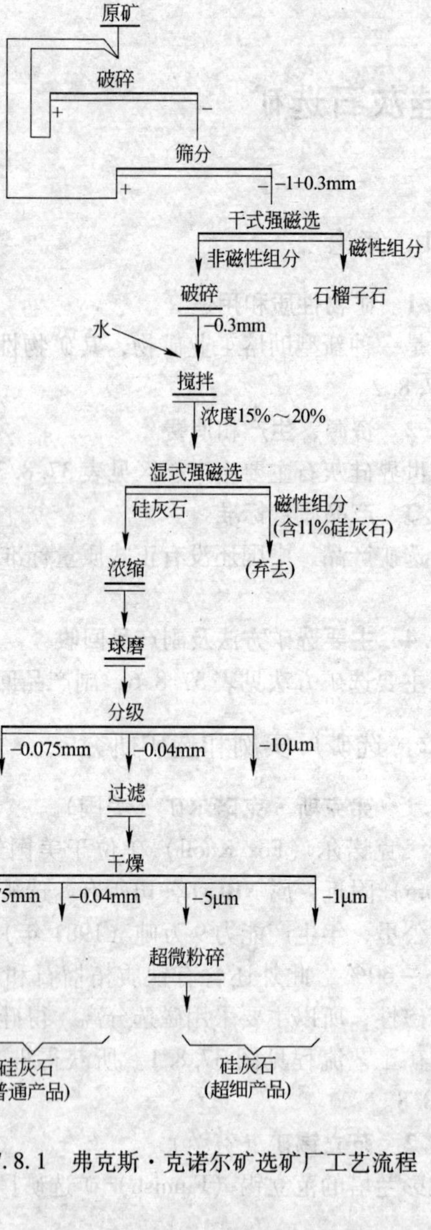

图 37. 8. 1　弗克斯 · 克诺尔矿选矿厂工艺流程

表37.8.1 矿 物 性 质

名称	理论化学组成	密度（g/cm^3）	硬度	晶系	颜色	外观
硅灰石	$CaSiO_3$ 其中：CaO 48.28% $SiO_2$51.72%	2.8～3.0	4.5～5.0	三斜	白、灰、浅绿、棕黄和紫蓝	粒状、纤维状、针状、放射状和块状

表37.8.2 矿 物 用 途

序号	用途	使用效果	用量（1970年）（%）
1	陶瓷工业： 釉面砖配料 低介电陶瓷原料	可节能，并使砖面不开裂不变形 可减少电耗	50～60
2	钢铁工业： 铸钢保护渣	使钢件表面光洁美观，减少裂隙	少量
3	电焊工业： 焊药配料	可提高焊缝机械强度	少量
4	涂料、颜料工业： 涂料、颜料配料	可生产白色或色彩鲜亮、有抗风化能力的高级涂料和颜料	30
5	塑料、橡胶工业： 塑料、橡胶填料	使塑料、橡胶制品质量均匀、光泽好、吸油性低、化学性稳定，并能降低制品成本	10
6	玻璃工业： 玻璃助熔剂	加快玻璃熔化速度	少量
7	建筑材料工业： 矿物棉原料	生产的矿物棉有隔热、隔音、质轻、不致癌特点	少量
8	黏合剂工业： 砖瓦涂层	可防止砖瓦表面劈裂	少量
9	耐火材料工业： 耐火材料原料	硅灰石熔点1540℃，可作温度要求不太高的玻璃耐火材料	少量

续表 37.8.2

序号	用　途	使用效果	用量（1970年）（%）
10	国防工业 荧光灯、电视显像管、X射线屏蔽的高级荧光涂料	含少量锰和锂杂质（0.01%左右）的硅灰石有发磷光或荧光特性	少　量
11	造纸工业： 造纸填料		少　量
12	农业	它对磷酸盐起同化作用，使植物易于吸收磷肥	
13	环境保护	可调节污水酸碱度，可作城市屠宰场除臭剂	少　量
14	模具	它作模具比石膏强度高，寿命长4~5倍	少　量
15	过滤	作高强度过滤器供高压环境使用	少　量

表 37.8.3　中国硅灰石主要生产矿区

矿床类型	矿区名称	矿区所在地	品位（%）
大理岩型	大顶山硅灰石矿	吉林省梨树县	—
	铁汞山硅灰石矿	吉林省梨树县	—
	荒顶山硅灰石矿	吉林省梨树县	30~50
	陆家沟硅灰石矿	吉林省梨树县	—
	长崴子硅灰石矿	吉林省盘石县	70~80
	三泉西硅灰石矿	吉林省盘石县	—
	草明山硅灰石矿	吉林省盘石县	70~75
	细鳞河硅灰石矿	吉林省延吉县	77.78
	水曲柳沟硅灰石矿	吉林省延吉县	—
	铁山硅灰石矿	江西省上饶县	约50
	李家巷硅灰石矿	浙江省长光县	50
	皖甫硅灰石矿	安徽省	—
	桥头集硅灰石矿	安徽省	—

续表 37.8.3

矿床类型	矿 区 名 称	矿区所在地	品位（%）
矽卡岩-大理岩型	大义山硅灰石矿	湖南省常宁县	39.86
	铜官山硅灰石矿	安徽省铜陵县	—
矽卡岩型	扇车山硅灰石透闪石矿	吉林省	—
	富山乡硅灰石矿	辽宁省建平县	45
	小箕铺硅灰石矿	湖北省大冶县	71.33
	冯家山硅灰石矿	湖北省大冶县	50~60
	丰山洞硅灰石矿	湖北省阳新县	70~80
	李家湾硅灰石矿	湖北省阳新县	50
	狮子山硅灰石矿	安徽省铜陵县	最高 90
	新桥硅灰石矿	安徽省	—
	和睦山硅灰石矿	安徽省	—

表 37.8.4 世界主要硅灰石生产矿区

矿床类型	矿区名称	储量（万吨）	品位（%）	矿区位置
矽卡岩型	美国威尔斯鲍罗 Willsboro	700	60~65	纽约州
	美国刘易斯 Lewis	500	59	纽约州
	美国德尔谢德 Deershead	100	58	纽约州
	苏联波萨金	506.4	60.2	哈萨克
	苏联柯依塔什	400	20~50	乌兹别克
	苏联卡尔加林	500	27.8	萨马尔干德
	苏联西德热加来克	20	62	塔吉克
	印度别尔卡巴赫 Belkapahar	5		那加兰邦 Rajasthan
	苏丹狄帕特 Dlrbat	2.5		
	南斯拉夫扎伦 Jaran		60~70	
	南斯拉夫杜布卡 Dubaka		60~70	

续表 37.8.4

矿床类型	矿区名称	储量（万 t）	品位（%）	矿区位置
大理岩型	墨西哥拉布兰卡 La Blanca	3000		
	芬兰拉彭兰塔	400	18～20	
	新西兰桑迪湾村 Sandy Bay	40	70～80	

表 37.8.5 中国硅灰石选矿产品质量暂行标准

项目		陶瓷工业用暂行标准	小箕铺矿企业标准	李家湾矿企业标准
Ⅰ级品	硅灰石	≥70%	≥70%	>70%
	Fe_2O_3		≤1%	
Ⅱ级品	硅灰石	≥50%～70%	50%～70%	50%～70%
	Fe_2O_3		≤2%	
Ⅲ级品	硅灰石	≥30%～50%	20%～50%	30%～50%
	Fe_2O_3	（表外矿）	≤2%	

表 37.8.6 硅灰石主要选矿方法

序号	选矿方法	选矿厂举例
1	手选—干磨	中国所有硅灰石选矿厂
2	磁选	美国威尔斯鲍罗选矿厂
3	浮选	芬兰拉彭兰塔选矿厂
4	电选	苏联波萨金选矿厂
5	拣选	芬兰拉彭兰塔选矿厂

表 37.8.7 硅灰石主要副产品回收方法

序号	副产品名称	回收方法	选矿厂举例
1	铜矿物	浮选	中国大冶丰山洞试验
2	柘榴石	磁选	美国刘易斯选矿厂
3	方解石	浮选	苏联包萨金选矿厂

表 37.8.8 硅灰石精矿化学组成

项 目	%						
	SiO_2	FeO	Al_2O_3	MnO	MgO	TiO_2	烧失量
硅灰石精矿	56.9	0.55	0.25	0.10	0.10	0.05	0.90

表 37.8.9 吉林省硅灰石手选质量

品 级	实 际 指 标			
	粒度（mm）	品 位（%）	Fe_2O_3 含量（%）	烧失量（%）
一级品	4 ~20	>80	<0.18	<3.0
二级品	4 ~25	70	<0.50	<4.5
三级品	4 ~30	60	<1.00	<6.0

表 37.8.10 吉林省硅灰石选矿结果

项 目	品位（%）	回收率（%）	粒 度（−0.075 mm%）	化 学 成 分（%）
硅灰石精矿	81.57	85.02	80	$SiO_2$53.13%；$Al_2O_3$1.40%；Fe_2O_3 0.69%；CaO 43.00%；$TiO_2$0.05%；MnO 0.04%；MgO 1.11%；Na_2O 0.12%；K_2O 0.20%；CO_2 0.76%
方解石精矿	85.75	65.01		CaO 48.05%

表 37.8.11 湖北省硅灰石矿物组成

矿 区	所 占 数 量 （%）					
	斑铜矿、黄铜矿	硅灰石	透辉石	方解石	石榴石	黄铁矿
丰山洞	3	70	14	10	3	少量
李家湾	2	50	10	15	20	3

采用浮选方法，年产硅灰石精矿5000吨。原矿矿物组成：85%硅灰石，8%石英、4%方解石及3%其他硅酸盐。原矿在棒磨机湿式磨矿和水力旋流器分级之后，进行泡沫浮选。浮选作业分两段进行：第一段用胺类捕收剂，将硅灰石与其他硅酸盐矿物一道浮出，与主要杂质方解石分离；第二段用胺和阴离子捕收剂混合药剂进行浮选，浮出硅酸盐杂质（主要是长英片麻岩、角闪岩和

表37.8.12　原矿中铁的物相分析结果

矿　区	%					
	硫酸盐中铁	磁性铁	硫化铁	硅酸铁	赤铁矿、褐铁矿	合计铁含量
丰山洞	0.15	0.01	0.30	3.16	微　量	3.62
李家湾	0.78	0.02	1.20	5.74	微　量	7.24

表37.8.13　原矿化学全分析结果

矿　区	所　占　数　量　(%)						
	SiO_2	CaO	Fe_2O_3	CO_2	Cu	Al_2O_3	MgO
丰山洞	46.28	38.39	4.87	4.38	1.36	0.60	2.93
李家湾	38.83	30.86	10.38	6.64	1.59	4.49	5.41

矿　区	所　占　数　量　(%)						
	TiO_2	SO_3	K_2O	Na_2O	MnO_2	Au (g/t)	Ag (g/t)
丰山洞	0.03	1.46	0.04	0.14	0.33	0.64	6.7
李家湾	0.20	3.97	0.70	0.36	0.24	0.25	7.3

表37.8.14　湖北省硅灰石选矿结果

矿　区	产品名称	产率（%）	SiO_2（%）	CaO（%）	Fe_2O_3（%）
丰山洞	硅灰石精矿	78.26	48.78	41.24	1.14
李家湾	硅灰石精矿	52.41	43.46	33.14	1.60

伟晶岩)，硅灰石作为槽内产品回收。然后在湿式磁选机中处理，除去含铁杂质。精矿经浓缩、真空过滤、干燥，分三级出售：FW50（100%小于500微米，28.9%小于75微米）；FW200（100%小于149微米，96.5%小于75微米）；FW325（100%小于149微米，98.9%小于75微米）。

37.8.2.3　中国选矿研究

中国硅灰石矿，一般都是开采富矿，经过简单手选后出售。手选产品质量标准（吉林硅灰石矿）见表37.8.9。近年来才对硅灰石选矿进行了研究。研究方法，基本沿着两条技术方案进行：一条是单一浮选；一条是浮选-磁选联合。前者主要是对吉林省硅灰石矿，因为它含铁量较低，利用浮选分离以方解石为主要杂质，工艺流程见图37.8.2，选矿结果见表37.8.10；后者主要是对湖北省硅灰石矿，因为它含铁量较高。丰山洞和李家湾两矿区原矿矿

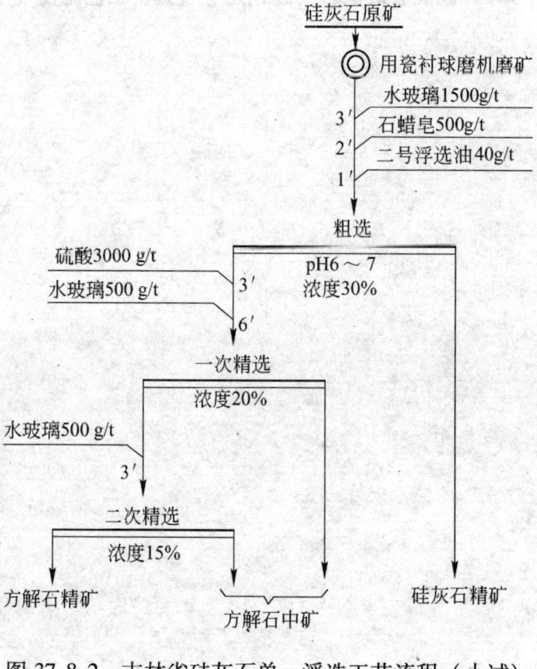

图37.8.2　吉林省硅灰石单一浮选工艺流程（小试）

物组成见表 37. 8. 11，原矿中铁的物相分析结果见表 37. 8. 12，原矿化学全分析结果见表 37. 8. 13。选矿原料为选铜尾矿，作为铜矿选矿厂副产品回收。即浮选选出铜矿后再磁选回收硅灰石。选矿工艺流程见图 37. 8. 3，选矿结果见表 37. 8. 14。磁选磁场强度为 1560 安培/米（丰山洞）和 1480 安培/米。

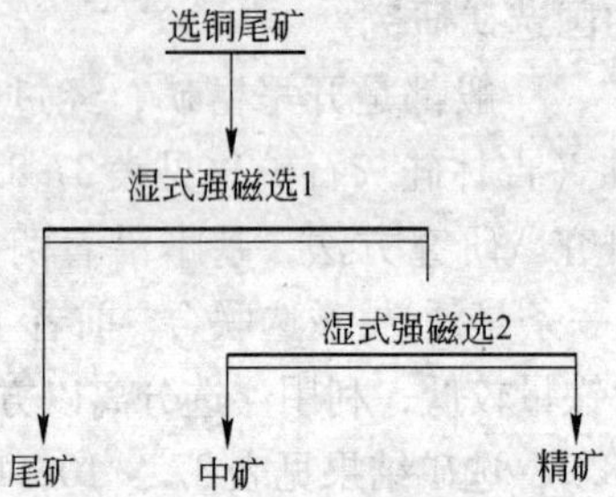

图 37. 8. 3　湖北省硅灰石（选铜尾矿）选矿工艺流程（小试）

参 考 文 献

1 中国硅酸盐学会等编，硅酸盐辞典，中国建筑工业出版社，1984，6

2 湖北建筑工业学院选矿教研室，石棉选矿，中国建筑工业出版社，1978

3 [苏]M. Б. 舍德林斯基等著，石棉矿石选矿，中国工业出版社，1965

4 [苏]Б. Я. 麦连柯夫著，纤纹石棉的成因，科学出版社，1961

5 建材技术情报标准研究所等，石棉国内外市场调查，未发表著作.1982.12

6 中华人民共和国建筑工程部部颁标准，温石棉质量标准(建标54—61)，中国工业出版社，1962

7 建材技术情报标准研究所，石棉矿国内外生产技术水平及发展趋向，未发表著作，1978

8 武汉建材学院，山东南墅石墨矿合编，石墨选矿，中国建筑工业出版社，1979，6

9 国家建材局地质研究所，中国非金属矿产资源概况，未发表著作，1985.8

10 建材部技术情报标准研究所，世界各国天然石墨的生产和市场发展情况，未发表著作，1981.12

11 全国建筑材料工业非金属矿技术情报网，建筑材料工业部技术情报标准研究所，石墨国内外市场调查，未发表著作，1981.12

12 全国非金属矿技术情报网，国家建材总局技术情报标准所，天然石墨国内外生产技术水平及发展趋向，未发表著作，1978.9

13 石墨国家标准 GB 3518—83，GB 3519—83，国家标准局批准，1983，12，1，实施，中国标准出版社，1983.12

14 李皆荣，非金属矿，1983. №2

15 全国建筑材料工业非金属矿技术情报网、国家建材局技术情报研究所，国外非金属矿山手册，未发表著作，1985.5

16 石大鑫，选矿年评，1984.6

17 郭文祥，矿山地质，1986，第1期

18 建材技术情报标准研究所等，金刚石矿产资源调查，未发表著作，1985.8

19 建材技术情报标准研究所等，天然金刚石矿国内外生产技术水平及发展趋向，未发表著作，1978.9

20 建材技术情报标准研究所等，金刚石国内外市场调查，未发表著作，1981.12

21 《Mining Annual Review》，1985，p. 147

22 建筑材料工业部，天然金刚石部标准草案，中国建筑工业出版社，1970

23 湖北建筑工业学院选矿教研室等编，金刚石选矿，中国建筑工业出版社，1975

24 刘国民等译，金刚石选矿译文集，中国建筑工业出版社，1975

25 《World Mining》，1983. Vol. 36，№9，p. 53

26 《Industrial Diamond Quarterly》№33，1982/Ⅲ，p. 126

27 王永华等编，矿物学，地质出版社，1985

28 戴长禄等编，高岭土，中国建筑工业出版社，1983

29 [日]富田坚二编，非金属矿选矿法，中国建筑工业出版社，1982

30 建材技术情报标准研究所等，高岭土国内外市场调查，未发表著作，1981

31 袁慰顺等编，国内外粘土现状调查报告，未发表著作，1983. 12

32 《Mining Annual Review》，1983，p. 107

33 《Mining Annual Review》，1984. p. 108

34 国家建筑材料工业局部标准，JC 88—82，中国建筑工业出版社，1983

35 国家建筑材料工业局部标准，JC 318—82，中国建筑工业出版社，1983

36 国家建筑材料工业局部标准，JC 319—82，中国建筑工业出版社，1983

37 国家建筑材料工业局部标准，JC 320—82，中国建筑工业出版社，1983

38 中国赴英高岭土矿技术考察组，英国高岭土矿技术考察报告，未发表著作，1980

39 张忠义，赴美粘土矿技术应用考察(高岭土部分)，中国高岭土公司出版，1986. 10

40 《Industrial Minerals》1979. 第一期

41 地质辞典(二)矿物、岩石、地球化学分册，地质出版社，1981

42 轻工业部第一轻工业局，日用陶瓷工业手册，轻工业出版社，1984

43 王永华等编，矿物学，地质出版社，1985

44 建材技术情报标准研究所等编，滑石国内外市场调查，未发表著作，1981

45 建材技术情报标准研究所等，滑石矿资源调查，未发表著作，1984. 12

46 建材技术情报标准研究所等，滑石国内外生产水平及发展趋向，未发表著作，1978. 9

47 国家建筑材料工业局标准，JC 160—82，中国建筑工业出版社，1983

48 国家建筑材料工业局标准 ，JC 161—82，中国建筑工业出版社，1983

49 国家建筑材料工业局标准 ，JC 294—82，中国建筑工业出版社，1983

50 国家建筑材料工业局标准，JC 295—82，中国建筑工业出版社，1983

51 国家建筑材料工业局标准，JC 296—82，中国建筑工业出版社，1983

52 国家建筑材料工业局标准 JC 297—82，中国建筑工业出版社，1983

53 国家建筑材料工业局标准 JC 298—82，中国建筑工业出版社，1983

54 国家建筑材料工业局标准 JC 299—82，中国建筑工业出版社，1983

55 罗佑初，矿产综合利用，1983，第三期

56 武汉建筑材料工业学院非金属矿系，滑石，中国建筑工业出版社，1978

57 [美]S.J. 莱方德主编，叶立鑫等译，工业矿物和岩石，中国建筑工业出版社，1984

58 刘昌寅等，矿产综合利用，1984，第三期

59 建材技术情报标准研究所等编，云母国内外市场调查，未发表著作，1981.12

60 《Industrical，Minerals》，1983.6.

61 国家建筑材料工业局部标准 JC 49—82，中国建筑工业出版社，1983

62 国家建筑材料工业局部标准 JC 52—82，中国建筑工业出版社，1983

63 超细云母粉技术条件和检验方法，中国建筑工业出版社，1967

64 新疆非金属矿山设计院，云母，中国建筑工业出版社，1977

65 向维铭，非金属矿，1983，№3，第 53～56 页

66 王成兴编，硅酸盐工业矿物原料基础知识，轻工业出版社，1984

67 国家建材局地质公司地质研究所，玻璃硅质原料国外工业利用及国内资源概况调查报告，未发表著作，1984，5

68 全国矿产储量委员会，玻璃硅质原料矿床地质勘探规范(试行)，中国建筑工业出版社，1984

69 肖峋等，矿产综合利用，1984 年，第 2 期

70 [日]下饭坂润三，浮选，1978. 第 25 卷，第 4 号

71 云南地质科技情报，1984 年，第 4 期

72 刘志贤等，非金属矿，1983 年，第 2 期，第 32～35 页

73 申余庆，矿产综合利用，1985 年，第 2 期，第 45～51 页

74 肖泽贵，非金属矿，1983 年，第 3 期，第 21～25 页

75 肖泽贵，矿产综合利用，1984 年，第 4 期，第 15～18 页